机器人视觉测量与控制

（第3版）

徐德　谭民　李原　编著

国防工業出版社

·北京·

图书在版编目(CIP)数据

机器人视觉测量与控制/徐德,谭民,李原编著.—3版.
—北京:国防工业出版社,2022.1(重印)
ISBN 978-7-118-10210-9

Ⅰ.①机… Ⅱ.①徐…②谭…③李… Ⅲ.①机器人视觉-测量②机器人视觉-控制 Ⅳ.①TP242.6

中国版本图书馆CIP数据核字(2015)第234083号

※

国防工业出版社出版发行
(北京市海淀区紫竹院南路23号 邮政编码100048)
北京虎彩文化传播有限公司印刷
新华书店经售

*

开本 880×1230 1/32 **印张** 12½ **字数** 362千字
2022年1月第3版第3次印刷 **印数** 6001—7000册 **定价** 59.00元

国防书店:(010)88540777 书店传真:(010)88540776
发行业务:(010)88540717 发行传真:(010)88540762

第3版说明

本次再版，是在作者研究组取得的新的研究成果的基础上完成的。第3章增加了3.2.2小节“平面内目标的测量”和3.6节“基于目标模型的测量”，改写了3.11节“MEMS装配中的显微视觉测量”。第4章增加了4.8节“基于视觉测量信息的智能控制”。第5章增加了5.4.3小节“焊接初始点定位”和5.7.5小节“基于球拍位姿的乒乓球旋转估计”，增加了5.8节“大口径光栅拼接”。此外，为了方便读者，增加了附录“摄像机标定工具箱与标定函数”，介绍摄像机标定的Matlab工具箱和OpenCV函数。

本书的修订再版得到了国防工业出版社的大力支持，作者在此表示衷心的感谢。本书的部分修订内容，采用了作者所在研究组的近期研究成果，特别感谢与作者共同研究并对这些研究成果做出贡献的研究人员。

感谢读者对本书的厚爱，感谢读者针对第1版和第2版提出的宝贵意见与建议。对本书中存在的错误与不当之处，敬请读者进一步批评指正。

作 者

2015年3月

第1版前言

视觉测量与控制在机器人领域占有重要地位,受到机器人领域研究人员的普遍重视。视觉对于机器人,就像明亮的双眸对人一样重要。在工业机器人领域,视觉主要用于目标和机器人末端位姿测量以及对机器人末端位姿的控制,其典型应用包括在焊接、喷涂、装配、搬运等作业中对工件的视觉测量与定位。在移动机器人领域,视觉主要用于对环境中目标位姿的测量,其典型应用包括机器人视觉定位、目标跟踪、视觉避障等。在军事领域,视觉可用于无人飞行器对目标的测量与跟踪,其典型应用包括导弹接近目标区域后针对最终目标的导航以及无人战机的视觉定位与跟踪等。在航天与空间探索领域,视觉是太空机器人自主作业不可或缺的重要感知系统,其典型应用包括空间机器人视觉引导下的自主作业和星球探索机器人视觉引导下的自主行走等。因此,研究实时视觉测量与控制,对于提高机器人的自主作业能力、拓展机器人的应用范围具有十分重要的意义。

机器人视觉测量与控制涉及光学、电子学、控制科学、计算机科学等众多学科,是一门重要的综合性前沿学科。机器人的视觉测量与控制,与机器视觉、计算机视觉关系密切,但又具有明显的不同。机器视觉和计算机视觉侧重于对目标的精确测量,致力于从二维图像信息恢复三维信息,即三维重建。机器人的视觉测量与控制,注重实时性和自主工作能力,侧重于控制效果,而对三维重建则不是很重视。此外,目前的视觉测量依赖于摄像机参数,其灵活性和自适应能力较低。为此,近年来国际上机器人领域的很多学者致力于无标定视觉伺服研究,以提高视觉测量与控制的灵活性和自适应能力。

本书是作者在多年从事机器人视觉测量与控制研究的基础上,总结所取得的研究成果，并结合当前国际国内机器人视觉方面的最新进展，撰写完成的。全书由5章构成，分别为绪论、摄像机与视觉系统标定、视觉测量、视觉控制、应用实例。本书从测量与控制角度，以能够进行工程实现为目标，以机器人的视觉控制为背景，系统全面地介绍了视觉系统的构成和标定、视觉测量的原理与方法、视觉控制的原理与实现，并给出了机器人视觉测量与控制的应用实例。在反映本领域研究前沿的基础上，注重可实现性是本书的一个重要特点。

本书部分研究工作得到了国家“973”计划(2002CB312204)、“863”计划(2006AA04Z213)和国家自然科学基金(60672039)的资助,作者在此表示诚挚的谢意。本书的出版得到了国防科技图书出版基金的资助和国防工业出版社的大力支持和帮助,作者在此表示衷心的感谢。本书的部分内容,采用了作者所在研究组的研究成果,特别感谢与作者共同研究并对这些研究成果做出贡献的研究人员。

近年来,机器人视觉测量与控制方面的研究发展迅速,特别是机器人视觉控制方面的研究不断取得新的进展。作者虽然力图在本书中能够体现机器人控制的主要进展,但由于机器人视觉控制一直处于不断发展之中,再加上作者水平所限,难以全面、完整地将当前的研究前沿和热点问题一一探讨。书中存在错误与不当之处,敬请读者批评指正。

作　者

2007年8月

目　录

第1章 绪论

1.1 机器人视觉控制

1.1.1 机器人视觉的基本概念

在机器人控制领域，视觉控制是当前的一个重要研究方向，也是目前的研究热点之一。机器人视觉控制与计算机视觉、控制理论等学科密切相关，但它采用的概念又有所不同。为便于理解，在此对机器人视觉控制中的部分概念予以简要介绍。

摄像机标定(Camera Calibration)：对摄像机的内部参数、外部参数进行求取的过程。通常，摄像机的内部参数又称内参数(Intrinsic Parameter)，主要包括光轴中心点的图像坐标，成像平面坐标到图像坐标的放大系数(又称为焦距归一化系数)，镜头畸变系数等；摄像机的外部参数又称外参数(Extrinsic Parameter)，是摄像机坐标系在参考坐标系中的表示，即摄像机坐标系与参考坐标系之间的变换矩阵。

视觉系统标定(Vision System Calibration)：对摄像机和机器人之间关系的确定称为视觉系统标定。例如，手眼系统的标定，就是对摄像机坐标系与机器人坐标系之间关系的求取。

手眼系统(Hand-Eye System)：由摄像机和机械手构成的机器人视觉系统，摄像机安装在机械手末端并随机械手一起运动的视觉系统称为 Eye-in-Hand 式手眼系统；摄像机不安装在机械手末端，且摄像机不随机械手运动的视觉系统称为 Eye-to-Hand 式手眼系统。

视觉测量(Vision Measure 或 Visual Measure):根据摄像机获得的视觉信息对目标的位置和姿态进行的测量称为视觉测量。

视觉控制(Vision Control 或 Visual Control):根据视觉测量获得目标的位置和姿态,将其作为给定或者反馈对机器人的位置和姿态进行的控制,称为视觉控制。简而言之,所谓视觉控制就是根据摄像机获得的视觉信息对机器人进行的控制。视觉信息除通常的位置和姿态之外,还包括对象的颜色、形状、尺寸等。

视觉伺服(Visual Servo 或 Visual Servoing):利用视觉信息对机器人进行的伺服控制,称为视觉伺服。视觉伺服是视觉控制的一种,视觉信息在视觉伺服控制中用于反馈信号。在关节空间的视觉伺服,直接对各个关节的力矩进行控制。

平面视觉(Planar Vision):只对目标在平面内的信息进行测量的视觉系统,称为平面视觉系统。平面视觉可以测量目标的二维位置信息以及目标的一维姿态。平面视觉一般采用一台摄像机,摄像机的标定比较简单。

立体视觉(Stereo Vision):对目标在三维笛卡儿空间(Cartesian Space)内的信息进行测量的视觉系统,称为立体视觉系统。立体视觉可以测量目标的三维位置信息,以及目标的三维姿态。立体视觉一般采用两台摄像机,需要对摄像机的内外参数进行标定。

结构光视觉(Structured Light Vision):利用特定光源照射目标,形成人工特征,由摄像机采集这些特征进行测量,这样的视觉系统称为结构光视觉系统。由于光源的特性可以预先获得,光源在目标上形成的特征具有特定结构,所以这种光源被称为结构光。结构光视觉可以简化图像处理中的特征提取,大幅度提高图像处理速度,具有良好的实时性。结构光视觉属于立体视觉。

主动视觉(Active Vision):对目标主动照明或者主动改变摄像机参数的视觉系统,称为主动视觉系统。主动视觉可以分为结构光主动视觉和变参数主动视觉。

被动视觉(Passive Vision):被动视觉采用自然测量,如双目视觉就属于被动视觉。

1.1.2 机器人视觉控制的作用

视觉测量与控制在机器人领域占有重要地位[1-4]。视觉对于机器人,就像明亮的双眸对人一样重要。在工业机器人领域,视觉主要用于目标和机器人末端位姿的测量以及对机器人末端位姿的控制,其典型应用包括焊接、喷涂、装配、搬运等作业。在移动机器人领域,视觉主要用于环境中的目标位姿测量,其典型应用包括机器人视觉定位、目标跟踪、视觉避障等[1-4]。

在工业生产中应用的工业机器人,一般采用示教或离线编程的方式对加工任务进行路径规划和运动编程,加工过程中只是简单地重复预先编程设定的动作[1,5-6]。在加工对象的状态发生变化时,加工质量不能满足要求。利用视觉系统能够实时检测加工对象的信息,应用人工智能的理论与方法对这些信息进行处理,可以提高工业机器人的智能化水平,从而在加工对象的状态发生变化时,仍然可以满足加工质量要求。示教或离线编程占用大量的生产时间,在小批量多品种的加工时,该问题尤其突出。而小批量多品种的加工是未来加工业的发展趋势。利用视觉伺服则不需要预先对工业机器人的运动进行编程,可节约大量的编程时间,提高生产效率。特别是对于具有移动能力的操作机器人,由于移动机器人的位置不是一成不变的,所以通过示教方式对加工任务进行工业机器人的路径规划和运动编程也就失去了作用。这就要求机器人能够实时检测加工对象的信息,特别是加工对象的三维位置信息,机器人根据这些信息进行运动规划,从而完成加工任务[7-10]。因此,研究实时视觉测量与控制系统,对于提高机器人的加工质量和加工效率及拓展机器人的应用范围具有十分重要的意义。

移动机器人一般工作在非结构化环境中,对环境变化的及时感知对于移动机器人的工作至关重要。视觉测量具有测量范围广、信息量大等优势,能够便捷、有效地给出环境信息,是其他类型的传感器无法比拟的。因此,近年来视觉传感器(摄像机)已成为移动机器人的一项必要配置,视觉测量与控制也已经成为移动机器人不可或缺的一项重要功能。

机器人视觉控制能够增加机器人对环境的适应能力,提高机器人的加工精度,增加机器人的工作可靠性。

1.2 机器人视觉控制的研究内容

机器人视觉控制涉及的研究内容比较广泛,主要包括摄像机标定、图像处理、特征提取、视觉测量、控制算法等。其中,摄像机标定、视觉测量和视觉控制的结构与算法是机器人视觉控制研究的主要内容。对于上述各部分研究内容,不同的视觉控制任务所涉及的广度和深度有所不同。

机器人视觉控制与机器视觉的区别,主要体现在二者对实时性的要求具有较大差异,前者往往对实时性有更高的要求。

1.2.1 摄像机标定

通常,在进行摄像机标定时,会在摄像机前方放置一个已知形状与尺寸的标定参照物,该参照物称为靶标[11]。在靶标上,具有一些位置已知的标定点。图 1 - 1 为常用的两种靶标,图1 - 1(a)为平面靶标,图 1 - 1(b)为立体靶标。在靶标上,黑白方块的交点作为标定点,其空间坐标位置已知。采集靶标图像后,通过图像处理,可以获得标定点的图像坐标。利用标定点的图像坐标和空间位置坐标,可以求出摄像机的内参数和相对于靶标参考点的外参数。

(a) 平面靶标

(b) 立体靶标

图 1 - 1　常用的两种靶标

但在实际应用中,许多情况不允许在环境中放置特定的标定靶标。因此,不需要标定参照物的摄像机自标定(Self-calibration)技术越来越受重视,在机器人手眼系统中具有广泛的应用前景。文献[12]提出的摄像机标定,通过摄像机在三维空间内作两组平移运动,其中包括三次两两正交的平移运动,并控制摄像机的姿态进行自标定。该方法无需借助固定参照物,并且实现了线性求解摄像机内参数。文献[13]通过摄像机的四组运动,每组包括两次相互正交的平移运动,获得计算摄像机内参数的非线性方程,解出摄像机的内参数。在上述两种方法中,摄像机的外参数能够通过类似的平移运动和旋转运动得到。文献[13 - 16]采用了摄像机围绕特定轴转动的方法,实现摄像机的自标定。除此之外,还有研究者利用平行线对摄像机的内参数进行自标定[17-20]。在忽略摄像机镜头畸变的情况下,如果摄像机的光轴中心线与笛卡儿空间的平行线不垂直,则笛卡儿空间的平行线在图像空间成像后不再平行。每组平行线成像后的直线会有一个交点,这个交点称为消失点或灭点(Vanishing Point)。消失点中含有摄像机的内参数信息,利用多个消失点可以获得摄像机的内参数。

摄像机的标定技术,依然是目前的研究热点[11-24]。许多研究者针对弱约束、无特定运动条件下的摄像机自标定开展研究,其主要目标是快速准确地获得摄像机的参数。

1.2.2 视觉测量

视觉测量是机器人视觉控制的重要研究内容,也是实现视觉控制的基础。视觉测量主要研究从二维图像信息到二维或三维笛卡儿空间信息的映射以及视觉测量系统的构成等。其中,二维图像信息到二维笛卡儿空间信息的映射比较容易实现,已经是比较成熟的技术。而二维图像信息到三维笛卡儿空间信息的映射以及相关视觉测量系统的构成与测量原理等,仍然是目前的研究热点。这一问题又称为三维重建或三维重构(3D Reconstruction)问题。

双目视觉所采用的三角测量原理,早已为本领域的研究人员所熟悉。双目视觉需要对两台摄像机中的特征点进行匹配,匹配误差对视觉测量结果具有明显的影响。对于双目视觉测量,研究重点不在于测量原理,而在于如何提高测量精度。而对于多目视觉测量,通过对多台摄像机进行信息融合可以达到较高的测量精度。这种融合一般通过迭代实现,速度较慢。另外,对多幅图像的处理必然需要更多的时间。因此,如何提高多目视觉的测量速度成为一个亟待解决的问题。

此外,视觉测量的研究重点还包括主动视觉测量、基于投影不变性的测量和基于序列图像(Sequence Images)的测量等。

1.2.3 视觉控制的结构与算法

机器人的视觉控制具有自身的特点,本质上是利用摄像机采集到的二维图像信息对机器人的运动进行控制,对视觉信息的不同利用会获得不同的控制效果。因此,许多研究者致力于视觉控制的结构与算法的研究。

利用视觉信息构成的控制系统可以有多种结构,每种结构对应不同的控制算法。在笛卡儿空间构成的闭环控制系统,只能保证视觉测量出的目标在笛卡儿空间的位置与姿态达到期望值。由于摄像机的模型误差以及特征点的匹配误差,导致视觉测量本身具有较大误差,再加上机器人本身的模型误差,所以目标在笛卡儿空间的实际位置和姿态与期望值之间有时会有较大的误差,控制精度较低。在图像空间构成的闭环控制系统,虽然可以提高控制精度,但姿态控制的稳定性难以保证。部分自由度在笛卡儿空间构成闭环、部分自由度在图像空间构成闭环的控制系统,是近年来视觉控制的结构与算法方面的研究热点。

基于摄像机模型的视觉控制,往往需要对摄像机进行预先标定,其方便性和灵活性较差。无标定摄像机的视觉控制,不需要对摄像机进行标定,提高了视觉控制的灵活性和方便性,吸引了大量研究者的注意,已成为视觉控制的研究热点。

此外,针对特种机器人的视觉控制研究,也是本领域的研究重点之一。

1.3 机器人视觉系统的分类

根据摄像机与机器人的相互位置、使用摄像机数目、是否自然测量、控制模型的不同,机器人的视觉系统可分为多种类型。每种类型具有不同的适用范围。

1.3.1 根据摄像机与机器人的相互位置分类

摄像机与机器人的手部末端,构成手眼系统。根据摄像机与机器人的相互位置的不同,手眼系统分为 Eye-in-Hand 系统和 Eye-to-Hand 系统,如图 1－2 所示[25]。Eye-in-Hand 系统的摄像机安装在机器人手部末端(End-Effector),在机器人工作过程中随机器人一起运动。Eye-to-Hand 系统的摄像机安装在机器人本体外的固定位置,在机器人工作过程中不随机器人一起运动。

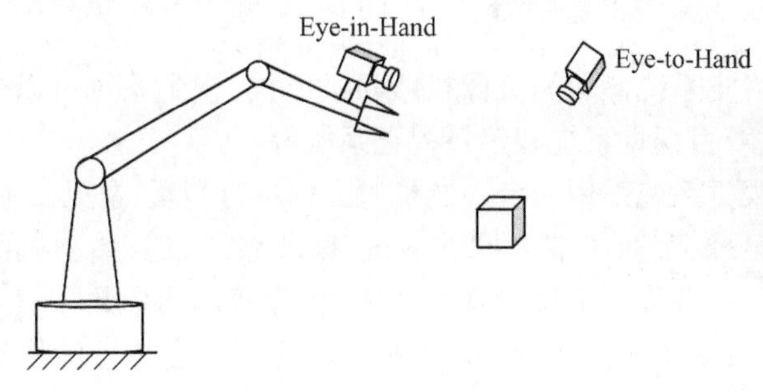

图 1－2　手眼系统示意图

Eye-in-Hand 系统在工业机器人中应用比较广泛。随着机械手接近目标,摄像机与目标的距离也会变小,摄像机测量的绝对误差会随之降低。在 Eye-in-Hand 系统中,可以采用基于图像的视觉控制、基于位置的视觉控制以及结合两者的混合视觉控制。对于基于图像的视觉控制,因在图像空间形成闭环,摄像机的标定误差可以被有效地克服,因而对摄像机标定的精度要求不高。对于基于位置的视觉控制,虽然摄像机的标定误差不能在控制系统中被有效地克服,但随着目标的接近,测量出的目标位置的绝对误差降低,即使摄像机标定存在一定误差,一般也能够满足应用要求。同理,混合视觉控制对摄像机的标定精度要求也不是很严格。在实际应用中,Eye-in-Hand 系统视场处在变化之中,不能保证目标一直在视场中,有时会存在丢失目标的现象。

Eye-to-Hand 系统在人形机器人、带机械臂的移动机器人中具有广泛的应用前景。在这类系统中,当机器人与目标达到一定距离,目标已经处在机械臂的操作范围内时,机器人停止向目标移动。此后,根据视觉测量的结果,改由机械臂向目标移动,并对目标进行操作。一般地,机械臂向目标移动及操作时,会对目标造成遮挡。因此,基于图像的视觉控制和混合视觉控制不适合这类任务。在机械臂向目标移动过程中,由于摄像机不随之一起运动,摄像机对目标的测量结果也就不再发生变化。由于此时摄像机与目标的距离较远,当摄像机标定精度不高时,会产生比较大的绝对误差。误差较大时,会导致机械臂不能到达目标。

1.3.2 根据摄像机数目分类

根据视觉系统使用的摄像机数目的不同,视觉系统可以分为单目视觉系统、双目视觉系统和多目视觉系统等[4]。

单目视觉系统采用一台摄像机对目标进行测量,常见于平面视觉,如机器人足球、工业机器人的 Eye-in-Hand 系统以及移动机器人的变焦测距视觉系统等。单目视觉系统中,摄像机的内参数一般不需要标定,使用比较简单。一般地,单目视觉系统对深度信息的恢复能力较弱。但是,在目标上具有若干个已知点且摄像机的内参数已知的情况下,利用单目视觉系统可实现对目标的位置和姿态的测量。

双目视觉系统采用两台摄像机对目标进行测量,是最为常见的一类视觉系统,广泛应用于机器人的各个领域。双目视觉系统在测量目标的三维信息时,需要对两台摄像机的内参数和外参数进行标定。虽然近年来出现了无标定的视觉控制系统,但摄像机的参数标定,特别是自标定,依然是视觉领域研究的一个重要问题。双目视觉系统恢复三维信息能力强,但测量精度与摄像机的标定精度密切相关。

多目视觉系统采用多台摄像机对目标进行测量,多见于三维重构和运动测量,在机器人系统中多为 Eye-in-Hand 与 Eye-to-Hand 相结合的系统。

1.3.3 根据是否自然测量分类

所谓自然测量,是指在摄像机参数不变、不主动改变环境照明条件下的视觉测量。根据是否自然测量,视觉系统可以分为被动视觉和主动视觉两大类。

被动视觉,实际上就是自然测量,如双目视觉就属于被动视觉。主动视觉又可以分为结构光主动视觉和变参数主动视觉。

结构光视觉测量利用特定的光源照射被测目标。根据光源照射到平面上形成的特征,结构光的主要形式有点、线、十字、网格、圆等形状的照明光源以及采用色彩编码的照明光源等。由于光源的特性可以预知,所以这种视觉测量方式称为结构光视觉测量。在工业机器人领域,结构光视觉测量一般采用激光器投射光点、光条或光面到工件的表面形成特征点,利用 CCD 摄像机获得图像,提取特征点,根据三角测量原理求取特征点的三维坐标信息[26-31]。国内外关于结构光视觉测量的研究较多,并已有成功应用的例子。例如,Bakos 等[26]建立的高精度结构光扫描测量系统,在距被测量物体 500mm 处的测量精度为 0.1mm。结构光视觉测量的优点是实现较简单,成本较低,实时性好,但不足之处是精度相对较低,标定比较困难。

变参数主动视觉测量,是通过改变摄像机的内参数、外参数实现的视觉测量。改变内参数的主动视觉测量,有变焦距视觉测量等。改变外参数的视觉测量,有通过运动获得两个及两个以上视点的单目视觉测量,以及改变两台摄像机相对参数的双目视觉测量等。两个及两个以上视点的单目视觉测量,相当于双目视觉或多目视觉。相对而言,变参数主动视觉测量在移动机器人中应用前景较好。变参数主动视觉测量目前存在的最大障碍在于,参数改变后如何在线获得这些参数,以便用于视觉测量。特别值得一提的是,双目变参数主动视觉测量有望模仿人的视觉系统,具有很大的发展潜力。

1.3.4 根据控制模型分类

根据控制模型的不同,视觉系统可以分为基于位置的视觉伺服、基于图像的视觉伺服和混合视觉伺服控制[25,32-33]。在这些方法中,近几年更多的研究者倾向于基于图像的视觉伺服以及融合两种方法的混合视觉伺服[34]。

基于位置的视觉伺服是根据得到的图像特征,由目标的几何模型和摄像机模型估计出目标相对于摄像机的位置和姿态,得到机器人末端的当前位姿和估计的目标位姿之间的误差,通过视觉控制器进行调节。基于图像的视觉伺服将二维空间的图像误差作为视觉控制器的输入信号,产生相应的控制信号。

基于位置的视觉伺服需要通过图像进行三维重构,在三维笛卡儿空间计算误差,这种方法的优点在于误差信号和关节控制器的输入信号都是空间位姿,实现起来比较容易。但由于根据图像估计目标的空间位姿,没有对图像进行控制,机器人的运动学模型误差和摄像机的标定误差都直接影响系统的控制精度。

基于图像的视觉伺服直接在二维图像空间计算误差,不需要三维重建,但需要计算图像雅可比(Jacobian)矩阵。基于图像视觉伺服的突出优点是对标定误差和空间模型误差不敏感;缺点是设计控制器困难,伺服过程中容易进入图像雅可比矩阵的奇异点,一般需要估计目标的深度信息,只在目标位置附近的邻域范围内收敛,且稳定性分析比较困难。

由于基于位置和基于图像的视觉伺服方法都具有一些难以克服的缺点,有人提出了基于位置和基于图像的混合视觉伺服方法,如2.5D的视觉伺服方法[32]。混合视觉伺服的主要思想是采用图像伺服控制一部分自由度,余下的自由度采用其他技术控制,不需要计算图像雅可比矩阵。

除上述分类之外,还有一些其他的分类形式,如根据末端点是否闭环分为ECL(End-effector Closed Loop)和EOL(End-effector Open Loop),在此不再一一列举。

1.4 视觉控制的发展现状与趋势

1.4.1 视觉系统标定研究进展

1.4.1.1 摄像机标定的发展现状

摄像机标定经历了立体靶标、平面靶标、运动自标定、在线自标定几个阶段。传统的摄像机标定方法是在摄像机前方放置一个立体靶标,上面具有一系列位置预知的点用做特征点,采集靶标图像后,利用这些点的图像坐标和三维空间坐标建立方程,解方程获得摄像机的内外参数,如Faugeras等[11]在1986提出的线性模型摄像机内外参数标定方法,以及Tsai等[35]在1987年提出的线性模型摄像机的外参数和焦距标定方法等。上述方法需要预知靶标上特征点的三维坐标,靶标制作不方便,因此,许多研究者在此基础上进行了改进。有的研究者将立体靶标改为平面靶标,如韩国Kim等[36]利用同心圆实现摄像机内外参数标定,美国微软的张等[23]利用多幅平面方格靶标实现畸变摄像机的线性标定。有的研究者摆脱了特定靶标,通过特定的运动实现摄像机的自标定,如加拿大阿尔伯塔大学Basu等[13]通过摄像机的四组运动,每组包括两次相互正交的平移运动,获得计算摄像机内参数的非线性方程,解出摄像机的内参数。Du等[14]采用了摄像机围绕特定轴转动的方法,实现摄像机的自标定。马[12]提出的摄像机标定,通过摄像机在三维空间内作两组平移运动,其中包括三次两两正交的平移运动,并控制摄像机的姿态进行自定标。该方法避免了借助于固定参照物,并且实现了线性求解摄像机内参数。胡、吴等[37-41]对摄像机的自标定进行了深入研究,提出了基于平面二次曲线的纯旋转摄像机自标定方法,提出了利用图像中平面场景的信息,通过控制摄像机作多组平面正交平移运动实现摄像机自标定的方法。此外,他们还对P*n*P问题进行了深入探讨[42]。美国Hartley[15]提出了一种固定摄像机的自定标方法。上述方法由于涉及到特定的靶标或者特定的运动,一般需要在视觉系统工作之前预先对摄像机进行标定。上述方法应用在服务机器人视觉系统中,存在一些不足,主要表现为以下几个方面:两台摄像机的相对关系需要保持不变,摄像机的焦距需要保持固定。一旦摄像机的参数发生了变化,则需要重新标定。为克服上述不足,近年来许多研究人员将目光转向在线自标定,利用场景中的点、直线或圆弧等线索,在工作过程中实现摄像机的标定,例如,法国Bénallal等利用长方体边缘基于消失点的标定[17],巴西Carvalho等基于球场特征的标定[43],吴等[44-45]利用基于圆和二次曲面锥体的仿射不变性的自标定,美国伊利诺伊大学Yang等[46]利用对称性的标定。目前,实现在线标定需要具有一些约束条件,而这些约束条件往往比较强[43-46]。如何使约束条件变弱,在更一般化的环境中实现摄像机的在线标定,将是今后视觉测量领域发展的重要方向。

点、直线、圆弧等通常是标定选用的基本特征。在特征的位置信息完全未知、摄像机不进行特定运动的情况下,如何实现摄像机内外参数的标定值得重视。既能够像人的眼睛一样活动自如,以便适应远近明暗变化,又能够较好地实现快速测量的机器人视觉系统,一直备受关注。

1.4.1.2 结构光参数的标定进展

结构光法采用激光器投射光点、光条或光面到工件的表面形成特征点,利用 CCD 摄像机获得图像,提取特征点,根据三角测量原理求取特征点的三维坐标信息。图 1-3 为线结构光测量的基本原理示意图[47]。

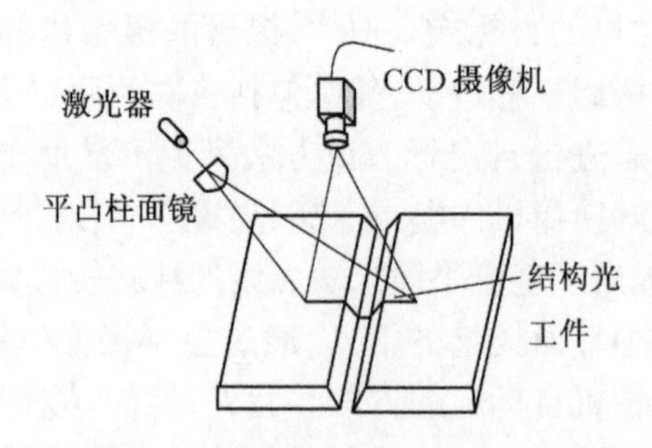

图 1-3 线结构光测量原理示意图

在结构光视觉测量中,系统参数的标定有两种方法:一种方法为先对摄像机的内外参数进行标定,然后利用激光器的光束或光平面在立体靶标上投射的光点或光条标定出激光器的光束或光平面的方程[28];另一种方法将摄像机和激光器看做一个整体,直接利用 4 个以上特征点的空间三维坐标和图像坐标,求取如下式所示的变换矩阵,作为结构光视觉系统的参数[31]:

$$\begin{bmatrix} x \\ y \\ z \\ 1 \end{bmatrix} = \begin{bmatrix} t_{11} & t_{12} & t_{13} \\ t_{21} & t_{22} & t_{23} \\ t_{31} & t_{32} & t_{33} \\ t_{41} & t_{42} & t_{43} \end{bmatrix} \begin{bmatrix} u \\ v \\ 1 \end{bmatrix}$$

第一种方法比较复杂,而且影响标定精度的因素较多,在标定激光器参数时需要的靶标要具有3个以上不同高度的平面,且各个平面的精确高度已知。第二种标定方法存在较大困难,激光器的光束或光平面在立体靶标上投射的光点或光条形成的特征点,其空间三维坐标很难获得。

近年来,国内外对结构光参数标定的研究比较活跃,相关文献较多,如文献[26-31,48-55]。相对而言,较多的研究者采用第一种方法对结构光参数进行标定。根据所用靶标的不同,结构光参数的标定可以分为两类:一类基于特定靶标,另一类基于普通靶标或无靶标。文献[50]利用标准块移动前后产生的亮带位置差对测量头的结构参数进行标定,并在轿车车身的测试中获得较高的测量精度。文献[51]提出了一种用齿形靶及一个一维工作台标定光平面在摄像机坐标系的位置参数的方法。这些利用特定靶标的结构光标定方法均可以取得较高的标定精度。为了避免制作特定靶标,近年来一些研究者提出了利用普通靶标或无靶标的结构光标定方法。例如,文献[52]提出利用微分法的标定,文献[53]提出利用消隐点法的标定,文献[54]提出利用非线性最小二乘法的标定,文献[28]提出利用斜平面法的标定。这些方法也可以取得较高的标定精度,但其标定过程要比利用特定靶标的标定方法复杂得多。

徐等[31]于1995年提出了一种基于交比不变性的结构光视觉系统参数标定方法,利用图1-4所示具有一个梯形块和一个楔形块的靶标,靶标中各条直线的参数进行预先精确测量,由此可以计算出激光器的光平面在靶标上投射的光条形成的其中两个特征点的三维坐标。精确调整靶标的高度,可以获得多个特征点的三维坐标,利用这些特征点

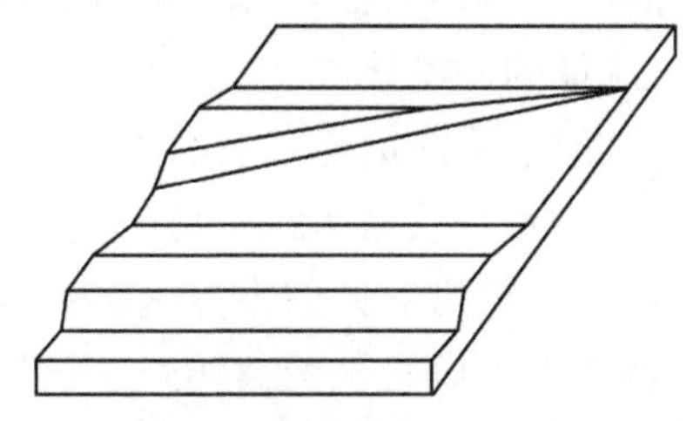

图1-4 具有一个梯形块和一个楔形块的靶标[31]

的三维坐标和图像坐标,计算出系统的图像坐标和三维坐标之间的变换矩阵。该方法存在的主要困难在于精确制作并测量靶标,以及精确调整靶标的高度。

文献[55]提出了一种基于机器人运动的机器人手眼系统线结构光标定方法。在调整机器人末端位姿时,保持摄像机光轴中心点在基坐标系下的位置不变。通过机器人的末端位姿变化,利用摄像机小孔模型、激光结构光平面和目标平面约束,构造出含有激光结构光平面参数的线性方程组,求解得到激光平面参数的两个参数。利用目标平面上的激光束长度约束,求解余下的一个参数。

1.4.1.3 视觉系统标定进展

摄像机标定和结构光参数标定解决了视觉传感器的内部参数的求取问题。摄像机标定时,虽然也可以获得摄像机的外参数,但这只是标定用的靶标坐标系相对于摄像机坐标系之间的变换关系。在某些应用中,如工业机器人的视觉控制中,还需要获得摄像机与机器人的坐标系之间的关系。这种关系的标定,又称为机器人的手眼标定(Hand-Eye Calibration)。

对于 Eye-in-Hand 系统,由于摄像机随机器人末端一起运动,所以摄像机坐标系相对于机器人的世界坐标系总是变化的。摄像机固定在机器人的末端,所以摄像机坐标系相对于机器人末端坐标系的关系是固定的。因此,对于 Eye-in-Hand 系统,手眼标定时求取的是摄像机坐标系相对于机器人末端坐标系的关系,而不是摄像机坐标系相对于机器人的世界坐标系的关系。目前,一般采用的方法如下:在机器人末端处于不同位置和姿态下,对摄像机相对于靶标的外参数进行标定,根据摄像机相对于靶标的外参数和机器人末端的位置和姿态,计算获得摄像机相对于机器人末端的外参数。

对于 Eye-to-Hand 系统,手眼标定时求取的是摄像机坐标系相对于机器人的世界坐标系的关系。较常采用的方法是,首先标定出摄像机相对于靶标的外参数,再标定机器人的世界坐标系与靶标坐标系之间的关系,利用矩阵变换获得摄像机坐标系相对于机器人世界坐标系的关系。

1.4.2 机器人的视觉测量研究进展

机器人的视觉测量主要有二维视觉测量、三维视觉测量两种方式。

二维视觉测量采用单摄像机测量目标在特定平面中的位置,如美国爱德普公司的机器人装配系统、足球机器人等。在二维视觉测量中,摄像机与测量平面之间的距离固定,这使其应用受到很大限制。

根据采用的原理不同,三维视觉测量可以分为双目视觉测量和结构光视觉测量等类型。双目视觉利用两台摄像机测量目标在笛卡儿空间的三维坐标位置,其原理早已为大家所熟悉。有的研究者根据双目视觉原理,利用多台摄像机构成多目视觉测量系统,通过信息融合可以达到较高的测量精度。例如,加拿大 El-Hakim 等[56-59]提出的基于双目视觉原理的多视觉传感器三维坐标测量系统,在 30cm × 30cm × 30cm 的测量空间内,其测量精度达到 8μm,但测量速度较低。结构光视觉采用结构光形成特征,利用特征点的图像坐标、摄像机参数以及摄像机和结构光的几何关系,根据三角测量原理求取特征点的三维坐标。结构光视觉抗干扰能力强、实时性好,但测量系统标定比较困难。激光自动聚焦法将激光束集中于一点,测量时聚焦探测装置拍摄光点图像并使之相对于光点处于聚焦位置,光点的位置信息由聚焦探测装置给出,测量精度为微米(μm)级。例如,日本富士通实验室的 Maruyama 等[60]给出的电子元件生产线机器人手眼在线插拔系统,在100mm × 100mm 范围内的定位精度为 0.2mm,测量 20 个位置用时 1.2s。文献[61]利用结构光视觉,实现了焊缝的自动识别、测量与跟踪。

El-Hakim 等[56-59]于 1997 年给出了一种室内 3D 地图的建立与根据地图的机器人定位方法,并于 1999 年申请了美国专利,如图 1-5 所示。El-Hakim 等认为,为了确定特征的位置,获得所形成地图的细节,利用图像传感器(如 CCD 摄像机等)是必要的;在机器人上装有足够数量相对位置已知的摄像机,在构建地图时,可以利用这些摄像机作为附加约束,对摄像机的位置和姿势进行布置,以便获得有价值的地形解,进一步减小误差累积。El-Hakim 等建立地图时,利用一个装有 8 个 CCD 摄像机的移动机器人对路标定位,由推算定位法(Dead Reckoning, DR)确定位置的初始近似值,利用 8 个 CCD 摄像机对同一点的

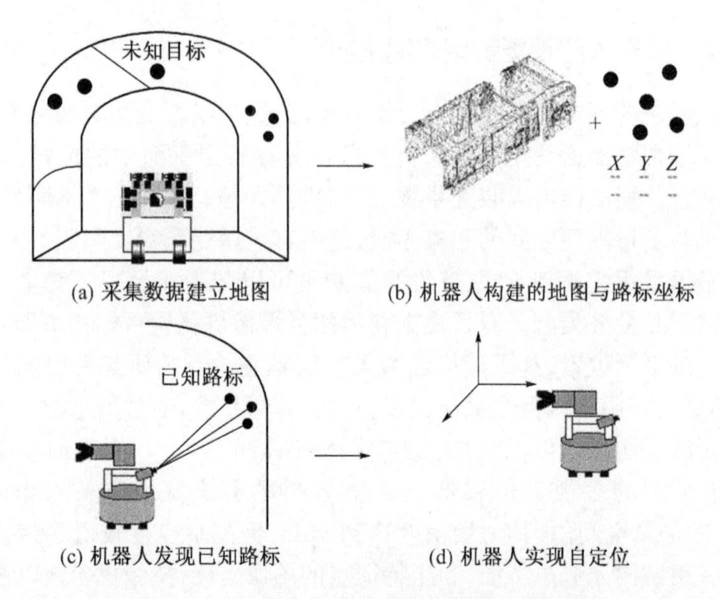

(a) 采集数据建立地图 (b) 机器人构建的地图与路标坐标

(c) 机器人发现已知路标 (d) 机器人实现自定位

图 1-5 地图的建立与机器人的定位[56-59]

位置和摄像机本身的位姿迭代,形成被测点的准确位置和机器人的准确位姿,同时也实现了对 DR 定位的校正,建立起路标和环境的地图。定位时,利用移动机器人识别一组多个(至少 3 个)路标,从而对根据绝对定位获得的位置进行修正。Bonnifait 和 Garcia[62] 于 1998 年提出了一种利用 GPS、罗盘、灯塔法和 DR 法相结合的移动机器人定位方案,该方案针对差动轮驱动三轮式移动机器人,并假设轮子无滑动。该移动机器人工作于三维空间,具有 6 个自由度。机器人上装有一个 CCD 线性摄像机,改变摄像机的俯仰角和侧翻角直到探测到灯塔。里程信息由两个驱动轮的光电编码器读数值构成,俯仰角和侧翻角与里程计之间为非同步测量。通过信息融合,利用里程信息和摄像机的俯仰角和侧翻角进行推算定位,确定位姿。定位精度为 2cm,运动速度为 0.06m/s。Bonnifait 等[63] 于 1998 年还提出了移动机器人的另一种定位方案,它通过测量机器人与灯塔的夹角进行绝对定位,利用里程计进行相对定位,通过卡尔曼滤波实现绝对定位和相对定位的融合。该方案利用摄像机捕捉灯塔信号,摄像机的俯仰角和侧翻角以 1rad/s 的恒定速度变化,夹角测量精度为 2.2×10^{-3}rad。

双目视觉和结构光视觉测量系统在工业机器人和服务机器人中均有应用。相对而言,双目视觉测量系统在服务机器人中应用较多,结构光视觉测量系统在工业机器人中应用较多。

1.4.3　机器人的视觉控制研究进展

服务机器人不仅需要在非结构化环境中运动,更为重要的是需要具有操作能力。服务机器人装备的操作机械手,精密性一般较差。另外,家庭环境是非结构化环境,被操作目标在机器人坐标系中的确切位置不可能预知,仅仅依靠运动学和运动规划的方法,难以实现服务机器人对目标的操作。因此,视觉测量与控制成为服务机器人实现上述任务的必然选择。

机器人的视觉伺服控制方法可以分为基于位置、基于图像和混合视觉伺服3种[25,32]。基于位置的视觉伺服,利用已标定的摄像机,从图像特征估计物体的三维空间位姿,然后在笛卡儿空间对机器人进行控制。例如,韩国Han等[64]利用两台摄像机同时观察操作手末端和目标,构成ECL系统,减小了摄像机标定误差的影响,实现了操作手的开门动作。基于位置的视觉伺服方法的优点是机器人操作手的路径规划简单、自然,控制器实现简单,但是需要进行摄像机标定,确定摄像机的内参数和摄像机相对于机器人的位置和姿态(外参数)。每当摄像机位置、焦距等参数发生改变时,都需要对摄像机进行重新标定。基于图像的视觉伺服直接在图像平面上进行伺服控制,消除了当前图像特征与期望图像特征之间的图像误差。日本Hashimoto等[65]、澳大利亚Cork等[66]利用安装在操作手末端的摄像机观察目标,求取图像雅可比矩阵的逆,将图像误差转化为操作手末端的位姿变化,控制操作手对目标进行跟踪。基于图像的视觉伺服的优点是不需要对摄像机进行标定,控制精度高,但是需要估计图像雅可比矩阵,在图像雅可比矩阵的奇异点处无法计算出控制量,摄像机容易丢失目标而导致伺服失败。混合视觉伺服采用基于位置的视觉伺服控制一部分自由度,利用基于图像的视觉伺服控制另一部分自由度。例如,法国INRIA的Malis等[32,66]提出了一种称为2.5D的视觉伺服方法,使用扩展图像坐标(Extended Image Coordinates)在图像空间控制位置,而通过部分三维重构在笛卡儿空间控制旋转。这种方法不需要进行准确的摄像机标定，并且扩展图像坐标与末端速度之间的雅可比矩阵在整个工作空间都不存在奇异点。它结合了基于位置和基于图像这两种方法的优点，但是这种方法需要计算和分解当前图像特征与理想图像特征之间的单应性矩阵（Homography Matrix），计算复杂，计算量大。

针对上述3种视觉伺服方法，美国耶鲁大学Hespanha等[67]提出，对于利用视觉系统采集操作手末端和目标数据进行点定位的控制任务，采用基于图像的弱标定和无标定视觉伺服所能够准确实现的任务集合，要大于基于位置的视觉伺服所能完成的任务集合：

$$\mathrm{PBc} \subseteq \mathrm{Hc} \subseteq \mathrm{IBc}$$

式中：PBc、Hc、IBc分别为基于位置的视觉伺服、混合视觉伺服和基于图像的视觉伺服能够准确完成的任务集合。

近年来，国际上很多机器人领域的学者致力于无标定视觉伺服（Uncalibrated Visual Servoing）研究[68-85]。分析这些文献，不难发现这些无标定视觉伺服可以划分为两类。

一类属于基于位置型视觉伺服，其摄像机参数通过特定的场景进行自标定或者在线标定[68-71]。在这类系统中，摄像机的无标定实际上是无专门标定。瑞典Kragic等[68]使用一台摄像机，根据目标的CAD模型估计目标相对于摄像机的位姿，并据此控制机器人操作手移动到相对于目标的一个预定位置，对目标进行抓取。日本Sato等[69-70]由机器人的平移运动获得摄像机的运动量，利用极线几何约束（Epipolar Geometry Constraint）对目标进行三维重构，在笛卡儿空间实现对机器人的控制。法国Schramm等[71]通过估计摄像机参数和机器人的雅可比矩阵，实现视觉伺服控制。

另一类属于基于图像型视觉伺服，不对摄像机参数进行估计，而是将摄像机参数与机器人参数融入图像雅可比矩阵。此类系统根据图像信息，直接控制机器人的运动，不需要进行三维重构[72-85]。美国Bishop等[72]、香港中文大学的Wang等[73]分别通过图像信息，实现了机器人末端在平面内的速度控制。香港中文大学Shen等[74]提出的方法，采用Eye-to-Hand系统，摄像机光轴中心线与机器人末端工作平面垂直，在与摄像机成像平面平行的机器人工作平面上，构造的图像雅可比矩阵可以消除摄像机参数,从而实现机器人末端在平面内的轨迹跟踪控制。佐治亚理工学院 Piepmeier 等[75-78]提出的视觉伺服方法,利用机器人末端与目标图像的特征构造二次型性能函数,以性能函数最小为目标,通过拟牛顿法(Quasi-Newton Method)在线估计图像雅可比矩阵,控制机器人运动。法国 Miura 等[79]和美国 Smith 等[80]分别利用安装在机器人末端的摄像机构成 Eye-in-Hand 系统,根据当前图像与期望图像的特征差异,控制机器人以小步长运动,最终使当前图像与期望图像相同。苏等[81-82]利用卡尔曼滤波估计图像雅可比矩阵,并设计了一种自动剔除大误差的控制器用于手眼协调控制。

图像雅可比矩阵与摄像机参数和目标的深度信息有关,深度信息的缺乏使图像雅可比矩阵的估计存在较大误差。为此,美国明尼苏达大学 Papanikolopoulos 等[83]使用自适应控制对目标相对于摄像机的深度进行在线估计,以计算图像雅可比矩阵。法国 Cervera 等[84]采用立体视觉来估计深度信息。意大利 Guiseppe 等[85]采用安装在机器人末端的摄像机,根据目标在图像中的像素面积估计深度,并且使用模糊逻辑控制进行基于图像的视觉伺服,避免计算图像雅可比矩阵。

基于图像的视觉伺服难以实现对机器人末端姿态的控制,文献[72-85]主要对位置进行控制,很少对姿态进行控制。为实现对位置和姿态的控制,法国 Horaud 等[86]采用 ETH 系统,根据交比不变性进行摄像机自标定,然后根据摄像机参数和机器人的雅可比矩阵计算图像雅可比矩阵,控制机器人运动。该方法由于计算时能够根据机器人的位姿判定图像雅可比矩阵是否奇异,所以能够实现对机器人位置和姿态的控制。

基于图像的视觉伺服的另一个问题是,采用 Eye-in-Hand 系统在图像空间进行控制时,不能保证始终将目标保持在摄像机视野内。为此,瑞典 Kragic 等[87]采用 Eye-to-Hand 和 Eye-in-Hand 相结合的方式,大范围内使用 Eye-to-Hand 方式以得到大的视野,而在小范围内使用 Eye-in-Hand 方式提高控制精度。

目前的机器人视觉控制策略与算法,在非结构化环境下,难以满足服务型机器人操作目标时对视觉控制的需要。从实验情况看,文献[72-85]选择的操作目标比较特殊,与实际应用还有很大距离。从控制策略上看，上述文献中给出的控制方法采用的策略比较单一。从摄像机参数的角度看，上述方法要么需要获得比较准确的摄像机参数，要么将摄像机参数融入图像雅可比矩阵的估计。对于已知摄像机粗略参数、机械手精密性不高的情况下，不经过手眼标定，如何在非结构化环境下实现手眼协调完成对目标的操作，具有非常重要的实际意义，然而目前尚没有行之有效的方法。

1.4.4 机器人视觉控制的应用现状

目前，视觉控制已经成功应用于机器人的各个领域。单目视觉广泛应用于工业机器人、机器人足球、移动机器人、特种机器人等领域。例如，图 1－6 为单目视觉在机器人领域的几个应用实例。图 1－6(a) 是美国爱德普公司的机器人自动拣选系统，它采用在工作区域上方固定的单摄像机识别被拣选的物品，并测量出被选中物品的位置和朝向；

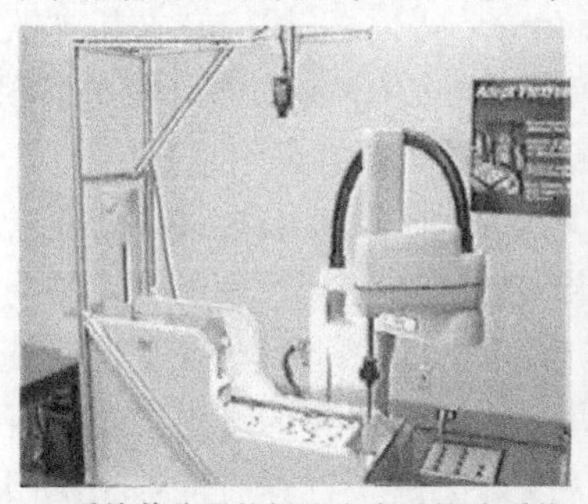

(a) 爱德普公司的机器人自动拣选系统

(b) 足球机器人系统

(c) 机器鱼系统

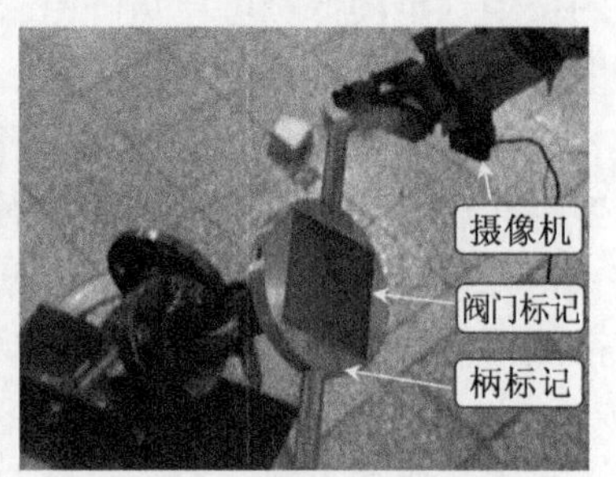

(d) 采用Eye-in-Hand视觉系统的工业机器人系统

图 1－6 单目视觉的部分应用实例

机器人根据视觉系统给出的物品位置和朝向,以合适的工具姿态运动到物品位置,抓取物品并移动到合适的位置放下。在该系统中,需要进行手眼标定,以获得摄像机坐标系与机器人坐标系之间的关系。图1-6(b)是采用视觉定位的足球机器人系统,摄像机安装在球场上方固定位置。足球机器人的视觉系统,利用颜色的不同识别球场、球以及各台机器人,并对球与每台机器人的位置进行测量。根据己方机器人、对方机器人以及球的位置、运动方向和速度等信息,由计算机通过相关算法给出己方机器人的运动方向与速度指令,以无线通信的方式将指令发送给己方的各台机器人,控制机器人的运动。在足球机器人系统中,视觉定位是实现对机器人控制的基础。这类足球机器人系统是一个多目标的动态控制系统,一个队的机器人由一台计算机集中进行控制,比赛双方较量的核心是多目标的优化与控制算法、控制策略等。近年来,除这种全局视觉的足球机器人系统外,本身装有摄像机的足球机器人系统获得发展,并已应用于国际机器人足球赛事。与前者不同,这种机器人本身具有更高的智能,每台机器人是一个智能体,一支球队是一个多智能体系统。比赛中不仅较量控制策略,还要较量机器人的智能化程度以及多智能体之间的协调、协作能力等。图1-6(c)是采用视觉定位的机器鱼系统,其视觉控制原理与图1-6(b)的足球机器人相同,在此不再赘述。图1-6(d)是采用Eye-in-Hand视觉系统的工业机器人系统,用于在视觉控制下将机器人的末端以一定的姿态移动到目标位置。对于这种应用,手眼标定比较简单,可以在安装摄像机时,通过适当调整摄像机的姿态,实现运动解耦。一般地,取摄像机的光轴中心线方向与末端坐标系的Z轴方向相同,并使得当机器人的末端沿末端坐标系的X轴运动时图像坐标在水平方向变化,沿Y轴运动时图像坐标在竖直方向变化。这样,利用基于图像的视觉伺服就可以完成上述任务。

图1-7给出了视觉在生物、医疗机器人中的应用实例。图1-7(a)是带有视觉系统的医疗机器人系统,是美国摩星有限公司开发的宙斯外科机器人,由外科医生控制台和3条安装在手术台上的机器人手臂构成,左右两条机器人手臂重复外科医生双臂的活动,能分别操作两件手术器械,第三条机器人手臂提供手术区域的视图给外科

医生。此条手臂装有伊索内窥镜定位装置,伊索装置是世界上第一台获得美国食品及药物管理局(Food and Drug Administration,FDA)批准的外科机器人。外科手术要求精确的动作和轻柔的接触。人类可做出轻柔的接触,而机器人装置则能够实现精确的动作,宙斯外科机器人系统能够较好地发挥二者的优势。此外,手术过程中,机器人能够完全平稳地持住内窥镜,保持手术区域的图像极其稳定,而采用人工持镜则无法保持图像的长时间稳定。手术过程中,医生可以采用简单的语音口令精确地调整内窥镜的位置,还可以将内窥镜返回到特定的精确部位以再现有关视域。利用该机器人系统与医生共同进行手术,能够减小手术切口,缩短手术时间,减少病人痛苦。图 1-7(b)为细胞注射微操作机器人系统,采用单摄像机的显微视觉控制系统。对于图1-7(b)所示细胞注射,视觉控制中不需要深度信息,显微镜一旦调整到合适位置后即可保持在该位置不动。经过对图像坐标与工作平面上位置之间比例关系的标定,可以由图像坐标获得目标在工作平面上的位置。利用工具与细胞之间的相对位置,控制机器人带动工具移动,从而实现细胞注射的视觉控制。

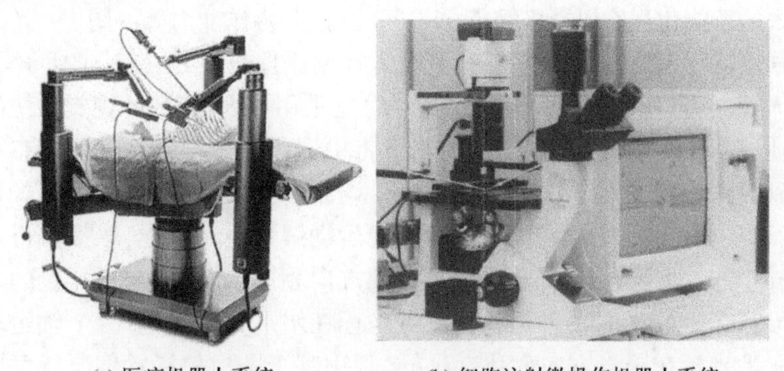

(a) 医疗机器人系统　　(b) 细胞注射微操作机器人系统

图 1-7　视觉在生物、医疗机器人中的应用

哈尔滨工业大学研制了具有显微视觉控制的微操作机器人,用于光纤对接。该系统利用两台带显微镜的摄像机从不同的角度获取光纤图像,一台从垂直方向获得 *XZ* 平面的图像,另一台从水平方向获得 *YZ* 平面的图像,如图 1-8 所示。光纤 1 为固定段,光纤 2 为可调整

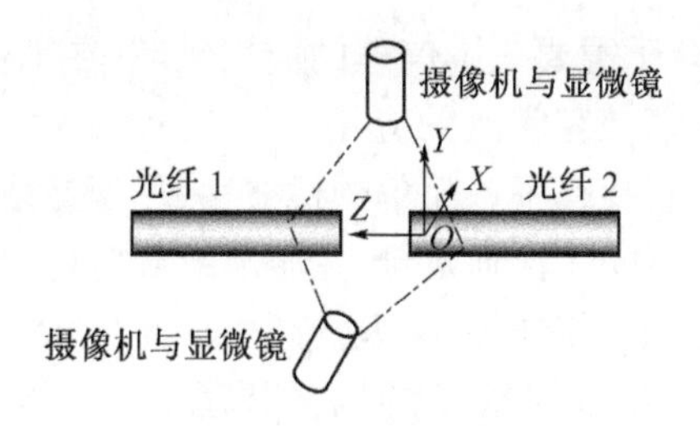

图1-8 利用正交摄像机的显微视觉控制

段,由微操作机器人控制其运动。根据 XZ 平面图像中两段光纤的图像位置,控制机器人 X 轴的运动;根据 YZ 平面图像中两段光纤的图像位置,控制机器人 Y 轴的运动;根据两幅图像中两段光纤的图像位置,控制机器人 Z 轴的运动。该方案很巧妙地将三维位置信息转换为两个平面的二维位置信息,避免了利用视觉求取深度信息,摄像机位置可以固定,标定也比较简单。利用该方案易于实现基于位置的微操作机器人显微视觉控制,也便于实现基于图像的显微视觉控制。

单目视觉在服务机器人中应用也比较广泛,其主要作用是用于视觉导航。图1-9(a)和图1-10分别为采用单目视觉进行导航的智能轮椅和智能移动机器人。通过视觉信息,获得前方环境障碍物或目标的位置,控制机器人避障或者奔向目标。

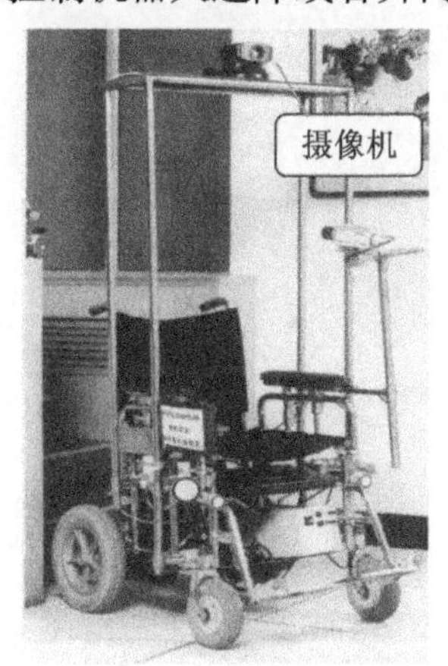

(a) 智能轮椅

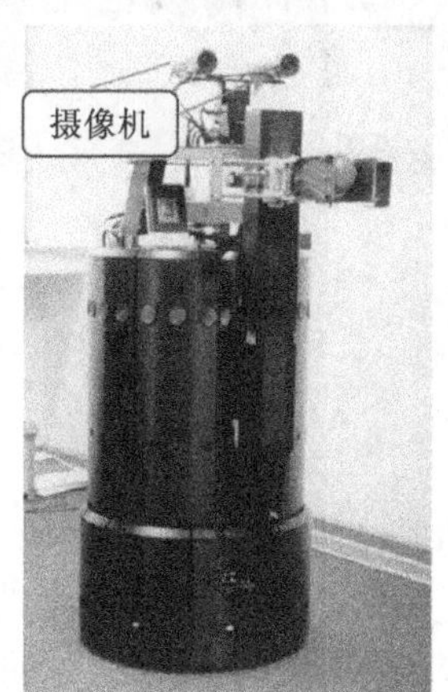

(b) 智能服务机器人

图1-9 智能轮椅与智能服务机器人

双目视觉适合于需要三维信息的应用领域，在工业机器人、移动机器人、人形机器人中具有广泛的应用。图1－9(b)为采用双目视觉的智能服务机器人，它装有一台简单的机械手，用于抓取物品。机械手和摄像机构成Eye-to-Hand视觉系统，手眼系统经过标定后获得摄像机坐标系与机械手基坐标系之间的关系。

图1－11为采用双目视觉的人形机器人，人形机器人头部的两台摄像机与两只机械手构成Eye-to-Hand型手眼系统，与头部的两自由度运动机构构成Eye-in-Hand型手眼系统。一般地，人形机器人在胸部某一固定位置建立头部与手臂的参考坐标系。手眼标定时，求取摄像机坐标系与在胸部的参考坐标系之间的关系。视觉引导下的抓取作业，可以描述为：摄像机测量出目标在摄像机坐标系下的位置，利用齐次变换将其转换成胸部的参考坐标系下的位置，机械手根据该位置执行抓取作业。由于这个过程中存在一系列误差，这种先测量再抓取的模式往往难以使机械手抓取到目标。为克服误差过大的缺陷，可以采用对目标和机械手末端同时进行视觉测量的方式，利用机械手与目标的位置差控制机械手的运动。此外，人形机器人的视觉系统，还可用于导航控制等。

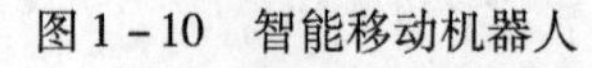
图1－10　智能移动机器人

图1－11　人形机器人

图1－12为采用双目视觉的工业机器人实验系统。图1－12(a)为采用Eye-in-Hand双目视觉的工业机器人实验系统，需要对摄像机坐标系与机器人末端坐标系的关系进行标定。摄像机测量出目标在摄像机坐标系下的位置，转换成目标在机器人末端坐标系下的位置，

控制机器人进行基于末端坐标系的运动。图1-12(b)为采用Eye-to-Hand双目视觉的工业机器人实验系统,一般需要对摄像机坐标系与机器人基坐标系的关系进行标定。摄像机测量出目标在摄像机坐标系下的位置,转换成目标在机器人基坐标系下的位置,控制机器人末端进行基于基坐标系的运动。

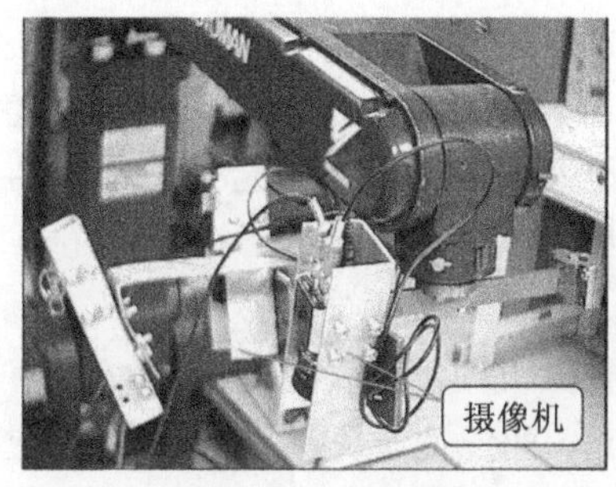

(a) Eye-in-Hand双目视觉

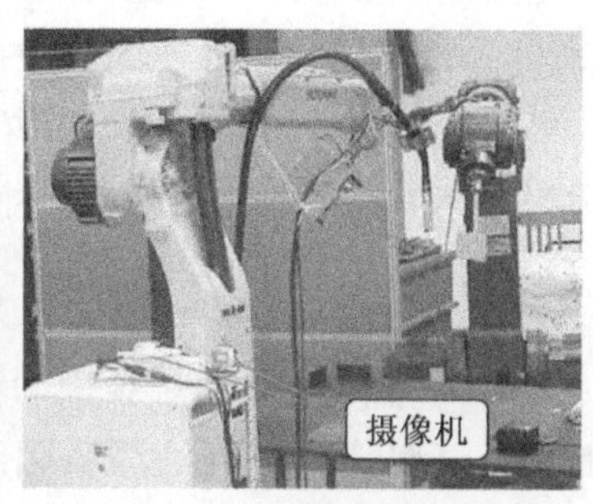

(b) Eye-to-Hand双目视觉

图1-12 具有双目视觉的工业机器人实验系统

图1-13给出了基于结构光视觉的焊接机器人及视觉测量原理图,其中图1-13(a)为其原理图,图1-13(b)为基于结构光视觉的焊接机器人。视觉系统与焊枪安装在小车式焊接机器人的机头上,机头可以上下、左右调整。根据结构光视觉传感器测量出的焊缝上下、左右偏差,调整机头位置,使焊枪枪尖按照一定的高度处于焊缝上方,以保证焊枪能够沿焊缝进行焊接。

此外,视觉控制在机器人系统中的应用还有很多实例,在此不再一

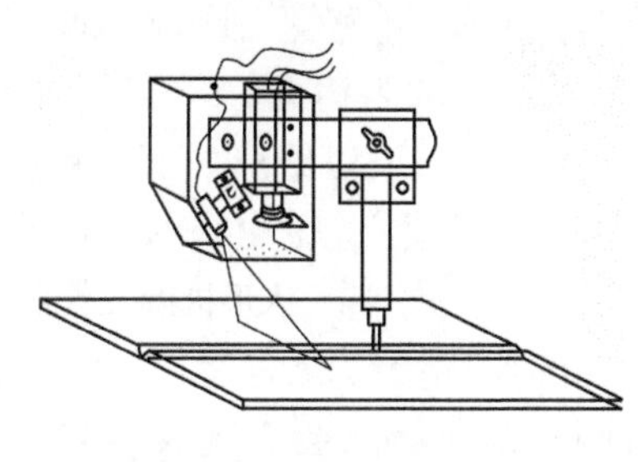

(a) 基于结构光视觉的焊接机器人原理

(b) 基于结构光视觉的焊接机器人

图1-13 具有结构光视觉的焊接机器人

一列举。

1.4.5 机器人视觉测量与控制的发展趋势

视觉是机器人获取外部环境信息的重要手段,也是提高机器人自适应能力的重要保障。视觉系统常被称为机器人的眼睛,但与人的眼睛相比,无论其适应性还是灵活性都还有很大差距。此外,视觉系统与操作机械手的配合,也远没有人的手眼配合那么默契。可以预见,随着近年来服务机器人的蓬勃发展,机器人的视觉系统一定会取得重要进展,未来的视觉系统将会成为机器人名副其实的眼睛。

1. 视觉自学习

目前,机器人视觉系统采用的摄像机模型大部分是四参数或五参数的小孔模型,摄像机的内参数固定。即便如此,摄像机参数的标定还是比较繁杂。无标定视觉系统,就是为了将人们从烦琐的摄像机标定中解脱出来。由无标定视觉构成的伺服系统可以分为两类。一类无标定视觉伺服系统属于基于位置型视觉伺服,其摄像机参数通过特定的场景自标定或者在线标定。另一类无标定视觉伺服系统属于基于图像型视觉伺服,不对摄像机参数进行估计,而是将摄像机参数与机器人参数融入图像雅可比矩阵。此类系统根据图像信息,直接控制机器人的运动,不需要进行三维重构。无论摄像机参数的自标定、在线标定或者图像雅可比矩阵的估计,都是视觉系统的自学习过程。如何改善视觉系统的自学习,将是机器人视觉领域的一个重要研究方向。

戴眼镜的人往往有这样的经历,新配的眼镜刚刚佩戴时,感觉看到的景物与以前有所不同,看近处时会有点头晕,走路深一脚浅一脚。配眼镜的师傅往往给出这样的建议:戴上新配的眼镜后,多交替着看看远处和近处,多上下几次台阶。对于这一现象,可以给出如下解释:新的眼镜刚戴上时,视觉系统的内参数发生了变化,光轴中心的偏移还会导致双目之间的外参数发生变化。在这种变化未被修正之前,戴眼镜者根据眼睛的活动记忆的参数与当前的实际参数之间存在较大的偏差,利用记忆的参数进行视觉测量,测量结果必然会有较大误差。因此,利用这一测量结果控制下肢运动时,会感觉到走路深一脚浅一脚。配镜师傅建议的交替看远处和近处,是对视觉系统的重新标定,新的参数会被人脑学习记忆。而上下台阶是对视觉系统的检验,也是对下肢与视觉系统关系的重新标定。因此,可以考虑以人的视觉系统的学习模式为参考,利用模糊小脑模型(FCMAC)实现变参数摄像机模型参数的自学习。

变参数摄像机更接近于人的眼睛,具有很高的应用价值。变参数摄像机在室内环境下利用自然场景、不通过特定运动的在线自标定,具有自学习能力,是对现有自标定方法的进一步发展,其应用更加方便,用途更加广泛,可以应用于机器人导航、运动物体的识别与跟踪、视觉监控等行业。

2. 视觉模糊测量

在机器人视觉的很多应用中,视觉测量的目标并不是要准确获得被测物的位置信息,更不需要对其表面进行三维重构。例如,移动机器人进行视觉导航时,目的是避开障碍物,奔向目标;机械手在视觉控制下进行操作时,目的是使机械手的工具按照一定的姿态到达被操作目标。人在避障奔向目标时,并不需要对障碍物提取点、线特征,而是将每个物体作为一个整体对待,给出各个物体相互之间以及与人之间的大致位置和姿态关系。人在抓取物品时,总是先估计物品是否在手的可达范围内。确定在手的可达范围内后,人的视觉系统转向测量手与物品的相对关系。这种相对关系不是精确的位置与姿态,是一种模糊的相对位置和姿态。这种相对关系虽然不精确,但是是正确的。

人的视觉测量模式给出一些重要启示:某些应用场合下视觉测量的正确性远比精确性重要。可以考虑将每个物体目标作为一个整体对待,根据摄像机参数、时空连续性约束等,推导帧内目标和帧间目标的相互关系。此外,建立信息冲突的综合分析与判断规则,构造模糊测量规则,建立目标间的距离与方位的模糊测量算法,对移动机器人的运动控制具有十分重要的作用。

3. 仿人视觉控制

在视觉控制研究中,利用预标定摄像机,采用基于位置的视觉控制实现了移动平台上机械手对阀门的操作,采用混合视觉伺服实现了弧焊机器人的焊缝跟踪与自动焊接控制。利用无标定摄像机,采用基于图像的视觉控制实现了机械手末端对操作目标的趋近控制。显然,利用单一的控制策略达到的控制效果，与人的手眼控制相比还有很大差距。

机器人的手眼关系，是对人类此种行为的模拟。人类手眼之间的协调，是一个非常复杂的、全局的和自适应学习的过程，涉及智能进化和行为优化等各个方面。因此，对机器人手眼关系的研究，应该充分地结合仿生学和人工智能的研究成果，从本质和机理上去分析。由目前人工智能的研究成果可知，人类在处理手眼协调时，更多的是建立在模糊推理、经验感觉和基于反馈的自适应学习的基础之上。模糊推理、神经网络及遗传算法等各种智能计算方法，分别是对人类智能的过程、结构和行为等方面的模拟。模糊推理、神经网络、遗传算法以及人工智能的各种方法，以其特有的智能性，相信会在无标定领域发挥更大的作用。

可以考虑模仿人的视觉控制模式，构造多输入、多层次、多模型的视觉智能控制器。在信息输入层，输入 Eye-to-Hand 和 Eye-in-Hand 系统摄像机的图像信息、机械手状态信息以及摄像机的调整电参量等。这些输入信息，既有当前数据，又有一定时间段内的历史数据。在信息处理层，实现对上述信息的筛选与判别，剔除无效信息，对冲突信息进行甄别，形成控制器所需的有效输入信息。控制器层由多种不同控制策略与算法构成的控制器组成，如基于图像的控制器、基于位置的控制器、基于操作经验的控制器等。控制决策层对控制器取用的输入信号进行分配，对控制器的有效性进行设置，并对控制器层的输出进行仲裁、决策、综合，形成控制机械手运动的控制输出。其中，控制器层和控制决策层可以作为重点进行深入研究。

在无标定视觉伺服的基础上，仿人视觉控制的策略与算法，能够充分利用摄像机的粗略参数、图像信息、机械手模型与状态，模仿人的操作经验，在非结构化环境下实现手眼协调，完成对目标的操作。仿人视觉控制能够为机器人赋予更强的操作能力，具有十分重要的实用价值。

4. 基于序列图像的视觉测量

目前的视觉测量，大部分是在单幅图像的基础上进行的。视觉系统中的图像，一般是连续的序列图像。基于单幅图像的视觉测量，就像是只见树木、不见森林，难以获得环境或目标的整体特征。视觉跟踪系统中的信息兴趣窗(Windows of Interesting)技术,虽然也基于序列图像,但其目的是为了提高图像处理的速度。它只是利用了序列图像中的区域目标的相关信息,以估计出目标在未处理的新图像中的区域。这种技术,对于获得环境或目标的整体特征是远远不够的。如何结合摄像机的运动,充分利用这些序列图像中的关联信息,对环境或目标的整体特征进行测量,将是视觉测量的一个发展趋势。

5. 视觉信息融合

视觉信息与其他传感器信息的融合,是目前的一个重要研究方向。例如,在移动机器人中,视觉信息与里程信息的融合,结合了视觉定位与推算定位的各自优点,对于提高机器人的自定位精度与可靠性具有十分重要的作用。多个视觉传感器信息的融合以及视觉信息与其他多种传感信息的融合,在机器人视觉领域仍然具有很大的发展潜力。

6. 服务机器人的地图构建与自定位

利用视觉、超声、红外、码盘等传感信息,在进行地图构建的同时进行自定位(Simultaneous Localization and Mapping,SLAM),是近年来移动机器人领域的研究热点。地图构建与自定位的突破,将为服务机器人进入家庭铺平道路。

参考文献

[1] 林尚扬,陈善本,李成桐. 焊接机器人及其应用[M]. 北京:机械工业出版社,2000.

[2] 蔡自兴. 机器人学[M]. 北京:清华大学出版社,2000.

[3] 马颂德,张正友. 计算机视觉——计算理论与算法基础[M]. 北京:科学出版社,1997.

[4] 贾云得. 机器视觉[M]. 北京:科学出版社,2000.

[5] 王克鸿,周毅仁. 弧焊机器人离线编程系统[J]. 焊接学报,2001,22(4):84-86.

[6] 赵东波,熊有伦. 机器人离线编程系统的研究[J]. 机器人,1997,19(4):314-320.

[7] 贾剑平,张华. 用于弧焊机器人的新型高速旋转电弧传感器的研制[J]. 南昌大学学报(工科版),2000,22(3):1-3.

[8] 姚明琳,王维. 光学坐标测量系统在无缝钢管生产中的应用[J]. 传感器世界,2001,7(8):19-21.

[9] 叶峰,陈富根. 机器人弧焊过程焊缝质量信息的在线判读[J]. 焊接学报,2001,22(1):5-7.

[10] 张华,贾剑平.基于焊接温度场等温线分布的弧焊机器人焊缝识别[J].南昌大学学报(工科版),2000,22(1):38-42.

[11] Faugeras O D,Toscani G. The calibration problem for stereo [C]. IEEE Computer Society Conference on Computer Vision and Pattern Recognition, Minmi Beach, Florida, June 22-26, 1986: 15-20.

[12] Ma S D. A Self-calibration technique for active vision system [J]. IEEE Transaction on Robotics and Automation, 1996, 12(1): 114-120.

[13] Basu A. Active calibration: alternative strategy and analysis [C]. Proceedings of IEEE Conference on Computer Vision and Pattern Recognition, 1993: 495-500.

[14] Du F, Brady M. Self-calibration of the intrinsic parameters of camera for active vision system [C]. Proceedings of IEEE Conference on Computer Vision and Pattern Recognition, 1993: 477-482.

[15] Hartley R. Self-calibration of stationary cameras [J]. International Journal of Computer Vision, 1997, 229(1): 2-5.

[16] Yoshimi B H, Allen P K. Active uncalibrated visual servoing [C]. Proceedings of IEEE International Conference on Robotics & Automation, 1994, 4: 156-161.

[17] Bénallal M, Meunier J. Camera calibration with simple geometry [C]. The Processing of 2003 International Conference on Image and Signal, 2003.

[18] Guillou E, Meneveaux D, Maisel E, et al. Using vanishing points for camera calibration and coarse 3D reconstruction from a single image [J]. Visual Computer, 2000, 16(7): 396-410.

[19] Kosecka J, Zhang W. Efficient computation of vanishing points [C]. Proceedings of IEEE International Conference on Robotics and Automation, Washington, DC, United States, 2002, 1: 223-228.

[20] Almansa A, Desolneux A. Vanishing point detection without any a priori information [J]. IEEE Transactions on Pattern Analysis and Machine Intelligence, 2003, 25(4): 502-507.

[21] 张艳珍,欧宗瑛.一种新的摄像机线性标定方法[J].中国图像图形学报,2001,6(8): 727-731.

[22] 衡伟.用于高精度三维计算机视觉的图像系统标定和误差补偿[J].中国图像图形学报,2001,6(10): 988-992.

[23] Zhang Z. A flexible new technique for camera calibration [J]. IEEE Transactions on Pattern Analysis and Machine Intelligence, 2000, 22(11): 1330- 1334.

[24] Heikkela T, Sallinen M, Matsushita T, et al. Flexible hand-eye calibration for multi-camera systems [C]. Proceedings of IEEE/RSJ International Conference on Intelligent Robots & Systems, 2000: 2292-2297.

[25] Hager G D, Hutchinson S, Corke P I. A tutorial on visual servo control [J]. IEEE Transaction on Robotics and Automation, 1996, 12(5): 651-670.

[26] Bakos G C, Tsagas N F, Lygouras J N, et al. Long distance non-contact high precision measure-

ments [J]. International Journal of Electronics, 1993, 75(6): 1269 - 1279.

[27] Zhang J, Djordjevich A. Study on laser stripe sensor [J]. Sensors and Actuators A: Physical, 1999, 72: 224 - 228.

[28] 周会成,陈吉红,周济. 标定线结构光视觉测头基本参数的一种新方法[J]. 仪器仪表学报,2000,21(2): 125 - 127.

[29] 祝世平,强锡富. 工件特征点三维坐标视觉测量方法综述[J]. 光学精密工程,2000, 8(2): 192 - 197.

[30] 刘凤梅,段发阶. 一种新的高精度的线结构光传感器标定方法[J]. 天津大学学报, 1999,32(5): 547 - 550.

[31] 徐光祐,刘立峰,曾建超,等. 一种新的基于结构光的三维视觉系统标定方法[J]. 计算机学报,1995,18(6): 450 - 456.

[32] Chaumette F, Malis E. 2D 1/2 visual servoing: a possible solution to improve image-based and position-based visual servoings [C]. IEEE International Conference on Robotics and Automation, San Francisco, 2000: 630 - 635.

[33] Malis E, Chaumette F, Boudet S. Positioning a coarse-calibrated camera with respect to an unknown object by 2D 1/2 visual servoing [C]. IEEE International Conference on Robotics and Automation, Leuven, 1998: 1352 - 1359.

[34] 王麟琨,徐德,谭民. 机器人视觉伺服研究进展[J]. 机器人,2004,26(3): 277 - 282.

[35] Tsai R Y. A versatile camera calibration technique for high-accuracy 3D machine vision metrology using off-the-shelf cameras and lens [J]. IEEE Transactions on Robotics and Automation, 1987, 3(4): 323 - 344.

[36] Kim J S, Kim H W, Kweon I S. A camera calibration method using concentric circles for vision applications [C]. The 5th Asian Conference on Computer Vision, 2002: 515 - 520.

[37] 杨长江,孙凤梅,胡占义. 基于二次曲线的纯旋转摄像机自标定[J]. 自动化学报,2001, 27(3): 310 - 317.

[38] 杨长江,孙凤梅,胡占义. 基于平面二次曲线的摄像机标定[J]. 计算机学报,2000, 23(5): 541 - 547.

[39] 雷成,吴福朝,胡占义. 一种新的基于主动视觉系统的摄像机自标定方法[J]. 计算机学报,2000,23(11): 1130 - 1139.

[40] 李华,吴福朝,胡占义. 一种新的线性摄像机自标定方法[J]. 计算机学报,2000, 23(11): 1121 - 1129.

[41] 吴福朝,李华,胡占义. 基于主动视觉系统的摄像机自标定研究[J]. 自动化学报,2001, 27(6): 752 - 762.

[42] 胡占义,雷成,吴福朝. 关于共面P4P问题的一点讨论[J]. 自动化学报,2001,27(6): 770 - 776.

[43] Carvalho P C P, Szenberg F, Gattass M. Image-based modeling using a two-step camera calibration method [C]. Proceedings of International Symposium on Computer Graphics, Image

Processing and Vision,1998:388 -395.

[44] Wu Y H,Zhu H J,Hu Z Y,Wu F C. Camera calibration from the quasi-affine invariance of two parallel circles [C]. The 8th European Conference on Computer Vision (ECCV),2004:190 - 202.

[45] Wu Y H,Hu Z Y. The invariant representations of a quadric cone and a twisted cubic [J]. IEEE Transactions on Pattern Analysis and Machine Intelligence, 2003, 25 (10): 1329 - 1332.

[46] Yang A Y,Hong W,Ma Y. Structure and pose from single images of symmetric objects with applications to robot navigation [C]. Proceedings of IEEE International Conference on Robotics & Automation,Taipei,2003:1013 - 1020.

[47] Xu D,Wang L K,Tu Z G,et al. Hybrid visual servoing control for robotic arc welding based on structured light vision [J]. 自动化学报,2005,31(4):596 - 605.

[48] Fofi D,Salvi J,Mouaddib E M. Uncalibrated Vision based on Structured Light [C]. Proceedings of IEEE International Conference on Robotics and Automation,2000:3548 - 3553.

[49] 张广军,马骊群. 网条结构光三维视觉检测标定方法研究[J]. 仪器仪表学报,2000,21(3):283 - 286.

[50] 王春和,邹定海. 三维视觉检测与结构光传感器的标定[J]. 仪器仪表学报,1994,15(2):119 - 123.

[51] 陶国智,刘雯. 线结构光传感器的数学模型及其测试方法[J]. 宇航计测技术,1999,19(6):51 - 54.

[52] Zou D,Ye S,Wang C. Structured-lighting surface sensor and its calibration [J]. Optical Engineering,1995,34(10):3040 - 3043.

[53] 肖海,罗明. 用消隐点法标定线结构光三维视觉传感器[J]. 光电工程,1996,23(3):53 - 58.

[54] 张广军,王红. 结构光三维视觉系统研究[J]. 航空学报,1999,20(5):365 - 376.

[55] 徐德,王麟琨,谭民. 基于运动的手眼系统结构光参数标定[J]. 仪器仪表学报,2005,26(11):1101 - 1106.

[56] El-Hakim S F. Application and performance evaluation of a vision-based automated measurement system [J]. Proceedings of SPIE,Videometrics,1992,1820:181 - 195.

[57] El-Hakim S F,Pizzi N,Westmore D. The VCM automated 3-D measurement system,theory, application and performance evaluation [J]. Proceedings of SPIE,Applications of Artificial Intelligence:Machine Vision and Robotics,1992,1708:460 - 482.

[58] El-Hakim S. Three-dimensional modeling of complex environments [J]. Proceedings of SPIE, Videometrics and Optical Methods for 3D Shape Measurement,2001,4309:162 - 173.

[59] El-Hakim S. A practical approach to creating precise and detailed 3D models from single and multiple views [J]. International Archives of Photogrammetry and Remote Sensing,2000,33(B5A):122 - 129.

[60] Maruyama T, Kanda S, Sato M, et al. Hand-eye system with three-dimensional vision and micro-gripper for handling flexible wire [J]. Machine Vision and Applications, 1990, 3 (4): 189 - 199.

[61] Xu D, Tan M, Zhao X, et al. Seam tracking and visual control for robotic arc welding based on structured light stereovision [J]. International Journal of Automation and Computing, 2004, 1(1): 63 - 75.

[62] Bonnifait P, Garcia G. Design and experimental validation of an odometric and goniometric localization system for outdoor robot vehicles [J]. IEEE Transactions on Robotics and Automation, 1998, 14(4): 541 - 548.

[63] Bonnifait P, Garcia G, Peyret F. A system for 3D localization of civil-engineering machines [C]. IEEE International Conference on Robotics and Automation, 1998.

[64] Han M, Lee S, Park S K, et al. A new landmark-based visual servoing with stereo camera for door opening [C]. International Conference on Control, Automation and Systems, Muju Resort, Jeonbuk, Korea, 2002: 1892 - 1896.

[65] Hashimoto K, Kimoto T, Ebine T, et al. Manipulator control with image-based visual servo [C]. Proceedings of IEEE International Conference on Robotics and Automation, 1991: 2267 - 2271.

[66] Corke P I, Hutchinson S A. A new partitioned approach to image-based visual servo control [C]. Proceedings of the 31st International Symposium on Robotics, Montreal, 2000: 507 - 515.

[67] Hespanha J, Dodds Z, Hager G D, et al. What can be down with an uncalibrated stereo system [C]. Proceedings of IEEE International Conference on Robotics and Automation, 1998: 1366 - 1372.

[68] Kragic D, Miller A T, Allen P K. Real-time tracking meets online grasp planning [C]. Proceedings of IEEE International Conference on Robotics and Automation, 2001: 2460 - 2465.

[69] Adachi J, Sato J. Uncalibrated visual servoing from projective reconstruction of control values [C]. Proceedings of the 17th International Conference on Pattern Recognition, 2004: 297 - 300.

[70] Sato T, Sato J. Visual servoing from uncalibrated cameras for uncalibrated robots [J]. Systems and Computers in Japan, 2000, 31(14): 11 - 19.

[71] Schramm F, Morel G, Micaelil A, et al. Extended-2D visual servoing [C]. Proceedings of IEEE International Conference on Robotics and Automation, 2004: 267 - 273.

[72] Bishop B E, Spong M W. Toward 3D uncalibrated monocular visual servo [C]. Proceedings of IEEE International Conference on Robotics and Automation, 1998: 2664 - 2669.

[73] Wang C, Shen Y, Liu Y H, et al. Robust visual tracking of robot manipulators with uncertain dynamics and uncalibrated camera [C]. Proceedings of the 7th International Conference on Control, Automation, Robotics and Vision, 2002: 1144 - 1149.

[74] Shen Y, Xiang G, Liu Y H, et al. Uncalibrated visual servoing of planar robots [C]. Proceedings of IEEE International Conference on Robotics and Automation, 2002: 580-585.

[75] Piepmeier J A, McMurray G V, Lipkin H. Uncalibrated dynamic visual servoing [J]. IEEE Transactions on Robotics and Automation, 2004, 20(1): 143-147.

[76] Piepmeier J A, McMurray G V, Lipkin H. A dynamic quasi-Newton method for uncalibrated visual servoing [C]. Proceedings of IEEE International Conference on Robotics and Automation, 1999: 1595-1600.

[77] Piepmeier J A, McMurray G V, Lipkin H. A dynamic Jacobian estimation method for uncalibrated visual servoing [C]. IEEE/ASME International Conference on Advanced Intelligent Mechatronics, 1999: 944-949.

[78] Piepmeier J A, Lipkin H. Uncalibrated eye-in-hand visual servoing [J]. International Journal of Robotics Research, 2003, 22(10-11): 805-819.

[79] Miura K, Gangloff J, Mathelin M D, et al. Visual servoing without Jacobian using modified simplex optimization [C]. Proceedings of the SICE Annual Conference, 2004: 1313-1318.

[80] Smith C E, Papanikolopoulos N P. Grasping of static and moving objects using a vision-based control approach [J]. Journal of Intelligent and Robotic Systems: Theory & Applications, 1997, 19(3): 237-270.

[81] Qian J, Su J. Online estimation of image Jacobian matrix by Kalman-Bucy filter for uncalibrated stereo vision feedback [C]. Proceedings of IEEE International Conference on Robotics and Automation, 2002: 562-567.

[82] Su J B, Qiu W B. Robotic calibration-free hand-eye coordination based on auto disturbances rejection controller [J]. 自动化学报, 2003, 29(2): 161-167.

[83] Papanikolopoulos N P, Khosla P K, Adaptive robotic visual tracking theory and experiments [J]. IEEE Transactions on Automatic Control, 1993, 38(3): 429-445.

[84] Cervera E, Berry F, Martinet P. Image-based stereo visual servoing: 2D vs 3D features [C]. 15th Triennial World Congress of the International Federation of Automatic Control, 2002: 1630-1635.

[85] Guiseppe R D, Taurisano F, Distante C, et al. Visual servoing of a robotic manipulator based on fuzzy logic control [C]. Proceedings of IEEE/ICRA International Conference on Robotics and Automation, 1999: 1487-1494.

[86] Horaud R, Dornaika F, Espiau B. Visually guided object grasping [J]. IEEE Transactions on Robotics and Automation, 1998, 14(4): 525-532.

[87] Kragic D, Christensen H I. Cue integration for visual servoing [J]. IEEE Transactions on Robotics and Automation, 2001, 17(1): 18-27.

第2章 摄像机与视觉系统的标定

摄像机与视觉系统的标定是机器人视觉中的一个重要问题。所谓摄像机的标定,就是根据给定的摄像机模型求取摄像机的内部参数、外部参数。而视觉系统的标定,则是对摄像机和机器人之间关系的求取。虽然无标定视觉伺服方法不需要预先对摄像机与视觉系统进行标定,但是它对能够实现的控制任务具有一定限制,很少有无标定视觉伺服的文献涉及姿态控制。因此,对于大部分视觉控制系统而言,摄像机与视觉系统的标定依然是非常必要的。

2.1 摄像机模型

2.1.1 小孔模型

所有景物通过摄像机光轴中心点投射到成像平面上的摄像机模型,称为小孔模型[1-3]。摄像机光轴中心点,是指摄像机镜头的光心。如图2-1所示,O_c 为摄像机的光轴中心点,Π_2' 为摄像机的成像平面。成像平面上分布着感光器件,将照射到该平面的光信号转变为电信号,经过放大处理得到数字图像。由小孔成像原理可知,物体在成像平面 Π_2' 上的像是倒实像。物体的像与原物体相比较,比例缩小,上下和左右方向相反。在将摄像机成像平面上的倒实像转换成数字图像时,将图像进行了放大,将图像的方向进行了转换,使其与原物体的上下和左右方向相同。可以这样认为,成像平面 Π_2' 等效成成像平面 Π_2,成像平面 Π_2 的正像到数字图像的转换等效成放大环节。

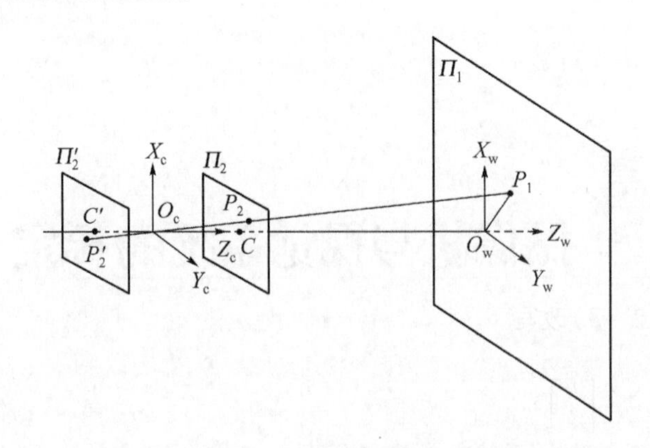

图 2-1　小孔成像原理

在摄像机的光轴中心建立坐标系，Z 轴方向平行于摄像机光轴，并以从摄像机到景物的方向为正方向，X 轴方向取图像坐标沿水平增加的方向。在摄像机的笛卡儿空间，设景物点 P_1 的坐标为(x_1, y_1, z_1)，P_1 在成像平面 Π_2 的成像点 P_2 的坐标为(x_2, y_2, z_2)，则

$$\begin{cases} \dfrac{x_1}{z_1} = \dfrac{x_2}{z_2} = \dfrac{x_2}{f} \\ \dfrac{y_1}{z_1} = \dfrac{y_2}{z_2} = \dfrac{y_2}{f} \end{cases} \tag{2-1}$$

式中：f 为摄像机的焦距，$f = z_2$。

2.1.2 摄像机内参数模型

式(2-1)是笛卡儿空间的景物点与成像点之间的关系，摄像机的内参数模型描述的是景物点与图像点之间的关系。成像平面上的像经过放大处理得到数字图像，成像平面上的成像点(x_2, y_2)转换成为图像点(u, v)。将光轴中心线在成像平面的交点的图像坐标记为(u_0, v_0)，则

$$\begin{cases} u - u_0 = \alpha_x x_2 \\ v - v_0 = \alpha_y y_2 \end{cases} \tag{2-2}$$

式中：α_x 和 α_y 分别为成像平面到图像平面在 X 轴和 Y 轴方向的放大系数。

将式(2-1)代入式(2-2),得

$$\begin{cases} u - u_0 = \alpha_x f \dfrac{x_1}{z_1} \\ v - v_0 = \alpha_y f \dfrac{y_1}{z_1} \end{cases} \tag{2-3}$$

将式(2-3)改写成矩阵形式,则有

$$\begin{bmatrix} u \\ v \\ 1 \end{bmatrix} = \begin{bmatrix} k_x & 0 & u_0 \\ 0 & k_y & v_0 \\ 0 & 0 & 1 \end{bmatrix} \begin{bmatrix} x_1/z_1 \\ y_1/z_1 \\ 1 \end{bmatrix} = \boldsymbol{M}_{\text{in}} \begin{bmatrix} x_1/z_1 \\ y_1/z_1 \\ 1 \end{bmatrix} \tag{2-4}$$

式中: $k_x = \alpha_x f$,是 X 轴方向的放大系数; $k_y = \alpha_y f$,是 Y 轴方向的放大系数; $\boldsymbol{M}_{\text{in}}$ 称为内参数矩阵; (x_1, y_1, z_1) 是景物点在摄像机坐标系下的坐标。

在式(2-4)中,内参数矩阵 $\boldsymbol{M}_{\text{in}}$ 含有4个参数。因此,式(2-4)模型被称为摄像机的四参数模型[1-5]。一般地,景物点在摄像机坐标系下的坐标用 (x_c, y_c, z_c) 表示,式(2-4)改写为

$$\begin{bmatrix} u \\ v \\ 1 \end{bmatrix} = \begin{bmatrix} k_x & 0 & u_0 \\ 0 & k_y & v_0 \\ 0 & 0 & 1 \end{bmatrix} \begin{bmatrix} x_c/z_c \\ y_c/z_c \\ 1 \end{bmatrix} \tag{2-5}$$

如果不考虑放大系数 k_x 与 k_y 的差异,构成的摄像机内参数模型只有3个参数,称为摄像机的三参数模型:

$$\begin{bmatrix} u \\ v \\ 1 \end{bmatrix} = \begin{bmatrix} k & 0 & u_0 \\ 0 & k & v_0 \\ 0 & 0 & 1 \end{bmatrix} \begin{bmatrix} x_c/z_c \\ y_c/z_c \\ 1 \end{bmatrix} \tag{2-6}$$

式中: k 为放大系数。

在考虑放大系数 k_x 与 k_y 的差异与耦合作用的情况下,构成的摄

像机内参数模型具有 5 个参数,称为摄像机的五参数模型:

$$\begin{bmatrix} u \\ v \\ 1 \end{bmatrix} = \begin{bmatrix} k_x & k_s & u_0 \\ 0 & k_y & v_0 \\ 0 & 0 & 1 \end{bmatrix} \begin{bmatrix} x_c/z_c \\ y_c/z_c \\ 1 \end{bmatrix} \tag{2-7}$$

式中:k_s 为 X 轴方向与 Y 轴方向的耦合放大系数。

在上述 3 种内参数模型中,四参数模型较常用。

由射影几何原理可知,同一个图像点可以对应若干个不同的空间点。如图 2-2 所示,直线 OP 上的所有点具有相同的图像坐标。当 $z=f$ 时,点(x_{cf}, y_{cf}, f)为图像点在成像平面上的成像点坐标。当 $z=1$ 时,点$(x_{c1}, y_{c1}, 1)$为图像点在焦距归一化成像平面上的成像点坐标。利用摄像机的内参数,可以求出图像点在焦距归一化成像平面上的成像点坐标:

$$\begin{bmatrix} x_{c1} \\ y_{c1} \\ 1 \end{bmatrix} = \begin{bmatrix} k_x & 0 & u_0 \\ 0 & k_y & v_0 \\ 0 & 0 & 1 \end{bmatrix}^{-1} \begin{bmatrix} u \\ v \\ 1 \end{bmatrix} \tag{2-8}$$

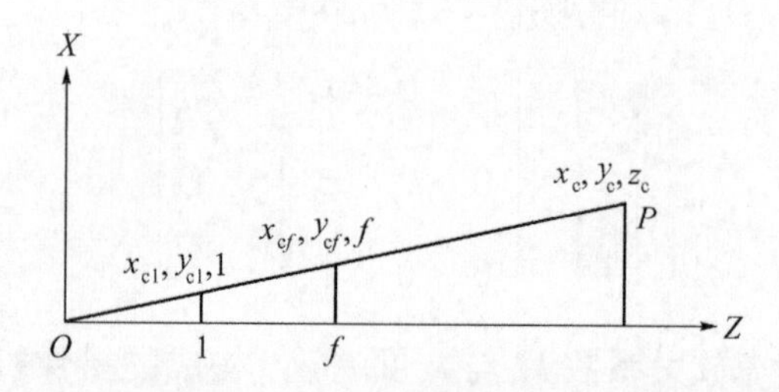

图 2-2 图像点对应的空间坐标

利用焦距归一化成像平面上的成像点坐标和光轴中心点,可以确定景物点所在的空间直线。

2.1.3 镜头畸变模型

对于摄像机镜头的畸变,其主要部分为径向畸变。径向畸变以光轴中心点图像坐标为参考点,正比于图像点到参考点距离的平方。只

考虑二阶透镜变形的径向畸变模型为

$$\begin{cases} u - u_0 = (u' - u_0)(1 + k'_u r^2) \\ v - v_0 = (v' - v_0)(1 + k'_v r^2) \end{cases} \tag{2-9}$$

式中：(u',v') 为无畸变的理想图像坐标；(u,v) 为实际图像坐标；(u_0,v_0) 为光轴中心点图像坐标；r 为图像点到参考点距离；$r=\sqrt{(u'-u_0)^2+(v'-v_0)^2}$；$k'_u$、$k'_v$ 分别为 u、v 方向二阶畸变系数。

Brown 畸变模型考虑了径向畸变和切向畸变。在笛卡儿空间的 Brown 畸变模型如下：

$$\begin{cases} x_{c1d} = x_{c1}(1 + k_{c1}r^2 + k_{c2}r^4 + k_{c5}r^6) + 2k_{c3}x_{c1}y_{c1} + k_{c4}(r^2 + 2x_{c1}^2) \\ y_{c1d} = y_{c1}(1 + k_{c1}r^2 + k_{c2}r^4 + k_{c5}r^6) + k_{c3}(r^2 + 2y_{c1}^2) + 2k_{c4}x_{c1}y_{c1} \end{cases} \tag{2-10}$$

式中：(x_{c1d}, y_{c1d}) 为焦距归一化成像平面上的成像点畸变后的坐标；k_{c1} 为 2 阶径向畸变系数；k_{c2} 为 4 阶径向畸变系数；k_{c5} 为 6 阶径向畸变系数；k_{c3}、k_{c4} 为切向畸变系数；r 为成像点到光轴中心线与成像平面的交点的距离，$r^2 = x_{c1}^2 + y_{c1}^2$。

在图像空间的 Brown 畸变模型如下：

$$\begin{cases} u'_d = u_d(1 + k_1 r^2 + k_2 r^4 + k_3 r^6) + 2p_1 u_d v_d + p_2(r^2 + 2u_d^2) \\ v'_d = v_d(1 + k_1 r^2 + k_2 r^4 + k_3 r^6) + p_1(r^2 + 2v_d^2) + 2p_2 u_d v_d \end{cases} \tag{2-11}$$

式中：(u_d, v_d) 为具有畸变的相对于参考点的图像坐标，$(u_d, v_d) = (u, v) - (u_0, v_0)$；$(u'_d, v'_d)$ 为消除畸变后相对于参考点的图像坐标，$(u'_d, v'_d) = (u', v') - (u_0, v_0)$；$(u', v')$ 为消除畸变后的图像坐标；k_1 为 2 阶径向畸变系数，k_2 为 4 阶径向畸变系数，k_3 为 6 阶径向畸变系数；p_1、p_2 为切向畸变系数；r 为图像点到参考点的距离，$r^2 = u_d^2 + v_d^2$。

Matlab 工具箱中采用笛卡儿空间的 Brown 畸变模型，Open CV 中采用图像空间的 Brown 畸变模型。

2.1.4 摄像机外参数模型

摄像机的外参数模型，是景物坐标系在摄像机坐标中的描述。如图2-1所示，坐标系 $O_wX_wY_wZ_w$ 在坐标系 $O_cX_cY_cZ_c$ 中的表示，构成摄像机的外参数矩阵：

$$\begin{bmatrix} x_c \\ y_c \\ z_c \\ 1 \end{bmatrix} = \begin{bmatrix} n_x & o_x & a_x & p_x \\ n_y & o_y & a_y & p_y \\ n_z & o_z & a_z & p_z \\ 0 & 0 & 0 & 1 \end{bmatrix} \begin{bmatrix} x_w \\ y_w \\ z_w \\ 1 \end{bmatrix} = \begin{bmatrix} \boldsymbol{R} & \boldsymbol{p} \\ 0 & 1 \end{bmatrix} \begin{bmatrix} x_w \\ y_w \\ z_w \\ 1 \end{bmatrix} = {}^{c}\boldsymbol{M}_w \begin{bmatrix} x_w \\ y_w \\ z_w \\ 1 \end{bmatrix} \tag{2-12}$$

式中：(x_c, y_c, z_c) 为景物点在摄像机坐标系 $O_cX_cY_cZ_c$ 中的坐标；(x_w, y_w, z_w) 为景物点在坐标系 $O_wX_wY_wZ_w$ 中的坐标；${}^{c}\boldsymbol{M}_w$ 为外参数矩阵；$\boldsymbol{n} = [n_x \quad n_y \quad n_z]^{\mathrm{T}}$，为 X_w 轴在摄像机坐标系 $O_cX_cY_cZ_c$ 中的方向向量；$\boldsymbol{o} = [o_x \quad o_y \quad o_z]^{\mathrm{T}}$，为 Y_w 轴在摄像机坐标系 $O_cX_cY_cZ_c$ 中的方向向量；$\boldsymbol{a} = [a_x \quad a_y \quad a_z]^{\mathrm{T}}$，为 Z_w 轴在摄像机坐标系 $O_cX_cY_cZ_c$ 中的方向向量；$\boldsymbol{p} = [p_x \quad p_y \quad p_z]^{\mathrm{T}}$，为 $O_wX_wY_wZ_w$ 的坐标原点在摄像机坐标系 $O_cX_cY_cZ_c$ 中的位置。

2.2 单目二维视觉测量的摄像机标定

对于单目二维视觉测量，其摄像机垂直于工作平面安装，摄像机的位置和内外参数固定。如图2-3所示，在摄像机的光轴中心建立坐标系，Z_c 轴方向平行于摄像机光轴，并以从摄像机到景物的方向为正方向，X_c 轴方向取图像坐标沿水平增加的方向。景物坐标系原点 O_w 可选择光轴中心线与景物平面的交点，Z_w 轴方向与 Z_c 轴方向相同，X_w 轴方向与 X_c 轴方向相同。于是有 $\boldsymbol{R} = \boldsymbol{I}$，$\boldsymbol{p} = [0 \quad 0 \quad d]^{\mathrm{T}}$，$d$ 是光轴中心点 O_c

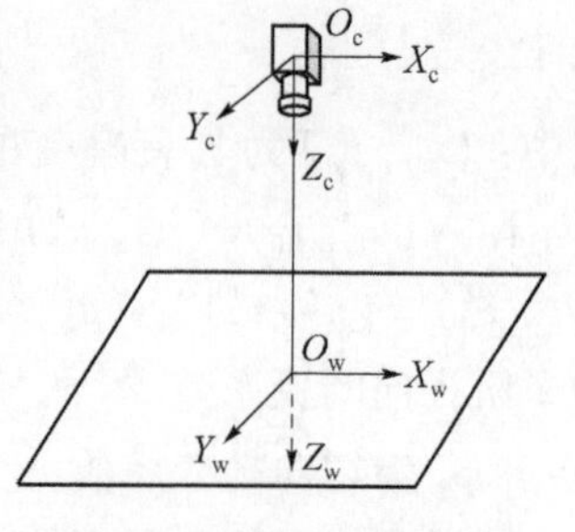

图2-3 单目二维视觉测量的坐标系

到景物平面的距离。在工作平面上，景物坐标可表示为$(x_w, y_w, 0)$。由式(2-12)可以获得景物点在摄像机坐标系下的坐标：

$$\begin{bmatrix} x_c \\ y_c \\ z_c \\ 1 \end{bmatrix} = \begin{bmatrix} \boldsymbol{R} & \boldsymbol{p} \\ 0 & 1 \end{bmatrix} \begin{bmatrix} x_w \\ y_w \\ z_w \\ 1 \end{bmatrix} = \begin{bmatrix} 1 & 0 & 0 & 0 \\ 0 & 1 & 0 & 0 \\ 0 & 0 & 1 & d \\ 0 & 0 & 0 & 1 \end{bmatrix} \begin{bmatrix} x_w \\ y_w \\ 0 \\ 1 \end{bmatrix} = \begin{bmatrix} x_w \\ y_w \\ d \\ 1 \end{bmatrix} \tag{2-13}$$

若摄像机的畸变可以忽略不计，内参数采用四参数摄像机模型，对于工作平面上的两点$P_1 = (x_{w1}, y_{w1}, 0)$和$P_2 = (x_{w2}, y_{w2}, 0)$，将式(2-13)代入式(2-5)并整理得

$$\begin{cases} u_2 - u_1 = \dfrac{k_x}{d}(x_{w2} - x_{w1}) \\ v_2 - v_1 = \dfrac{k_y}{d}(y_{w2} - y_{w1}) \end{cases} \tag{2-14}$$

$$\begin{cases} k_{xd} = \dfrac{u_2 - u_1}{x_{w2} - x_{w1}} \\ k_{yd} = \dfrac{v_2 - v_1}{y_{w2} - y_{w1}} \end{cases} \tag{2-15}$$

以上两式中：(u_1, v_1)是点P_1的图像坐标；(u_2, v_2)是点P_2的图像坐标；$k_{xd} = k_x/d$，$k_{yd} = k_y/d$，是标定出的摄像机参数。

可见，对于单目二维视觉，在不考虑畸变的情况下，其摄像机参数可以利用平面上两个坐标已知的点实现标定。

进行视觉测量时，可以选择任意一个平面坐标和图像坐标已知的点作为参考点，利用任意点的图像坐标可以计算出该点相对于参考点的位置。例如，选择P_1点作为参考点，对于任意点P_i，其位置可由下式获得：

$$\begin{cases} x_{wi} = x_{w1} + (u_i - u_1)/k_{xd} \\ y_{wi} = y_{w1} + (v_i - v_1)/k_{yd} \end{cases} \tag{2-16}$$

式中：(u_i,v_i)为点 P_i 的图像坐标。

2.3 Faugeras 的摄像机标定方法

传统的摄像机标定方法是在摄像机前方放置一个立体靶标，上面具有一系列位置预知的点用做特征点，采集靶标图像后，利用这些点的图像坐标和三维空间坐标建立方程，解方程获得摄像机的内外参数。Faugeras 等[6]在 1986 年提出的线性模型摄像机内外参数标定方法就属于传统的摄像机标定方法。Faugeras 的线性模型摄像机标定方法，是摄像机标定中比较经典的一种方法，其后的许多摄像机标定方法以此为基础[1]。因此，有必要对 Faugeras 的线性模型摄像机标定方法予以介绍。

2.3.1 Faugeras 摄像机标定的基本方法

Faugeras 的线性模型摄像机标定方法，采用内参数为四参数的摄像机模型。假设景物点在世界坐标系的坐标已知，由式(2-5)和式(2-12)得

$$z_c\begin{bmatrix}u\\v\\1\end{bmatrix}=\begin{bmatrix}k_x&0&u_0&0\\0&k_y&v_0&0\\0&0&1&0\end{bmatrix}\begin{bmatrix}\boldsymbol{R}&\boldsymbol{p}\\0&1\end{bmatrix}\begin{bmatrix}x_w\\y_w\\z_w\\1\end{bmatrix}=\boldsymbol{M}'_{in}\,{}^{c}\boldsymbol{M}_w\begin{bmatrix}x_w\\y_w\\z_w\\1\end{bmatrix}=\boldsymbol{M}\begin{bmatrix}x_w\\y_w\\z_w\\1\end{bmatrix} \tag{2-17}$$

式中：(x_w,y_w,z_w)为景物点在世界坐标系的坐标；(u,v)为景物点的图像坐标；$\boldsymbol{M}'_{in}$和 $\boldsymbol{M}$ 分别为

$$\boldsymbol{M}'_{in}=\begin{bmatrix}k_x&0&u_0&0\\0&k_y&v_0&0\\0&0&1&0\end{bmatrix},\quad \boldsymbol{M}=\begin{bmatrix}m_{11}&m_{12}&m_{13}&m_{14}\\m_{21}&m_{22}&m_{23}&m_{24}\\m_{31}&m_{32}&m_{33}&m_{34}\end{bmatrix}$$

将式(2-17)展开并消掉 z_c 后,得

$$\begin{cases} m_{11}x_w + m_{12}y_w + m_{13}z_w + m_{14} - m_{31}x_w u - m_{32}y_w u - m_{33}z_w u = m_{34}u \\ m_{21}x_w + m_{22}y_w + m_{23}z_w + m_{24} - m_{31}x_w v - m_{32}y_w v - m_{33}z_w v = m_{34}v \end{cases} \tag{2-18}$$

对于 n 个在世界坐标系的坐标已知的空间点,每个空间点都符合式(2-18)的两个方程。于是,可以得到 $2n$ 个方程构成的方程组如下:

$$\begin{bmatrix} x_{w1} & y_{w1} & z_{w1} & 1 & 0 & 0 & 0 & 0 & -u_1x_{w1} & -u_1y_{w1} & -u_1z_{w1} \\ 0 & 0 & 0 & 0 & x_{w1} & y_{w1} & z_{w1} & 1 & -v_1x_{w1} & -v_1y_{w1} & -v_1z_{w1} \\ \vdots & \vdots & \vdots & \vdots & \vdots & \vdots & \vdots & \vdots & \vdots & \vdots & \vdots \\ x_{wn} & y_{wn} & z_{wn} & 1 & 0 & 0 & 0 & 0 & -u_nx_{wn} & -u_ny_{wn} & -u_nz_{wn} \\ 0 & 0 & 0 & 0 & x_{wn} & y_{wn} & z_{wn} & 1 & -v_nx_{wn} & -v_ny_{wn} & -v_nz_{wn} \end{bmatrix} \begin{bmatrix} m_{11} \\ m_{12} \\ m_{13} \\ m_{14} \\ m_{21} \\ m_{22} \\ m_{23} \\ m_{24} \\ m_{31} \\ m_{32} \\ m_{33} \end{bmatrix} = \begin{bmatrix} u_1m_{34} \\ v_1m_{34} \\ \vdots \\ u_nm_{34} \\ v_nm_{34} \end{bmatrix} \tag{2-19}$$

式中:(x_{wi},y_{wi},z_{wi})为第 i 个景物点在世界坐标系的坐标;(u_i,v_i)为第 i 个景物点的图像坐标。

由于 $m_{34}=p_z$,所以 $m_{34}\neq 0$。式(2-19)两端同除以 m_{34},得

$$\boldsymbol{Am'} = \boldsymbol{B} \tag{2-20}$$

式中：$\boldsymbol{A} = \begin{bmatrix} x_{w1} & y_{w1} & z_{w1} & 1 & 0 & 0 & 0 & 0 & -u_1x_{w1} & -u_1y_{w1} & -u_1z_{w1} \\ 0 & 0 & 0 & 0 & x_{w1} & y_{w1} & z_{w1} & 1 & -v_1x_{w1} & -v_1y_{w1} & -v_1z_{w1} \\ \vdots & \vdots & \vdots & \vdots & \vdots & \vdots & \vdots & \vdots & \vdots & \vdots & \vdots \\ x_{wn} & y_{wn} & z_{wn} & 1 & 0 & 0 & 0 & 0 & -u_nx_{wn} & -u_ny_{wn} & -u_nz_{wn} \\ 0 & 0 & 0 & 0 & x_{wn} & y_{wn} & z_{wn} & 1 & -v_nx_{wn} & -v_ny_{wn} & -v_nz_{wn} \end{bmatrix}$，是 $2n \times 11$ 矩阵；$\boldsymbol{B} = [u_1 \quad v_1 \quad \cdots \quad u_n \quad v_n]^{\mathrm{T}}$，是 $2n \times 1$ 矩阵；$\boldsymbol{m}' = \boldsymbol{m}/m_{34}$，$\boldsymbol{m} = [m_{11} \quad m_{12} \quad m_{13} \quad m_{14} \quad m_{21} \quad m_{22} \quad m_{23} \quad m_{24} \quad m_{31} \quad m_{32} \quad m_{33}]^{\mathrm{T}}$。

利用最小二乘法，可以求解获得 $\boldsymbol{m}'$：

$$\boldsymbol{m}' = (\boldsymbol{A}^{\mathrm{T}}\boldsymbol{A})^{-1}\boldsymbol{A}^{\mathrm{T}}\boldsymbol{B} \tag{2-21}$$

将外参数矩阵 ${}^{c}\boldsymbol{M}_{w}$ 和 $\boldsymbol{M}$ 矩阵改写成如下形式：

$${}^{c}\boldsymbol{M}_{w} = \begin{bmatrix} \boldsymbol{R} & \boldsymbol{p} \\ 0 & 1 \end{bmatrix} = \begin{bmatrix} \boldsymbol{r}_1^{\mathrm{T}} & p_x \\ \boldsymbol{r}_2^{\mathrm{T}} & p_y \\ \boldsymbol{r}_3^{\mathrm{T}} & p_z \\ 0 & 1 \end{bmatrix}, \quad \boldsymbol{M} = \begin{bmatrix} \boldsymbol{m}_1^{\mathrm{T}} & m_{14} \\ \boldsymbol{m}_2^{\mathrm{T}} & m_{24} \\ \boldsymbol{m}_3^{\mathrm{T}} & m_{34} \end{bmatrix} \tag{2-22}$$

容易获得

$$\begin{bmatrix} \boldsymbol{m}_1^{\mathrm{T}} & m_{14} \\ \boldsymbol{m}_2^{\mathrm{T}} & m_{24} \\ \boldsymbol{m}_3^{\mathrm{T}} & m_{34} \end{bmatrix} = \begin{bmatrix} k_x & 0 & u_0 & 0 \\ 0 & k_y & v_0 & 0 \\ 0 & 0 & 1 & 0 \end{bmatrix} \begin{bmatrix} \boldsymbol{r}_1^{\mathrm{T}} & p_x \\ \boldsymbol{r}_2^{\mathrm{T}} & p_y \\ \boldsymbol{r}_3^{\mathrm{T}} & p_z \\ 0 & 1 \end{bmatrix} = \begin{bmatrix} k_x\boldsymbol{r}_1^{\mathrm{T}} + u_0\boldsymbol{r}_3^{\mathrm{T}} & k_xp_x + u_0p_z \\ k_y\boldsymbol{r}_2^{\mathrm{T}} + v_0\boldsymbol{r}_3^{\mathrm{T}} & k_yp_y + v_0p_z \\ \boldsymbol{r}_3^{\mathrm{T}} & p_z \end{bmatrix} \tag{2-23}$$

由式(2-23)可知

$$\| \boldsymbol{m}_3^{\mathrm{T}} \| = \| \boldsymbol{r}_3^{\mathrm{T}} \| = 1 \tag{2-24}$$

于是,利用式(2－24)可以求得

$$m_{34} = 1/\|\boldsymbol{m}_3'\| \tag{2－25}$$

由 m_{34} 和 $\boldsymbol{m}'$ 可以求得 $\boldsymbol{m}$。

${}^{c}\boldsymbol{M}_{w}$ 中的 $\boldsymbol{R}$ 是单位正交矩阵。利用单位正交矩阵的性质,可以从 $\boldsymbol{M}$ 矩阵中分解出摄像机的内参数和外参数,如下:

$$\begin{cases} k_x = \|\boldsymbol{m}_1 \times \boldsymbol{m}_3\| \\ k_y = \|\boldsymbol{m}_2 \times \boldsymbol{m}_3\| \\ u_0 = \boldsymbol{m}_1^{\mathrm{T}}\boldsymbol{m}_3 \\ v_0 = \boldsymbol{m}_2^{\mathrm{T}}\boldsymbol{m}_3 \end{cases}, \quad \begin{cases} \boldsymbol{r}_1 = (\boldsymbol{m}_1 - u_0\boldsymbol{m}_3)/k_x \\ \boldsymbol{r}_2 = (\boldsymbol{m}_2 - v_0\boldsymbol{m}_3)/k_y \\ \boldsymbol{r}_3 = \boldsymbol{m}_3 \end{cases}, \quad \begin{cases} p_x = (m_{14} - u_0 m_{34})/k_x \\ p_y = (m_{24} - v_0 m_{34})/k_y \\ p_z = m_{34} \end{cases} \tag{2－26}$$

2.3.2　Faugeras 摄像机标定的改进方法

在 2.3.1 小节的求解过程中,由于空间点坐标误差的影响,${}^{c}\boldsymbol{M}_{w}$ 中的 $\boldsymbol{R}$ 不能保证是单位正交矩阵,利用式(2－26)获得的摄像机内参数和外参数存在较大误差。为减小标定误差,Faugeras 等给出了带有约束条件 $\|\boldsymbol{r}_3\| = 1$ 的求解方法。

对于 n 个在世界坐标系的坐标已知的空间点,由式(2－18)得

$$\begin{bmatrix} x_{w1} & y_{w1} & z_{w1} & 1 & 0 & 0 & 0 & 0 & -u_1 \\ 0 & 0 & 0 & 0 & x_{w1} & y_{w1} & z_{w1} & 1 & -v_1 \\ \vdots & \vdots & \vdots & \vdots & \vdots & \vdots & \vdots & \vdots & \vdots \\ x_{wn} & y_{wn} & z_{wn} & 1 & 0 & 0 & 0 & 0 & -u_n \\ 0 & 0 & 0 & 0 & x_{wn} & y_{wn} & z_{wn} & 1 & -v_n \end{bmatrix} \begin{bmatrix} m_{11} \\ m_{12} \\ m_{13} \\ m_{14} \\ m_{21} \\ m_{22} \\ m_{23} \\ m_{24} \\ m_{34} \end{bmatrix} +$$

$$\begin{bmatrix} -u_1 x_{w1} & -u_1 y_{w1} & -u_1 z_{w1} \\ -v_1 x_{w1} & -v_1 y_{w1} & -v_1 z_{w1} \\ \vdots & \vdots & \vdots \\ -u_n x_{wn} & -u_n y_{wn} & -u_n z_{wn} \\ -v_n x_{wn} & -v_n y_{wn} & -v_n z_{wn} \end{bmatrix} \begin{bmatrix} m_{31} \\ m_{32} \\ m_{33} \end{bmatrix} = 0 \tag{2-27}$$

为方便叙述,将式(2-27)改写为

$$\boldsymbol{C}_9 \boldsymbol{X}_9 + \boldsymbol{C}_3 \boldsymbol{X}_3 = \boldsymbol{0} \tag{2-28}$$

式中:

$$\boldsymbol{X}_9 = [m_{11} \quad m_{12} \quad m_{13} \quad m_{14} \quad m_{21} \quad m_{22} \quad m_{23} \quad m_{24} \quad m_{34}]^{\mathrm{T}}$$

$$\boldsymbol{X}_3 = [m_{31} \quad m_{32} \quad m_{33}]^{\mathrm{T}}$$

$$\boldsymbol{C}_9 = \begin{bmatrix} x_{w1} & y_{w1} & z_{w1} & 1 & 0 & 0 & 0 & 0 & -u_1 \\ 0 & 0 & 0 & 0 & x_{w1} & y_{w1} & z_{w1} & 1 & -v_1 \\ \vdots & \vdots & \vdots & \vdots & \vdots & \vdots & \vdots & \vdots & \vdots \\ x_{wn} & y_{wn} & z_{wn} & 1 & 0 & 0 & 0 & 0 & -u_n \\ 0 & 0 & 0 & 0 & x_{wn} & y_{wn} & z_{wn} & 1 & -v_n \end{bmatrix}_{2n \times 9}$$

$$\boldsymbol{C}_3 = \begin{bmatrix} -u_1 x_{w1} & -u_1 y_{w1} & -u_1 z_{w1} \\ -v_1 y_{w1} & -v_1 y_{w1} & -v_1 z_{w1} \\ \vdots & \vdots & \vdots \\ -u_n x_{wn} & -u_n y_{wn} & -u_n z_{wn} \\ -v_n x_{wn} & -v_n y_{wn} & -v_n z_{wn} \end{bmatrix}_{2n \times 3}$$

由式(2-27)和约束条件 $\| \boldsymbol{X}_3 \| = 1$,构造指标函数:

$$C_{\mathrm{R}} = \| \boldsymbol{C}_9 \boldsymbol{X}_9 + \boldsymbol{C}_3 \boldsymbol{X}_3 \|^2 + \lambda (\| \boldsymbol{X}_3 \|^2 - 1) \tag{2-29}$$

对于所有的实数 λ,有

$$\begin{aligned} C_{\mathrm{R}} = & (\boldsymbol{C}_9 \boldsymbol{X}_9 + \boldsymbol{C}_3 \boldsymbol{X}_3)^{\mathrm{T}} (\boldsymbol{C}_9 \boldsymbol{X}_9 + \boldsymbol{C}_3 \boldsymbol{X}_3) + \lambda (\boldsymbol{X}_3^{\mathrm{T}} \boldsymbol{X}_3 - 1) = \\ & \boldsymbol{X}_9^{\mathrm{T}} \boldsymbol{C}_9^{\mathrm{T}} \boldsymbol{C}_9 \boldsymbol{X}_9 + \boldsymbol{X}_3^{\mathrm{T}} \boldsymbol{C}_3^{\mathrm{T}} \boldsymbol{C}_3 \boldsymbol{X}_3 + \boldsymbol{X}_9^{\mathrm{T}} \boldsymbol{C}_9^{\mathrm{T}} \boldsymbol{C}_3 \boldsymbol{X}_3 + \boldsymbol{X}_3^{\mathrm{T}} \boldsymbol{C}_3^{\mathrm{T}} \boldsymbol{C}_9 \boldsymbol{X}_9 + \\ & \lambda (\boldsymbol{X}_3^{\mathrm{T}} \boldsymbol{X}_3 - 1) \end{aligned} \tag{2-30}$$

对 $\boldsymbol{X}_3$ 和 $\boldsymbol{X}_9$ 的求解,变为使 C_{R} 最小。将 C_{R} 分别对 $\boldsymbol{X}_3$、$\boldsymbol{X}_9$ 求偏导数,并令其为0,有

$$\begin{cases} \dfrac{\partial C_R}{\partial \boldsymbol{X}_3} = 2\boldsymbol{C}_3^T\boldsymbol{C}_3\boldsymbol{X}_3 + 2\boldsymbol{C}_3^T\boldsymbol{C}_9\boldsymbol{X}_9 + 2\lambda\boldsymbol{X}_3 = 0 \\ \dfrac{\partial C_R}{\partial \boldsymbol{X}_9} = 2\boldsymbol{C}_9^T\boldsymbol{C}_9\boldsymbol{X}_9 + 2\boldsymbol{C}_9^T\boldsymbol{C}_3\boldsymbol{X}_3 = 0 \end{cases} \tag{2-31}$$

由式(2－31)整理得

$$\begin{cases} \boldsymbol{D}\boldsymbol{X}_3 = \lambda\boldsymbol{X}_3 \\ \boldsymbol{X}_9 = -(\boldsymbol{C}_9^T\boldsymbol{C}_9)^{-1}\boldsymbol{C}_9^T\boldsymbol{C}_3\boldsymbol{X}_3 \end{cases} \tag{2-32}$$

式中：$\boldsymbol{D} = -\boldsymbol{C}_3^T\boldsymbol{C}_3 + \boldsymbol{C}_3^T\boldsymbol{C}_9(\boldsymbol{C}_9^T\boldsymbol{C}_9)^{-1}\boldsymbol{C}_9^T\boldsymbol{C}_3$，为 3×3 矩阵。

由式(2－32)可知，$\boldsymbol{D}$ 的特征向量即为 $\boldsymbol{X}_3$。获得 $\boldsymbol{X}_3$ 后，利用式(2－32)可获得 $\boldsymbol{X}_9$。$\boldsymbol{X}_3$ 和 $\boldsymbol{X}_9$ 构成 $\boldsymbol{M}$ 矩阵，由式(2－26)分解出摄像机的内参数和外参数。由于 $\boldsymbol{D}$ 的特征向量有多个，选取与 2.3.1 小节中求解出的 $[m_{31} \quad m_{32} \quad m_{33}]^T$ 最接近的一组特征向量，作为 $\boldsymbol{X}_3$。获得 $\boldsymbol{M}$ 矩阵后，利用式(2－26)计算出摄像机的内参数。

利用上述带有约束条件的求解方法，获得摄像机的内参数和外参数，其误差与 2.3.1 小节方法相比明显减小。但是，这种带有约束条件的求解方法，仍然不能保证 ${}^c\boldsymbol{M}_w$ 中的 $\boldsymbol{R}$ 是单位正交矩阵。可以在本节结果的基础上，利用迭代寻优获得更加准确的摄像机内参数和外参数。具体的迭代寻优方法见 2.7.2 小节。

2.4 Tsai 的摄像机标定方法

在 Tsai[7] 提出的摄像机标定方法中，建立如图 2－4 所示的摄像机坐标系和世界坐标系[2,4]。图中，p_0 为图像平面原点位置，即光轴中心点在成像平面上的投影。$\boldsymbol{r}_{fi}$ 为从点 p_0 到不考虑畸变的成像点 $p'_{fi} = (x'_{fi}, y'_{fi})$ 的向量，$p_{wi} = (x_{wi}, y_{wi}, z_{wi})$ 是标定平面上位置已知的标定点，(x_{fi}, y_{fi}) 是 (x'_{fi}, y'_{fi}) 径向畸变后产生的成像点，即实际成像点。$\boldsymbol{r}_{pi}$ 是从点 $(0,0,z_{wi})$ 到 p_{wi} 的向量。(u', v') 为无畸变的理想图像坐标，(u, v) 为实际图像坐标，(u_0, v_0) 为光轴中心点图像坐标。假设 (u_0, v_0) 处在图

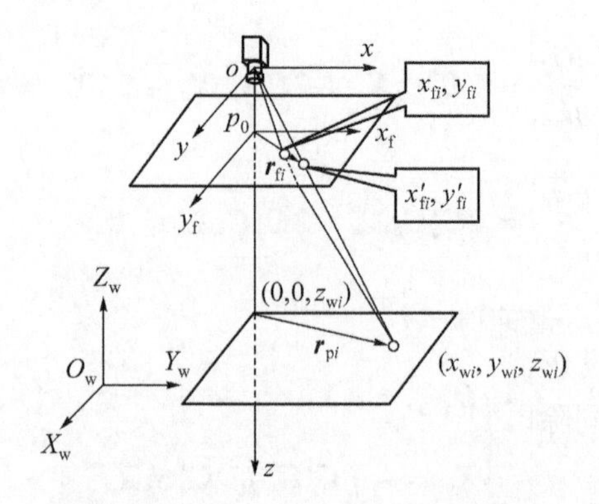

图 2-4 Tsai 标定方法的坐标系[7]

像中心点,不考虑放大系数 k_x 与 k_y 的差异,u、v 方向二阶畸变系数 k'_u、k'_v 相同,可采用相同的畸变矫正系数 k_1。并假设下述两个前提条件:

(1) 世界坐标系的原点不在视场内。

(2) 世界坐标系的原点不会投影到图像上接近于图像坐标的 y 轴。

这两个前提条件,在摄像机标定时比较容易满足,对摄像机标定的方便性不会构成大的影响。

为方便叙述,在本节中摄像机的外参数模型采用以下形式:

$$\begin{bmatrix} x_c \\ y_c \\ z_c \\ 1 \end{bmatrix} = \begin{bmatrix} \boldsymbol{R} & \boldsymbol{p} \\ 0 & 1 \end{bmatrix} \begin{bmatrix} x_w \\ y_w \\ z_w \\ 1 \end{bmatrix} = \begin{bmatrix} r_{xx} & r_{xy} & r_{xz} & p_x \\ r_{yx} & r_{yy} & r_{yz} & p_y \\ r_{zx} & r_{zy} & r_{zz} & p_z \\ 0 & 0 & 0 & 1 \end{bmatrix} \begin{bmatrix} x_w \\ y_w \\ z_w \\ 1 \end{bmatrix} \tag{2-33}$$

2.4.1 位姿与焦距求取

由小孔成像原理,可知

$$x'_f y_c = y'_f x_c \tag{2-34}$$

在不考虑放大系数 k_x 与 k_y 的差异并忽略畸变影响的情况下,由式(2-34)得

$$u_d y_c = v_d x_c \tag{2-35}$$

其中，$u_{\rm d}=u-u_0$，$v_{\rm d}=v-v_0$。

对于标定点 $p_{\rm w\it i}$，由式(2-33)获得 $x_{\rm c}$ 和 $y_{\rm c}$，代入式(2-35)，得

$$u_{\rm d\it i}x_{\rm w\it i}r_{yx}+u_{\rm d\it i}y_{\rm w\it i}r_{yy}+u_{\rm d\it i}z_{\rm w\it i}r_{yz}+u_{\rm d\it i}p_y=v_{\rm d\it i}x_{\rm w\it i}r_{xx}+v_{\rm d\it i}y_{\rm w\it i}r_{xy}+v_{\rm d\it i}z_{\rm w\it i}r_{xz}+v_{\rm d\it i}p_x \tag{2-36}$$

如果将世界坐标系建立在标定平面上，则 $z_{\rm w\it i}=0$。由于世界坐标系的原点不会投影到图像上接近于图像坐标的 y 轴，所以 $p_y\neq0$。式(2-36)两边同除以 p_y 后，改写为

$$v_{\rm d\it i}x_{\rm w\it i}\frac{r_{xx}}{p_y}+v_{\rm d\it i}y_{\rm w\it i}\frac{r_{xy}}{p_y}-u_{\rm d\it i}x_{\rm w\it i}\frac{r_{yx}}{p_y}-u_{\rm d\it i}y_{\rm w\it i}\frac{r_{yy}}{p_y}+v_{\rm d\it i}\frac{p_x}{p_y}=u_{\rm d\it i} \tag{2-37}$$

对于 n 个标定点，可以获得由 n 个式(2-37)所示的方程构成的方程组：

$$\boldsymbol{Ah}=\boldsymbol{B} \tag{2-38}$$

式中：

$$\boldsymbol{A}=\begin{bmatrix} v_{\rm d1}x_{\rm w1} & v_{\rm d1}y_{\rm w1} & -u_{\rm d1}x_{\rm w1} & -u_{\rm d1}y_{\rm w1} & v_{\rm d1}\\ v_{\rm d2}x_2 & v_{\rm d2}y_{\rm w2} & -u_{\rm d2}x_{\rm w2} & -u_{\rm d2}y_{\rm w2} & v_{\rm d2}\\ \vdots & \vdots & \vdots & \vdots & \vdots\\ v_{{\rm d}(n-1)}x_{{\rm w}(n-1)} & v_{{\rm d}(n-1)}y_{{\rm w}(n-1)} & -u_{{\rm d}(n-1)}x_{{\rm w}(n-1)} & -u_{{\rm d}(n-1)}y_{{\rm w}(n-1)} & v_{{\rm d}(n-1)}\\ v_{{\rm d}n}x_{{\rm w}n} & v_{{\rm d}n}y_{{\rm w}n} & -u_{{\rm d}n}x_{{\rm w}n} & -u_{{\rm d}n}y_{{\rm w}n} & v_{{\rm d}n}\end{bmatrix}$$

是 $n\times5$ 矩阵；$\boldsymbol{B}=[u_{\rm d1}\quad u_{\rm d2}\quad\cdots\quad u_{{\rm d}(n-1)}\quad u_{{\rm d}n}]^{\rm T}$，是 $n\times1$ 矩阵；$\boldsymbol{h}=[h_1\quad h_2\quad h_3\quad h_4\quad h_5]^{\rm T}=\left[\frac{r_{xx}}{p_y}\quad\frac{r_{xy}}{p_y}\quad\frac{r_{yx}}{p_y}\quad\frac{r_{yy}}{p_y}\quad\frac{p_x}{p_y}\right]^{\rm T}$，是 5×1 矩阵。

由最小二乘法，可以求解出

$$\boldsymbol{h}=(\boldsymbol{A}^{\rm T}\boldsymbol{A})^{-1}\boldsymbol{B} \tag{2-39}$$

式(2-33)中的 $\boldsymbol{R}$ 是单位正交矩阵。利用单位正交矩阵的性质，可得

$$r_{xx}^2+r_{xy}^2+r_{yx}^2+r_{yy}^2=1+(r_{xx}r_{yy}-r_{xy}r_{yx})^2 \tag{2-40}$$

将 $\boldsymbol{h}$ 代入式(2-40)，得

$$(h_1^2 + h_2^2 + h_3^2 + h_4^2)p_y^2 = 1 + (h_1h_4 - h_2h_3)^2p_y^4 \tag{2-41}$$

讨论：

(1) 当 $h_1h_4 - h_2h_3 \neq 0$ 时，p_y^2 的解为

$$p_y^2 = \frac{(h_1^2 + h_2^2 + h_3^2 + h_4^2) \pm \sqrt{(h_1^2 + h_2^2 + h_3^2 + h_4^2)^2 - 4(h_1h_4 - h_2h_3)^2}}{2(h_1h_4 - h_2h_3)^2} \tag{2-42}$$

显然，在式(2-42)中，p_y^2 的解有两个。对其求平方根后，得到 p_y 的4个候选值。对于这些候选值，需要根据世界坐标系的原点与摄像机之间的相对位置以及后续求出的 **R** 矩阵，判别出 p_y 的真实值。

(2) 当 $h_1h_4 - h_2h_3 = 0$ 时，p_y^2 的解为

$$p_y^2 = \frac{1}{h_1^2 + h_2^2 + h_3^2 + h_4^2} \tag{2-43}$$

对其求平方根后，得到 p_y 的两个候选值。根据世界坐标系的原点与摄像机之间的相对位置，可判别出 p_y 的真实值。

由 $\boldsymbol{h}$ 的定义，得

$$[r_{xx} \quad r_{xy} \quad r_{yx} \quad r_{yy} \quad p_x]^{\mathrm{T}} = [h_1 \quad h_2 \quad h_3 \quad h_4 \quad h_5]^{\mathrm{T}} p_y \tag{2-44}$$

R 矩阵的其他分量，可由 r_{xx}、r_{xy}、r_{yx} 和 r_{yy} 求出

$$\begin{cases} r_{xz} = \pm\sqrt{1 - r_{xx}^2 - r_{xy}^2} \\ r_{yz} = \pm\sqrt{1 - r_{yx}^2 - r_{yy}^2} \\ r_{zx} = (1 - r_{xx}^2 - r_{xy}r_{yx})/r_{xz} \\ r_{zy} = (1 - r_{yy}^2 - r_{xy}r_{yx})/r_{yz} \\ r_{zz} = \pm\sqrt{1 - r_{zx}r_{xz} - r_{zy}r_{yz}} \end{cases} \tag{2-45}$$

R 矩阵中各个元素的符号，根据 **R** 矩阵的正交性以及世界坐标系与摄像机之间的大致相对姿态确定。

对于给定的摄像机和图像采集装置（如图像采集卡），像素间的距离是固定的，可以由生产商处获得。假设图像行间距为 d_y，由小孔成像原理得

$$\frac{y_c}{z_c}=\frac{v_d d_y}{f} \tag{2-46}$$

对于标定平面上的标定点 p_{wi}，由式(2-33)获得 x_c 和 z_c，代入式(2-46)，得

$$\left[x_{wi}r_{yx}+y_{wi}r_{yy}+p_y \quad -d_y v_{di}\right]\begin{bmatrix}f\\p_z\end{bmatrix}=(x_{wi}r_{zx}+y_{wi}r_{zy})d_y v_{di} \tag{2-47}$$

对于 n 个标定点，可以获得由 n 个式(2-47)所示的方程构成的方程组，利用最小二乘法可以求解出 p_z 和焦距 f。

2.4.2 畸变矫正系数与焦距的精确求取

假设 u、v 方向的二阶畸变系数(k'_u,k'_v)相同，可采用相同的畸变矫正系数 k_1 予以矫正，如下：

$$\begin{cases}u'_d=u_d(1+k_1r^2)\\v'_d=v_d(1+k_1r^2)\end{cases} \tag{2-48}$$

式中：$r=\sqrt{u_d^2+v_d^2}$，$u'_d=u'-u_0$，$v'_d=v'-v_0$，$u_d=u-u_0$，$v_d=v-v_0$；(u'，v')为消除畸变的图像坐标，(u,v)为实际图像坐标，(u_0,v_0)为光轴中心点图像坐标。

将式(2-46)中的 v_d 用 v'_d 代替，得

$$v_{di}d_y(1+k_1r^2)=f\frac{r_{yx}x_{wi}+r_{yy}y_{wi}+r_{yz}z_{wi}+p_y}{r_{zx}x_{wi}+r_{zy}y_{wi}+r_{zz}z_{wi}+p_z} \tag{2-49}$$

对于 n 个标定点，可以获得由 n 个式(2-49)所示的方程构成的方程组。以前面求解出的 p_z 和焦距 f 作为初始值，利用非线性回归法可以求解出畸变矫正系数 k_1、精确的 p_z 和焦距 f。

2.5 手眼标定

摄像机标定时，虽然也可以获得摄像机的外参数，但这只是标定用的靶标的坐标系相对于摄像机坐标系之间的变换关系。在某些应用中，还需要获得摄像机与机器人的坐标系之间的关系。这种关系的标

定,又称为机器人的手眼标定。对于 Eye-to-Hand 系统,手眼标定时求取的是摄像机坐标系相对于机器人的世界坐标系的关系。一般地,Eye-to-Hand 系统先标定出摄像机相对于靶标的外参数,再标定机器人的世界坐标系与靶标坐标系之间的关系,利用矩阵变换获得摄像机坐标系相对于机器人的世界坐标系的关系。对于 Eye-in-Hand 系统,手眼标定时求取的是摄像机坐标系相对于机器人末端坐标系的关系。通常,Eye-in-Hand 系统在机器人末端处于不同位置和姿态下,对摄像机相对于靶标的外参数进行标定,根据摄像机相对于靶标的外参数和机器人末端的位置和姿态,计算获得摄像机相对于机器人末端的外参数[1]。相对而言,Eye-to-Hand 系统的手眼标定比较容易实现。因此,本节将重点介绍 Eye-in-Hand 系统的常规手眼标定方法。

机器人坐标系、摄像机坐标系和靶标坐标系之间的关系如图 2-5 所示。W 为机器人的世界坐标系,E 为机器人末端坐标系,C 为摄像机坐标系,G 为靶标坐标系。$\boldsymbol{T}_6$ 表示坐标系 W 到 E 之间的变换,$\boldsymbol{T}_\mathrm{m}$ 表示坐标系 E 到 C 之间的变换,$\boldsymbol{T}_\mathrm{c}$ 表示坐标系 C 到 G 之间的变换,$\boldsymbol{T}_\mathrm{g}$ 表示坐标系 W 到 G 之间的变换。$\boldsymbol{T}_\mathrm{c}$ 是摄像机相对于靶标的外参数。$\boldsymbol{T}_\mathrm{m}$ 是摄像机相对于机器人末端的外参数,是手眼标定需要求取的参数。

由坐标系之间的变换关系,可得

$$\boldsymbol{T}_\mathrm{g} = \boldsymbol{T}_6\boldsymbol{T}_\mathrm{m}\boldsymbol{T}_\mathrm{c} \tag{2-50}$$

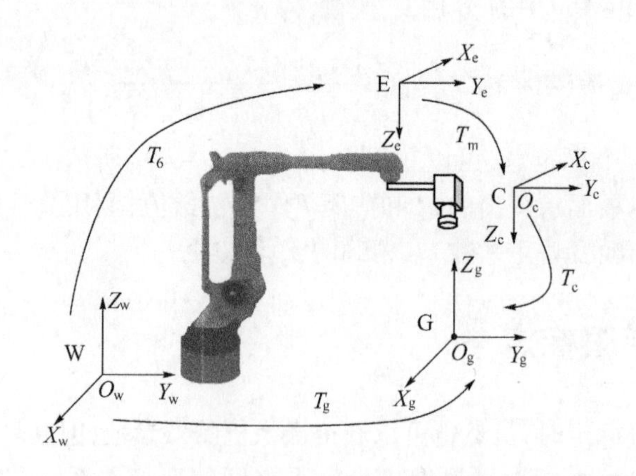

图 2-5 机器人坐标系示意图

在靶标固定的情况下,改变机器人的末端位姿,标定摄像机相对于靶标的外参数 $\boldsymbol{T}_{c}$。对于第 i 次和第 $i-1$ 次标定,由于 $\boldsymbol{T}_{g}$ 保持不变,由式(2-50)得

$$\boldsymbol{T}_{6i}\boldsymbol{T}_{m}\boldsymbol{T}_{ci} = \boldsymbol{T}_{6(i-1)}\boldsymbol{T}_{m}\boldsymbol{T}_{c(i-1)} \tag{2-51}$$

式中:$\boldsymbol{T}_{6i}$为第 i 次标定时的坐标系 W 到 E 之间的变换 $\boldsymbol{T}_{6}$;$\boldsymbol{T}_{ci}$为第 i 次标定时的摄像机相对于靶标的外参数 $\boldsymbol{T}_{c}$。

式(2-51)经过整理,可以改写为

$$\boldsymbol{T}_{Li} = \boldsymbol{T}_{m}\boldsymbol{T}_{Ri}\boldsymbol{T}_{m}^{-1} \tag{2-52}$$

式中:$\boldsymbol{T}_{Li} = \boldsymbol{T}_{6(i-1)}^{-1}\boldsymbol{T}_{6i}$,$\boldsymbol{T}_{Ri} = \boldsymbol{T}_{c(i-1)}\boldsymbol{T}_{ci}^{-1}$。

将 $\boldsymbol{T}_{Li}$、$\boldsymbol{T}_{Ri}$和 $\boldsymbol{T}_{m}$ 表示为

$$\begin{cases} \boldsymbol{T}_{Li} = \begin{bmatrix} \boldsymbol{R}_{Li} & \boldsymbol{p}_{Li} \\ 0 & 1 \end{bmatrix} \\ \boldsymbol{T}_{Ri} = \begin{bmatrix} \boldsymbol{R}_{Ri} & \boldsymbol{p}_{Ri} \\ 0 & 1 \end{bmatrix} \\ \boldsymbol{T}_{m} = \begin{bmatrix} \boldsymbol{R}_{m} & \boldsymbol{p}_{m} \\ 0 & 1 \end{bmatrix} \end{cases} \tag{2-53}$$

将式(2-53)代入式(2-52),得

$$\begin{cases} \boldsymbol{R}_{Li} = \boldsymbol{R}_{m}\boldsymbol{R}_{Ri}\boldsymbol{R}_{m}^{T} \\ -\boldsymbol{p}_{m}\boldsymbol{R}_{Li} + \boldsymbol{R}_{m}\boldsymbol{p}_{Ri} + \boldsymbol{p}_{m} = \boldsymbol{p}_{Li} \end{cases} \tag{2-54}$$

$\boldsymbol{R}_{Li}$、$\boldsymbol{R}_{Ri}$和 $\boldsymbol{R}_{m}$ 均为单位正交矩阵,因此,$\boldsymbol{R}_{Li}$和 $\boldsymbol{R}_{Ri}$为相似矩阵,具有相同的特征值。根据通用旋转变换,任意姿态可以由一个绕空间单位向量的旋转表示。于是,$\boldsymbol{R}_{Li}$和 $\boldsymbol{R}_{Ri}$可表示为[1]

$$\begin{cases} \boldsymbol{R}_{Li} = \mathrm{Rot}(\boldsymbol{k}_{Li},\theta_{Li}) = \boldsymbol{Q}_{Li}\begin{bmatrix} 1 & 0 & 0 \\ 0 & \mathrm{e}^{\mathrm{j}\theta_{Li}} & 0 \\ 0 & 0 & \mathrm{e}^{-\mathrm{j}\theta_{Li}} \end{bmatrix}\boldsymbol{Q}_{Li}^{-1} \\ \boldsymbol{R}_{Ri} = \mathrm{Rot}(\boldsymbol{k}_{Ri},\theta_{Ri}) = \boldsymbol{Q}_{Ri}\begin{bmatrix} 1 & 0 & 0 \\ 0 & \mathrm{e}^{\mathrm{j}\theta_{Ri}} & 0 \\ 0 & 0 & \mathrm{e}^{-\mathrm{j}\theta_{Ri}} \end{bmatrix}\boldsymbol{Q}_{Ri}^{-1} \end{cases} \tag{2-55}$$

式中：$\boldsymbol{k}_{\mathrm{L}i}$是$\boldsymbol{R}_{\mathrm{L}i}$的通用旋转变换的转轴，也是$\boldsymbol{Q}_{\mathrm{L}i}$中特征值为 1 的特征向量；$\boldsymbol{k}_{\mathrm{R}i}$是$\boldsymbol{R}_{\mathrm{R}i}$的通用旋转变换的转轴，也是$\boldsymbol{Q}_{\mathrm{R}i}$中特征值为 1 的特征向量；$\theta_{\mathrm{L}i}$是$\boldsymbol{R}_{\mathrm{L}i}$的通用旋转变换的转角，$\theta_{\mathrm{R}i}$是$\boldsymbol{R}_{\mathrm{R}i}$的通用旋转变换的转角。

将式(2－55)代入式(2－54)的第一个方程，可以得到如下关系：

$$\begin{cases}\theta_{\mathrm{L}i} = \theta_{\mathrm{R}i} \\ \boldsymbol{k}_{\mathrm{L}i} = \boldsymbol{R}_{\mathrm{m}}\boldsymbol{k}_{\mathrm{R}i}\end{cases} \tag{2-56}$$

式(2－56)中的第一个方程可以用于校验外参数标定的精度，第二个方程用于求取摄像机相对于机器人末端的外参数。如果控制机器人的末端作两次运动，通过 3 个位置的摄像机外参数标定，可以获得两组式(2－56)所示的方程。将两组式(2－56)方程中的第二个方程写为

$$\begin{cases}\boldsymbol{k}_{\mathrm{L1}} = \boldsymbol{R}_{\mathrm{m}}\boldsymbol{k}_{\mathrm{R1}} \\ \boldsymbol{k}_{\mathrm{L2}} = \boldsymbol{R}_{\mathrm{m}}\boldsymbol{k}_{\mathrm{R2}}\end{cases} \tag{2-57}$$

由于$\boldsymbol{R}_{\mathrm{m}}$同时将$\boldsymbol{k}_{\mathrm{R1}}$和$\boldsymbol{k}_{\mathrm{R2}}$转换为$\boldsymbol{k}_{\mathrm{L1}}$和$\boldsymbol{k}_{\mathrm{L2}}$，所以$\boldsymbol{R}_{\mathrm{m}}$也将$\boldsymbol{k}_{\mathrm{R1}}\times\boldsymbol{k}_{\mathrm{R2}}$转换为$\boldsymbol{k}_{\mathrm{L1}}\times\boldsymbol{k}_{\mathrm{L2}}$。将其关系写为矩阵形式，有

$$[\boldsymbol{k}_{\mathrm{L1}} \quad \boldsymbol{k}_{\mathrm{L2}} \quad \boldsymbol{k}_{\mathrm{L1}}\times\boldsymbol{k}_{\mathrm{L2}}] = \boldsymbol{R}_{\mathrm{m}}[\boldsymbol{k}_{\mathrm{R1}} \quad \boldsymbol{k}_{\mathrm{R2}} \quad \boldsymbol{k}_{\mathrm{R1}}\times\boldsymbol{k}_{\mathrm{R2}}] \tag{2-58}$$

由式(2－58)，可求解出$\boldsymbol{R}_{\mathrm{m}}$：

$$\boldsymbol{R}_{\mathrm{m}} = [\boldsymbol{k}_{\mathrm{L1}} \quad \boldsymbol{k}_{\mathrm{L2}} \quad \boldsymbol{k}_{\mathrm{L1}}\times\boldsymbol{k}_{\mathrm{L2}}][\boldsymbol{k}_{\mathrm{R1}} \quad \boldsymbol{k}_{\mathrm{R2}} \quad \boldsymbol{k}_{\mathrm{R1}}\times\boldsymbol{k}_{\mathrm{R2}}]^{-1} \tag{2-59}$$

将$\boldsymbol{R}_{\mathrm{m}}$代入式(2－54)的第二个方程，利用最小二乘法可以求解出$\boldsymbol{p}_{\mathrm{m}}$。由$\boldsymbol{R}_{\mathrm{m}}$和$\boldsymbol{p}_{\mathrm{m}}$，获得摄像机相对于机器人末端的外参数矩阵$\boldsymbol{T}_{\mathrm{m}}$。

为方便读者，下面给出通用旋转变换转轴与转角的求取方法[8]。

设f为坐标系 C 中z轴上的单位向量，即

$$\boldsymbol{C} = \begin{bmatrix} n_x & o_x & a_x & 0 \\ n_y & o_y & a_y & 0 \\ n_z & o_z & a_z & 0 \\ 0 & 0 & 0 & 1 \end{bmatrix}, \quad \boldsymbol{f} = a_x\boldsymbol{i} + a_y\boldsymbol{j} + a_z\boldsymbol{k} \tag{2-60}$$

则绕向量$\boldsymbol{f}$的旋转等价于绕坐标系C的Z轴的旋转：

$$\mathrm{Rot}(\boldsymbol{f},\theta) = \mathrm{Rot}(\boldsymbol{C}_z,\theta) \tag{2-61}$$

设坐标系C在基坐标系下的描述为$\boldsymbol{C}$。对于某一坐标系，在基坐标系下的描述为$\boldsymbol{T}$，在坐标系C下的描述为$\boldsymbol{S}$，则

$$\boldsymbol{T} = \boldsymbol{C}\boldsymbol{S} \Rightarrow \boldsymbol{S} = \boldsymbol{C}^{-1}\boldsymbol{T} \tag{2-62}$$

$\boldsymbol{T}$绕$\boldsymbol{f}$轴的旋转等价于$\boldsymbol{S}$绕坐标系C的Z轴的旋转：

$$\mathrm{Rot}(\boldsymbol{f},\theta)\boldsymbol{T} = \boldsymbol{C}\mathrm{Rot}(\boldsymbol{C}_z,\theta)\boldsymbol{S} \tag{2-63}$$

将式(2-62)代入式(2-63)，整理得

$$\mathrm{Rot}(\boldsymbol{f},\theta) = \boldsymbol{C}\mathrm{Rot}(\boldsymbol{C}_z,\theta)\boldsymbol{C}^{-1} \tag{2-64}$$

将式(2-60)代入式(2-64)，令$a=z$，$f=z$，有

$$\mathrm{Rot}(\boldsymbol{f},\theta) = \begin{bmatrix} f_x f_x(1-\cos\theta)+\cos\theta & f_y f_x(1-\cos\theta)-f_z\sin\theta & f_z f_x(1-\cos\theta)+f_y\sin\theta & 0 \\ f_x f_y(1-\cos\theta)+f_z\sin\theta & f_y f_y(1-\cos\theta)+\cos\theta & f_z f_y(1-\cos\theta)-f_x\sin\theta & 0 \\ f_x f_z(1-\cos\theta)-f_y\sin\theta & f_y f_z(1-\cos\theta)+f_x\sin\theta & f_z f_z(1-\cos\theta)+\cos\theta & 0 \\ 0 & 0 & 0 & 1 \end{bmatrix} \tag{2-65}$$

式(2-65)为通用旋转变换。给出任意旋转变换$\boldsymbol{R}$，可由下式求得等效转角与转轴：

$$\begin{bmatrix} n_x & o_x & a_x & 0 \\ n_y & o_y & a_y & 0 \\ n_z & o_z & a_z & 0 \\ 0 & 0 & 0 & 1 \end{bmatrix} = \begin{bmatrix} f_x f_x(1-\cos\theta)+\cos\theta & f_y f_x(1-\cos\theta)-f_z\sin\theta & f_z f_x(1-\cos\theta)+f_y\sin\theta & 0 \\ f_x f_y(1-\cos\theta)+f_z\sin\theta & f_y f_y(1-\cos\theta)+\cos\theta & f_z f_y(1-\cos\theta)-f_x\sin\theta & 0 \\ f_x f_z(1-\cos\theta)-f_y\sin\theta & f_y f_z(1-\cos\theta)+f_x\sin\theta & f_z f_z(1-\cos\theta)+\cos\theta & 0 \\ 0 & 0 & 0 & 1 \end{bmatrix} \tag{2-66}$$

将式(2－66)对角线上的项相加,可以求解出 $\cos\theta$:

$$\cos\theta = \frac{1}{2}(n_x + o_y + a_z - 1) \tag{2-67}$$

此外,由式(2－66)可以得到

$$\begin{cases} o_z - a_y = 2f_x\sin\theta \\ a_x - n_z = 2f_y\sin\theta \\ n_y - o_x = 2f_z\sin\theta \end{cases} \tag{2-68}$$

求解出 $\sin\theta$,如下:

$$\sin\theta = \pm\frac{1}{2}\sqrt{(o_z - a_y)^2 + (a_x - n_z)^2 + (n_y - o_x)^2} \tag{2-69}$$

将旋转规定为绕向量 $\boldsymbol{f}$ 的正向旋转,使得 $0 \leqslant \theta \leqslant 180°$。于是,由式(2－67)和式(2－69)得到通用旋转变换的转角 θ:

$$\theta = \arctan\frac{\sqrt{(o_z - a_y)^2 + (a_x - n_z)^2 + (n_y - o_x)^2}}{n_x + o_y + a_z - 1} \tag{2-70}$$

获得 θ 后,由式(2－68)可以求出通用旋转变换的转轴 $\boldsymbol{f}$:

$$\begin{cases} f_x = (o_z - a_y)/(2\sin\theta) \\ f_y = (a_x - n_z)/(2\sin\theta) \\ f_z = (n_y - o_x)/(2\sin\theta) \end{cases} \tag{2-71}$$

2.6 基于消失点的摄像机内参数自标定

不需要特定标定靶标的摄像机标定称为摄像机的自标定。摄像机的自标定技术在机器人手眼系统中具有广泛的应用前景,越来越受研究者的重视。根据所采用的方法的不同,摄像机的自标定技术可以划分为基于场景特征的自标定和基于运动的自标定。基于消失点的摄像机内参数自标定,是比较常用的基于场景特征的自标定技术之一,本节将着重予以介绍。

对于笛卡儿空间的平行线,当摄像机的光轴与其不垂直时,其图像不再是平行线。笛卡儿空间的平行线在图像中的直线的交点,称为消失点。消失点中含有摄像机的内部参数,因此,利用消失点可以实现摄像机内参数的标定[9-12]。下面分别以几何法和解析法为例,说明基于消失点的摄像机内参数标定方法。

2.6.1 几何法

Bénallal 等[9]提出的几何法,摄像机内参数采用式(2-6)所示三参数模型。如图2-6所示,长方体的3个可见面的9条边在图像空间形成3个消失点 H、I、K。在由3个消失点构成的三角形中,由每个顶点向对应的底边作垂线,三条垂线的交点即为光轴中心(u_0, v_0),见图2-6中的 S 点。以一条垂线为直径作半圆,过光轴中心作该直径的垂线,该垂线与半圆相交于一点,该点与光轴中心之间的距离乘以图像列间距,得到焦距 f。例如,消失点 K 到底边 HI 的垂线为 KL,以 KL 为直径作半圆,过光轴中心点 S 作 KL 的垂线,KL 与半圆相交于一点 O,OS 的距离乘以图像列间距,得到焦距 f。

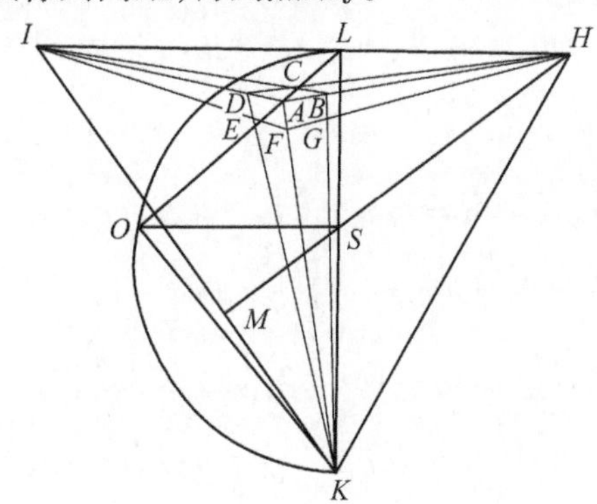

图2-6 几何法内参数标定示意图[9]

2.6.1.1 消失点的计算

直线 AD 和 BC 的方程如下:

$$\begin{cases}\dfrac{u_A - u_D}{u_I - u_D} = \dfrac{v_A - v_D}{v_I - v_D} \\[2ex] \dfrac{u_B - u_C}{u_I - u_C} = \dfrac{v_B - v_C}{v_I - v_C}\end{cases} \tag{2-72}$$

式中：(u_A,v_A)、(u_B,v_B)、(u_C,v_C)、(u_D,v_D)、(u_I,v_I)分别为点 A、B、C、D、I 的图像坐标。

由式(2-72)可以计算出消失点 I 的坐标。类似地，利用直线 AB 和 DC 可以计算出消失点 H 的坐标，利用直线 AF 和 BG 可以计算出消失点 K 的坐标。

$$\begin{cases} u_H = \{(u_C - u_B)[u_A(v_D - v_A) - v_A(u_D - u_A)] - \\ \quad (u_D - u_A)[u_B(v_C - v_B) - v_B(u_C - u_B)]\}/ \\ \quad [(u_C - u_B)(v_D - v_A) - (u_D - u_A)(v_C - v_B)] \\ v_H = \{(v_C - v_B)[u_A(v_D - v_A) - v_A(u_D - u_A)] - \\ \quad (v_D - v_A)[u_B(v_C - v_B) - v_B(u_C - u_B)]\}/ \\ \quad [(u_C - u_B)(v_D - v_A) - (u_D - u_A)(v_C - v_B)] \end{cases} \tag{2-73}$$

$$\begin{cases} u_I = \{(u_D - u_C)[u_B(v_A - v_B) - v_B(u_A - u_B)] - \\ \quad (u_A - u_B)[u_C(v_D - v_C) - v_C(u_D - u_C)]\}/ \\ \quad [(u_D - u_C)(v_A - v_B) - (u_A - u_B)(v_D - v_C)] \\ v_I = \{(v_D - v_C)[u_B(v_A - v_B) - v_B(u_A - u_B)] - \\ \quad (v_A - v_B)[u_C(v_D - v_C) - v_C(u_D - u_C)]\}/ \\ \quad [(u_D - u_C)(v_A - v_B) - (u_A - u_B)(v_D - v_C)] \end{cases} \tag{2-74}$$

$$\begin{cases} u_K = \{(u_F - u_G)[u_B(v_A - v_B) - v_B(u_A - u_B)] - \\ \quad (u_A - u_B)[u_G(v_F - v_G) - v_G(u_F - u_G)]\}/ \\ \quad [(u_F - u_G)(v_A - v_B) - (u_A - u_B)(v_F - v_G)] \\ v_K = \{(v_F - v_G)[u_B(v_A - v_B) - v_B(u_A - u_B)] - \\ \quad (v_A - v_B)[u_G(v_F - v_G) - v_G(u_F - u_G)]\}/ \\ \quad [(u_F - u_G)(v_A - v_B) - (u_A - u_B)(v_F - v_G)] \end{cases} \tag{2-75}$$

2.6.1.2　光轴中心的计算

由消失点 K 到底边 HI 的垂线 KL 的方程为

$$v - v_K = -\frac{u_H - u_I}{v_H - v_I}(u - u_K) \tag{2-76}$$

利用类似于式(2-76)的3条垂线的方程,可以得到含有垂心坐标的方程组:

$$\begin{cases} u_0(u_K - u_H) + v_0(v_K - v_H) = u_I(u_K - u_H) + v_I(v_K - v_H) \\ u_0(u_I - u_K) + v_0(v_I - v_K) = u_H(u_I - u_K) + v_H(v_I - v_K) \\ u_0(u_H - u_I) + v_0(v_H - v_I) = u_K(u_H - u_I) + v_K(v_H - v_I) \end{cases} \tag{2-77}$$

利用最小二乘法求解方程组(2-77),可以获得光轴中心点的图像坐标(u_0, v_0)。

2.6.1.3　焦距 f 的计算

过光轴中心点 S 垂直于垂线 KL 的方程为

$$v - v_0 = \frac{v_H - v_I}{u_H - u_I}(u - u_0) \tag{2-78}$$

以 KL 为直径作的半圆方程为

$$(v - v_K/2 - v_L/2)^2 + (u - u_K/2 - u_L/2)^2 = (u_K - u_L)^2/4 + (v_K - v_L)^2/4 \tag{2-79}$$

由式(2-78)和式(2-79),可以求解出 KL 的垂线与半圆的交点 O 的图像坐标,然后求出 OS 的距离乘以图像列间距,得到焦距 f。

2.6.2　解析法

对于正交的两组平行线构成的一个矩形,在其中心建立世界坐标系 W,如图2-7所示。世界坐标系的 X、Y 轴分别平行于两组平行线,Z 轴方向根据右手定则确定。假设矩形的4个顶点 $P_1 \sim P_4$ 在世界坐标系下的坐标分别为$(a,b,0)$、$(-a,b,0)$、$(-a,-b,0)$和$(a,-b,0)$。摄像机坐标系 C 建立在摄像机的光轴中心点,其 Z 轴方向为沿光轴从

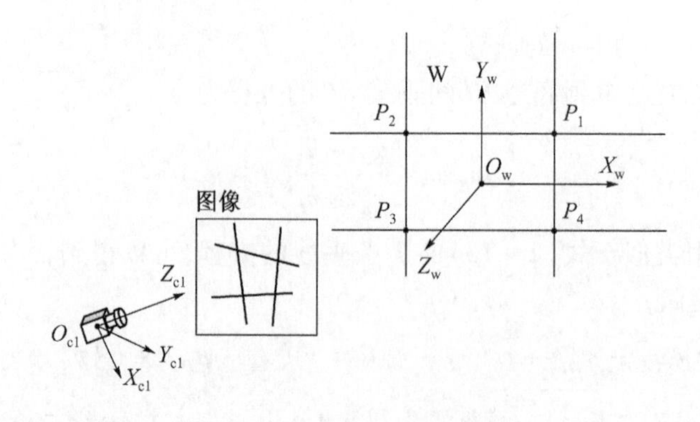

图 2-7 平行线与其成像直线

摄像机到景物的方向，X、Y 轴分别平行于成像平面。

2.6.2.1 四参数模型标定

四参数模型标定针对式(2-5)模型中的 4 个内参数进行。将 4 个顶点 $P_1 \sim P_4$ 的坐标分别代入式(2-18)，得到 8 个方程，如下：

$$u_1 m_{31} a + u_1 m_{32} b + u_1 m_{34} = m_{11} a + m_{12} b + m_{14} \tag{2-80}$$

$$v_1 m_{31} a + v_1 m_{32} b + v_1 m_{34} = m_{21} a + m_{22} b + m_{24} \tag{2-81}$$

$$-u_2 m_{31} a + u_2 m_{32} b + u_2 m_{34} = -m_{11} a + m_{12} b + m_{14} \tag{2-82}$$

$$-v_2 m_{31} a + v_2 m_{32} b + v_2 m_{34} = -m_{21} a + m_{22} b + m_{24} \tag{2-83}$$

$$-u_3 m_{31} a - u_3 m_{32} b + u_1 m_{34} = -m_{11} a - m_{12} b + m_{14} \tag{2-84}$$

$$-v_3 m_{31} a - v_3 m_{32} b + v_1 m_{34} = -m_{21} a - m_{22} b + m_{24} \tag{2-85}$$

$$u_4 m_{31} a - u_4 m_{32} b + u_4 m_{34} = m_{11} a - m_{12} b + m_{14} \tag{2-86}$$

$$v_4 m_{31} a - v_4 m_{32} b + v_4 m_{34} = m_{21} a - m_{22} b + m_{24} \tag{2-87}$$

式中：(u_i, v_i) 为点 P_i 的图像坐标。

由式(2-81)加上式(2-85)减去式(2-83)和式(2-87)，式(2-80)加上式(2-84)减去式(2-82)和式(2-86)，得

$$\begin{cases} (u_1 - u_3 - u_4 + u_2) m'_{31} + (u_1 - u_3 - u_2 + u_4) m'_{32} = u_2 + u_4 - u_1 - u_3 \\ (v_1 - v_3 - v_4 + v_2) m'_{31} + (v_1 - v_3 - v_2 + v_4) m'_{32} = v_2 + v_4 - v_1 - v_3 \end{cases} \tag{2-88}$$

式中：$m'_{31}=m_{31}a/m_{34}$，$m'_{32}=m_{32}b/m_{34}$，$m_{34}=p_z>0$。

变量 m'_{31} 和 m'_{32} 可由式(2－88)解出。将 m'_{31} 和 m'_{32} 代入式(2－80)～式(2－87)，利用最小二乘法可以求解变量 m'_{11}、m'_{12}、m'_{14}、m'_{21}、m'_{22} 和 m'_{24}。由式(2－17)中的 M 可以导出：

$$\begin{cases} n_x = \dfrac{(m'_{11}/m'_{31}-u_0)n_z}{k_x}, & n_y = \dfrac{(m'_{21}/m'_{31}-v_0)n_z}{k_y} \\ o_x = \dfrac{(m'_{12}/m'_{32}-u_0)o_z}{k_x}, & o_y = \dfrac{(m'_{22}/m'_{32}-v_0)o_z}{k_y} \end{cases} \tag{2-89}$$

由于向量 $\boldsymbol{n}$ 与 $\boldsymbol{o}$ 是正交的，因此有

$$\left[\frac{(m'_{11}/m'_{31}-u_0)(m'_{12}/m'_{32}-u_0)}{k_x^2}+\frac{(m'_{21}/m'_{31}-v_0)(m'_{22}/m'_{32}-v_0)}{k_y^2}+1\right]n_z o_z=0 \tag{2-90}$$

如果 $n_z\neq0$，且 $o_z\neq0$，那么由式(2－90)可得

$$\frac{(m'_{11}/m'_{31}-u_0)(m'_{12}/m'_{32}-u_0)}{k_x^2}+\frac{(m'_{21}/m'_{31}-v_0)(m'_{22}/m'_{32}-v_0)}{k_y^2}+1=0 \tag{2-91}$$

改变摄像机的姿态，从而可以得到多个式(2－91)所示的非线性方程。定义中间变量[13]：

$$\begin{cases} h_1 = k_x^2 \\ h_2 = k_x^2/k_y^2 \\ h_3 = v_0 h_2 \end{cases} \tag{2-92}$$

利用两个式(2－91)所示的非线性方程，经过相减运算，并整理得[13]

$$\begin{aligned}(u_{i1}+u_{i2}-u_{j1}-u_{j2})u_0+(v_{i1}+v_{i2}-v_{j1}-v_{j2})h_3-\\(v_{i1}v_{i2}-v_{j1}v_{j2})h_2=u_{i1}u_{i2}-u_{j1}u_{j2}\end{aligned} \tag{2-93}$$

式中：$(u_{i1},v_{i1})=(m'_{i11}/m'_{i31},m'_{i21}/m'_{i31})$；$(u_{i2},v_{i2})=(m'_{i12}/m'_{i32},m'_{i22}/m'_{i32})$；$(u_{j1},v_{j1})=(m'_{j11}/m'_{j31},m'_{j21}/m'_{j31})$；$(u_{j2},v_{j2})=(m'_{j12}/m'_{j32},m'_{j22}/m'_{j32})$。

式(2－93)为一个含有 3 个未知数 u_0、h_2、h_3 的线性方程，至少需

要3个式(2-93)构成的方程组,可以求解出 u_0、h_2、h_3。然后,利用 h_2 和 h_3 求解出 v_0,将 u_0、v_0、h_2 代入式(2-91)可以求解出 k_x,再由 k_x 和 h_2 求解出 k_y。所以,至少需要4个式(2-91)方程,才能够求解出摄像机的内参数 u_0、v_0、k_x、k_y。

讨论:

(1) 如果 $n_z=0$,则摄像机的光轴中心线与矩形的两条水平边垂直。此时,这两条水平边在摄像机图像中成像后的直线仍然是平行的。两条水平边成像后的直线没有交点,即两条水平边没有消失点,导致式(2-91)不成立。同理,如果 $o_z=0$,两条竖直边没有消失点,也导致式(2-91)不成立。当 $n_z=0$,且 $o_z=0$ 时,光轴中心线与矩形垂直,两条水平边和两条竖直边均没有消失点。因此,在利用平行线进行摄像机内参数自标定时,光轴中心线与平行线不能垂直是一个必要条件。

为避免式(2-91)是病态方程,应该对平行线在图像空间成像后的直线的平行度进行检查。构造式(2-94)函数,用以表征平行度:

$$F_{\mathrm{p}}=\frac{\left|(u_{i1}-u_{i2})(u_{j1}-u_{j2})+(v_{i1}-v_{i2})(v_{j1}-v_{j2})\right|}{\sqrt{(u_{i1}-u_{i2})^2+(v_{i1}-v_{i2})^2}\sqrt{(u_{j1}-u_{j2})^2+(v_{j1}-v_{j2})^2}} \tag{2-94}$$

式中:(u_{i1},v_{i1}) 和 (u_{i2},v_{i2}) 是在图像空间的直线 L_i 上的两个点的图像坐标;(u_{j1},v_{j1}) 和 (u_{j2},v_{j2}) 是在图像空间的直线 L_j 上的两个点的图像坐标;F_{p} 是直线 L_i 和 L_j 的平行度指标。

如果 $F_{\mathrm{p}}=1$,则图像空间的直线 L_i 和 L_j 是平行的。此时,摄像机光轴中心线垂直于这组平行线。如果 $|F_{\mathrm{p}}-1|<\varepsilon$,$\varepsilon$ 是任意小的正实数,则式(2-91)所示方程是病态方程。F_{p} 越小,式(2-91)所示方程鲁棒性越强。在摄像机内参数自标定过程中,可以利用式(2-94)计算出的 F_{p},确定采集的图像是否能够用于计算摄像机的内参数。

(2) 如果 (u_0,v_0) 已知,并假设 $k_x=k_y=k$,则可利用一幅图像,由下式计算出 k:

$$k=\sqrt{-(m'_{11}/m'_{31}-u_0)(m'_{12}/m'_{32}-u_0)-(m'_{21}/m'_{31}-v_0)(m'_{22}/m'_{32}-v_0)} \tag{2-95}$$

k 中含有摄像机的焦距,将其乘以笛卡儿空间的图像间距,可以得到焦距 f。

事实上,点 $(m'_{11}/m'_{31}, m'_{21}/m'_{31})$ 和 $(m'_{12}/m'_{32}, m'_{22}/m'_{32})$ 就是正交平行线的两个消失点。在假设 (u_0, v_0) 是图像中心点的前提下,Guillou 等[10]运用几何关系导出摄像机的焦距,这只是基于平行线的内参数标定的一种特殊情况。

(3) 如果只假设 $k_x = k_y = k$,式(2-91)可重写为

$$(u_{hvi} - u_0)(u_{vvi} - u_0) + (v_{hvi} - v_0)(v_{vvi} - v_0) + k^2 = 0 \tag{2-96}$$

式中:$u_{hvi} = m'_{11i}/m'_{31i}$,$u_{vvi} = m'_{12i}/m'_{32i}$,$v_{hvi} = m'_{21i}/m'_{31i}$,$v_{vvi} = m'_{22i}/m'_{32i}$ 是消失点的图像坐标。

通过3次改变摄像机的姿态,利用两组正交平行线的3幅图像,可以获得3个式(2-96)所示的方程。或者,利用3组正交平行线的1幅图像,也可以获得3个式(2-96)所示的方程。在这3个方程中,消去参数 k,可得

$$\begin{cases} (u_{hv2} + u_{vv2} - u_{hv1} - u_{vv1})u_0 + (v_{hv2} + v_{vv2} - v_{hv1} - v_{vv1})v_0 = \\ \qquad u_{hv2}u_{vv2} - u_{hv1}u_{vv1} + v_{hv2}v_{vv2} - v_{hv1}v_{vv1} \\ (u_{hv3} + u_{vv3} - u_{hv2} - u_{vv2})u_0 + (v_{hv3} + v_{vv3} - v_{hv2} - v_{vv2})v_0 = \\ \qquad u_{hv3}u_{vv3} - u_{hv2}u_{vv2} + v_{hv3}v_{vv3} - v_{hv2}v_{vv2} \end{cases} \tag{2-97}$$

由方程(2-97)可以线性求解出 u_0 和 v_0,然后利用式(2-96)求解出 k。

可见,2.6.1 中 Bénallal 等[9]提供的方法,利用3组正交平行线的1幅图像实现摄像机内参数的标定,只是基于平行线的内参数标定的一种特殊情况。

2.6.2.2 五参数模型标定

五参数模型标定针对式(2-7)模型中的5个内参数进行标定。对于图2-7中正交的两组平行线,利用其成像后在图像中的两组直线

容易求取其两个消失点的图像坐标。由于两组平行线是正交的,所以两个消失点在成像平面上的成像点在摄像机坐标系中的位置向量是正交的。于是,有

$$\begin{bmatrix} x_{c1h} & y_{c1h} & 1 \end{bmatrix} \begin{bmatrix} x_{c1v} \\ y_{c1v} \\ 1 \end{bmatrix} = 0 \tag{2-98}$$

式中:$[x_{c1h} \quad y_{c1h} \quad 1]^T$ 和 $[x_{c1v} \quad y_{c1v} \quad 1]^T$ 是两个消失点在成像平面上的成像点在摄像机坐标系中的位置向量。

由式(2-7)可得

$$\begin{bmatrix} x_{c1i} \\ y_{c1i} \\ 1 \end{bmatrix} = \begin{bmatrix} \dfrac{1}{k_x} & -\dfrac{k_s}{k_x k_y} & \dfrac{k_s v_0}{k_x k_y} - \dfrac{u_0}{k_x} \\ 0 & \dfrac{1}{k_y} & -\dfrac{v_0}{k_y} \\ 0 & 0 & 1 \end{bmatrix} \begin{bmatrix} u_i \\ v_i \\ 1 \end{bmatrix} = \begin{bmatrix} K_{11} & K_{12} & K_{13} \\ 0 & K_{22} & K_{23} \\ 0 & 0 & 1 \end{bmatrix} \begin{bmatrix} u_i \\ v_i \\ 1 \end{bmatrix} \tag{2-99}$$

式中:$(x_{c1i}, y_{c1i}, 1)$为图像点(u_i, v_i)在焦距归一化成像平面上的成像点在摄像机坐标系中的坐标;$K_{11} \sim K_{23}$为中间变量,

$$\begin{cases} K_{11} = 1/k_x, K_{12} = -k_s/(k_x k_y) \\ K_{13} = k_s v_0/(k_x k_y) - u_0/k_x \\ K_{22} = 1/k_y, K_{23} = -v_0/k_y \end{cases} \tag{2-100}$$

对于两个消失点,将式(2-99)代入式(2-98),得

$$\begin{bmatrix} u_h & v_h & 1 \end{bmatrix} \begin{bmatrix} K_{11}^2 & K_{11}K_{12} & K_{11}K_{13} \\ K_{11}K_{12} & K_{12}^2 + K_{22}^2 & K_{12}K_{13} + K_{22}K_{23} \\ K_{11}K_{13} & K_{12}K_{13} + K_{22}K_{23} & K_{13}^2 + K_{23}^2 + 1 \end{bmatrix} \begin{bmatrix} u_v \\ v_v \\ 1 \end{bmatrix} = 0 \tag{2-101}$$

式中：(u_h, v_h)和(u_v, v_v)为两个消失点的图像坐标。

令

$$\begin{bmatrix} H_{11} & H_{12} & H_{13} \\ H_{12} & H_{22} & H_{23} \\ H_{13} & H_{23} & H_{33} \end{bmatrix} = \begin{bmatrix} K_{11}^2 & K_{11}K_{12} & K_{11}K_{13} \\ K_{11}K_{12} & K_{12}^2 + K_{22}^2 & K_{12}K_{13} + K_{22}K_{23} \\ K_{11}K_{13} & K_{12}K_{13} + K_{22}K_{23} & K_{13}^2 + K_{23}^2 + 1 \end{bmatrix} \tag{2-102}$$

将式(2-101)展开并整理，得

$$(u_h v_v + u_v v_h)\frac{H_{12}}{H_{11}} + (u_h + u_v)\frac{H_{13}}{H_{11}} + v_h v_v \frac{H_{22}}{H_{11}} + (v_h + v_v)\frac{H_{23}}{H_{11}} + \frac{H_{33}}{H_{11}} = -u_h u_v \tag{2-103}$$

令 $h_1 = H_{12}/H_{11}, h_2 = H_{13}/H_{11}, h_3 = H_{22}/H_{11}, h_4 = H_{23}/H_{11}, h_5 = H_{33}/H_{11}$，则式(2-103)改写为

$$(u_h v_v + u_v v_h)h_1 + (u_h + u_v)h_2 + v_h v_v h_3 + (v_h + v_v)h_4 + h_5 = -u_h u_v \tag{2-104}$$

对于 n 幅图像，可以得到 n 个式(2-104)所示的方程，利用最小二乘法，可以求解出 $h_1 \sim h_5$。

由 $h_1 \sim h_5$ 的定义和式(2-102)，得

$$\begin{aligned} h_1 &= \frac{K_{12}}{K_{11}}, \quad h_2 = \frac{K_{13}}{K_{11}}, \quad h_3 = \frac{K_{12}^2 + K_{22}^2}{K_{11}^2} \\ h_4 &= \frac{K_{12}K_{13} + K_{22}K_{23}}{K_{11}^2}, \quad h_5 = \frac{K_{13}^2 + K_{23}^2 + 1}{K_{11}^2} \end{aligned} \tag{2-105}$$

由式(2-105)，可求解出中间变量 $K_{11} \sim K_{23}$：

$$\begin{cases} K_{11} = \sqrt{\dfrac{h_3 - h_1^2}{h_3 h_5 - h_2^2 h_3 - h_1^2 h_5 - h_4^2 + 2h_1 h_2 h_4}} \\ K_{12} = h_1 K_{11} \\ K_{13} = h_2 K_{11} \\ K_{22} = \sqrt{h_3 - h_1^2} K_{11} \\ K_{23} = \dfrac{h_4 - h_1 h_2}{\sqrt{h_3 - h_1^2}} K_{11} \end{cases} \tag{2-106}$$

获得中间变量 $K_{11} \sim K_{23}$ 后，由式(2－100)导出摄像机的5个内参数：

$$\begin{cases} k_x = 1/K_{11}, k_y = 1/K_{22}, k_s = -K_{12}/(K_{11}K_{22}) \\ u_0 = K_{12}K_{23}/(K_{11}K_{22}) - K_{13}/K_{11}, v_0 = -K_{23}/K_{22} \end{cases} \tag{2-107}$$

2.7 基于运动的摄像机自标定

基于运动的自标定不需要特定的标定靶标，一般在场景中选择位置未知的点作为参考点，通过摄像机的特定运动，改变参考点的图像坐标，实现摄像机的标定。基于运动的摄像机自标定技术在机器人手眼系统中具有广泛的应用前景，越来越受研究者的重视。

2.7.1 基于正交平移运动和旋转运动的摄像机自标定

马[13]提出的摄像机标定方法是，通过摄像机在三维空间内作两组平移运动，其中包括3次两两正交的平移运动，并控制摄像机的姿态进行自定标。该方法采用空间中的至少两个点作为参考点，并实现了摄像机内外参数的线性求解。

2.7.1.1 摄像机内参数的标定

摄像机的内参数采用式(2－5)所示的四参数模型。当摄像机作纯平移运动时，空间点 P 的图像坐标会发生变化。如图2－8所示，摄

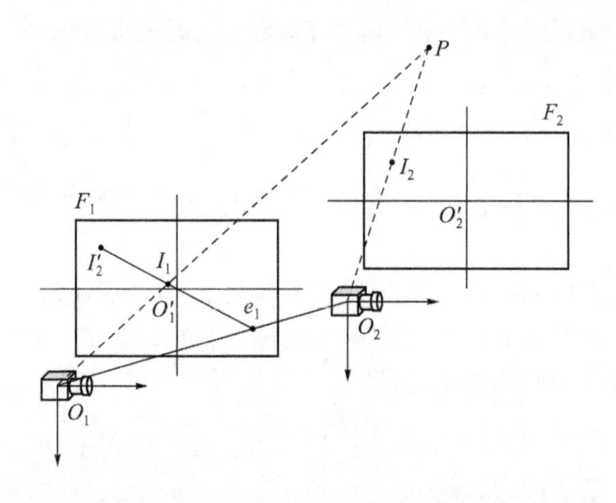

图2-8　摄像机平移运动的几何关系

像机光轴中心由 O_1 位置平移到 O_2 位置，空间点 P 在摄像机处在 O_1 和 O_2 位置时在成像平面的成像点分别为 I_1 和 I_2，O_1' 和 O_2' 分别为 O_1 和 O_2 在成像平面的投影。按照 I_2 在成像平面 F_1 的坐标，在成像平面 F_2 上标出其位置，记为 I_2'。

由于摄像机作纯平移运动，所以直线 O_1O_1' 与 O_2O_2' 平行。由于 I_2' 与 I_2 的图像坐标相同，O_1' 和 O_2' 的图像坐标相同，所以直线 $I_2'O_1'$ 与 I_2O_2' 平行。点 O_1、O_1'、I_2' 构成直角三角形，点 O_2、O_2'、I_2 也构成直角三角形，所以直线 O_1I_2' 与 O_2I_2 平行。因此，点 I_2' 在由 O_1、O_2、P 构成的平面内。假设直线 O_1O_2 与成像平面 F_1 的交点为 e_1。直线$I_2'I_1$ 与直线 O_1O_2 的交点，既在成像平面 F_1 上，又在由 O_1、O_2、P 构成的平面内。因此，直线 $I_2'I_1$ 与直线 O_1O_2 的交点就是 e_1。换言之，对于第 i 次运动，直线 $I_2'I_1$ 的延长线必然通过点 e_i。直线 $I_2'I_1$ 称为空间点 P 在成像平面内的对应点的连线。由上述分析可知，任意空间点 P_i 在成像平面内的对应点的连线均通过点 e_i。因此，利用两个及以上的空间点在图像平面内的对应点的连线可以求出点 e_i 的图像坐标。点 e_i 又称为扩展焦点（Focus of Expansion，FOE）。

由 e_i 的图像坐标(u_i, v_i)，根据式(2-8)可以求出点 e_i 在焦距归一化成像平面上的成像点坐标，如下：

$$\begin{bmatrix} x_{c1i} \\ y_{c1i} \\ 1 \end{bmatrix} = \begin{bmatrix} k_x & 0 & u_0 \\ 0 & k_y & v_0 \\ 0 & 0 & 1 \end{bmatrix}^{-1} \begin{bmatrix} u_i \\ v_i \\ 1 \end{bmatrix} = \begin{bmatrix} (u_i - u_0)/k_x \\ (v_i - v_0)/k_y \\ 1 \end{bmatrix} \tag{2-108}$$

事实上，$[x_{c1i} \quad y_{c1i} \quad 1]^{\mathrm{T}}$ 表示了直线 O_1O_2 在平移前的摄像机坐标系中的方向。

控制运动平台作 3 次相互正交的平移运动，分别求取点 $e_i(i=1,2,3)$ 在焦距归一化成像平面上的成像点坐标。根据运动方向的正交性，可以获得式(2－109)所示的方程：

$$[x_{c1i} \quad y_{c1i} \quad 1][x_{c1j} \quad y_{c1j} \quad 1]^{\mathrm{T}} = 0 \tag{2-109}$$

式中：$i=1,2,j=2,3,i\neq j$。

将式(2－108)代入式(2－109)，得

$$\begin{cases} \dfrac{(u_1-u_0)(u_2-u_0)}{k_x^2} + \dfrac{(v_1-v_0)(v_2-v_0)}{k_y^2} + 1 = 0 \\ \dfrac{(u_1-u_0)(u_3-u_0)}{k_x^2} + \dfrac{(v_1-v_0)(v_3-v_0)}{k_y^2} + 1 = 0 \\ \dfrac{(u_2-u_0)(u_3-u_0)}{k_x^2} + \dfrac{(v_2-v_0)(v_3-v_0)}{k_y^2} + 1 = 0 \end{cases} \tag{2-110}$$

定义如式(2－92)所示的中间变量，并将式(2－110)中的第一个方程减第二个方程，第一个方程减第三个方程，得

$$\begin{cases} (u_2-u_3)u_0 + (v_2-v_3)h_3 - v_1(v_2-v_3)h_2 = u_1(u_2-u_3) \\ (u_1-u_3)u_0 + (v_1-v_3)h_3 - v_2(v_1-v_3)h_2 = u_2(u_1-u_3) \end{cases} \tag{2-111}$$

式(2－111)为含有 3 个未知数的两个线性方程。利用两组 3 次相互正交的平移运动，可以得到方程式(2－111)。然后利用最小二乘法，求解出 u_0、h_2、h_3。再利用 h_2 和 h_3 求解出 $v_0=h_3/h_2$。将式(2－110)两端同乘以 k_x^2，并将 u_0、v_0、h_2 代入式(2－110)可以求解出 k_x，见式(2－112)。最后，由 k_x 和 h_2 求解出 $k_y=k_x/\sqrt{h_2}$。

$$k_x = \sqrt{-(u_1 - u_0)(u_2 - u_0) - (v_1 - v_0)(v_2 - v_0)h_2} \tag{2-112}$$

当摄像机作纯平移运动时,空间任意两个参考点相对于摄像机平移,其轨迹为两条平行线。因此,这两个参考点在图像平面内的对应点的连线就是平行线的图像,其交点即为消失点。这种纯平移运动的摄像机内参数标定,就是基于消失点的摄像机内参数标定。

2.7.1.2　摄像机外参数的标定

摄像机安装在一个运动平台上,运动平台可以进行平移运动和旋转运动。平台坐标系运动前后的坐标变换关系用 $\boldsymbol{T}_{\mathrm{p}}$ 表示,摄像机坐标系运动前后的坐标变换关系用 $\boldsymbol{T}_{\mathrm{c}}$ 表示,摄像机坐标系与平台坐标系之间的坐标变换关系用 $\boldsymbol{T}_{\mathrm{m}}$ 表示。

根据运动平台与摄像机之间的关系,下式成立:

$$\boldsymbol{T}_{\mathrm{m}}\boldsymbol{T}_{\mathrm{c}} = \boldsymbol{T}_{\mathrm{p}}\boldsymbol{T}_{\mathrm{m}} \tag{2-113}$$

假设 $\boldsymbol{T}_{\mathrm{m}}$、$\boldsymbol{T}_{\mathrm{p}}$ 和 $\boldsymbol{T}_{\mathrm{c}}$ 分别为

$$\boldsymbol{T}_{\mathrm{m}} = \begin{bmatrix} \boldsymbol{R} & \boldsymbol{p} \\ 0 & 1 \end{bmatrix}, \quad \boldsymbol{T}_{\mathrm{p}} = \begin{bmatrix} \boldsymbol{R}_{\mathrm{p}} & \boldsymbol{p}_{\mathrm{p}} \\ 0 & 1 \end{bmatrix}, \quad \boldsymbol{T}_{\mathrm{c}} = \begin{bmatrix} \boldsymbol{R}_{\mathrm{c}} & \boldsymbol{p}_{\mathrm{c}} \\ 0 & 1 \end{bmatrix} \tag{2-114}$$

式中:$\boldsymbol{R}$ 和 $\boldsymbol{p}$ 分别为 $\boldsymbol{T}_{\mathrm{m}}$ 的旋转变换矩阵和平移向量;$\boldsymbol{R}_{\mathrm{p}}$ 和 $\boldsymbol{p}_{\mathrm{p}}$ 分别为 $\boldsymbol{T}_{\mathrm{p}}$ 的旋转变换矩阵和平移向量;$\boldsymbol{R}_{\mathrm{c}}$ 和 $\boldsymbol{p}_{\mathrm{c}}$ 分别为 $\boldsymbol{T}_{\mathrm{c}}$ 的旋转变换矩阵和平移向量。

将式(2-114)代入式(2-113)并展开,得

$$\begin{cases} \boldsymbol{R}\boldsymbol{R}_{\mathrm{c}} = \boldsymbol{R}_{\mathrm{p}}\boldsymbol{R} \\ \boldsymbol{R}\boldsymbol{p}_{\mathrm{c}} + \boldsymbol{p} = \boldsymbol{R}_{\mathrm{p}}\boldsymbol{p} + \boldsymbol{p}_{\mathrm{p}} \end{cases} \tag{2-115}$$

如果运动平台作纯平移运动,则

$$\boldsymbol{R}_{\mathrm{p}} = \boldsymbol{R}_{\mathrm{c}} = \boldsymbol{I} \tag{2-116}$$

将式(2-116)代入式(2-115)的第二个方程,得

$$\boldsymbol{p}_{\mathrm{p}} = \boldsymbol{R}\boldsymbol{p}_{\mathrm{c}} \tag{2-117}$$

对于运动平台的3次纯平移运动,则有

$$[\boldsymbol{p}_{\mathrm{p1}} \quad \boldsymbol{p}_{\mathrm{p2}} \quad \boldsymbol{p}_{\mathrm{p3}}] = \boldsymbol{R}[\boldsymbol{p}_{\mathrm{c1}} \quad \boldsymbol{p}_{\mathrm{c2}} \quad \boldsymbol{p}_{\mathrm{c3}}] \tag{2-118}$$

式中：$\boldsymbol{p}_{p1}$、$\boldsymbol{p}_{p2}$和$\boldsymbol{p}_{p3}$为运动平台的3次纯平移运动的位移向量；$\boldsymbol{p}_{c1}$、$\boldsymbol{p}_{c2}$和$\boldsymbol{p}_{c3}$摄像机坐标系的运动向量。

由式(2-118)，得

$$\boldsymbol{R} = [\boldsymbol{p}_{p1} \quad \boldsymbol{p}_{p2} \quad \boldsymbol{p}_{p3}][\boldsymbol{p}_{c1} \quad \boldsymbol{p}_{c2} \quad \boldsymbol{p}_{c3}]^{-1} \tag{2-119}$$

式中：$\boldsymbol{p}_{p1}$、$\boldsymbol{p}_{p2}$和$\boldsymbol{p}_{p3}$可以由运动平台的控制器读出。$\boldsymbol{p}_{c1}$、$\boldsymbol{p}_{c2}$和$\boldsymbol{p}_{c3}$可以根据2.7.1.1标定出的内参数，根据e_i的图像坐标由式(2-108)进行计算。这样计算出的$\boldsymbol{p}_{c1}$、$\boldsymbol{p}_{c2}$和$\boldsymbol{p}_{c3}$只是其方向向量，不能直接代入式(2-119)求解。由于旋转变换只改变向量的方向，不改变向量的大小，所以可以将$\boldsymbol{p}_{pi}$和$\boldsymbol{p}_{ci}$($i=1,2,3$)转换为单位向量后代入式(2-119)求解。

获得$\boldsymbol{R}$后，将运动平台作非纯平移运动，由式(2-115)的第二个方程，可以得到求解$\boldsymbol{p}$的公式，如下：

$$\boldsymbol{p} = (\boldsymbol{R}_p - \boldsymbol{I})^{-1}(\boldsymbol{R}\boldsymbol{p}_c - \boldsymbol{p}_p) \tag{2-120}$$

然而，式(2-120)中$\boldsymbol{p}_c$是未知的。因此，要想求解$\boldsymbol{p}$，必须先获得$\boldsymbol{p}_c$的求解方法。

因为$\boldsymbol{R}$已经获得，即摄像机坐标系与运动平台坐标系之间的姿态关系已知，所以可以控制运动平台沿摄像机坐标系的x轴运动一定的距离。利用运动平台纯平移前后的两个视点，由立体视觉原理，可以求出参考点在摄像机运动前的坐标系中的位置。参见图2-8，假设运动前的摄像机坐标系位置为O_1，计算出参考点在视点O_1的坐标系中的位置后，将运动平台反向移动到视点O_1位置，获得位置向量$\boldsymbol{O_1P}$。然后，将运动平台作非纯平移运动，使摄像机到达一个新的位置O_2。以O_2位置为基准，控制运动平台沿摄像机坐标系的x轴运动一定的距离。再利用运动平台纯平移前后的两个视点，由立体视觉原理，可以求出参考点在视点O_2的坐标系中的位置，获得位置向量$\boldsymbol{O_2P}$。由于$\boldsymbol{p}_c+\boldsymbol{R}_c(\boldsymbol{O_2P})=\boldsymbol{O_1P}$，所以下列关系成立：

$$\boldsymbol{p}_c = \boldsymbol{O_1P} - \boldsymbol{R}_c(\boldsymbol{O_2P}) \tag{2-121}$$

由于$\boldsymbol{R}_p$可由运动平台的控制器读出，所以$\boldsymbol{R}_c$可由式(2-115)的第一个方程求解。然后，利用式(2-121)可以求解出$\boldsymbol{p}_c$，再利用式(2-120)求解出p。

2.7.2 基于单参考点的摄像机自标定

与2.7.1小节一样,这里的视觉系统为Eye-in-Hand视觉系统,摄像机安装在一个六自由度的工业机器人末端。假设选用的摄像机镜头为大焦距、小视角,其非线性畸变较小,可以采用线性模型。

鉴于机器人本身有重复定位精度较高的特点,利用机器人末端带动摄像机相对于视场中的一点进行运动,来获得多个特征点。如图2-9所示,以机器人在初始位置时摄像机视场中的某点作为特征原点,控制机器人作相对于特征原点的运动。在保持姿态不变的前提下,当机器人末端多次运动后,相当于机器人不动但具有多个特征点,各个特征点之间的相对位置即机器人相对运动的位置,相当于形成图2-9所示的特征点[14]。

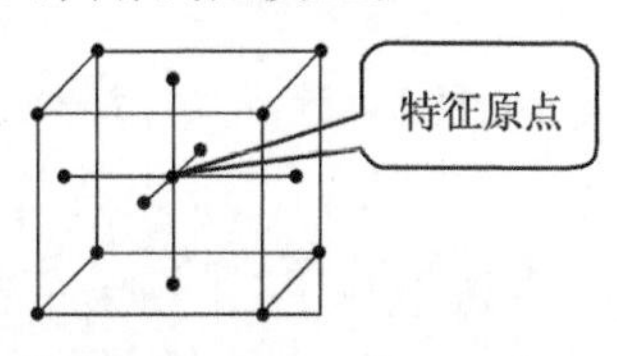

图2-9 相对位移[14]

在特征原点处建立坐标系G,其坐标轴与机器人基坐标系W的坐标轴平行,见图2-5。在摄像机的光轴中心建立坐标系C,其Z轴与摄像机的光轴中心线平行。机器人末端坐标系E与基坐标系W之间的变换用$\boldsymbol{T}_6$表示,摄像机坐标系C与E之间的变换用$\boldsymbol{T}_{\mathrm{m}}$表示,C与G之间的变换用$\boldsymbol{T}_{\mathrm{c}}$表示,G与W之间的变换用$\boldsymbol{T}_{\mathrm{g}}$表示。

2.7.2.1 相对于单特征点的摄像机内外参数标定

将图2-9中各个特征点相对于特征原点的坐标记为$(x_{\mathrm{w}i}, y_{\mathrm{w}i}, z_{\mathrm{w}i})$,在成像平面上的坐标记为$(x_{\mathrm{c}i}, y_{\mathrm{c}i}, z_{\mathrm{c}i})$,其图像坐标记为$(u_i, v_i)$。利用2.3节的方法,可以获得摄像机的内参数和相对于特征原点处坐标系G的外参数。

2.7.2.2 特征原点及相对于机器人末端的摄像机外参数的标定

设定机器人的末端姿态,控制机器人的运动,使摄像机能够采集到特征点,然后采集图像,记录机器人的末端位姿。重新设定机器人的末端姿态,使之与前一次的姿态有较大变化。采集图像,记录机器人的末端位姿,至少采集3组图像,记录3组末端姿态。

坐标系G与W之间的变换$\boldsymbol{T}_{\mathrm{g}}$为平移变换矩阵,设

$$
\boldsymbol{T}_{\mathrm{g}} = \begin{bmatrix} 1 & 0 & 0 & b_x \\ 0 & 1 & 0 & b_y \\ 0 & 0 & 1 & b_z \\ 0 & 0 & 0 & 1 \end{bmatrix} \tag{2-122}
$$

由图 2-5 可知,摄像机坐标系 C 与基坐标系 W 之间的变换 $\boldsymbol{T}_{\mathrm{g}}\boldsymbol{T}_{\mathrm{c}}^{-1}=\boldsymbol{T}_6\boldsymbol{T}_{\mathrm{m}}$。将采集特征原点图像时机器人末端的位姿 $\boldsymbol{T}_6$ 记为 $\boldsymbol{T}_{60}$,此时的 $\boldsymbol{T}_{\mathrm{c}}$ 记为 $\boldsymbol{T}_{\mathrm{c0}}$。于是,有

$$
\boldsymbol{T}_{\mathrm{g}}\boldsymbol{T}_{\mathrm{c0}}^{-1} = \boldsymbol{T}_{60}\boldsymbol{T}_{\mathrm{m}} \tag{2-123}
$$

式中:$\boldsymbol{T}_{\mathrm{c0}}$为摄像机相对于特征原点的外参数。

由式(2-123)得到摄像机相对于机器人末端的外参数 $\boldsymbol{T}_{\mathrm{m}}$,进而得到机器人在任意姿态下摄像机的位姿 $\boldsymbol{T}_{6i}\boldsymbol{T}_{m}$,分别为

$$
\boldsymbol{T}_{\mathrm{m}} = \boldsymbol{T}_{60}^{-1}\boldsymbol{T}_{\mathrm{g}}\boldsymbol{T}_{\mathrm{c0}}^{-1} \tag{2-124}
$$

$$
\boldsymbol{T}_{6i}\boldsymbol{T}_{\mathrm{m}} = \boldsymbol{T}_{6i}\boldsymbol{T}_{60}^{-1}\boldsymbol{T}_{\mathrm{g}}\boldsymbol{T}_{\mathrm{c0}}^{-1} = \boldsymbol{T}_{6i0}\boldsymbol{T}_{\mathrm{g}}\boldsymbol{T}_{\mathrm{c0}}^{-1} \tag{2-125}
$$

式中:$\boldsymbol{T}_{6i0}=\boldsymbol{T}_{6i}\boldsymbol{T}_{60}^{-1}$,$\boldsymbol{T}_{6i}$为第 i 次改变姿态后采集特征原点图像时机器人末端的位姿。

由式(2-125)可以得到摄像机光轴中心在机器人基坐标系中的坐标以及成像平面上的成像点在机器人基坐标系中的坐标,分别为

$$
\begin{bmatrix} x_{\mathrm{c}i0} \\ y_{\mathrm{c}i0} \\ z_{\mathrm{c}i0} \\ 1 \end{bmatrix} = \boldsymbol{T}_{6i0}\boldsymbol{T}_{\mathrm{g}}\boldsymbol{T}_{\mathrm{c0}}^{-1}\begin{bmatrix} 0 \\ 0 \\ 0 \\ 1 \end{bmatrix} \tag{2-126}
$$

$$
\begin{bmatrix} x_{\mathrm{c}i1} \\ y_{\mathrm{c}i1} \\ z_{\mathrm{c}i1} \\ 1 \end{bmatrix} = \boldsymbol{T}_{6i0}\boldsymbol{T}_{\mathrm{g}}\boldsymbol{T}_{\mathrm{c0}}^{-1}\begin{bmatrix} x_{\mathrm{c}i} \\ y_{\mathrm{c}i} \\ 1 \\ 1 \end{bmatrix},\quad \begin{bmatrix} x_{\mathrm{c}i} \\ y_{\mathrm{c}i} \\ 1 \end{bmatrix} = \boldsymbol{M}_{\mathrm{in}}^{-1}\begin{bmatrix} u_i \\ v_i \\ 1 \end{bmatrix} \tag{2-127}
$$

式中：(u_i, v_i)为第 i 次改变姿态后采集到的特征原点图像坐标。

令

$$\boldsymbol{C}_i = \boldsymbol{T}_{6i0}\boldsymbol{T}_{c0}^{-1}, \quad \boldsymbol{B}_i = \boldsymbol{C}_i(1:3,1:3)[x_{ci} \quad y_{ci} \quad 1]^{\mathrm{T}}$$

其中

$$\boldsymbol{T}_{6i0} = \begin{bmatrix} t_{i11} & t_{i12} & t_{i13} & t_{i14} \\ t_{i21} & t_{i22} & t_{i23} & t_{i24} \\ t_{i31} & t_{i32} & t_{i33} & t_{i34} \\ 0 & 0 & 0 & 1 \end{bmatrix}, \quad \boldsymbol{C}_i = \begin{bmatrix} c_{i11} & c_{i12} & c_{i13} & c_{i14} \\ c_{i21} & c_{i22} & c_{i23} & c_{i24} \\ c_{i31} & c_{i32} & c_{i33} & c_{i34} \\ 0 & 0 & 0 & 1 \end{bmatrix}$$

$$\boldsymbol{B}_i = \begin{bmatrix} b_{i1} \\ b_{i2} \\ b_{i3} \end{bmatrix}, \quad \boldsymbol{C}_i(1:3,1:3) = \begin{bmatrix} c_{i11} & c_{i12} & c_{i13} \\ c_{i21} & c_{i22} & c_{i23} \\ c_{i31} & c_{i32} & c_{i33} \end{bmatrix}$$

由摄像机光轴中心和成像平面上的成像点可以得到一条空间直线，而特征原点必然在该直线的延长线上，直线方程为

$$\begin{cases} x = x_{ci0} + (x_{ci1} - x_{c10})t_i \\ y = y_{ci0} + (y_{ci1} - y_{c10})t_i \\ z = z_{ci0} + (z_{ci1} - z_{c10})t_i \end{cases} \Rightarrow \begin{cases} x - t_{i11}b_x - t_{i12}b_y - t_{i13}b_z - b_{i1}t_i = c_{i14} \\ y - t_{i21}b_x - t_{i22}b_y - t_{i23}b_z - b_{i2}t_i = c_{i24} \\ z - t_{i31}b_x - t_{i32}b_y - t_{i33}b_z - b_{i3}t_i = c_{i34} \end{cases} \tag{2-128}$$

式中：t_i 为第 i 条直线方程的自变量。

在机器人处在不同位姿时，可以获得多条这样的空间直线，这些直线的交点即为特征原点。

对于式(2-128)形式的多组方程组，利用最小二乘法求解可获得(b_x, b_y, b_z)。然后，利用式(2-124)即可求得摄像机相对于机器人末端的外参数。

2.7.2.3　精确求取摄像机内外参数

由于${}^{c}\boldsymbol{M}_{w}$ 矩阵的姿态部分 $\boldsymbol{R}$ 不是单位正交矩阵，导致外参数具有较大误差。因此，在精确求取摄像机的内外参数时，要保证 $\boldsymbol{R}$ 是单位正交矩阵。以2.7.2.1小节获得的 $\boldsymbol{M}_{in}$、${}^{c}\boldsymbol{M}_{w}$ 矩阵作为内外参数的初

值,利用梯度下降法精确求取摄像机内外参数。

利用计算出的图像坐标和实际图像坐标的差值构造性能指标函数,如式(2-129)和式(2-130)所示:

$$\begin{cases} F_{ui}=u_i'-u_i=\dfrac{x_{ci}}{z_{ci}}-u_i \\ F_{vi}=v_i'-v_i=\dfrac{y_{ci}}{z_{ci}}-v_i \end{cases} \tag{2-129}$$

式中:$x_{ci}=x_{wi}m_{11}+y_{wi}m_{12}+z_{wi}m_{13}+m_{14}$;$y_{ci}=x_{wi}m_{21}+y_{wi}m_{22}+z_{wi}m_{23}+m_{24}$;$z_{ci}=x_{wi}m_{31}+y_{wi}m_{32}+z_{wi}m_{33}+m_{34}$。

$$J=\frac{1}{2}\sum_{i=1}^{n}(F_{ui}^2+F_{vi}^2) \tag{2-130}$$

由式(2-130)容易求得 J 对 m_{ij} 的偏导数:

$$\begin{cases} \dfrac{\partial J}{\partial m_{11}}=\sum\limits_{i=1}^{n}\left(\dfrac{F_{ui}x_{wi}}{z_{ci}}\right) \\ \dfrac{\partial J}{\partial m_{12}}=\sum\limits_{i=1}^{n}\left(\dfrac{F_{ui}y_{wi}}{z_{ci}}\right) \\ \dfrac{\partial J}{\partial m_{13}}=\sum\limits_{i=1}^{n}\left(\dfrac{F_{ui}z_{wi}}{z_{ci}}\right) \\ \dfrac{\partial J}{\partial m_{14}}=\sum\limits_{i=1}^{n}\left(\dfrac{F_{ui}}{z_{ci}}\right) \end{cases},\quad \begin{cases} \dfrac{\partial J}{\partial m_{21}}=\sum\limits_{i=1}^{n}\left(\dfrac{F_{vi}x_{wi}}{z_{ci}}\right) \\ \dfrac{\partial J}{\partial m_{22}}=\sum\limits_{i=1}^{n}\left(\dfrac{F_{vi}y_{wi}}{z_{ci}}\right) \\ \dfrac{\partial J}{\partial m_{23}}=\sum\limits_{i=1}^{n}\left(\dfrac{F_{vi}z_{wi}}{z_{ci}}\right) \\ \dfrac{\partial J}{\partial m_{24}}=\sum\limits_{i=1}^{n}\left(\dfrac{F_{vi}}{z_{ci}}\right) \end{cases}$$

$$\begin{cases} \dfrac{\partial J}{\partial m_{31}}=\sum\limits_{i=1}^{n}\left(-\dfrac{F_{ui}x_{ci}x_{wi}}{z_{ci}^2}-\dfrac{F_{vi}y_{ci}x_{wi}}{z_{ci}^2}\right) \\ \dfrac{\partial J}{\partial m_{32}}=\sum\limits_{i=1}^{n}\left(-\dfrac{F_{ui}x_{ci}y_{wi}}{z_{ci}^2}-\dfrac{F_{vi}y_{ci}y_{wi}}{z_{ci}^2}\right) \\ \dfrac{\partial J}{\partial m_{33}}=\sum\limits_{i=1}^{n}\left(-\dfrac{F_{ui}x_{ci}z_{wi}}{z_{ci}^2}-\dfrac{F_{vi}y_{ci}z_{wi}}{z_{ci}^2}\right) \\ \dfrac{\partial J}{\partial m_{34}}=\sum\limits_{i=1}^{n}\left(-\dfrac{F_{ui}x_{ci}}{z_{ci}^2}-\dfrac{F_{vi}y_{ci}}{z_{ci}^2}\right) \end{cases} \tag{2-131}$$

下面求取 m_{ij} 对各个参数的偏导数。$\boldsymbol{M}$ 可表示为

$$\boldsymbol{M} = \boldsymbol{M}'_{\text{in}}{}^{\text{c}}\boldsymbol{M}_{\text{w}} = \boldsymbol{M}'_{\text{in}}(\boldsymbol{T}_6\boldsymbol{T}_{\text{m}})^{-1} \tag{2-132}$$

式中：$\boldsymbol{M}'_{\text{in}}$ 为内参数矩阵增加一列0元素构成的 3×4 矩阵；$\boldsymbol{T}_6$ 为机器人的末端位姿；$\boldsymbol{T}_{\text{m}}$ 为摄像机相对于机器人末端的外参数矩阵。

$$\boldsymbol{M}'_{\text{in}} = \begin{bmatrix} k_x & 0 & u_0 & 0 \\ 0 & k_y & v_0 & 0 \\ 0 & 0 & 1 & 0 \end{bmatrix} \tag{2-133}$$

$$\boldsymbol{T}_{\text{m}} = \text{Trans}(D_x, D_y, D_z)\text{Rot}(z,\psi)\text{Rot}(x,\theta)\text{Rot}(z,\varphi) \tag{2-134}$$

$$\boldsymbol{T}_{\text{m}}^{-1} = \text{Rot}^{-1}(z,\varphi)\text{Rot}^{-1}(x,\theta)\text{Rot}^{-1}(z,\psi)\text{Trans}^{-1}(D_x, D_y, D_z) \tag{2-135}$$

式中：D_x、D_y、D_z 为摄像机相对于机器人末端的外参数矩阵中的位置向量参数；φ、θ、ψ 为该外参数矩阵中的旋转变换矩阵的欧拉角。

式(2-134)可以保证 $\boldsymbol{T}_{\text{m}}$ 的旋转变换矩阵为单位正交阵。结合式(2-135)，利用式(2-132)对各个参数求偏导数，得

$$\frac{\partial \boldsymbol{M}}{\partial k_x} = \begin{bmatrix} 1 & 0 & 0 & 0 \\ 0 & 0 & 0 & 0 \\ 0 & 0 & 0 & 0 \end{bmatrix}(\boldsymbol{T}_6\boldsymbol{T}_{\text{m}})^{-1} \tag{2-136}$$

$$\frac{\partial \boldsymbol{M}}{\partial k_y} = \begin{bmatrix} 0 & 0 & 0 & 0 \\ 0 & 1 & 0 & 0 \\ 0 & 0 & 0 & 0 \end{bmatrix}(\boldsymbol{T}_6\boldsymbol{T}_{\text{m}})^{-1} \tag{2-137}$$

$$\frac{\partial \boldsymbol{M}}{\partial u_0} = \begin{bmatrix} 0 & 0 & 1 & 0 \\ 0 & 0 & 0 & 0 \\ 0 & 0 & 0 & 0 \end{bmatrix}(\boldsymbol{T}_6\boldsymbol{T}_{\text{m}})^{-1} \tag{2-138}$$

$$\frac{\partial \boldsymbol{M}}{\partial v_0} = \begin{bmatrix} 0 & 0 & 0 & 0 \\ 0 & 0 & 1 & 0 \\ 0 & 0 & 0 & 0 \end{bmatrix} (\boldsymbol{T}_6 \boldsymbol{T}_{\mathrm{m}})^{-1} \tag{2-139}$$

$$\frac{\partial \boldsymbol{M}}{\partial D_x} = \boldsymbol{M}'_{\mathrm{in}} \mathrm{Rot}^{-1}(z,\varphi) \mathrm{Rot}^{-1}(x,\theta) \mathrm{Rot}^{-1}(z,\psi) \begin{bmatrix} 0 & 0 & 0 & -1 \\ 0 & 0 & 0 & 0 \\ 0 & 0 & 0 & 0 \\ 0 & 0 & 0 & 0 \end{bmatrix} \boldsymbol{T}_6^{-1} \tag{2-140}$$

$$\frac{\partial \boldsymbol{M}}{\partial D_y} = \boldsymbol{M}'_{\mathrm{in}} \mathrm{Rot}^{-1}(z,\varphi) \mathrm{Rot}^{-1}(x,\theta) \mathrm{Rot}^{-1}(z,\psi) \begin{bmatrix} 0 & 0 & 0 & 0 \\ 0 & 0 & 0 & -1 \\ 0 & 0 & 0 & 0 \\ 0 & 0 & 0 & 0 \end{bmatrix} \boldsymbol{T}_6^{-1} \tag{2-141}$$

$$\frac{\partial \boldsymbol{M}}{\partial D_z} = \boldsymbol{M}'_{\mathrm{in}} \mathrm{Rot}^{-1}(z,\varphi) \mathrm{Rot}^{-1}(x,\theta) \mathrm{Rot}^{-1}(z,\psi) \begin{bmatrix} 0 & 0 & 0 & 0 \\ 0 & 0 & 0 & 0 \\ 0 & 0 & 0 & -1 \\ 0 & 0 & 0 & 0 \end{bmatrix} \boldsymbol{T}_6^{-1} \tag{2-142}$$

$$\frac{\partial \boldsymbol{M}}{\partial \psi} = \boldsymbol{M}'_{\mathrm{in}} \mathrm{Rot}^{-1}(z,\varphi) \mathrm{Rot}^{-1}(x,\theta) \begin{bmatrix} -\sin\psi & \cos\psi & 0 & 0 \\ -\cos\psi & -\sin\psi & 0 & 0 \\ 0 & 0 & 0 & 0 \\ 0 & 0 & 0 & 0 \end{bmatrix} \cdot \mathrm{Trans}^{-1}(D_x, D_y, D_z) \boldsymbol{T}_6^{-1} \tag{2-143}$$

$$\frac{\partial \boldsymbol{M}}{\partial \theta} = \boldsymbol{M}'_{\text{in}} \text{Rot}^{-1}(z,\varphi) \begin{bmatrix} 0 & 0 & 0 & 0 \\ 0 & -\sin\theta & \cos\theta & 0 \\ 0 & -\cos\theta & -\sin\theta & 0 \\ 0 & 0 & 0 & 0 \end{bmatrix} \text{Rot}^{-1}(z,\psi) \cdot$$

$$\text{Trans}^{-1}(D_x, D_y, D_z) \boldsymbol{T}_6^{-1} \tag{2-144}$$

$$\frac{\partial \boldsymbol{M}}{\partial \varphi} = \boldsymbol{M}'_{\text{in}} \begin{bmatrix} -\sin\varphi & \cos\varphi & 0 & 0 \\ -\cos\varphi & -\sin\varphi & 0 & 0 \\ 0 & 0 & 0 & 0 \\ 0 & 0 & 0 & 0 \end{bmatrix} \text{Rot}^{-1}(x,\theta) \text{Rot}^{-1}(z,\psi) \cdot$$

$$\text{Trans}^{-1}(D_x, D_y, D_z) \boldsymbol{T}_6^{-1} \tag{2-145}$$

J 对参数 k_x、k_y、u_0、v_0、D_x、D_y、D_z、φ、θ 和 ψ 的偏导数如下：

$$\frac{\partial J}{\partial q} = \sum_{j=1}^{4} \sum_{i=1}^{3} \left(\frac{\partial J}{\partial m_{ij}} \frac{\partial m_{ij}}{\partial q} \right) \tag{2-146}$$

式中：q 分别为 k_x、k_y、u_0、v_0、D_x、D_y、D_z、φ、θ 和 ψ。

将式(2-131)和式(2-134)~式(2-145)代入式(2-146)，可以得到 J 对参数 k_x、k_y、u_0、v_0、D_x、D_y、D_z、φ、θ 和 ψ 的偏导数。利用梯度下降法对 k_x、k_y、u_0、v_0、D_x、D_y、D_z、φ、θ、ψ 的迭代，可以获得较准确的摄像机内外参数。此外，也可以利用 Levenberg-Marquardt 算法对式(2-130)进行优化，获得较准确的摄像机内外参数。

2.7.2.4　实验与结果

1. 求取图像中标定点的图像坐标

按照图2-9中所示的特征点，控制机器人运动，记录每次运动相对于原点的运动量，采集图像。首先利用网格求取图像中灰度大于阈值的点，将这些点连成直线，求得直线的交点作为粗略标定点。对于每一个标定点，依照其两条直线的方向分别取交点附近直线上的一段线段，对该两条线段进行拉普拉斯(Laplace)滤波，然后利用

T－S模糊算法求取线段区域内子像素灰度，在子像素点基础上求取两条直线的方程，利用精确直线求交点获得标定点的精确图像坐标。图2－10是摄像机采集的部分图像，图像幅度为768像素×576像素。实际上，也可以利用工作台上的某一点作为特征点，只不过图像中标定点的图像坐标的求取方法需要改变而已。

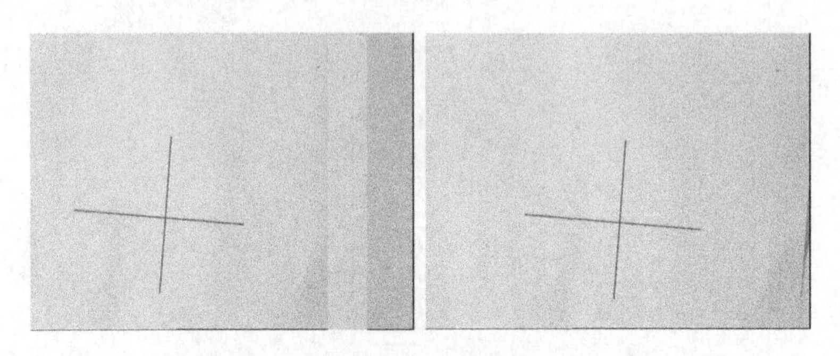

图2－10 自标定时摄像机采集的部分图像

2. 求取摄像机的粗略参数

利用2.7.2.1小节和2.7.2.2小节的方法，求取摄像机的粗略参数。

摄像机的内参数及相对于特征原点的外参数标定结果为

$$\boldsymbol{M}_{\text{in}} = \begin{bmatrix} 2642.2 & 0 & 335.4 \\ 0 & 2676.6 & 354.6 \\ 0 & 0 & 1 \end{bmatrix}$$

图像幅度为768像素×576像素；

$$^{\text{c}}\boldsymbol{M}_{\text{w}} = \begin{bmatrix} -0.9518 & -0.0843 & -0.2949 & 8.4450 \\ -0.0827 & 0.9963 & -0.0240 & 2.3021 \\ 0.2959 & 0.0015 & -0.9552 & 432.3907 \\ 0 & 0 & 0 & 1 \end{bmatrix}$$

外参数矩阵中的位置向量的单位为毫米(mm)。

b_x、b_y、b_z的标定结果为$[b_x \quad b_y \quad b_z]^{\text{T}} = [1099.6 \quad 74.9 \quad 687.9]^{\text{T}}$，单位为毫米(mm)。

摄像机相对于机器人的末端的外参数为

$$
\boldsymbol{T}_{\mathrm{m}}=\begin{bmatrix} -0.9839 & -0.0555 & 0.1691 & -89.2056 \\ 0.0586 & -0.9984 & 0.0031 & 154.9460 \\ 0.1687 & 0.0127 & 0.9856 & -6.5563 \\ 0 & 0 & 0 & 1 \end{bmatrix}
$$

其中位置向量的单位为毫米(mm)。

3. 求取摄像机的精确参数

利用 2.7.2.3 小节的方法,精确求取摄像机内外参数。求得的摄像机内外参数如下。

摄像机的内参数:

$$
\boldsymbol{M}_{\mathrm{in}}=\begin{bmatrix} 2642.2 & 0 & 335.4 \\ 0 & 2676.6 & 354.6 \\ 0 & 0 & 1 \end{bmatrix}
$$

图像幅度为 768 像素 ×576 像素。

摄像机相对于机器人末端的外参数:

$$
\boldsymbol{T}_{\mathrm{m}}=\begin{bmatrix} -0.9840 & -0.0565 & 0.1691 & -89.1795 \\ 0.0579 & -0.9983 & 0.0032 & 154.9566 \\ 0.1686 & 0.0129 & 0.9856 & -6.5580 \\ 0 & 0 & 0 & 1 \end{bmatrix}
$$

其中位置向量的单位为毫米(mm)。

从摄像机的精确参数和粗略参数来看,二者内参数相同,外参数非常接近,这说明本节的自标定方法具有较高的精度。粗略参数的旋转变换矩阵不是单位正交矩阵,用于视觉测量或控制时会带来较大的误差。精确外参数的旋转变换矩阵是单位正交矩阵。

此外,本节的摄像机标定方法,是以相对运动为基础的,其标定精度受相对运动精度的影响。构成的视觉测量系统,测量精度与运动机构的相对运动精度具有相同的数量级。因此,利用本节方法以机器人为基准进行的摄像机标定,其视觉测量的精度不是很高,但能够满足工业机器人的视觉测量需要,例如弧焊机器人的焊缝跟踪等。

2.8 基于运动的立体视觉系统自标定

在工业机器人的趋近与抓取作业中,常采用固定于某一空间位置的立体视觉系统测量目标位置和机器人末端的位置,引导机器人末端向目标趋近并对目标操作。这种固定安装于空间某一位置的立体视觉系统,与机器人末端构成 Eye-to-Hand 系统。此类作业中,机器人末端与目标的相对位置比目标的绝对位置更加重要。本节针对摄像机方向可调的立体视觉系统,介绍一种相对位置测量的视觉模型及其自标定方法[15]。

2.8.1 相对测量视觉模型

由两台方向可调的摄像机构成立体视觉系统,如图 2-11 所示。摄像机坐标系 C_1 和 C_2 分别建立在摄像机 1 和摄像机 2 的光轴中心 O_{c1} 和 O_{c2},视觉系统坐标系 C 建立在 O_{c1} 和 O_{c2} 连线的中点处。摄像机坐标系的 Z_{c1} 和 Z_{c2} 轴分别取两台摄像机沿各自光轴指向景物的方向,X_{c1} 和 X_{c2} 轴分别取其图像坐标沿水平增加的方向。假设两台摄像机可以分别绕 Y_{c1} 和 Y_{c2} 轴旋转,并假设两台摄像机的光轴共面。经过方向调整后,在两台摄像机的公共视场中能够同时观察到机器人末端和目标。视觉系统坐标系的 X_c 轴取从 O_{c1} 到 O_{c2} 的方向,取 Z_c 轴垂直于 X_c 轴并与 Z_{c1} 和 Z_{c2} 轴共面。图 2-11 中,P 表示参考点,Q 表示机器人末端。

参考点 P 在摄像机坐标系 C_1 和 C_2 中的坐标可表示为

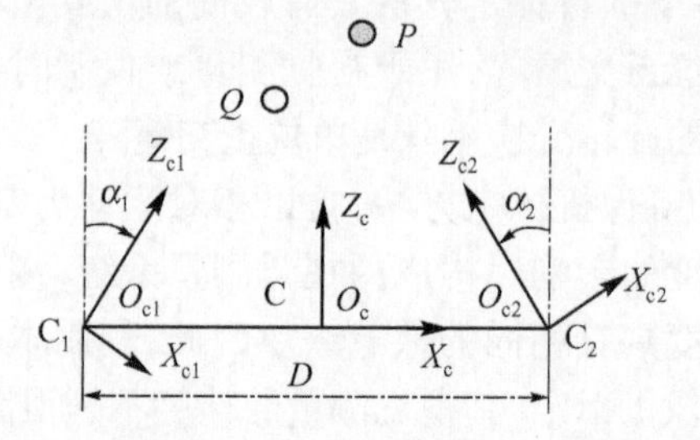

图 2-11 摄像机方向可调的立体视觉系统示意图

$$\begin{bmatrix} {}^{c1}X_p \\ {}^{c1}Y_p \\ {}^{c1}Z_p \end{bmatrix} = \begin{bmatrix} X_p\cos\alpha_1 - Z_p\sin\alpha_1 + \dfrac{D}{2}\cos\alpha_1 \\ Y_p \\ X_p\sin\alpha_1 + Z_p\cos\alpha_1 + \dfrac{D}{2}\sin\alpha_1 \end{bmatrix} \tag{2-147}$$

$$\begin{bmatrix} {}^{c2}X_p \\ {}^{c2}Y_p \\ {}^{c2}Z_p \end{bmatrix} = \begin{bmatrix} X_p\cos\alpha_2 - Z_p\sin\alpha_2 - \dfrac{D}{2}\cos\alpha_2 \\ Y_p \\ X_p\sin\alpha_2 + Z_p\cos\alpha_2 - \dfrac{D}{2}\sin\alpha_2 \end{bmatrix} \tag{2-148}$$

式中：(X_p, Y_p, Z_p)、$({}^{c1}X_p, {}^{c1}Y_p, {}^{c1}Z_p)$和$({}^{c2}X_p, {}^{c2}Y_p, {}^{c2}Z_p)$分别是点$P$在坐标系$C$、$C_1$和$C_2$中的坐标；$D$是$O_{c1}$和$O_{c2}$之间的距离；$\alpha_1$和$\alpha_2$分别是两台摄像机的转角，即分别为$Z_{c1}$轴与$Z_c$轴的夹角和$Z_{c2}$轴与$Z_c$轴的夹角。

机器人末端点Q在摄像机坐标系C_1和C_2中的坐标与式(2-147)、式(2-148)类似，此处从略。点P与点Q之间的相对位置定义为

$$r_{pq} = \begin{bmatrix} dX \\ dY \\ dZ \end{bmatrix} = \begin{bmatrix} X_p - X_q \\ Y_p - Y_q \\ Z_p - Z_q \end{bmatrix} \tag{2-149}$$

由式(2-5)，有

$$\frac{u_{ip} - u_{i0}}{k_{ix}} = \frac{{}^{ci}X_p}{{}^{ci}Z_p}, \quad \frac{v_{ip} - v_{i0}}{k_{iy}} = \frac{{}^{ci}Y_p}{{}^{ci}Z_p}, \quad i = 1, 2 \tag{2-150}$$

式中：(u_{1p}, v_{1p})、(u_{2p}, v_{2p})分别为点P在摄像机1、2中的图像坐标；(u_{1q}, v_{1q})、(u_{2q}, v_{2q})分别为点Q在摄像机1、2中的图像坐标；(u_{10}, v_{10})、(u_{20}, v_{20})分别为摄像机1、2的光轴中心点图像坐标；k_{1x}、k_{1y}、k_{2x}、k_{2y}分别为摄像机1、2的放大系数。

定义图像横坐标的相对偏差

$$\mathrm{d}x_{pq} = (u_{1p} - u_{1q})/k_{1x} - (u_{2p} - u_{2q})/k_{2x} \tag{2-151}$$

将式(2-150)中的第一式代入(2-151),整理后得

$$\mathrm{d}x_{pq} = \left(\frac{{}^{c1}X_p}{{}^{c1}Z_p} - \frac{{}^{c2}X_p}{{}^{c2}Z_p}\right) - \left(\frac{{}^{c1}X_q}{{}^{c1}Z_q} - \frac{{}^{c2}X_q}{{}^{c2}Z_q}\right) = M_p - M_q \tag{2-152}$$

将式(2-147)和式(2-148)代入式(2-152)中的 M_p 和 M_q,并考虑到 $D \ll Z_p$, $D \ll Z_q$, 有

$$\begin{cases} M_p \approx \dfrac{D\cos(\alpha_1 - \alpha_2)(1 - F_{1p})}{Z_p\cos\alpha_1\cos\alpha_2} \\ M_q \approx \dfrac{D\cos(\alpha_1 - \alpha_2)(1 - F_{1q})}{Z_q\cos\alpha_1\cos\alpha_2} \end{cases} \tag{2-153}$$

式中:

$$\begin{cases} F_{1p} = \dfrac{Z_p^2 + X_p^2 - (D/2)^2}{Z_pD}\tan(\alpha_1 - \alpha_2) \\ F_{1q} = \dfrac{Z_q^2 + X_q^2 - (D/2)^2}{Z_qD}\tan(\alpha_1 - \alpha_2) \end{cases} \tag{2-154}$$

于是,式(2-152)可改写为

$$\mathrm{d}x_{pq} \approx \frac{D'}{Z_p}(1 - G_p) - \frac{D'}{Z_q}(1 - G_q) \tag{2-155}$$

式中: $D' = \dfrac{D\cos(\alpha_1 - \alpha_2)}{\cos\alpha_1\cos\alpha_2}$; $G_p = \dfrac{X_p^2 - (D/2)^2}{DZ_p}\tan(\alpha_1 - \alpha_2)$; $G_q = \dfrac{X_q^2 - (D/2)^2}{DZ_q}\tan(\alpha_1 - \alpha_2)$。

一般地,α_1 和 α_2 较小, 有 $\tan(\alpha_1 - \alpha_2) \approx 0$ 成立。此外,$X_p/Z_p \ll 1$, $Y_p/Z_p \ll 1$, $X_p/Z_p \ll 1$, $Y_p/Z_p \ll 1$ 成立。因此,$G_p \ll 1$ 和 $G_q \ll 1$ 成立。在忽略 G_p 和 G_q 的情况下,式(2-155)简化为

$$\mathrm{d}x_{pq} \approx \frac{D'(Z_q - Z_p)}{Z_pZ_q} = -\frac{D'\mathrm{d}Z}{Z_p(Z_p - \mathrm{d}Z)} \tag{2-156}$$

对于固定参考点 P, Z_p 为固定值。因此,式(2-156)给出了变量 dx_{pq} 与深度变化量 dZ 之间关系。

将式(2-147)和式(2-148)代入式(2-150),得

$$\begin{cases} X_p = \dfrac{(u_{ip} - u_{i0})Z_p}{k_{ix}(1 - F_{ipu})} + \dfrac{Z_p \tan\alpha_i}{1 - F_{ipu}} - \dfrac{D}{2} \\ Y_p = \dfrac{v_{ip} - v_{i0}}{k_{iy}} Z_p \cos\alpha_i (1 + F_{ipv}) \end{cases} \tag{2-157}$$

式中: $F_{ipu} = \dfrac{u_{ip} - u_{i0}}{k_{ix}} \tan\alpha_i$, $F_{ipv} = \dfrac{X_p + D/2}{Z_p} \tan\alpha_i$, $i = 1, 2$。

在 α_1 和 α_2 较小, 且 $X_p \ll Z_p$, $(u_{ip} - u_{i0}) \ll k_{ix}$ 的情况下, $\cos\alpha_i \approx 1$, $F_{ipu} \approx 0$, $F_{ipv} \approx 0$。忽略 F_{ipu} 和 F_{ipv},则式(2-157)变为

$$\begin{cases} X_p \approx Z_p \dfrac{u_{ip} - u_{i0}}{k_{ix}} + Z_p \tan\alpha_i - \dfrac{D}{2} \\ Y_p \approx \dfrac{v_{ip} - v_{i0}}{k_{iy}} Z_p \end{cases} \tag{2-158}$$

类似地,对于点 Q,有

$$\begin{cases} X_q \approx Z_q \dfrac{u_{iq} - u_{i0}}{k_{ix}} + Z_q \tan\alpha_i - \dfrac{D}{2} \\ Y_q \approx \dfrac{v_{iq} - v_{i0}}{k_{iy}} Z_q \end{cases} \tag{2-159}$$

式(2-158)减去式(2-159),整理后得

$$\begin{cases} \dfrac{u_{ip} - u_{iq}}{k_{ix}} \approx \dfrac{1}{Z_p} dX - \dfrac{1}{Z_p} \dfrac{u_{iq} - (u_{i0} - k_{ix} \tan\alpha_i)}{k_{ix}} dZ \\ \dfrac{v_{ip} - v_{iq}}{k_{iy}} \approx \dfrac{1}{Z_p} dY - \dfrac{1}{Z_p} \dfrac{v_{iq} - v_{i0}}{k_{iy}} dZ \end{cases} \tag{2-160}$$

式(2-160)描述了 P 和 Q 两点的图像差与两点的相对位置之间关系。

一般地,构成立体视觉系统的两台摄像机具有相近的内参数。因

此,在不考虑放大系数 k_x 与 k_y 的差异的情况下,可以假设两台摄像机的放大系数相同,即 $k_{1x} \approx k_{1y} \approx k_{2x} \approx k_{2y} \approx k$。在式(2-156)和式(2-160)的两端同乘以 k,并写成矩阵形式:

$$\boldsymbol{s}_{pq} = \boldsymbol{A}_{pq}\boldsymbol{r}_{pq} \tag{2-161}$$

式中:$\boldsymbol{s}_{pq}$ 为点 P 和点 Q 的图像坐标构成的向量,$\boldsymbol{A}_{pq}$ 为立体视觉相对位置测量的模型参数矩阵,分别为

$$\boldsymbol{s}_{pq} = \begin{bmatrix} u_{1p} - u_{1q} \\ v_{1p} - v_{1q} \\ u_{2p} - u_{2q} \\ v_{2p} - v_{2q} \\ \mathrm{d}x'_{pq} \end{bmatrix}, \quad \boldsymbol{A}_{pq} = \frac{1}{Z_p}\begin{bmatrix} k & 0 & -(u_{1q} - u'_{10}) \\ 0 & k & -(v_{1q} - v_{10}) \\ k & 0 & -(u_{2q} - u'_{20}) \\ 0 & k & -(v_{2q} - v_{20}) \\ 0 & 0 & -\dfrac{D'k}{(Z_p - \mathrm{d}Z)} \end{bmatrix} \tag{2-162}$$

式中:$\mathrm{d}x'_{pq} = (u_{1p} - u_{1q}) - (u_{2p} - u_{2q})$;$u'_{10} = u_{10} - k\tan\alpha_1$;$u'_{20} = u_{20} - k\tan\alpha_2$。

对于第 j 次和第 $j-1$ 次采样时的 $\boldsymbol{s}_{pq}$ 和 $\boldsymbol{r}_{pq}$,由式(2-149)和式(2-162)可获得其增量:

$$\Delta\boldsymbol{s}_{pqj} = \begin{bmatrix} (u_{1pj} - u_{1qj}) - (u_{1pj-1} - u_{1qj-1}) \\ (v_{1pj} - v_{1qj}) - (v_{1pj-1} - v_{1qj-1}) \\ (u_{2pj} - u_{2qj}) - (u_{2pj-1} - u_{2qj-1}) \\ (v_{2pj} - v_{2qj}) - (v_{2pj-1} - v_{2qj-1}) \\ \mathrm{d}x'_{pqj} - \mathrm{d}x'_{pqj-1} \end{bmatrix}, \quad \Delta\boldsymbol{r}_{pqj} = \begin{bmatrix} \mathrm{d}X_j - \mathrm{d}X_{j-1} \\ \mathrm{d}Y_j - \mathrm{d}Y_{j-1} \\ \mathrm{d}Z_j - \mathrm{d}Z_{j-1} \end{bmatrix} \tag{2-163}$$

对于固定参考点 P,式(2-163)可简化为

$$\Delta\boldsymbol{s}_{pqj} = \begin{bmatrix} -(u_{1qj} - u_{1qj-1}) \\ -(v_{1qj} - v_{1qj-1}) \\ -(u_{2qj} - u_{2qj-1}) \\ -(v_{2qj} - v_{2qj-1}) \\ \mathrm{d}x'_{pqj} - \mathrm{d}x'_{pqj-1} \end{bmatrix}, \quad \Delta\boldsymbol{r}_{pqj} = \begin{bmatrix} -(X_{qj} - X_{qj-1}) \\ -(Y_{qj} - Y_{qj-1}) \\ -(Z_{qj} - Z_{qj-1}) \end{bmatrix} \tag{2-164}$$

由式(2－161)的第一行,得

$$\mathrm{d}u_{1pqj}=\frac{1}{Z_{pj}}[k\mathrm{d}X_j-(u_{1qj}-u'_{10})\mathrm{d}Z_j] \tag{2-165}$$

式中：$\mathrm{d}u_{1pqj}=u_{1pj}-u_{1qj}$。

令

$$\Delta\mathrm{d}u_{1pqj}=(u_{1pj}-u_{1qj})-(u_{1pj-1}-u_{1qj-1})=\mathrm{d}u_{1pqj}-\mathrm{d}u_{1pqj-1} \tag{2-166}$$

将式(2－165)代入式(2－166),并考虑到 $\Delta\mathrm{d}u_{1pqj}$ 即为式(2－164)的 $\Delta\boldsymbol{s}_{pqj}$ 中的第一个元素,得

$$\Delta\mathrm{d}u_{1pqj}=\frac{1}{Z_p}[k\Delta\mathrm{d}X_j+u'_{10}\Delta\mathrm{d}Z_j-u_{1qj-1}\Delta\mathrm{d}Z_j+\Delta\mathrm{d}u_{1pqj}\mathrm{d}Z_j] \tag{2-167}$$

上式可改写为

$$\Delta\mathrm{d}u_{1pqj}=\frac{1}{Z_p-\mathrm{d}Z_j}[k\Delta\mathrm{d}X_j-(u_{1qj-1}-u'_{10})\Delta\mathrm{d}Z_j] \tag{2-168}$$

对于式(2－164)的 $\Delta\boldsymbol{s}_{pqj}$ 中的第二个元素到第四个元素,均可得到类似于式(2－168)的表达式。

对式(2－161)的最后一行改写,得

$$\mathrm{d}x'_{pqj}=-\frac{D'k\mathrm{d}Z_j}{Z_{pj}(Z_{pj}-\mathrm{d}Z_j)} \tag{2-169}$$

于是,得到式(2－164)的 $\Delta\boldsymbol{s}_{pqj}$ 中的第五个元素：

$$\begin{aligned}\Delta\mathrm{d}x'_{pqj}&=\mathrm{d}x'_{pqj}-\mathrm{d}x'_{pqj-1}=-\frac{D'k}{Z_p}\left[\frac{\mathrm{d}Z_j}{Z_p-\mathrm{d}Z_j}-\frac{\mathrm{d}Z_{j-1}}{Z_p-\mathrm{d}Z_{j-1}}\right]\\&=-\frac{D'k_u}{Z_p}\left[\frac{\Delta\mathrm{d}Z_j}{Z_p-\mathrm{d}Z_j}+\frac{\mathrm{d}Z_{j-1}\Delta\mathrm{d}Z_j}{(Z_p-\mathrm{d}Z_j)(Z_p-\mathrm{d}Z_{j-1})}\right]\\&=\frac{1}{Z_p-\mathrm{d}Z_j}\left[-\frac{D'k_u}{Z_p}+\mathrm{d}x'_{pqj-1}\right]\Delta\mathrm{d}Z_j\end{aligned} \tag{2-170}$$

结合如式(2－168)所示的 $\Delta\boldsymbol{s}_{pqj}$ 中的第一个元素到第四个元素,如

式(2－170)所示的 $\Delta \boldsymbol{s}_{pqj}$ 中的第五个元素，得

$$\Delta \boldsymbol{s}_{pqj} = \frac{1}{Z_p - \mathrm{d}Z_j}\begin{bmatrix} k & 0 & -(u_{1qj-1} - u'_{10}) \\ 0 & k & -(v_{1qj-1} - v_{10}) \\ k & 0 & -(u_{2qj-1} - u'_{20}) \\ 0 & k & -(v_{2qj-1} - v_{20}) \\ 0 & 0 & -(D'k/Z_p - \mathrm{d}x'_{pqj-1}) \end{bmatrix}\Delta \boldsymbol{r}_{pqj} \tag{2-171}$$

定义参数

$$\begin{aligned}\boldsymbol{p} &= [p_1 \quad p_2 \quad p_3 \quad p_4 \quad p_5 \quad p_6 \quad p_7]^{\mathrm{T}} \\ &= [u'_{10} \quad v_{10} \quad u'_{20} \quad v_{20} \quad k \quad D'k/Z_p \quad D'k]^{\mathrm{T}}\end{aligned} \tag{2-172}$$

对于固定参考点 P，$Z_{pj} = Z_p$。由式(2－169)，得

$$\mathrm{d}x'_{pqj} = -\frac{p_6 \mathrm{d}Z_j}{Z_p - \mathrm{d}Z_j} = p_6 - \frac{p_6 Z_p}{Z_p - \mathrm{d}Z_j} = p_6 - \frac{p_7}{Z_p - \mathrm{d}Z_j} \tag{2-173}$$

由式(2－173)，得

$$\frac{1}{Z_p - \mathrm{d}Z_j} = \frac{p_6 - \mathrm{d}x'_{pqj}}{p_7} \tag{2-174}$$

将式(2－172)参数和式(2－174)代入式(2－171)，得

$$\Delta \boldsymbol{s}_{pqj} = \frac{p_6 - \mathrm{d}x'_{pqj}}{p_7}\begin{bmatrix} p_5 & 0 & -(u_{1qj-1} - p_1) \\ 0 & p_5 & -(v_{1qj-1} - p_2) \\ p_5 & 0 & -(u_{2qj-1} - p_3) \\ 0 & p_5 & -(v_{2qj-1} - p_4) \\ 0 & 0 & -(p_6 - \mathrm{d}x'_{pqj-1}) \end{bmatrix}\Delta \boldsymbol{r}_{pqj} = \boldsymbol{B}_{pqj}\Delta \boldsymbol{r}_{pqj} \tag{2-175}$$

由式(2－175)，利用最小二乘法得

$$\Delta \boldsymbol{r}_{pqj} = (\boldsymbol{B}_{pqj}^{\mathrm{T}}\boldsymbol{B}_{pqj})^{-1}\boldsymbol{B}_{pqj}^{\mathrm{T}}\Delta \boldsymbol{s}_{pqj} \tag{2-176}$$

式(2－175)为图2－11所示立体视觉系统的相对位置测量模型，式(2－172)定义的 $\boldsymbol{p}$ 为该模型的参数。显然，如果 $\boldsymbol{p}$ 已知，则可以根据图像偏差增量，利用式(2－176)求解出相对位置增量。

2.8.2 自标定原理与过程

在机器人末端进行给定的运动时，$\Delta\boldsymbol{r}_{pqj}$ 可由机器人的控制器读出，$\Delta\boldsymbol{s}_{pqj}$ 由机器人末端点和参考点的图像坐标构成，而这些图像坐标可以通过图像处理获得。在机器人末端进行给定的运动时，式(2－175)中只有参数向量 $\boldsymbol{p}$ 中的7个参数为未知数。因此，利用机器人末端的给定运动，可以实现参数向量 $\boldsymbol{p}$ 中的自标定。

由式(2－175)可知，其最后一行独立于其他各行。$\Delta\boldsymbol{s}_{pqj}$ 的第五个元素构成的方程仅含有参数 p_6 和 p_7，利用机器人末端的两次给定运动，可以得到 p_6 和 p_7 的两个方程：

$$\begin{cases} p_7 \Delta dx'_{pqi} = -(p_6 - dx'_{pqi})(p_6 - dx'_{pqi-1})\Delta dZ_i \\ p_7 \Delta dx'_{pqi-1} = -(p_6 - dx'_{pqi-1})(p_6 - dx'_{pqi-2})\Delta dZ_{i-1} \end{cases} \tag{2-177}$$

在式(2－177)中消去 p_7，得到 p_6 的一个二次方程：

$$a_0 p_6^2 + a_1 p_6 + a_2 = 0 \tag{2-178}$$

式中：$a_0 = -\Delta dZ_i \Delta dx'_{pqi-1} + \Delta dZ_{i-1}\Delta dx'_{pqi}$；$a_1 = \Delta dZ_i \Delta dx'_{pqi-1}(dx'_{pqi} + dx'_{pqi-1}) - \Delta dZ_{i-1}\Delta dx'_{pqi}(dx'_{pqi-1} + dx'_{pqi-2})$；$a_2 = -\Delta dZ_i \Delta dx'_{pqi-1} dx'_{pqi} dx'_{pqi-1} + \Delta dZ_{i-1}\Delta dx'_{pqi} dx'_{pqi-1} dx'_{pqi-2}$。

由式(2－178)求解出 p_6（根据 $p_6 > 0$ 确定下式中的正负号）如下：

$$p_6 = \frac{-a_1 \pm \sqrt{a_1^2 - 4a_0 a_2}}{2a_0} \tag{2-179}$$

将 p_6 代入式(2－177)，求解出 p_7：

$$p_7 = \frac{(p_6 - dx'_{pqi})(p_6 - dx'_{pqi-1})\Delta dZ_i}{\Delta dx'_{pqi}} \tag{2-180}$$

令 $\boldsymbol{p}' = [p_1, p_2, p_3, p_4, p_5]^{\mathrm{T}}$，由式(2－175)的第一行到第四

行,得

$$\boldsymbol{C}_{pi}\boldsymbol{p}' = \boldsymbol{D}_{pi} \tag{2-181}$$

式中:

$$\boldsymbol{C}_{pi} = (p_6 - \mathrm{d}x'_{pqi})\begin{bmatrix} \Delta \mathrm{d}Z_i & 0 & 0 & 0 & \Delta \mathrm{d}X_i \\ 0 & \Delta \mathrm{d}Z_i & 0 & 0 & \Delta \mathrm{d}Y_i \\ 0 & 0 & \Delta \mathrm{d}Z_i & 0 & \Delta \mathrm{d}X_i \\ 0 & 0 & 0 & \Delta \mathrm{d}Z_i & \Delta \mathrm{d}Y_i \end{bmatrix}$$

$$\boldsymbol{D}_{pi} = \begin{bmatrix} p_7(u_{1qi} - u_{1qi-1}) + (p_6 - \mathrm{d}x'_{pqi})u_{1qi-1}\Delta \mathrm{d}Z_i \\ p_7(v_{1qi} - v_{1qi-1}) + (p_6 - \mathrm{d}x'_{pqi})v_{1qi-1}\Delta \mathrm{d}Z_i \\ p_7(u_{2qi} - u_{2qi-1}) + (p_6 - \mathrm{d}x'_{pqi})u_{2qi-1}\Delta \mathrm{d}Z_i \\ p_7(v_{2qi} - v_{2qi-1}) + (p_6 - \mathrm{d}x'_{pqi})v_{2qi-1}\Delta \mathrm{d}Z_i \end{bmatrix}$$

式(2-181)含有 $p_1 \sim p_5$ 共5个未知参数,而式(2-181)含有4个方程。利用机器人末端的两步相对运动,可以构成两个如式(2-181)所示的方程组,得到含有 $p_1 \sim p_5$ 的8个方程。然后,利用最小二乘法可求解出 $p_1 \sim p_5$:

$$\boldsymbol{p}' = (\boldsymbol{C}_p^{\mathrm{T}}\boldsymbol{C}_p)^{-1}\boldsymbol{C}_p^{\mathrm{T}}\boldsymbol{D}_p \tag{2-182}$$

式中:$\boldsymbol{C}_p = [\boldsymbol{C}_{pi}^{\mathrm{T}} \quad \boldsymbol{C}_{pi-1}^{\mathrm{T}} \quad \cdots \quad \boldsymbol{C}_{pi-n+1}^{\mathrm{T}}]^{\mathrm{T}}$;$\boldsymbol{D}_p = [\boldsymbol{D}_{pi}^{\mathrm{T}} \quad \boldsymbol{D}_{pi-1}^{\mathrm{T}} \quad \cdots \quad \boldsymbol{D}_{pi-n+1}^{\mathrm{T}}]^{\mathrm{T}}$。

综上所述,利用机器人末端的至少两步运动,可以实现对式(2-175)所示的立体视觉系统相对位置测量模型的自标定。当然,如果机器人末端进行更多步数的运动,则可以提高自标定的精度。

2.9 畸变校正与非线性模型摄像机的标定

2.9.1 基于平面靶标的非线性模型摄像机标定

张[16]提出的非线性模型摄像机的线性标定方法,采用平面靶标,通过在不同的多个视点采集靶标图像,实现摄像机的标定。其摄像机的内参数模型,采用式(2-7)所示五参数模型。摄像机的畸变,采用考虑四阶透镜变形的径向畸变模型。

首先,在不考虑摄像机畸变的情况下,对摄像机的内参数模型中的5个线性参数进行标定,获得线性参数的初步数值。然后,利用标定出的线性参数初步数值,再对非线性参数即畸变系数进行标定。由于标定线性参数时,没有考虑畸变,所以标定出的线性参数的初步数值精度较低。在对非线性参数进行标定时,又是以这些线性参数的初步数值为基础的,所以第一次标定出的非线性参数精度也不高。为提高标定精度,需要再利用标定出的非线性参数,重新计算线性参数,然后利用新的线性参数再计算非线性参数。经过反复计算,直到线性参数和非线性参数的值收敛为止。

2.9.1.1　单应性矩阵的求取

将平面靶标上各个特征点的坐标记为(x_{wi}, y_{wi}, z_{wi}),在成像平面上的坐标记为(x_{ci}, y_{ci}, z_{ci}),其图像坐标记为(u_i, v_i)。由式(2-7)和式(2-12)得

$$s\begin{bmatrix} u_i \\ v_i \\ 1 \end{bmatrix} = \boldsymbol{M}_{in}[\boldsymbol{n} \quad \boldsymbol{o} \quad \boldsymbol{a} \quad \boldsymbol{p}]\begin{bmatrix} x_{wi} \\ y_{wi} \\ 0 \\ 1 \end{bmatrix} = \boldsymbol{M}_{in}[\boldsymbol{n} \quad \boldsymbol{o} \quad \boldsymbol{p}]\begin{bmatrix} x_{wi} \\ y_{wi} \\ 1 \end{bmatrix} \tag{2-183}$$

式中:s为深度系数;$\boldsymbol{M}_{in} = \begin{bmatrix} k_x & k_s & u_0 \\ 0 & k_y & v_0 \\ 0 & 0 & 1 \end{bmatrix}$为摄像机的五参数模型内参数矩阵。

将上式改写为

$$s\boldsymbol{I}_i = \boldsymbol{H}\boldsymbol{P}_i \tag{2-184}$$

式中:$\boldsymbol{I}_i = [u_i \quad v_i \quad 1]^{T}$,为点$P_i$的图像齐次坐标;$\boldsymbol{P}_i = [x_{wi} \quad y_{wi} \quad 1]^{T}$,为点$P_i$在靶标坐标系的齐次坐标;$\boldsymbol{H} = \boldsymbol{M}_{in}[\boldsymbol{n} \quad \boldsymbol{o} \quad \boldsymbol{p}] = [\boldsymbol{h}_1 \quad \boldsymbol{h}_2 \quad \boldsymbol{h}_3]$,为从笛卡儿空间到图像空间的单应性矩阵。

理想情况下，$\boldsymbol{I}_i$ 与 $\boldsymbol{P}_i$ 满足式(2－184)。由于噪声的影响，式(2－184)关系往往不能满足。假设噪声为零均值高斯噪声，其方差矩阵为 $\boldsymbol{\Lambda}_{Ii}$。单应性矩阵 $\boldsymbol{H}$ 可以利用最大似然估计(Maximum Likelihood Estimation)获得，即由式(2－185)对 F 最小化获得：

$$F = \sum_i (\boldsymbol{I}_i - \hat{\boldsymbol{I}}_i)^{\mathrm{T}} \boldsymbol{\Lambda}_{Ii}^{-1} (\boldsymbol{I}_i - \hat{\boldsymbol{I}}_i) \tag{2-185}$$

式中：$\hat{\boldsymbol{I}}_i = \dfrac{1}{\bar{\boldsymbol{h}}_3^{\mathrm{T}} \boldsymbol{P}_i} \begin{bmatrix} \bar{\boldsymbol{h}}_1^{\mathrm{T}} \boldsymbol{P}_i \\ \bar{\boldsymbol{h}}_2^{\mathrm{T}} \boldsymbol{P}_i \end{bmatrix}$，$\bar{\boldsymbol{h}}_i^{\mathrm{T}}$ 是 $\boldsymbol{H}$ 的第 i 行。

在实际应用中，由于特征点是采用同样的方式提取的，所以一般假设方差矩阵为 $\boldsymbol{\Lambda}_{Ii} = \sigma^2 \boldsymbol{I}$，这里 $\boldsymbol{I}$ 是单位矩阵。于是，式(2－185)可以改写为

$$F' = \sum_i \| \boldsymbol{I}_i - \hat{\boldsymbol{I}}_i \|^2 \tag{2-186}$$

利用 Levenberg-Marquardt 算法，可以对式(2－186)的 F' 最小化。然而，该算法需要 $\boldsymbol{H}$ 的初始值。

式(2－184)展开后，见下式：

$$\begin{cases} su_i = \bar{\boldsymbol{h}}_1^{\mathrm{T}} \boldsymbol{P}_i \\ sv_i = \bar{\boldsymbol{h}}_2^{\mathrm{T}} \boldsymbol{P}_i \\ s = \bar{\boldsymbol{h}}_3^{\mathrm{T}} \boldsymbol{P}_i \end{cases} \tag{2-187}$$

消除 s 后，可以改写为

$$\begin{bmatrix} \boldsymbol{P}_i^{\mathrm{T}} & \boldsymbol{0}^{\mathrm{T}} & -u_i \boldsymbol{P}_i^{\mathrm{T}} \\ \boldsymbol{0}^{\mathrm{T}} & \boldsymbol{P}_i^{\mathrm{T}} & -v_i \boldsymbol{P}_i^{\mathrm{T}} \end{bmatrix} \begin{bmatrix} \bar{\boldsymbol{h}}_1 \\ \bar{\boldsymbol{h}}_2 \\ \bar{\boldsymbol{h}}_3 \end{bmatrix} = 0 \tag{2-188}$$

式中：$\bar{\boldsymbol{h}}_i$ 是 $\boldsymbol{H}$ 的第 i 行转置后形成的列向量；$\boldsymbol{0}^{\mathrm{T}} = [0 \quad 0 \quad 0]$。

对于 n 个特征点，可以得到 n 个如式(2－188)所示的方程，可以表示为

$$\boldsymbol{A}\bar{\boldsymbol{H}} = 0 \tag{2-189}$$

式中：$\boldsymbol{A}$ 是 $2n \times 9$ 矩阵；$\bar{\boldsymbol{H}}$ 是 9×1 矩阵，$\bar{\boldsymbol{H}} = [\bar{\boldsymbol{h}}_1^{\mathrm{T}} \quad \bar{\boldsymbol{h}}_2^{\mathrm{T}} \quad \bar{\boldsymbol{h}}_3^{\mathrm{T}}]^{\mathrm{T}}$。

$\boldsymbol{A}$ 或者$(\boldsymbol{AA}^{\mathrm{T}})^{-1}$的最小特征值对应的特征向量,即为 $\overline{\boldsymbol{H}}$。然后,由 $\overline{\boldsymbol{H}}$ 得到 $\boldsymbol{H}$,作为利用 Levenberg-Marquardt 算法求解 $\boldsymbol{H}$ 时的初始值。

事实上,这里的 $\boldsymbol{H}$ 矩阵初始值的求解方法,就是 Faugeras 摄像机标定的基本方法中对 $\boldsymbol{M}$ 矩阵的求取方法,参见 2.3.1 小节。

2.9.1.2　摄像机内参数的求取

由于单位向量 $\boldsymbol{n}$ 与 $\boldsymbol{o}$ 是正交的,由单应性矩阵 $\boldsymbol{H}=\lambda\boldsymbol{M}_{\mathrm{in}}[\boldsymbol{n}\quad\boldsymbol{o}\quad\boldsymbol{p}]=[\boldsymbol{h}_1\quad\boldsymbol{h}_2\quad\boldsymbol{h}_3]$,得到($\lambda$ 是一个常数因子)

$$\boldsymbol{h}_1^{\mathrm{T}}\boldsymbol{M}_{\mathrm{in}}^{-\mathrm{T}}\boldsymbol{M}_{\mathrm{in}}^{-1}\boldsymbol{h}_2=0 \tag{2-190}$$

$$\boldsymbol{h}_1^{\mathrm{T}}\boldsymbol{M}_{\mathrm{in}}^{-\mathrm{T}}\boldsymbol{M}_{\mathrm{in}}^{-1}\boldsymbol{h}_1=\boldsymbol{h}_2^{\mathrm{T}}\boldsymbol{M}_{\mathrm{in}}^{-\mathrm{T}}\boldsymbol{M}_{\mathrm{in}}^{-1}\boldsymbol{h}_2 \tag{2-191}$$

令 $\boldsymbol{B}=\boldsymbol{M}_{\mathrm{in}}^{-\mathrm{T}}\boldsymbol{M}_{\mathrm{in}}^{-1}$,将 $\boldsymbol{M}_{\mathrm{in}}$ 代入 $\boldsymbol{B}$,则

$$\boldsymbol{B}=\begin{bmatrix}\dfrac{1}{k_x^2} & -\dfrac{k_s}{k_x^2k_y} & \dfrac{k_sv_0-k_yu_0}{k_x^2k_y}\\ -\dfrac{k_s}{k_x^2k_y} & \dfrac{k_s^2}{k_x^2k_y^2}+\dfrac{1}{k_y^2} & -\dfrac{k_s(k_sv_0-k_yu_0)}{k_x^2k_y^2}-\dfrac{v_0}{k_y^2}\\ \dfrac{k_sv_0-k_yu_0}{k_x^2k_y} & -\dfrac{k_s(k_sv_0-k_yu_0)}{k_x^2k_y^2}-\dfrac{v_0}{k_y^2} & \dfrac{(k_sv_0-k_yu_0)^2}{k_x^2k_y^2}+\dfrac{v_0^2}{k_y^2}+1\end{bmatrix}=\begin{bmatrix}B_{11} & B_{12} & B_{13}\\ B_{21} & B_{22} & B_{23}\\ B_{31} & B_{32} & B_{33}\end{bmatrix} \tag{2-192}$$

显然,$\boldsymbol{B}$ 是一个对称矩阵,共有 6 个不同的元素。因此,定义一个六维向量 $\boldsymbol{b}$:

$$\boldsymbol{b}=[B_{11}\quad B_{12}\quad B_{22}\quad B_{13}\quad B_{23}\quad B_{33}]^{\mathrm{T}} \tag{2-193}$$

于是,有

$$\boldsymbol{h}_i^{\mathrm{T}}\boldsymbol{B}\boldsymbol{h}_j=\boldsymbol{v}_{bij}^{\mathrm{T}}\boldsymbol{b} \tag{2-194}$$

式中:$\boldsymbol{v}_{bij}=[h_{i1}h_{j1}\quad h_{i1}h_{j2}+h_{i2}h_{j1}\quad h_{i2}h_{j2}\quad h_{i3}h_{j1}+h_{i1}h_{j3}\quad h_{i3}h_{j2}+h_{i2}h_{j3}\quad h_{i3}h_{j3}]^{\mathrm{T}}$。

将式(2-194)代入式(2-190)和式(2-191),得

$$\begin{bmatrix}\boldsymbol{v}_{b12}^{\mathrm{T}}\\ (\boldsymbol{v}_{b11}-\boldsymbol{v}_{b22})^{\mathrm{T}}\end{bmatrix}\boldsymbol{b}=0 \tag{2-195}$$

对于 n 幅图像，得到 n 组式(2-195)方程，将其写成矩阵形式：

$$\boldsymbol{V}_b\boldsymbol{b} = 0 \tag{2-196}$$

式中：$\boldsymbol{V}_b$ 是 $2n \times 6$ 的矩阵。

当采集的图像数 $n \geqslant 3$ 时，由式(2-196)可以求解出向量 $\boldsymbol{b}$。$\boldsymbol{V}_b$ 或者$(\boldsymbol{V}_b\boldsymbol{V}_b^{\mathrm{T}})^{-1}$的最小特征值对应的特征向量，即为 $\boldsymbol{b}$。解出 $\boldsymbol{b}$ 后，根据 $\boldsymbol{b}$ 和 $\boldsymbol{B}$ 的定义，即式(2-193)和式(2-192)，可以导出摄像机的内参数：

$$\begin{cases} v_0 = (B_{12}B_{13} - B_{11}B_{23})/(B_{11}B_{22} - B_{12}^2) \\ c = B_{33} - [B_{13}^2 + v_0(B_{12}B_{13} - B_{11}B_{23})]/B_{11} \\ k_x = \sqrt{c/B_{11}} \\ k_y = \sqrt{cB_{11}/(B_{11}B_{22} - B_{12}^2)} \\ k_s = -B_{12}k_x^2k_y/c \\ u_0 = k_s v_0/k_y - B_{13}k_x^2/c \end{cases} \tag{2-197}$$

2.9.1.3 摄像机外参数的求取

获得摄像机内参数后，由单应性矩阵 $\boldsymbol{H} = \lambda\boldsymbol{M}_{\mathrm{in}}[\boldsymbol{n} \quad \boldsymbol{o} \quad \boldsymbol{p}] = [\boldsymbol{h}_1 \quad \boldsymbol{h}_2 \quad \boldsymbol{h}_3]$，得

$$\begin{cases} \lambda = 1/\|\boldsymbol{M}_{\mathrm{in}}^{-1}\boldsymbol{h}_1\| = 1/\|\boldsymbol{M}_{\mathrm{in}}^{-1}\boldsymbol{h}_2\| \\ \boldsymbol{n} = \lambda\boldsymbol{M}_{\mathrm{in}}^{-1}\boldsymbol{h}_1 \\ \boldsymbol{o} = \lambda\boldsymbol{M}_{\mathrm{in}}^{-1}\boldsymbol{h}_2 \\ \boldsymbol{a} = \boldsymbol{n} \times \boldsymbol{o} \\ \boldsymbol{p} = \lambda\boldsymbol{M}_{\mathrm{in}}^{-1}\boldsymbol{h}_3 \end{cases} \tag{2-198}$$

2.9.1.4 畸变系数的求取

摄像机镜头的畸变采用四阶径向畸变模型，并假设在摄像机坐标系的 x 轴、y 轴的畸变相同，如下：

$$\begin{cases} x = x' + x'[k_1(x'^2 + y'^2) + k_2(x'^2 + y'^2)^2] \\ y = y' + y'[k_1(x'^2 + y'^2) + k_2(x'^2 + y'^2)^2] \end{cases} \tag{2-199}$$

式中：(x',y')为成像点在归一化成像平面上无畸变的理想坐标；(x,y)为在归一化成像平面上的实际坐标；k_1 和 k_2 分别为二阶和四阶径向畸变系数。

由内参数模型式(2－7)得

$$\begin{cases} u = u_0 + k_x x + k_s y \\ v = v_0 + k_y y \end{cases} \tag{2-200}$$

忽略式(2－200)中的 k_s，并将式(2－200)代入式(2－199)，得

$$\begin{cases} u = u' + (u' - u_0)[k_1(x'^2 + y'^2) + k_2(x'^2 + y'^2)^2] \\ v = v' + (v' - v_0)[k_1(x'^2 + y'^2) + k_2(x'^2 + y'^2)^2] \end{cases} \tag{2-201}$$

式中：(u',v')为无畸变的理想图像坐标；(u,v)为实际图像坐标；(u_0,v_0)为光轴中心点图像坐标。

将式(2－201)改写成矩阵形式，

$$\begin{bmatrix} (u' - u_0)(x'^2 + y'^2) & (u' - u_0)(x'^2 + y'^2)^2 \\ (v' - v_0)(x'^2 + y'^2) & (v' - v_0)(x'^2 + y'^2)^2 \end{bmatrix} \begin{bmatrix} k_1 \\ k_2 \end{bmatrix} = \begin{bmatrix} u - u' \\ v - v' \end{bmatrix} \tag{2-202}$$

根据摄像机的内外参数，由式(2－183)求取无畸变的理想图像坐标(u',v')。根据摄像机的外参数矩阵，求取成像点在成像平面上无畸变的理想坐标(x',y')。对于 n 幅图像每幅取 m 个特征点，则可以构成 mn 个式(2－202)所示的方程组。利用最小二乘法，可以求解出畸变系数 k_1 和 k_2。

获得畸变系数 k_1 和 k_2 后，由下式通过使 F''最小，优化摄像机的内外参数。反复迭代畸变系数和摄像机的内外参数，直到收敛为止，即

$$F'' = \sum_{i=1}^{n} \sum_{j=1}^{m} \| \boldsymbol{I}_{ij} - \hat{\boldsymbol{I}}_{ij}(\boldsymbol{M}_{\text{in}}, k_1, k_2, \boldsymbol{R}_i, \boldsymbol{p}_i, \boldsymbol{P}_j) \|^2 \tag{2-203}$$

该方法所用的平面靶标上的特征点，虽然其具体的空间位置未知，但是在相差一个比例因子的意义上是已知的。换言之，如果将特征点

在靶标的坐标乘以一个比例系数，即可得到特征点在靶标坐标系中的实际空间位置。

图2-12是利用该方法进行标定时，采集的同一个靶标的几幅图像。在利用该方法进行标定时，需要从不同的角度对靶标采集3幅以上图像。一般地，采集5~7幅图像就可以得到较好的标定效果[16]。

图2-12　采集的靶标图像[16]

2.9.2　基于平面靶标的大畸变非线性模型摄像机的标定

在摄像机的镜头具有大畸变时，如果忽略畸变影响求取摄像机的内外参数模型中的线性参数，则求得的参数会有很大误差。利用这些具有很大误差的线性参数，标定摄像机的畸变系数时，这些误差必然会被引入畸变系数。因此，为获得摄像机比较准确的内参数、外参数以及畸变系数，就需要反复进行线性参数、畸变参数的迭代计算，直到这些参数收敛为止。显然，这种标定方法的计算量大、效率低。反之，如果先矫正径向畸变再标定其他参数，则可以将径向畸变的矫正与其他线性参数的标定分离，即先利用畸变矫正将图像的非线性畸变消除，再在无畸变的图像上进行摄像机其他线性参数的标定。这样标定不需要在线性参数与畸变参数之间进行反复标定，计算量较小，效率较高[17]。

2.9.2.1　摄像机模型

径向畸变以光轴中心点图像坐标为参考点，正比于图像点到参考点距离的平方。只考虑二阶透镜变形的径向畸变模型见式(2－9)。

进行畸变矫正时，只需要将畸变图像矫正为线性图像即可，并不需要将式(2－9)中的(u,v)恢复为(u',v')。为方便计算，可利用下式的非线性模型替代式(2－9)模型：

$$\begin{cases} u'' - u_0 = (u - u_0)(1 + k_u r^2) \\ v'' - v_0 = (v - v_0)(1 + k_v r^2) \end{cases} \tag{2-204}$$

式中：(u'',v'')为畸变矫正后的图像坐标；k_u、k_v 分别为 u、v 方向的二阶畸变矫正系数。

摄像机的内参数模型采用式(2－5)所示的四参数模型，摄像机的外参数模型采用式(2－12)模型。

2.9.2.2　径向畸变系数与光轴中心的标定

1. 畸变矫正

一条直线经过式(2－9)所示模型的透镜后发生畸变，若畸变系数小于零，则其图像如图 2－13(a)中的曲线 $P_1P_iP_n$ 所示；若畸变系数大于零，则其图像如图 2－13(b)中的曲线 $P_1P_iP_n$ 所示。在畸变矫正时，通过寻找合适的参数，利用式(2－204)变换后，将图 2－13 中的曲线 $P_1P_iP_n$ 变成直线。因此，畸变矫正可以认为是畸变的反过程，但两者的畸变矫正系数 k_u、k_v 和畸变系数 k'_u、k'_v 不同，其符号相反。

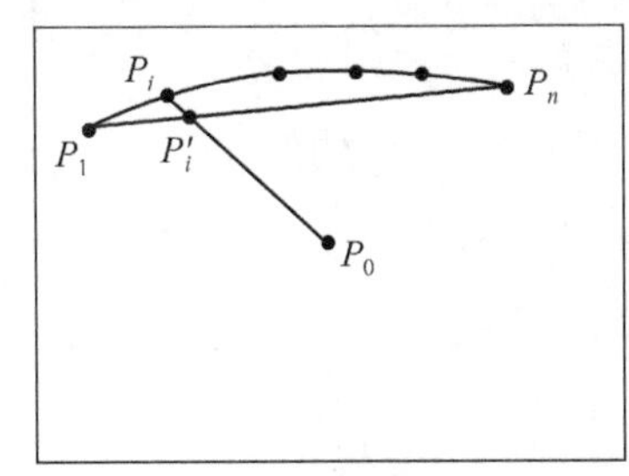

(a) 桶形畸变

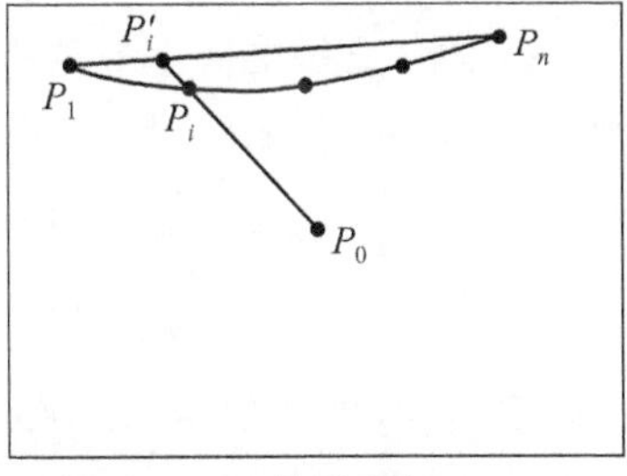

(b) 枕形畸变

图 2－13　畸变矫正示意图[17]

2. 径向畸变系数的标定

由式(2-204)得

$$\begin{cases} k_u = \dfrac{1}{r^2}\dfrac{(u''-u_0)-(u-u_0)}{u-u_0} \\ k_v = \dfrac{1}{r^2}\dfrac{(v''-v_0)-(v-v_0)}{(v'-v_0)} \end{cases} \tag{2-205}$$

因(u,v)畸变矫正后的图像坐标(u'',v'')未知,故不能直接利用式(2-205)计算矫正畸变系数。但式(2-205)说明,畸变程度正比于图像坐标的相对变化率。该相对变化率可以利用图2-13中$P_iP'_i$与P'_iP_0的比率近似,因而对于直线形成的畸变图像,可以构造下式所示的误差指标函数表征畸变度。直线$P_1P'_iP_n$由曲线$P_1P_iP_n$的两个端点P_1、P_n连接而成,P'_i是直线$P_1P'_iP_n$和直线P_iP_0的交点。显然,当曲线$P_1P_iP_n$与直线$P_1P'_iP_n$不重合时,$\mathrm{Err}Ku\neq0$,$\mathrm{Err}Kv\neq0$。畸变越严重,则$\mathrm{Err}Ku$和$\mathrm{Err}Kv$的绝对值越大。当没有畸变时,曲线$P_1P_iP_n$与直线$P_1P'_iP_n$重合,$\mathrm{Err}Ku=0$,$\mathrm{Err}Kv=0$。

$$\begin{cases} \mathrm{Err}Ku = \dfrac{1}{n}\sum\limits_{i=1}^{n}\dfrac{\|P_i-P_0\|-\|P'_i-P_0\|}{\|P_i-P_0\|}\left|\cos\angle\overrightarrow{P_0P_i}\right| \\ \mathrm{Err}Kv = \dfrac{1}{n}\sum\limits_{i=1}^{n}\dfrac{\|P_i-P_0\|-\|P'_i-P_0\|}{\|P_i-P_0\|}\left|\sin\angle\overrightarrow{P_0P_i}\right| \end{cases} \tag{2-206}$$

式中:$\mathrm{Err}Ku$和$\mathrm{Err}Kv$分别为u、v方向的畸变度;P_i为从直线图像上取的第i点;n为从直线图像上取的点数。

因此,可以利用$\mathrm{Err}Ku$和$\mathrm{Err}Kv$调整k_u和k_v的值,即

$$\begin{cases} k_u = k_u + \alpha_u \mathrm{Err}Ku \\ k_v = k_v + \alpha_v \mathrm{Err}Kv \end{cases} \tag{2-207}$$

式中:α_u和α_v分别为k_u和k_v的调整步长。

将k_u和k_v的初值设定为零,(u_0,v_0)设定为图像中心点坐标。由式(2-204)计算矫正后的图像坐标(u'',v''),再利用式(2-206)计算

ErrKu 和 ErrKv 的值,然后利用式(2-207)调整 k_u 和 k_v 的值。经过迭代运算,当 ErrKu 和 ErrKv 的绝对值小于某一阈值时,得到 k_u 和 k_v 的粗略值。

3. 光轴中心的标定

在图像中心点附近设定一个区域,利用霍夫变换求取光轴中心点图像坐标(u_0,v_0)。将区域内的点分别作为(u_0,v_0),由式(2-204)计算矫正后曲线 $P_1P_iP_n$ 上点的图像坐标,并将其拟合为一条直线,检查 $P_1P_iP_n$ 上的各个点是否符合该直线方程,每出现一个符合该直线方程的点,则参数空间 $A(u,v)$ 的值加1。从中找出 A 取值最大的(u,v)作为光轴中心点图像坐标(u_0,v_0),即

$$\begin{cases} A(u,v) = \sum\limits_{u=u_{\mathrm{Min}}}^{u_{\mathrm{Max}}} \sum\limits_{v=v_{\mathrm{Min}}}^{v_{\mathrm{Max}}} B(u,v) \\ B(u,v) = \begin{cases} 1, & pu+qv+1=0 \\ 0, & \text{其他} \end{cases} \end{cases} \tag{2-208}$$

式中:p 和 q 是由 $P_1P_iP_n$ 上的点拟合出的直线方程参数;u_{Min},u_{Max},v_{Min},v_{Max}构成霍夫变换的图像区域。

获得(u_0,v_0)后,利用式(2-204)和式(2-205)方法重新迭代,获得的 k_u 和 k_v 作为畸变矫正系数。

2.9.2.3 摄像机其他线性参数的标定

在目标平面上建立世界坐标系,以其法线方向作为 z 轴。因此,对于平面上的点,$z_{\mathrm{w}}=0$。由式(2-5)和式(2-12)得

$$z_{\mathrm{c}}\begin{bmatrix} u_{\mathrm{d}} \\ v_{\mathrm{d}} \\ 1 \end{bmatrix} = \boldsymbol{M}_{\mathrm{in}}{}^{\mathrm{c}}\boldsymbol{M}_{\mathrm{w}}\begin{bmatrix} x_{\mathrm{w}} \\ y_{\mathrm{w}} \\ 0 \\ 1 \end{bmatrix} = \boldsymbol{M}\begin{bmatrix} x_{\mathrm{w}} \\ y_{\mathrm{w}} \\ 0 \\ 1 \end{bmatrix} \tag{2-209}$$

式中:$\boldsymbol{M} = \begin{bmatrix} k_xn_x & k_xo_x & k_xa_x & k_xp_x \\ k_yn_y & k_yo_y & k_ya_y & k_yp_y \\ n_z & o_z & a_z & p_z \end{bmatrix} = \begin{bmatrix} m_{11} & m_{12} & m_{13} & m_{14} \\ m_{21} & m_{22} & m_{23} & m_{24} \\ m_{31} & m_{32} & m_{33} & m_{34} \end{bmatrix} =$

$\begin{bmatrix} \boldsymbol{m}_1^{\mathrm{T}} & m_{14} \\ \boldsymbol{m}_2^{\mathrm{T}} & m_{24} \\ \boldsymbol{m}_3^{\mathrm{T}} & m_{34} \end{bmatrix}$；$u_{\mathrm{d}} = u - u_0$；$v_{\mathrm{d}} = v - v_0$。

将式(2-209)展开并消去 z_{c}，有

$$\begin{cases} h_{11}x_{\mathrm{w}i} + h_{12}y_{\mathrm{w}i} + h_{14} - h_{31}x_{\mathrm{w}i}u_{\mathrm{d}i} - h_{32}y_{\mathrm{w}i}u_{\mathrm{d}i} = u_{\mathrm{d}i} \\ h_{21}x_{\mathrm{w}i} + h_{22}y_{\mathrm{w}i} + h_{24} - h_{31}x_{\mathrm{w}i}v_{\mathrm{d}i} - h_{32}y_{\mathrm{w}i}v_{\mathrm{d}i} = v_{\mathrm{d}i} \end{cases} \tag{2-210}$$

式中：$h_{jk} = m_{jk}/m_{34}$，$j = 1,2,3$，$k = 1,2,3,4$；i 为标定点编号。

利用4个以上的标定点，由最小二乘法可以求得 $[h_{11} \quad h_{12} \quad h_{14} \quad h_{21} \quad h_{22} \quad h_{24} \quad h_{31} \quad h_{32}]^{\mathrm{T}}$。

由 $\|\boldsymbol{m}_3\| = 1$，有

$$m_{33}^2 = 1 - (h_{31}^2 + h_{32}^2)m_{34}^2 \tag{2-211}$$

由 $\boldsymbol{m}_1 \cdot \boldsymbol{m}_3 = 0$ 和 $\boldsymbol{m}_2 \cdot \boldsymbol{m}_3 = 0$，有

$$m_{13} = -\frac{h_{11}h_{31} + h_{12}h_{32}}{m_{33}}m_{34}^2 \tag{2-212}$$

$$m_{23} = -\frac{h_{21}h_{31} + h_{22}h_{32}}{m_{33}}m_{34}^2 \tag{2-213}$$

由式(2-212)、式(2-213)和$\begin{cases} k_x^2 = \|\boldsymbol{m}_1 \times \boldsymbol{m}_3\| \\ k_y^2 = \|\boldsymbol{m}_2 \times \boldsymbol{m}_3\| \end{cases}$，得

$$\begin{cases} k_x^2 = \dfrac{(h_{11}^2 + h_{12}^2) - (h_{11}h_{32} - h_{12}h_{31})^2 m_{34}^2}{1 - (h_{31}^2 + h_{32}^2)m_{34}^2}m_{34}^2 \\ k_y^2 = \dfrac{(h_{21}^2 + h_{22}^2) - (h_{21}h_{32} - h_{22}h_{31})^2 m_{34}^2}{1 - (h_{31}^2 + h_{32}^2)m_{34}^2}m_{34}^2 \end{cases} \tag{2-214}$$

令 $A_1 = h_{11}^2 + h_{12}^2$，$A_2 = h_{21}^2 + h_{22}^2$，$A_3 = h_{31}^2 + h_{32}^2$，$B_1 = (h_{11}h_{32} - h_{12}h_{31})^2$，$B_2 = (h_{21}h_{32} - h_{22}h_{31})^2$，则

$$\begin{cases} k_x = \sqrt{\dfrac{A_1 - B_1 m_{34}^2}{1 - A_3 m_{34}^2}}m_{34} \\ k_y = \sqrt{\dfrac{A_2 - B_2 m_{34}^2}{1 - A_3 m_{34}^2}}m_{34} \end{cases} \tag{2-215}$$

由 $\boldsymbol{n}\cdot\boldsymbol{o}=0$,有

$$\frac{h_{11}h_{12}}{k_x^2}+\frac{h_{21}h_{22}}{k_y^2}+h_{31}h_{32}=0 \tag{2-216}$$

将式(2-215)代入式(2-216)并整理,得

$$ax^3+bx^2+cx+d=0 \tag{2-217}$$

式中: $x=m_{34}^2$; $a=h_{31}h_{32}B_1B_2$; $b=h_{11}h_{12}B_2A_3+h_{21}h_{22}B_1A_3-h_{31}h_{32}(A_1B_2+A_2B_1)$; $c=-h_{11}h_{12}(B_2+A_2A_3)-h_{21}h_{22}(B_1+A_1A_3)+h_{31}h_{32}A_1A_2$; $d=h_{11}h_{12}A_2+h_{21}h_{22}A_1$。

利用数值计算方法容易获得式(2-217)的解,其中至少有一个正实根 x_r。对其开平方,可以求出 m_{34}。然后由式(2-211)~式(2-213)分别求出 m_{13}、m_{23} 和 m_{33},其中 m_{33} 的符号根据 h_{11} 和 h_{22} 确定。由式(2-215)求出 k_x 和 k_y,然后利用式(2-219)求出其他参数,获得外参数矩阵:

$$m_{34}=\sqrt{x_r} \tag{2-218}$$

$${}^{c}\boldsymbol{M}_{w}=\begin{bmatrix} h_{11}m_{34}/k_x & h_{12}m_{34}/k_x & m_{13}/k_x & h_{14}m_{34} \\ h_{21}m_{34}/k_y & h_{22}m_{34}/k_y & m_{23}/k_y & h_{24}m_{34} \\ h_{31}m_{34} & h_{32}m_{34} & m_{33} & m_{34} \end{bmatrix} \tag{2-219}$$

2.9.2.4　实验与结果

利用激光打印机打印一张由水平线和竖直线构成的网格图,相邻直线间的距离为 20mm。将摄像机与网格图成一定角度采集图像,图 2-14(a)为摄像机采集的网格图原始图像,幅度为 768×576 像素。世界坐标系的原点建立在图 2-14(a)网格图左上角的角点,x 轴从左到右,y 轴自上往下。在该图像提取网格点作为标定点,即图 2-13 中的 P_i,然后对标定点进行分类,找出属于同一条直线的点。取 α_u 和 α_v 均为 1.0×10^{-5},通过上述方法进行了畸变矫正和摄像机参数标定。图 2-14(b)、图2-14(c)为矫正后的图像,图 2-14(b)的弧线为矫正后图像坐标取整造成的,图2-14(c)是图 2-14(b)消除弧线后的图像。图 2-14(d)为霍夫变换的 $A(u,v)$ 分布图,霍夫变换的图像区域为 $u_c-100\leqslant u\leqslant u_c+100$, $v_c-100\leqslant v\leqslant v_c+100$, $u_c=384$, $v_c=288$, $A(u,v)$

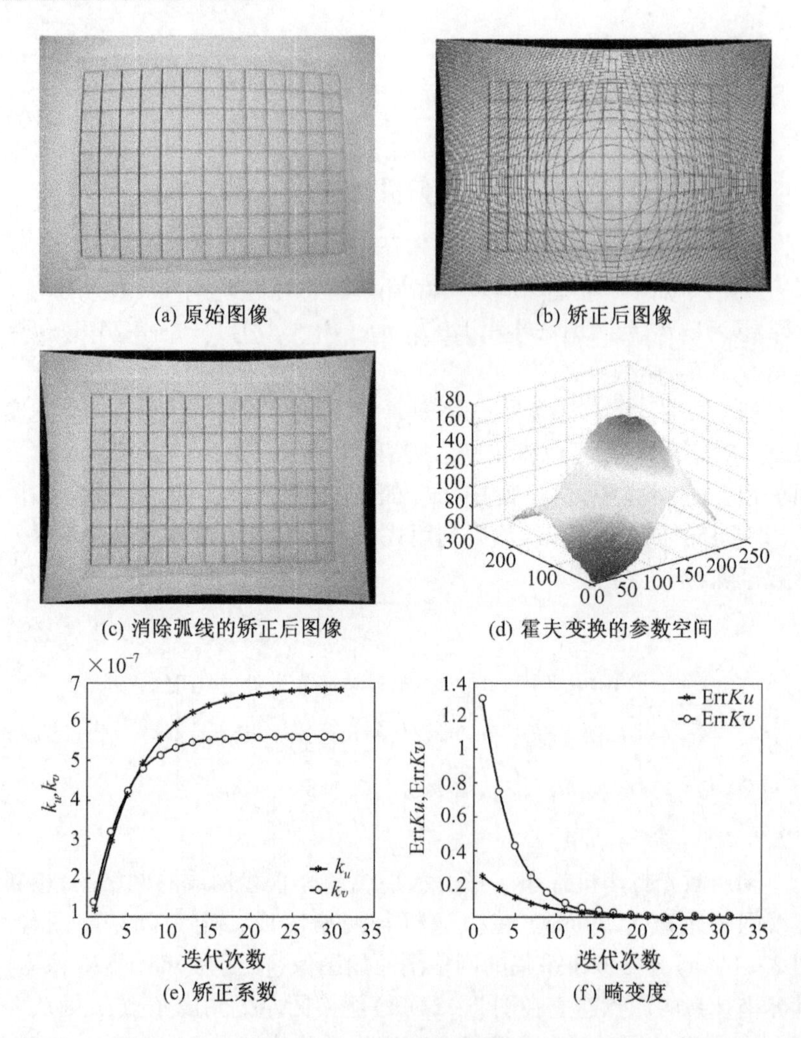

(a) 原始图像　(b) 矫正后图像

(c) 消除弧线的矫正后图像　(d) 霍夫变换的参数空间

(e) 矫正系数　(f) 畸变度

图 2-14　畸变矫正结果[17]

为 200×200 的数组。图 2-14(e)是迭代过程中 k_u 和 k_v 的变化曲线，图 2-14(f)是 ErrKu 和 ErrKv 的变化曲线，图 2-14(e)、图 2-14(f)的横坐标为迭代次数。

图 2-15(a)为摄像机采集的另一幅网格图像，用于对畸变矫正进行检验。图 2-15(b)为图 2-15(a)矫正后并消除坐标取整带来的弧线后的图像。从图 2-15 可以看出，畸变矫正取得了较好的效果。

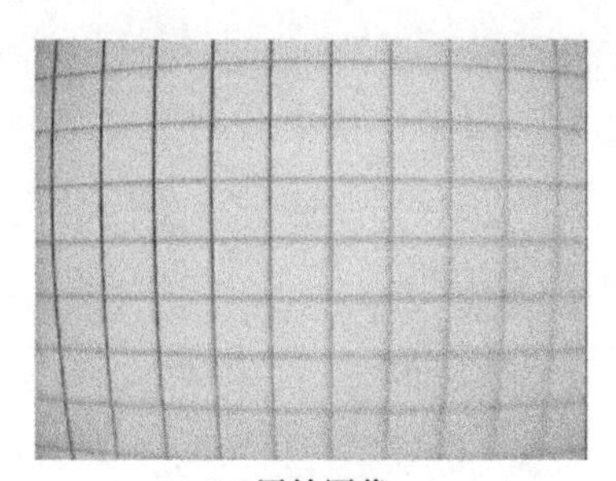

(a) 原始图像

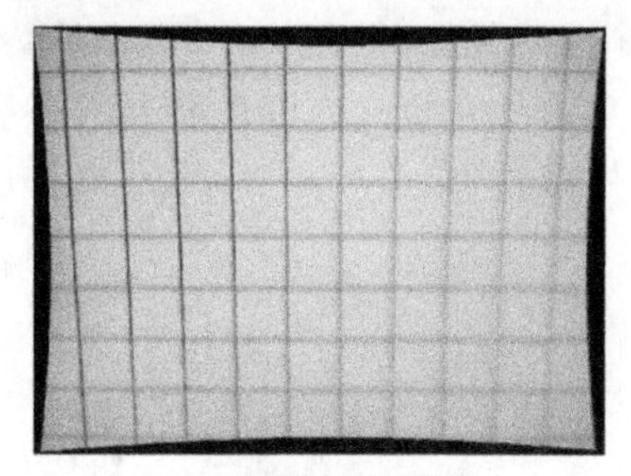

(b) 畸变矫正后图像

图2-15　畸变矫正校验结果

摄像机标定结果为

$$[h_{11}\quad h_{12}\quad h_{14}\quad h_{21}\quad h_{22}\quad h_{24}\quad h_{31}\quad h_{32}]=$$

$$[2.4787\quad 0.0182\quad -323.1559\quad -0.0133\quad 2.4220\quad -260.0755\quad 0.0002\quad -0.0001]$$

式中：$h_{11}\sim h_{32}$是摄像机线性参数标定的中间结果，用于计算 k_x、k_y 和外参数。

$k_u=6.8270\times10^{-7}$，$k_v=5.6128\times10^{-7}$，$u_0=399$，$v_0=326$，$k_x=805.5162$，$k_y=784.0345$。

外参数矩阵 $^{c}\boldsymbol{M}_{w}=\begin{bmatrix}0.9985 & 0.0073 & -0.0548 & -130.1721\\ -0.0055 & 0.9994 & 0.0331 & -107.3016\\ 0.0550 & -0.0328 & 0.9979 & 322.4326\end{bmatrix}$。

外参数矩阵$^{c}\boldsymbol{M}_{w}$是世界坐标系在摄像机坐标系中的表示，容易验证其旋转矩阵是正交单位阵。在原始图像中标出(u_0,v_0)位置，以网格线作为参考，可以估计出该点在世界坐标系 XOY 平面中的坐标约为(130，107)，单位为 mm，则世界坐标系的原点在摄像机坐标系 X、Y 轴的坐标位置为(-130，-107)，单位为 mm，验证了外参数的准确性。

为进一步验证摄像机参数标定的准确性，对两台大畸变摄像机的参数进行了标定，并利用这两台摄像机进行了三维视觉测量。在该实验中，图像幅度为640像素×480像素。标定结果如下：

摄像机1：$k_{u1}=5.25313\times10^{-7}$，$k_{v1}=5.00569\times10^{-7}$，$u_{01}=333$，$v_{01}=259$，$k_{x1}=843.3873$，$k_{y1}=804.2094$。

摄像机2：$k_{u2}=4.35916\times10^{-7}$，$k_{v2}=4.70717\times10^{-7}$，$u_{02}=327$，$v_{02}=$

264, $k_{x2}=898.8393$, $k_{y2}=862.3428$。

两台摄像机之间的相对外参数${}^2\boldsymbol{M}_1$，即摄像机 1 相对于摄像机 2 的外参数为

$$
{}^2\boldsymbol{M}_1=\begin{bmatrix} 0.9992 & -0.0101 & 0.0358 & -130.2929 \\ 0.0161 & 0.9993 & -0.0364 & -1.4388 \\ -0.0349 & 0.0368 & 0.9988 & 35.5332 \end{bmatrix}
$$

图 2－16 为实验时由两台摄像机分别采集的图像，其中被测目标为平面内的网格交叉点，网格间距为 30mm。利用两台摄像机的上述标定结果，采用立体视觉方法计算网格交叉点的三维坐标。视觉测量结果见图 2－17，其中图(a)是测量结果在 XOY 平面内的显示，图(b)是测量结果在三维空间中的显示。由图 2－17 可以发现，测量出的网格交叉点构成的直线具有较好的直线度。

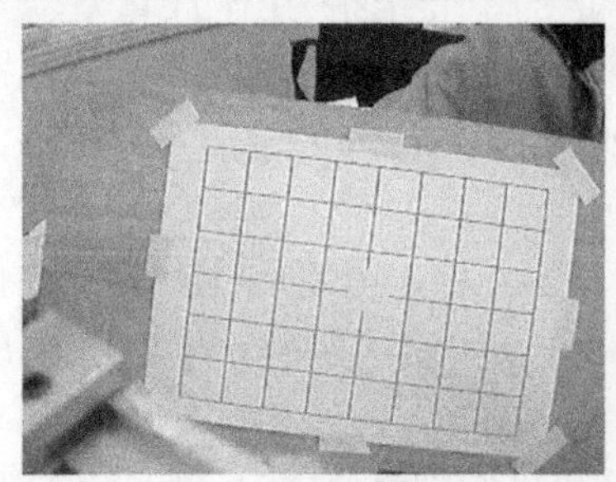

(a) 摄像机 1 采集的图像

(b) 摄像机 2 采集的图像

图 2－16　两台摄像机采集的图像[17]

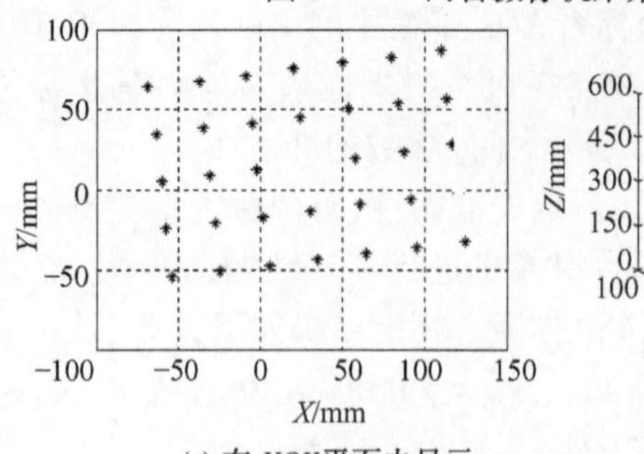

(a) 在 XOY 平面内显示

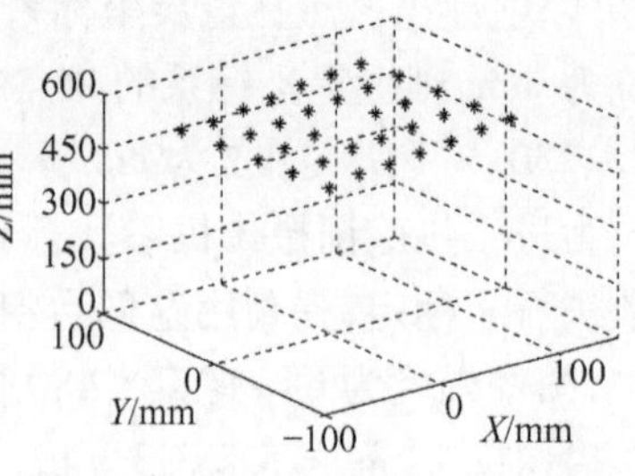

(b) 在三维空间显示

图 2－17　立体视觉测量结果

为便于分析测量精度，在表2－1中给出了测量出的网格目标4个顶点的三维坐标以及由此计算出的4条边的长度。与边的实际长度相比，视觉测量误差小于1%。

表2－1 立体视觉测量结果[17]

顶 点	1	2	3	4
三维坐标/mm	-53.1951 -54.1135 518.9236	124.2657 -32.2308 525.5246	109.2360 87.0191 524.8028	-67.8045 64.2998 520.3397
边	1	2	3	4
测量长度/mm	178.9267	120.1955	178.5481	119.3195
实际长度/mm	180	120	180	120
相对误差/%	-0.5963	0.1629	-0.8066	-0.5671

上述实验结果验证了这种大畸变摄像机的参数标定方法的有效性。该方法只用一幅平面靶标的图像就可以实现摄像机参数的标定。但在实际应用中需要注意，采集标定用的靶标图像时，摄像机光轴中心线不可与靶标垂直，也不能与靶标垂线间的夹角太大，而是需要成一定的角度。另外，为便于采集图像，也可以在摄像机与靶标近似垂直的情况下先采集一幅图像，用于畸变矫正。然后，再将摄像机换一个角度采集一幅图像，用于摄像机的其他线性参数的标定。

2.10 结构光视觉的参数标定

结构光法采用激光器投射光点、光条或光面到工件的表面形成特征点，利用CCD摄像机获得图像，提取特征点，根据三角测量原理求取特征点的三维坐标信息。本节着重介绍投射光条到工件表面的线结构光的标定方法。图2－18为线结构光测量的基本原理示意图。

在结构光视觉测量中，系统参数的标定方法主要有两类：一类方法为先对摄像机的内外参数进行标定，然后利用激光器的光束或光平

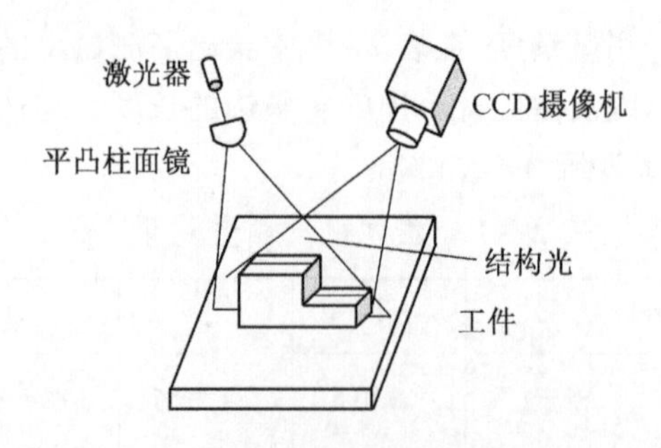

图 2-18　线结构光测量原理示意图

面在立体靶标上投射的光点或光条确定出特征点的空间三维坐标，再由3个以上特征点的空间三维坐标标定出激光器的光束或光平面的方程；另一类方法为将摄像机和激光器看做一个整体，直接利用4个以上特征点的空间三维坐标和图像坐标，求取空间坐标与图像坐标之间的变换矩阵，作为结构光视觉系统的参数。第二类方法中，对于激光器投射出的激光束形成的特征点，其空间三维坐标难以求取，所以这类方法较少采用。因此，本节主要介绍几种第一类标定方法。

2.10.1 基于立体靶标的激光平面标定

制作一个阶梯状的立体靶标，如图2-19所示。靶标的两个顶部端面平行且均为矩形，两个矩形的8个顶点的相对位置精确已知。在上面矩形的中心建立世界坐标系，矩形顶点 P_i 在世界坐标系的坐标为已知量，记为(x_{wi}, y_{wi}, z_{wi})。

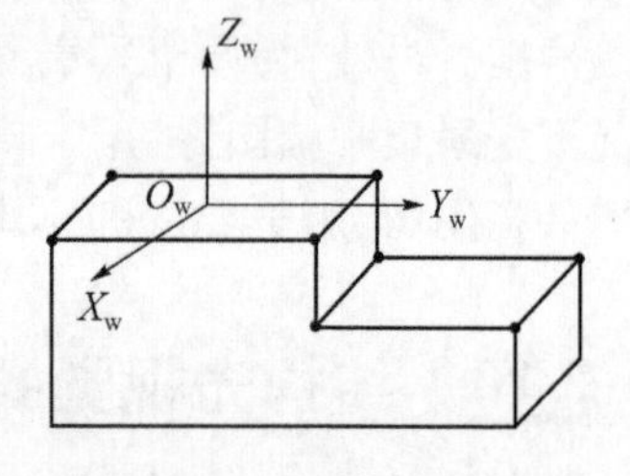

图 2-19　结构光标定靶标

摄像机的内参数模型采用式(2-5)所示的四参数模型，摄像机的外参数模型采用式(2-12)模型。以两个矩形的8个顶点作为参考点，利用2.3节中Faugeras的摄像机标定方法，可以标定出摄像机的内参数和外参数。摄像机的外参数，即为靶标相对于摄像机的位姿。由此可以得到高端面的平面在摄像机坐标系下的方程，即

$$a_x x + a_y y + a_z z - a_x p_x - a_y p_y - a_z p_z = 0 \qquad (2-220)$$

式中：$\boldsymbol{a}=[a_x \quad a_y \quad a_z]^{\mathrm{T}}$，是 Z_{w} 轴在摄像机坐标系 $O_{\mathrm{c}}X_{\mathrm{c}}Y_{\mathrm{c}}Z_{\mathrm{c}}$ 中的方向；$\boldsymbol{p}=[p_x \quad p_y \quad p_z]^{\mathrm{T}}$，是 $O_{\mathrm{w}}X_{\mathrm{w}}Y_{\mathrm{w}}Z_{\mathrm{w}}$ 的坐标原点在摄像机坐标系 $O_{\mathrm{c}}X_{\mathrm{c}}Y_{\mathrm{c}}Z_{\mathrm{c}}$ 中的位置。

假设两个顶部端面的距离为 d，则由式(2-220)可以得到低端面的平面在摄像机坐标系下的方程，如下：

$$a_x x + a_y y + a_z z - a_x p_x - a_y p_y - a_z p_z + d = 0 \quad (2-221)$$

由摄像机的内参数模型式(2-5)，得到激光条纹上任意点 P_j 在归一化成像平面上的坐标：

$$[x_{\mathrm{c}j} \quad y_{\mathrm{c}j} \quad 1]^{\mathrm{T}} = M_{\mathrm{in}}^{-1}[u_j \quad v_j \quad 1]^{\mathrm{T}} \quad (2-222)$$

激光条纹上的点 P_j 在过光轴中心与点$(x_{\mathrm{c}j}, y_{\mathrm{c}j}, 1)$的直线上。因此，下式成立：

$$\begin{cases} x = x_{\mathrm{c}j}t \\ y = y_{\mathrm{c}j}t \\ z = t \end{cases} \quad (2-223)$$

同时，激光条纹上的点 P_j 在激光平面上。设在摄像机坐标系下激光平面方程为

$$ax + by + cz + 1 = 0 \quad (2-224)$$

式中：a、b 和 c 是在摄像机坐标系下的激光平面参数。

由式(2-223)和式(2-224)，得到点 P 在摄像机坐标系下的坐标(x,y,z)：

$$\begin{cases} x = -x_{\mathrm{c}j}/(ax_{\mathrm{c}j} + by_{\mathrm{c}j} + c) \\ y = -y_{\mathrm{c}j}/(ax_{\mathrm{c}j} + by_{\mathrm{c}j} + c) \\ z = -1/(ax_{\mathrm{c}j} + by_{\mathrm{c}j} + c) \end{cases} \quad (2-225)$$

如图2-18所示，当激光平面投射到梯形靶标的两个端面上时，形成的激光条纹上的点既在激光平面上，又在靶标的相应端面上。因此，这些点既满足靶标的相应端面的平面方程，又满足激光平面方程。

对于在高端面上的激光条纹上的点，将式(2-225)代入式(2-220)，有

$$x_{cj}d_1a + y_{cj}d_1b + d_1c + a_xx_{cj} + a_yy_{cj} + a_z = 0 \tag{2-226}$$

式中：$d_1 = a_xp_x + a_yp_y + a_zp_z$。

对于在低端面上的激光条纹上的点，将式(2-225)代入式(2-221)，有

$$x_{cj}(d_1 - d)a + y_{cj}(d_1 - d)b + (d_1 - d)c + a_xx_{cj} + a_yy_{cj} + a_z = 0 \tag{2-227}$$

在高端面上的激光条纹上取两个点，得到两个如式(2-226)所示的方程。在低端面上的激光条纹上取两个点，得到两个如式(2-227)所示的方程。由这4个方程，利用最小二乘法可以求解出在摄像机坐标系下的激光平面参数a、b和c。

2.10.2 主动视觉法激光平面标定

利用一台摄像机和激光器构成线结构光视觉传感器，其测量原理示意图见图1-3。由激光器经平凸柱面镜形成激光面，照射到工件上形成条纹，摄像机采集该条纹图像，提取特征点实现视觉测量[18]。视觉传感器安装在六自由度机器人末端，构成机器人手眼系统。

设在摄像机坐标系下激光平面方程如式(2-224)所示。激光条纹上的点P在摄像机坐标系下的坐标(x,y,z)如式(2-225)，进而得到点P在基坐标系下的坐标(x_w,y_w,z_w)：

$$[x_w \quad y_w \quad z_w \quad 1]^T = \boldsymbol{T}_6\boldsymbol{T}_m[x \quad y \quad z \quad 1]^T \tag{2-228}$$

式中：$\boldsymbol{T}_6$为机器人末端在基坐标系下的位姿；$\boldsymbol{T}_m$为摄像机坐标系在机器人末端坐标系下的位姿，即摄像机的外参数。

由激光结构光的图像坐标，利用式(2-222)、式(2-225)和式(2-228)可以计算出其在基坐标系下的三维坐标。摄像机内、外参数$\boldsymbol{M}_{in}$和$\boldsymbol{T}_m$的标定有许多方法可以选用，在此不作讨论。在该视觉模型下，结构光参数的标定即为求取式(2-224)中的平面方程参数a、b、c。

2.10.2.1　基于机器人运动和平面约束的结构光标定

令 $\boldsymbol{T}_6\boldsymbol{T}_\mathrm{m}=\begin{bmatrix} n_x & o_x & a_x & p_x \\ n_y & o_y & a_y & p_y \\ n_z & o_z & a_z & p_z \\ 0 & 0 & 0 & 1 \end{bmatrix}=\begin{bmatrix} \boldsymbol{n} & \boldsymbol{o} & \boldsymbol{a} & \boldsymbol{p} \\ 0 & 0 & 0 & 1 \end{bmatrix}$，由式(2－228)，有

$$\begin{cases} x_\mathrm{w}=n_x x+o_x y+a_x z+p_x \\ y_\mathrm{w}=n_y x+o_y y+a_y z+p_y \\ z_\mathrm{w}=n_z x+o_z y+a_z z+p_z \end{cases} \tag{2-229}$$

在激光结构光照射到平面工件上时，激光束上的点满足平面方程：

$$Ax_\mathrm{w}+By_\mathrm{w}+Cz_\mathrm{w}+1=0 \tag{2-230}$$

式中：A、B、C 是工件平面方程参数。

将式(2－229)代入式(2－230)，有

$$\begin{aligned} &A(n_x x+o_x y+a_x z)+B(n_y x+o_y y+a_y z)+ \\ &C(n_z x+o_z y+a_z z)+Ap_x+Bp_y+Cp_z+1=0 \end{aligned} \tag{2-231}$$

令 $D=Ap_x+Bp_y+Cp_z+1$。若 $D=0$，说明摄像机光轴中心点 (p_x,p_y,p_z) 处在工件平面上。保持摄像机与工件平面具有一定的距离，可以保证摄像机光轴中心点不在工件平面上，即保证 $D\neq0$。将式(2－225)代入式(2－231)并除以 D，整理得

$$\begin{aligned} &A_1(n_x x_\mathrm{c}+o_x y_\mathrm{c}+a_x)+B_1(n_y x_\mathrm{c}+o_y y_\mathrm{c}+a_y)+ \\ &C_1(n_z x_\mathrm{c}+o_z y_\mathrm{c}+a_z)-ax_\mathrm{c}-by_\mathrm{c}-c=0 \end{aligned} \tag{2-232}$$

式中：$A_1=\dfrac{A}{D}$；$B_1=\dfrac{B}{D}$；$C_1=\dfrac{C}{D}$。

只要结构光平面与摄像机光轴不垂直，则 $c\neq0$。若结构光平面与摄像机光轴垂直，则摄像机观察不到结构光图像。因此，实际应用中结构光平面与摄像机光轴不会垂直，$c\neq0$ 成立。对上式除以 c，有

$$\begin{aligned} &A_2(n_x x_\mathrm{c}+o_x y_\mathrm{c}+a_x)+B_2(n_y x_\mathrm{c}+o_y y_\mathrm{c}+a_y)+ \\ &C_2(n_z x_\mathrm{c}+o_z y_\mathrm{c}+a_z)-a_1x_\mathrm{c}-b_1y_\mathrm{c}=1 \end{aligned} \tag{2-233}$$

式中：$A_2=\frac{A_1}{c}$；$B_2=\frac{B_1}{c}$；$C_2=\frac{C_1}{c}$；$a_1=\frac{a}{c}$；$b_1=\frac{b}{c}$。

对于照射到平面工件上的激光结构光，摄像机得到的图像也是一条直线。在同一条直线上取两个以上的点，代入式(2-233)得到的方程组是线性相关的。因此，可在该直线上任取两点，代入式(2-233)得到两个含有激光平面参数的方程。保持摄像机光轴中心点的位置(p_x,p_y,p_z)不变，每改变一次视觉传感器姿态，在焦距归一化成像平面的结构光图像上取两个点，代入式(2-233)得到两个方程。经过3次以上改变视觉传感器姿态，得到n个方程($n\geqslant5$)构成的线性方程组，可利用最小二乘法求解出A_2、B_2、C_2、a_1、b_1，如下：

$$\boldsymbol{EX}=\boldsymbol{F}\Rightarrow\boldsymbol{X}=(\boldsymbol{E}^{\mathrm{T}}\boldsymbol{E})^{-1}\boldsymbol{E}^{\mathrm{T}}\boldsymbol{F} \tag{2-234}$$

式中：$\boldsymbol{E}$为式(2-233)中各参数的系数构成的$n\times5$矩阵；$\boldsymbol{F}$是所有元素为1的$n\times1$矩阵；$\boldsymbol{X}$为参数矩阵，$\boldsymbol{X}=[A_2\quad B_2\quad C_2\quad a_1\quad b_1]^{\mathrm{T}}$。

照射到平面工件的激光束上两点间的距离为

$$d=\sqrt{(x_{\mathrm{w1}}-x_{\mathrm{w2}})^2+(y_{\mathrm{w1}}-y_{\mathrm{w2}})^2+(z_{\mathrm{w1}}-z_{\mathrm{w2}})^2}=\sqrt{d_x^2+d_y^2+d_z^2} \tag{2-235}$$

式中：d_x、d_y、d_z为d的分量。

将式(2-229)、式(2-225)代入上式中的d_x、d_y、d_z，有

$$\begin{aligned}d_x&=n_x(x_1-x_2)+o_x(y_1-y_2)+a_x(z_1-z_2)=\\&\frac{1}{c}\left[n_x\left(\frac{x_{\mathrm{c2}}}{a_1x_{\mathrm{c2}}+b_1y_{\mathrm{c2}}+1}-\frac{x_{\mathrm{c1}}}{a_1x_{\mathrm{c1}}+b_1y_{\mathrm{c1}}+1}\right)+\right.\\&o_x\left(\frac{y_{\mathrm{c2}}}{a_1x_{\mathrm{c2}}+b_1y_{\mathrm{c2}}+1}-\frac{y_{\mathrm{c1}}}{a_1x_{\mathrm{c1}}+b_1y_{\mathrm{c1}}+1}\right)+\\&\left.a_x\left(\frac{1}{a_1x_{\mathrm{c2}}+b_1y_{\mathrm{c2}}+1}-\frac{1}{a_1x_{\mathrm{c1}}+b_1y_{\mathrm{c1}}+1}\right)\right]=\frac{1}{c}d_{x1}\end{aligned}$$

同理，$d_y=\frac{1}{c}d_{y1}$，$d_z=\frac{1}{c}d_{z1}$。于是，有

$$d=\frac{1}{c}\sqrt{d_{x1}^2+d_{y1}^2+d_{z1}^2}=\frac{1}{c}d_1\Rightarrow c=\frac{d_1}{d} \tag{2-236}$$

式中：d_1 为利用参数 a_1、b_1 计算出的激光束上两点间的距离；d 为利用尺子测量出的激光束上两点间的距离。由 c 可以直接计算出 a、b：

$$\begin{cases} a = a_1 c \\ b = b_1 c \end{cases} \tag{2-237}$$

2.10.2.2　实验与结果

1. 结构光参数标定与视觉测量实验

首先对摄像机进行了标定，摄像机的内、外参数如下：

$$\boldsymbol{M}_{\text{in}} = \begin{bmatrix} 2620.5 & 0 & 408.4 \\ 0 & 2619.1 & 312.2 \\ 0 & 0 & 1 \end{bmatrix}$$

$$\boldsymbol{T}_{\text{m}} = \begin{bmatrix} -0.0867 & -0.6620 & -0.7444 & 51.9160 \\ -0.0702 & 0.7495 & -0.6583 & -89.9243 \\ 0.9938 & -0.0048 & -0.1115 & 35.3765 \\ 0 & 0 & 0 & 1 \end{bmatrix}$$

其中，图像幅度为768像素×576像素。

将摄像机与激光器安装在Yaskawa UP6机器人的末端。按照下列步骤，进行了结构光参数标定与测量实验：

(1) 将激光结构光投射到一个平面上，采集结构光图像，利用式(2-222)计算出激光束上两个点在焦距归一化成像平面上的坐标，代入式(2-233)获得两个线性方程。

(2) 利用式(2-238)调整机器人末端位姿，保持摄像机光轴中心点在基坐标系下的位置(p_x, p_y, p_z)不变。每改变一次视觉传感器姿态，重复步骤(1)和步骤(2)，直到获得 $n \geqslant 5$ 个线性方程组。

$$\boldsymbol{T}_{6(i+1)} = \boldsymbol{T}_{6i} \cdot \boldsymbol{T}_{\text{m}} \cdot \textbf{Rot} \cdot \boldsymbol{T}_{\text{m}}^{-1} \tag{2-238}$$

式中：$\boldsymbol{T}_{6(i+1)}$ 为第 $i+1$ 次的机器人末端位姿矩阵；$\boldsymbol{T}_{6i}$ 为第 i 次的机器人末端位姿矩阵；$\boldsymbol{T}_{\text{m}}$ 为摄像机相对于机器人末端的外参数；**Rot** 为摄像机坐标系的姿态调整矩阵，$\textbf{Rot} = \begin{bmatrix} \boldsymbol{R} & 0 \\ 0 & 1 \end{bmatrix}$，$\boldsymbol{R}$ 是3×3的旋转矩阵。

(3) 利用式(2-234)求解获得 a_1、b_1。

(4) 将激光结构光投射到一个平面上,用直尺测量激光束长度 d。利用式(2-235)、式(2-236)计算 c,利用式(2-237)计算 a、b,获得结构光参数。

(5) 对V形焊缝进行视觉测量。

2. 实验结果

在保持摄像机光轴中心点在基坐标系下的位置(p_x, p_y, p_z)不变的情况下,分别绕摄像机坐标系的 X、Y、Z 轴旋转,采集7幅图像。在每幅图像的激光条纹上取两个点,获得的实验数据见表2-2。

表2-2 实验数据

序号	视觉传感器在基坐标系下的位姿	激光条纹上点1坐标	激光条纹上点2坐标	**E** 矩阵系数
1	$\begin{bmatrix} 0.9987 & 0.0291 & -0.0428 & 1079.3 \\ 0.0117 & -0.9327 & -0.3605 & 113.8 \\ -0.0504 & 0.3595 & -0.9318 & 176.8 \end{bmatrix}$	113,408	389,413	-0.1543 -0.3960 -0.9129 0.1127 -0.0366 -0.0491 -0.3965 -0.9176 0.0074 -0.0385
2	$\begin{bmatrix} 0.8503 & 0.5245 & -0.0430 & 1079.3 \\ 0.4765 & -0.8019 & -0.3604 & 113.8 \\ -0.2235 & 0.2860 & -0.9318 & 176.8 \end{bmatrix}$	121,420	385,413	-0.1146 -0.4458 -0.8955 0.1097 -0.0412 -0.0303 -0.3956 -0.9188 0.0089 -0.0385
3	$\begin{bmatrix} 0.8795 & -0.4740 & -0.0427 & 1079.3 \\ -0.4561 & -0.8136 & -0.3606 & 113.8 \\ 0.1362 & 0.3366 & -0.9317 & 176.8 \end{bmatrix}$	132,392	396,416	-0.1500 -0.3373 -0.9358 0.1055 -0.0305 -0.0657 -0.3907 -0.9190 0.0047 -0.0397
4	$\begin{bmatrix} 0.9987 & 0.0360 & -0.0371 & 1079.3 \\ 0.0117 & -0.8559 & -0.5171 & 113.8 \\ -0.0504 & 0.5160 & -0.8551 & 176.8 \end{bmatrix}$	120,482	384,489	-0.1447 -0.5739 -0.8161 0.1101 -0.0649 -0.0440 -0.5750 -0.8198 0.0093 -0.0676
5	$\begin{bmatrix} 0.9987 & 0.0213 & -0.0472 & 1079.3 \\ 0.0118 & -0.9811 & -0.1931 & 113.8 \\ -0.0504 & 0.1923 & -0.9800 & 176.8 \end{bmatrix}$	129,363	395,370	-0.1533 -0.2134 -0.9709 0.1066 -0.0195 -0.0519 -0.2148 -0.9755 0.0051 -0.0221
6	$\begin{bmatrix} 0.9760 & 0.0291 & -0.2156 & 1079.3 \\ -0.0511 & -0.9327 & -0.3570 & 113.8 \\ -0.2115 & 0.3595 & -0.9089 & 176.8 \end{bmatrix}$	113,440	377,436	-0.3242 -0.3968 -0.8675 0.1127 -0.0489 -0.2259 -0.4006 -0.8893 0.0120 -0.0473

（续）

序号	视觉传感器在基坐标系下的位姿	激光条纹上点1坐标	激光条纹上点2坐标	E矩阵系数
7	$\begin{bmatrix} 0.9909 & 0.0291 & 0.1311 & 1079.3 \\ 0.0741 & -0.9327 & -0.3529 & 113.8 \\ 0.1120 & 0.3595 & -0.9264 & 176.8 \end{bmatrix}$	120,398	392,421	0.0230　-0.3917　-0.9269　0.1101 -0.0328　0.1262　-0.3922　-0.9122 0.0063　-0.0416

此外，还采集一幅图像用于计算 d_1，d 的测量结果为 $d=23\text{mm}$。其他参数的计算结果为

$$d_1 = 0.1725,\quad a = -9.2901\times10^{-4}$$

$$b = 2.4430\times10^{-2},\quad c = -7.5021\times10^{-3}$$

因此，激光平面方程为

$$-9.2901\times10^{-4}x + 2.4430\times10^{-2}y - 7.5021\times10^{-3}z + 1 = 0$$

由表2-2中激光条纹上所取的点，利用式(2-222)、式(2-225)和式(2-228)计算出的空间位置见表2-3，其中的空间坐标为激光条纹上点在机器人基坐标系下的三维空间位置，单位为mm。从表2-3可以发现，这些空间点基本处在平行于基坐标系的 XOY 平面。经过平面拟和知，这些点的误差约为±0.1mm。

表2-3　平面测量结果

序号		1	2	3	4	5	6	7	8	9	10	11	12	13	14
图像坐标	u	113.00	389.00	121.00	385.00	132.00	396.00	120.00	384.00	129.00	395.00	113.00	377.00	120.00	392.00
	v	408.00	413.00	420.00	413.00	392.00	416.00	482.00	489.00	363.00	370.00	440.00	436.00	398.00	421.00
空间坐标	x_w	1071.75	1057.14	1071.81	1027.01	1043.61	1082.76	1098.74	1055.54	1071.78	1061.35	1074.64	1056.75	1069.20	1054.40
	y_w	15.34	82.96	82.88	49.80	50.54	54.40	53.24	52.85	53.24	44.03	53.37	63.10	53.90	15.05
	z_w	36.55	36.72	36.64	37.04	36.48	36.38	36.10	36.48	36.87	36.79	36.63	36.30	36.07	36.50

沿V形焊缝进行了15次视觉测量，结果见表2-4。其中，边1和边3为V形焊缝的外侧边缘，边2为V形焊缝的底部边缘，这些点的坐标为在机器人基坐标系下的三维空间位置，单位为毫米(mm)。图2-20为V形焊缝视觉测量结果图，图2-20(a)为焊缝的三维空间数据图，图2-20(b)为焊缝 XOY 平面数据图。通过数据分析知，测量误差约为±0.2mm。

表 2-4 *V* 形焊缝测量结果

组号		1	2	3	4	5	6	7	8	9	10	11	12	13	14	15
边1坐标	x_{w1}	1019.16	1007.22	1003.34	999.55	991.11	983.95	977.16	973.85	971.13	967.05	963.89	959.34	954.90	952.73	946.64
	y_{w1}	38.68	72.51	82.53	93.17	116.12	136.33	153.67	163.10	171.24	182.04	190.31	202.58	214.91	220.74	236.73
	z_{w1}	47.09	46.70	46.85	46.66	46.74	46.50	46.74	46.93	46.74	46.68	46.73	46.85	46.73	46.57	46.74
边2坐标	x_{w2}	1031.54	1019.68	1016.36	1012.30	1004.21	996.99	990.81	987.51	984.34	980.33	977.27	972.92	968.07	965.91	960.26
	y_{w2}	24.70	57.74	67.19	78.23	100.78	120.92	137.80	147.07	155.73	166.29	174.60	186.46	199.29	205.46	221.04
	z_{w2}	37.41	36.58	36.32	36.39	36.20	35.93	35.81	35.91	36.09	35.89	35.94	35.80	36.02	36.05	35.93
边3坐标	x_{w3}	1031.10	1019.13	1015.84	1011.80	1003.76	996.31	989.97	986.84	983.85	979.87	976.71	971.97	967.45	965.37	959.34
	y_{w3}	43.27	76.36	86.24	96.94	120.13	140.46	156.70	166.41	174.89	185.57	194.14	206.13	218.65	225.10	241.18
	z_{w3}	47.53	46.75	46.71	46.61	46.74	46.62	46.18	46.49	46.54	46.40	46.61	46.60	46.60	46.76	46.98

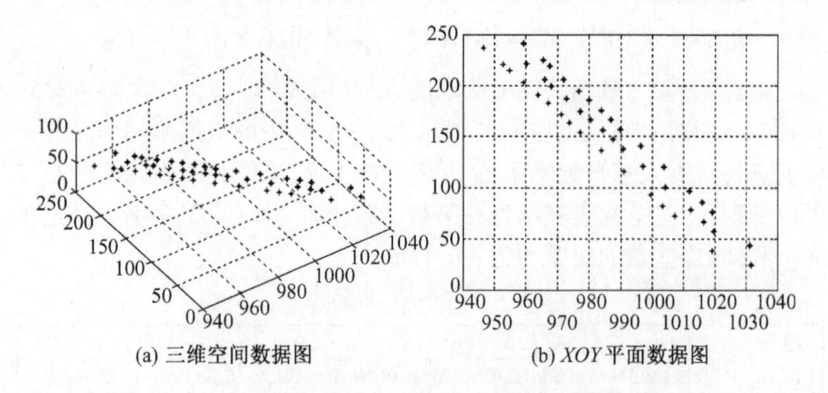

(a) 三维空间数据图　(b) *XOY* 平面数据图

图 2-20 V 形焊缝视觉测量结果图[18]

该方法实现简单，便于机器人自动完成，并且不需要制作特定的标定物，尤其适合于工业环境下视觉控制方面的应用。实验证明，该方法能够实现机器人手眼系统结构光的标定，标定精度可以满足弧焊机器人焊缝测量的需要。

2.10.3 斜平面法结构光视觉传感器标定

2.10.3.1 结构光视觉传感器模型

参考文献[19]提出，利用斜平面法对激光结构光视觉传感器的参数进行标定。由于摄像机的成像平面与光轴中心线垂直，而被测空间点的理想成像点一般不在成像平面上,所以其在成像平面上的感光区域实际上是一弥散斑。一般情况下,弥散斑中心在图像内的横坐标与其理论像点的横坐标是不相等的。若以过物点的主光线与像平面的交点来近似弥散斑中心,并假定入瞳中心和出瞳中心分别位于物方主平面和像方主平面时,按理想光学系统成像关系,下式成立:

$$x_c = \frac{xl'}{l-z} = \frac{\beta l}{l-z}x \tag{2-239}$$

式中:x_c 为空间点的图像横坐标;z 为空间点沿光轴中心线方向的位置;x 为空间点的横坐标;l 为物距;l'为像距;$\beta = f/(l-f)$,为对准平面的横向放大率,f为焦距。

定义 $\lambda_c = x/x_c$ 为被测空间点的物像倍率,由式(2-239)得

$$\lambda_c = \frac{x}{x_c} = \lambda\left(1 - \frac{z}{l}\right) \tag{2-240}$$

式中:$\lambda = 1/\beta$,为对准平面内被测空间点的物像倍率,是常数。

由式(2-240)可知,被测空间点的物像倍率与其轴向位置 z 之间呈线性关系。如果能够确定对准平面的物像倍率 λ 及对准平面的物距 l,则可以确定任意被测空间点的物像坐标之间的关系。但是,对准平面的位置不易找准,给 λ 和 l 的标定带来困难。因此,采用参考平面代替对准平面。

如图2-21所示,取对准平面的一个近距离平行平面作为参考平面。图2-21中,O_c 为摄像机的光轴中心点,$x_1O_1y_1$ 为成像平面,xOy 为对准平面,$x'O'y'$为参考平面。空间点 P_w 在坐标系 $Oxyz$ 的坐标为(x,y,z),在坐标系 $O'x'y'z'$的坐标为(x',y',z')。P_w 在成像平面的成像点为 P_1,在对准平面的投影点为 P,在参考平面的投影点为 P'。由图2-21的投影关系,得

$$x' = \frac{l_t - z'}{l_t}\lambda_0 x_c = \frac{1}{\beta_0}\frac{l_t - z'}{l_t}u_d \tag{2-241}$$

$$y' = \frac{1}{\beta_0}\frac{l_t - z'}{l_t}v_d \tag{2-242}$$

式中:λ_0 是参考平面内被测空间点的物像倍率;β_0 为参考平面上相对于

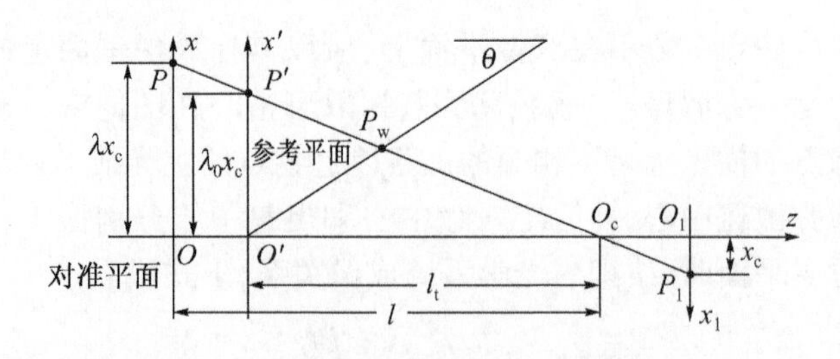

图 2-21 摄像机的透视变换[19]

图像坐标的放大率；l_t 为光轴中心点到参考平面的距离，称为透射变换参数；$u_d = u - u_0, v_d = v - v_0$，$(u, v)$ 为被测空间点的图像坐标，(u_0, v_0) 为摄像机光轴中心点的图像坐标。

假设(u_0, v_0)已知，并假设激光结构光平面与摄像机坐标系的 y 轴平行，与 z 轴之间的夹角为 θ。于是，有

$$z' = x'/\tan\theta \tag{2-243}$$

式中：θ 为激光结构光平面与摄像机坐标系的 z 轴之间的夹角，称为光面角。

将式(2-243)代入式(2-241)，得

$$x' = \frac{l_t u_d}{\beta_0 l_t + u_d/\tan\theta} \tag{2-244}$$

由式(2-241)和式(2-242)，得

$$x'/u_d = y'/v_d \tag{2-245}$$

将式(2-244)代入式(2-245)，得

$$y' = \frac{l_t v_d}{\beta_0 l_t + u_d/\tan\theta} \tag{2-246}$$

式(2-243)、式(2-244)和式(2-246)构成激光结构光视觉传感器的模型，其中，β_0、θ 和 l_t 为需要标定的参数。

2.10.3.2 斜面标定法

由激光结构光视觉传感器的模型可知，对 β_0、θ 和 l_t 进行标定时，需要预先确定参考平面。将一个正方形网格的平板平放在工作台平面上。利用摄像机采集正方形网格的图像，根据图像形状调整摄像机。

当采集的正方形网格的图像清晰，并且图像上的网格仍然为正方形时，将正方形网格的平板所在的平面作为参考平面[19]。

为标定透视变换参数 l_t，将刻有栅格的标定板相对于参考平面倾斜一个角度 α，放置在摄像机视场中，如图 2－22 所示。α 为一给定角度，其大小可以通过微调机构进行调整。另外，调整标定板的位置使中间栅格重合于参考平面上。该栅格所对应的横向放大率即为参考平面的横向放大率 β_0。设栅格的像素长度为 w，实际长度 w_r，则

$$\beta_0 = w_r/w \tag{2-247}$$

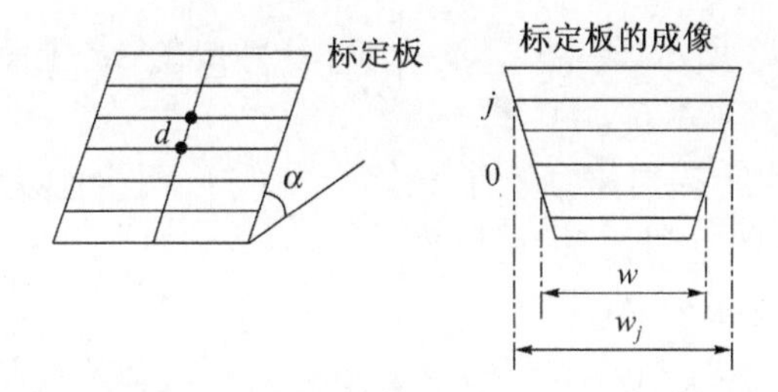

图 2－22　标定板的成像与 l_t 的标定[19]

设相邻栅格的间距为 d，则其在摄像机的 z 轴方向的间距为 $d\sin\alpha$。将中间栅格标号为零，则第 j 号栅格与中间栅格在摄像机的 z 轴方向的距离为 $jd\sin\alpha$（$j=1,-1;2,-2;3,-3;\cdots$）。从图像中可以算出第 j 号栅格的像素长 w_j。于是，有

$$\frac{w}{w_j} = \frac{l_t - jd\sin\alpha}{l_t} \tag{2-248}$$

由式（2－248）得到透视变换参数 l_t：

$$l_t = \frac{jd\sin\alpha}{1 - w/w_j} \tag{2-249}$$

确定了 l_t 后，再标定激光平面与摄像机光轴的夹角 θ。如图 2－23 所示，将标定板沿倾角 α 置于摄像机的视场中。打开光源后，结构光

投射到标定板上形成线条纹。由于标定板倾斜了一个角度,摄像机采集到的条纹与像素列方向间也会有一个倾角。根据式(2-243)、式(2-244)和式(2-246),可以由条纹的图像坐标计算出其三维空间坐标。虽然此时光面角未知,但激光条纹在标定板所在的平面上,标定板与成像光轴间的夹角(即 α)是已知的。因此,激光条纹上的特征点的坐标可由下式计算:

$$x' = \frac{l_t u_d}{\beta_0 l_t + v_d/\tan\alpha}, \quad y' = \frac{l_t v_d}{\beta_0 l_t + v_d/\tan\alpha}, \quad z' = y'/\tan\alpha \tag{2-250}$$

如图2-23所示,将由式(2-250)计算出的 AB 上测点的坐标向参考平面投影得 $A'B'$。$A'B'$ 与 x 轴的夹角可以计算出来,设为 φ。根据 φ、α 和 θ 的空间关系,可以推导出 θ 的计算公式:

$$\tan\theta = \cot\alpha \cdot \cot\varphi \tag{2-251}$$

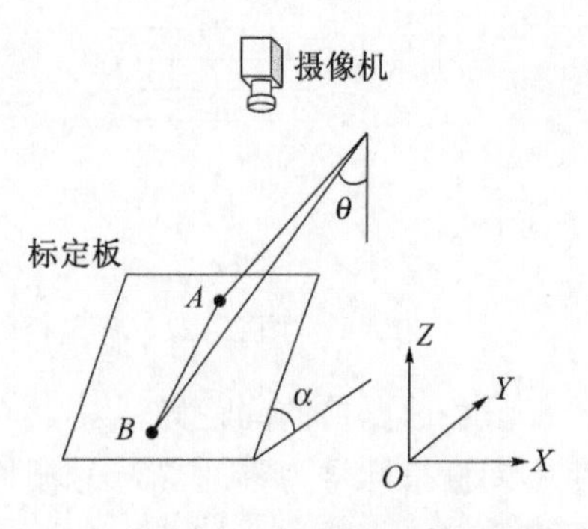

图2-23 光面角的标定[19]

该标定方法利用线条而不是点作为标定靶标,线条的几何参数可以通过对线条上的点进行最小二乘拟合求得。这样,可以降低甚至消除因激光和零件的表面特性产生的散斑效应以及离散误差对标定精度的不良影响,有利于提高标定精度。

参考文献

[1] 马颂德,张正友.计算机视觉——计算理论与算法基础[M].北京:科学出版社,1997.
[2] 贾云得.机器视觉[M].北京:科学出版社,2000.

[3] Corke P I. Visual control of robots: high-performance visual servoing [M]. England: Research Studies Press Ltd. ,1996.

[4] 章毓晋.图像工程[M].北京：清华大学出版社,1999.

[5] Sonka M, Hlavac V, Boyle R. Image processing, analysis, and machine vision [M].北京：人民邮电出版社,2002.

[6] Faugeras O D, Toscani G. The calibration problem for stereo [C]. IEEE Computer Society Conference on Computer Vision and Pattern Recognition, Minmi Beach, Florida, June 22 - 26, 1986:15 - 20.

[7] Tsai R Y. A versatile camera calibration technique for high-accuracy 3D machine vision metrology using off-the-shelf cameras and lens [J]. IEEE Transactions on Robotics and Automation, 1987, 3(4): 323 - 344.

[8] 蔡自兴.机器人学[M].北京：清华大学出版社,2000.

[9] Bénallal M, Meunier J. Camera calibration with simple geometry [C]. The 2003 International Conference on Image and Signal Processing, 2003.

[10] Guillou E, Meneveaux D, Maisel E, et al. Using vanishing points for camera calibration and coarse 3D reconstruction from a single image [J]. Visual Computer, 2000, 16(7): 396 - 410.

[11] Kosecka J, Zhang W. Efficient computation of vanishing points [C]. Proceedings of IEEE International Conference on Robotics and Automation, Washington, DC, United States, 2002, 1: 223 - 228.

[12] Almansa A, Desolneux A. Vanishing point detection without any a priori information [J]. IEEE Transactions on Pattern Analysis and Machine Intelligence, 2003, 25(4): 502 - 507.

[13] Ma S D. A Self - calibration technique for active vision system [J]. IEEE Transactions on Robotics and Automation, 1996, 12(1): 114 - 120.

[14] 徐德,赵晓光,涂志国,等.基于单特征点的手眼系统摄像机标定[J].高技术通讯,2005, 15(1): 32 - 36.

[15] Shen Y, Xu, D, Tan M, et al. Mixed visual control method for robots with self-calibrated stereo rig [J]. IEEE Transactions on Instrumentation and Measurement, 2010, 59(2):470 - 479.

[16] Zhang Z. A flexible new technique for camera calibration [J]. IEEE Transactions on Pattern Analysis and Machine Intelligence, 2000, 22(11): 1330 - 1334.

[17] Xu D, Li Y F, Tan M. A method for calibrating cameras with large distortion in lens [J]. Optical Engineering, 2006, 45(4): 0436021 - 0436028.

[18] 徐德,王麟琨,谭民.基于运动的手眼系统结构光参数标定[J].仪器仪表学报,2005, 26(11):1101 - 1106.

[19] 周会成,陈吉红,周济.标定线结构光视觉测头基本参数的一种新方法[J].仪器仪表学报,2000, 21(2): 125 - 127.

第3章 视觉测量

3.1 视觉测量中的约束条件

对于相同的场景,不同摄像机采集的图像存在一些约束。同样地,同一台摄像机在不同的视点采集的图像之间也存在一些约束。了解这些约束条件,对于理解视觉测量的理论与方法有很大帮助。

3.1.1 特征匹配约束

视觉测量时,常需要对空间中的特征点在两幅或多幅图像中的图像坐标进行匹配。这些图像可能是不同的摄像机采集的,也可能是同一台摄像机在不同的视点采集的。所谓特征匹配,就是在不同的图像上找到同一个特征点的成像坐标[1-4]。

在介绍特征匹配约束之前,首先介绍几个概念。如图3-1所示,场景点P为在摄像机的两个视点下均在视场内的一个空间点,C_1和C_2为摄像机在不同视点的光轴中心点,Π_1和Π_2为摄像机在不同视点的成像平面。

外极(Epipolar)平面:场景点P与两个摄像机光轴中心点C_1、C_2构成的平面。例如图3-1中的C_1C_2P平面。

外极线:外极平面与成像平面的交线。例如图3-1中的直线m_1e_1和m_2e_2。

外极点(Epipole):两个摄像机光轴中心点C_1、C_2的连线与成像平面的交点。例如图3-1中的点e_1和e_2。

基线(Base Line):两个摄像机光轴中心点C_1、C_2的连线。例如

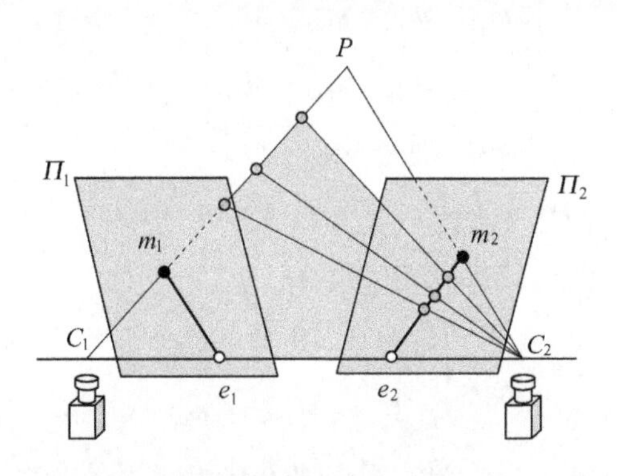

图3-1　双极线约束示意图[1]

图3-1中的直线 C_1C_2。

立体匹配(Stereo Matching):场景点 P 在两个摄像机成像平面的对应点称为共轭点。寻找共轭点的过程称为特征匹配,又称为立体匹配或图像配准。

3.1.1.1　外极线约束

在一幅图像上选择特征点后,根据两台摄像机的相对关系,可以确定在另一幅图像的外极线方程。沿外极线搜索可以减少搜索区域,提高搜索速度[1]。

假设摄像机内参数采用四参数模型。由摄像机的内外参数模型,有

$$z_c\begin{bmatrix}u\\v\\1\end{bmatrix}=\begin{bmatrix}k_x&0&u_0&0\\0&k_y&v_0&0\\0&0&1&0\end{bmatrix}\begin{bmatrix}\boldsymbol{R}&\boldsymbol{p}\\0&1\end{bmatrix}\begin{bmatrix}x_w\\y_w\\z_w\\1\end{bmatrix}=\boldsymbol{M}\begin{bmatrix}x_w\\y_w\\z_w\\1\end{bmatrix}\tag{3-1}$$

式中:k_x 为 X 轴方向的放大系数;k_y 为 Y 轴方向的放大系数;(u_0,v_0) 为光轴中心点的图像坐标;$\boldsymbol{R}$ 为外参数中的旋转矩阵;$\boldsymbol{p}$ 为外参数中的位置向量;(u,v) 为空间点 P 的图像点坐标;(x_w,y_w,z_w) 是景物点 P 在世界坐标系的坐标;$\boldsymbol{M}$ 为摄像机的基本矩阵。

定义如下变量:

$$\boldsymbol{M}=\begin{bmatrix} m_{11} & m_{12} & m_{13} & m_{14} \\ m_{21} & m_{22} & m_{23} & m_{24} \\ m_{31} & m_{32} & m_{33} & m_{34} \end{bmatrix}=[\boldsymbol{M}_3 \quad \boldsymbol{m}_4] \tag{3-2}$$

$$\boldsymbol{P}_{\mathrm{h}}=[x_{\mathrm{w}} \quad y_{\mathrm{w}} \quad z_{\mathrm{w}} \quad 1]^{\mathrm{T}}=[\boldsymbol{P} \quad 1]^{\mathrm{T}} \tag{3-3}$$

于是,对于两台摄像机,下式成立:

$$\begin{cases} z_{\mathrm{c}_1}\boldsymbol{I}_1=\boldsymbol{M}_{31}\boldsymbol{P}+\boldsymbol{m}_{41} \\ z_{\mathrm{c}_2}\boldsymbol{I}_2=\boldsymbol{M}_{32}\boldsymbol{P}+\boldsymbol{m}_{42} \end{cases} \tag{3-4}$$

式中:$\boldsymbol{I}_1=[u_1 \quad v_1 \quad 1]^{\mathrm{T}}$,为空间点 P 在摄像机 1 的齐次图像坐标;$\boldsymbol{I}_2=[u_2 \quad v_2 \quad 1]^{\mathrm{T}}$,为空间点 P 在摄像机 2 的齐次图像坐标;$[\boldsymbol{M}_{31} \quad \boldsymbol{m}_{41}]$和$[\boldsymbol{M}_{32} \quad \boldsymbol{m}_{42}]$分别为摄像机 1 和摄像机 2 的 $\boldsymbol{M}$ 矩阵。

在式(3-4)中消去变量 $\boldsymbol{P}$,整理后得

$$z_{\mathrm{c}_2}\boldsymbol{I}_2-\boldsymbol{M}_{32}\boldsymbol{M}_{31}^{-1}z_{\mathrm{c}_1}\boldsymbol{I}_1=\boldsymbol{m}_{42}-\boldsymbol{M}_{32}\boldsymbol{M}_{31}^{-1}\boldsymbol{m}_{41} \tag{3-5}$$

令

$$\boldsymbol{m}=\boldsymbol{m}_{42}-\boldsymbol{M}_{32}\boldsymbol{M}_{31}^{-1}\boldsymbol{m}_{41} \tag{3-6}$$

由反对称矩阵的性质,有

$$\boldsymbol{m}_{\times}\boldsymbol{m}=0 \tag{3-7}$$

其中

$$\boldsymbol{m}_{\times}=\begin{bmatrix} 0 & -m_z & m_y \\ m_z & 0 & -m_x \\ -m_y & m_x & 0 \end{bmatrix}$$

为反对称矩阵。

由式(3-5)和式(3-7)得

$$\boldsymbol{m}_{\times}(z_{\mathrm{c}_2}\boldsymbol{I}_2-\boldsymbol{M}_{32}\boldsymbol{M}_{31}^{-1}z_{\mathrm{c}_1}\boldsymbol{I}_1)=0 \tag{3-8}$$

将式(3-8)展开,并两边同除以 z_{c_2},同乘以 $\boldsymbol{I}_2^{\mathrm{T}}$,得

$$\boldsymbol{I}_2^{\mathrm{T}}\boldsymbol{m}_{\times}z_{\mathrm{c}}\boldsymbol{M}_{32}\boldsymbol{M}_{31}^{-1}\boldsymbol{I}_1=\boldsymbol{I}_2^{\mathrm{T}}\boldsymbol{m}_{\times}\boldsymbol{I}_2=0 \tag{3-9}$$

式中:$z_{\mathrm{c}}=z_{\mathrm{c}_1}/z_{\mathrm{c}_2}$。

将式(3-9)两边同除以z_c,得

$$\boldsymbol{I}_2^{\mathrm{T}}\boldsymbol{m}_\times \boldsymbol{M}_{32}\boldsymbol{M}_{31}^{-1}\boldsymbol{I}_1 = 0 \tag{3-10}$$

式(3-10)为图像空间的双极线约束方程。已知一个空间点在一幅图像的图像坐标,利用摄像机的基本矩阵,可以在另一幅图像上得到式(3-10)所示的直线方程。空间点在另一幅图像的图像坐标,在式(3-10)方程所确定的直线上。

3.1.1.2　一致性约束

由于摄像机光圈、摄像机的角度等因素的影响,不同摄像机采集到的空间同一点处的光强可能差别很大。因此,在匹配前应对图像进行规范化处理,使其具有一致性。对于图像窗口$m\times n$内的光强,按照下式计算:

$$\bar{f}_k(i,j) = (f_k(i,j) - \mu_k)/\sigma_k \tag{3-11}$$

式中:μ_k是图像窗口$m\times n$内的光强平均值;σ_k是光强分布参数。

$$\mu_k = \frac{1}{mn}\sum_{j=1}^{n}\sum_{i=1}^{m} f(i,j) \tag{3-12}$$

$$\sigma_k = \frac{1}{mn}\sum_{j=1}^{n}\sum_{i=1}^{m} (f(i,j) - \mu_k)^2 \tag{3-13}$$

两个区域为$m\times n$的图像窗口k、h内的光强的接近程度,利用式(3-14)的相似评价函数进行判定。ε_k越小,相似度越高,即

$$\varepsilon_k = \frac{1}{mn}\sum_{j=1}^{n}\sum_{i=1}^{m} \left|\bar{f}_h(i,j) - \bar{f}_k(i,j)\right| \tag{3-14}$$

3.1.1.3　唯一性约束

一幅图像上的一个特征点只能与另一幅图像上的唯一一个特征点匹配。

3.1.1.4　连续性约束

物体表面一般是光滑的,因此,物体表面上的各点在图像上的投影也是连续的,视差也是连续的。在物体边界处,连续性约束不成立。

3.1.2　不变性约束

射影几何的性质决定了摄像机采用小孔模型时具有一些不变性约

束。下面介绍几种较常用的不变性约束。

3.1.2.1　基本矩阵

对于摄像机处于同一位姿下所采集的图像上的任意特征点，根据式(3-1)，下式成立：

$$s_i \boldsymbol{I}_i = \boldsymbol{M}\boldsymbol{P}_i \Rightarrow \boldsymbol{I}_i = \boldsymbol{M}_i \boldsymbol{P}_i \tag{3-15}$$

式中：s_i 是一个常数因子；$\boldsymbol{M}_i$ 为基本矩阵。

不同的 $\boldsymbol{M}_i$ 之间相差一个常数因子。因此，基本矩阵 $\boldsymbol{M}_i$ 在相差一个常数因子的意义上是唯一的。

此外，也有文献将式(3-10)中的 $\boldsymbol{F} = \boldsymbol{m}_{\times} \boldsymbol{M}_{32} \boldsymbol{M}_{31}^{-1}$ 称为基本矩阵。$\boldsymbol{F}$ 表示的是两台摄像机的外极线约束。

3.1.2.2　直线的交比不变性

如图 3-2 所示，O 是射影变换的视点，相交于视点的 4 条射线与两条直线分别相交于 A、B、C、D 和 A'、B'、C'、D'。线段 AC、BC、AD、BD 和 $A'C'$、$B'C'$、$A'D'$、$B'D'$ 之间关系满足

$$R(AC,BC,AD,BD) = \frac{AC/BC}{AD/BD} = \frac{A'C'/B'C'}{A'D'/B'D'} \tag{3-16}$$

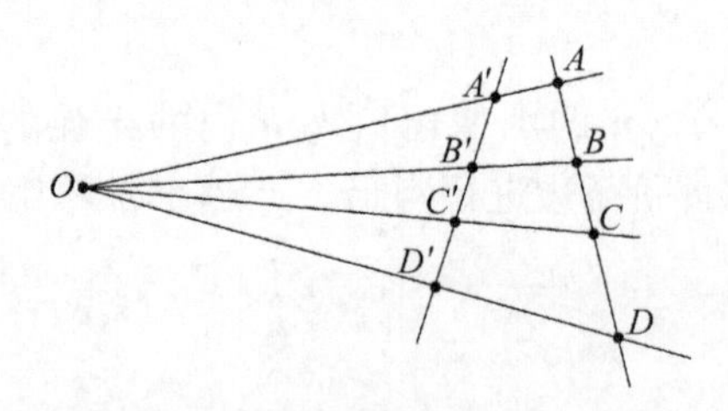

图 3-2　直线的交比不变性示意图

式(3-16)称为直线的交比不变性，其证明从略。这一性质，在机器人视觉中具有广泛用途。例如，由式(3-16)容易得出这样的结论，线段 AC、BC、AD、BD 在摄像机图像上的交比 $(A'C'/B'C')/(A'D'/B'D') = R(AC,BC,AD,BD)$ 维持不变，与摄像机的位姿无关。

3.1.2.3　多边形的交比不变性

如图 3-3 所示，O 是射影变换的视点，对于相交于视点的 5 条射线，在每条射线上取两个点，构成两个五边形 $ABCDE$ 和 $A'B'C'D'E'$。

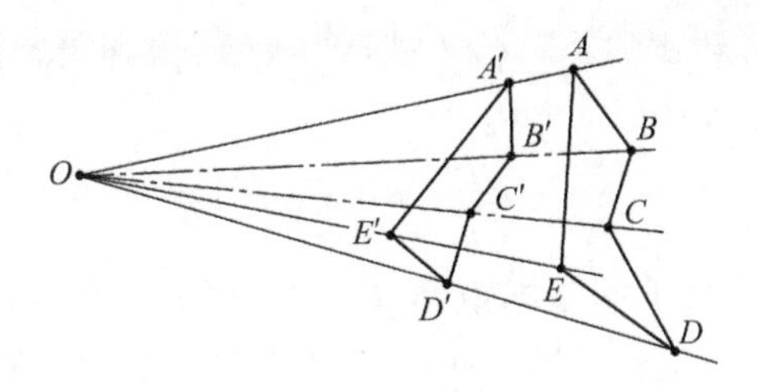

图3-3 线束的交比不变性示意图

相交于点 A 的直线 AB、AC、AD、AE 称为交于点 A 的线束,相交于点 A' 的直线 $A'B'$、$A'C'$、$A'D'$、$A'E'$ 称为交于点 A' 的线束。点 A 的线束和点 A' 的线束之间关系满足:

$$\begin{aligned} R(AB,AC,AD,AE) &= \frac{\sin\angle BAD/\sin\angle CAD}{\sin\angle BAE/\sin\angle CAE} \\ &= \frac{\sin\angle B'A'D'/\sin\angle C'A'D'}{\sin\angle B'A'E'/\sin\angle C'A'E'} \end{aligned} \tag{3-17}$$

式(3-17)称为线束的交比不变性,其证明从略。这一性质,在机器人视觉中同样具有广泛用途。线束的交比只与五边形的形状有关,与摄像机的位姿无关。因此,可以利用线束的交比识别五边形。

3.1.3 直线约束

如果摄像机的畸变可以忽略不计,那么空间中的直线在摄像机中的成像仍然是一条直线。假设在摄像机1的图像空间中的直线方程为

$$a_1u_1 + b_1v_1 + c_1 = 0 \tag{3-18}$$

式中:(u_1, v_1) 为直线 L 上的空间点 P 在摄像机1的图像坐标;a_1、b_1、c_1 为空间直线 L 在摄像机1的图像上所形成的直线的参数。

将式(3-18)直线方程改写成矩阵形式,即

$$\boldsymbol{s}_1^{\mathrm{T}}\boldsymbol{I}_1 = 0 \tag{3-19}$$

式中:$\boldsymbol{I}_1 = [u_1 \quad v_1 \quad 1]^{\mathrm{T}}$,为直线 L 上的空间点 P 在摄像机1的齐次图像坐标;$\boldsymbol{s}_1 = [a_1 \quad b_1 \quad c_1]^{\mathrm{T}}$,为摄像机1图像上直线的参数向量。

将式(3-1)和式(3-3)代入式(3-19),得到摄像机1的光轴中心与直线L构成的平面的方程,即

$$\boldsymbol{s}_1^{\mathrm{T}}\boldsymbol{M}_1\boldsymbol{P}_{\mathrm{h}}=0 \tag{3-20}$$

式中:$\boldsymbol{M}_1$为摄像机1的基本矩阵;$\boldsymbol{P}_{\mathrm{h}}$为直线$L$上的空间点$P$在基坐标系下的齐次图像坐标。所构成的平面,见图3-4中的平面Π_1。

同理,对于摄像机2,有

$$\boldsymbol{s}_2^{\mathrm{T}}\boldsymbol{M}_2\boldsymbol{P}_{\mathrm{h}}=0 \tag{3-21}$$

式中:$\boldsymbol{M}_2$为摄像机2的基本矩阵;$\boldsymbol{s}_2=[a_2 \quad b_2 \quad c_2]^{\mathrm{T}}$,为摄像机2图像上直线的参数向量。

式(3-21)即为摄像机2的光轴中心与直线L构成的平面的方程。所构成的平面见图3-4中的平面Π_2。由式(3-20)和式(3-21)联立,构成空间直线在基坐标系下的方程。

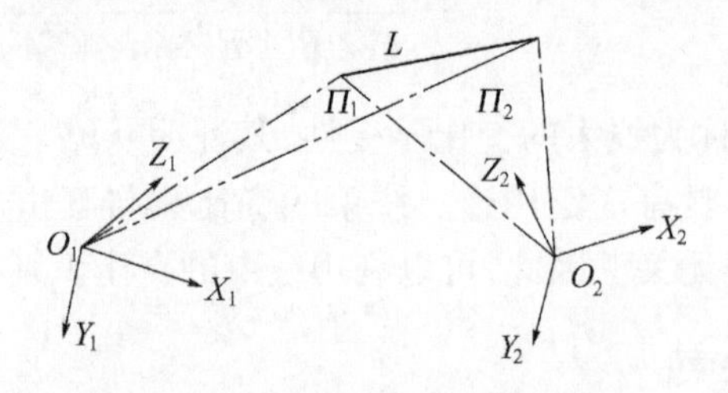

图3-4 空间直线的求取示意图

3.2 单目视觉位置测量

利用单台摄像机构成的单目视觉,在不同的条件下能够实现的位置测量有所不同。例如,在与摄像机光轴中心线垂直的平面内,利用一幅图像可以实现平面内目标的二维位置测量。在摄像机的运动已知的条件下,利用运动前后的两幅图像中的可匹配图像点对,可以实现对任意空间点的三维位置的测量。对于垂直于摄像机光轴中心线的平面内的目标,如果目标尺寸已知,则可以利用一幅图像测量其三维坐标。在摄像机的透镜直径已知的前提下,通过对摄像机的聚焦离焦改变景物

点的光斑大小，也可以实现对景物点的三维位置测量。

聚焦离焦需要一定的时间，影响测量的实时性，在机器人控制领域应用较少，在此不作介绍。利用已知运动前后的两幅图像的视觉测量，相当于双目视觉，将在3.3节介绍。摄像机光轴垂直于平面内目标的二维测量，参见2.2节。本节着重介绍在垂直于摄像机光轴中心线的平面内，对已知尺寸目标的三维测量，以及摄像机倾斜安装时平面内目标的测量。

3.2.1 垂直于摄像机光轴的平面内目标的测量

假设摄像机镜头的畸变较小，可以忽略不计。摄像机采用小孔模型，内参数采用式(2-5)所示的四参数模型，并经过预先标定。假设目标在垂直于摄像机光轴中心线的平面内，目标的面积已知。

摄像机坐标系建立在光轴中心处，其 Z 轴与光轴中心线方向平行，以摄像机到景物方向为正方向，其 X 轴方向取图像坐标沿水平增加的方向。在目标的质心处建立世界坐标系，其坐标轴与摄像机坐标系的坐标轴平行。摄像机坐标系与世界坐标系见图3-5。

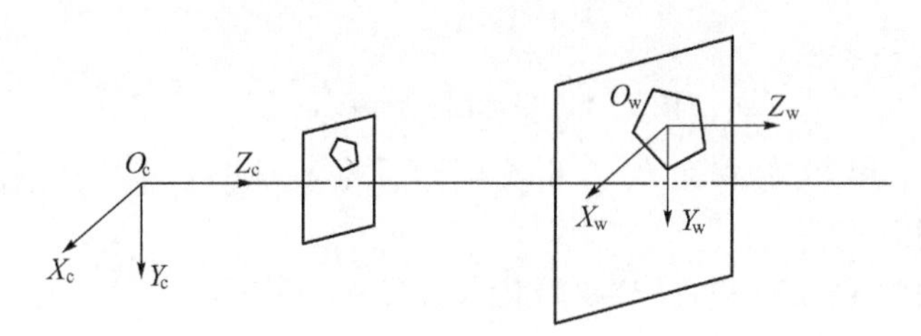

图3-5 垂直于光轴中心线平面内目标的测量

由式(2-5)得

$$\begin{cases} x_{ci} = \dfrac{u_i - u_0}{k_x} z_{ci} = \dfrac{u_{di}}{k_x} z_{ci} \\ y_{ci} = \dfrac{v_i - v_0}{k_y} z_{ci} = \dfrac{v_{di}}{k_y} z_{ci} \end{cases} \tag{3-22}$$

由于世界坐标系的坐标轴与摄像机坐标系的坐标轴平行，由式(2-12)得

$$\begin{cases} x_{ci} = x_{wi} + p_x \\ y_{ci} = y_{wi} + p_y \\ z_{ci} = p_z \end{cases} \tag{3-23}$$

将目标沿 X_w 轴分成 N 份,每一份近似为一个矩形,见图 3-6。假设第 i 个矩形的 4 个顶点分别记为 P_1^i、P_2^i、P_1^{i+1}、P_2^{i+1},则目标的面积为

$$S = \sum_{i=1}^{N} (P_{2y}^i - P_{1y}^i)(P_{1x}^{i+1} - P_{1x}^i) \tag{3-24}$$

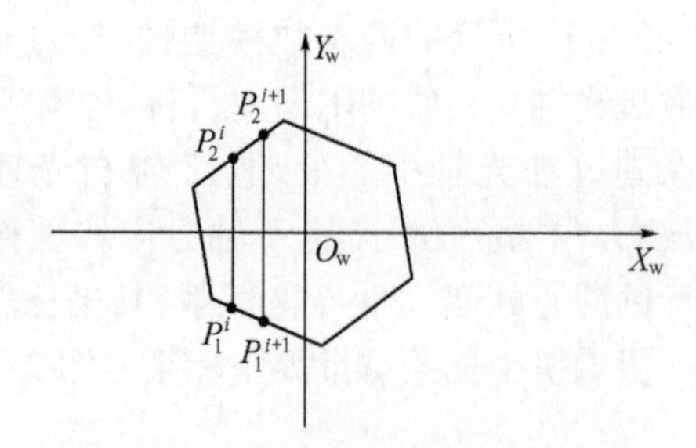

图 3-6 目标面积计算示意图

式中:P_{1x}^i 和 P_{1y}^i 分别为 P_1^i 在世界坐标系的 X_w 和 Y_w 轴的坐标;S 为目标的面积。

将式(3-22)和式(3-23)代入式(3-24),得

$$S = \left[\sum_{i=1}^{N} (v_{d2}^i - v_{d1}^i)(u_{d1}^{i+1} - u_{d1}^i) \right] \frac{p_z^2}{k_x k_y} = \frac{S_1}{k_x k_y} p_z^2 \tag{3-25}$$

式中:S_1 为目标在图像上的面积。

由式(3-25)可以得到 p_z 的计算公式

$$p_z = \sqrt{k_x k_y S / S_1} \tag{3-26}$$

对于一个在世界坐标系中已知的点 $P_j = (x_{wj}, y_{wj}, z_{wj})$,其图像坐标为$(u_j, v_j)$,由式(3-22)、式(3-23)和式(3-26)可以计算出 p_x 和 p_y:

$$
\begin{cases}
p_x = \dfrac{u_{\mathrm{dj}}}{k_x} p_z - x_{\mathrm{wj}} \\
p_y = \dfrac{v_{\mathrm{dj}}}{k_y} p_z - y_{\mathrm{wj}}
\end{cases}
\tag{3-27}
$$

获得 p_x、p_y 和 p_z 后，利用式(3-22)和式(3-23)，可以根据图像坐标计算出目标上任意点在摄像机坐标系和世界坐标系下的坐标。

在垂直于摄像机光轴中心线的平面内，对已知尺寸目标的三维测量，多见于球类目标的视觉测量以及基于图像的视觉伺服过程中对目标深度的估计等。

3.2.2 平面内目标的测量

如果被测量的目标处在一个固定平面内，则视觉测量成为景物平面到成像平面的映射，利用单目视觉可以实现平面内目标的二维位置测量。2.2 节中，摄像机光轴垂直于景物平面，属于单目视觉平面测量的一个特例。作为更一般的情况，本节考虑摄像机光轴与景物平面倾斜时对平面内目标的测量[5]。

假设摄像机的镜头畸变可以忽略，摄像机的内外参数采用式(2-5)和式(2-12)模型。考虑到景物在平面内，$z_{\mathrm{w}}=0$，由式(2-18)得

$$
\begin{bmatrix}
x_{\mathrm{w}} & y_{\mathrm{w}} & 1 & 0 & 0 & 0 & -ux_{\mathrm{w}} & -uy_{\mathrm{w}} \\
0 & 0 & 0 & x_{\mathrm{w}} & y_{\mathrm{w}} & 1 & -vx_{\mathrm{w}} & -vy_{\mathrm{w}}
\end{bmatrix} \boldsymbol{m}' = \begin{bmatrix} u \\ v \end{bmatrix}
\tag{3-28}
$$

式中：$\boldsymbol{m}' = \boldsymbol{m}/m_{34}$，$\boldsymbol{m} = [m_{11} \quad m_{12} \quad m_{14} \quad m_{21} \quad m_{22} \quad m_{24} \quad m_{31} \quad m_{32}]^{\mathrm{T}}$。

由式(3-28)可知，只要求出 $\boldsymbol{m}'$ 便可以确定世界坐标系与图像坐标系的转换关系。由于景物平面上的每个点可以提供 2 个方程，式(3-28)中有 8 个位置参数，所以仅需要 4 个已知点即可求解出 $\boldsymbol{m}'$。当然，更多的已知点有利于提高 $\boldsymbol{m}'$ 的精度。获得 $\boldsymbol{m}'$ 后，将式(3-28)改写成下式，可以用于测量平面内目标的二维坐标，即

$$
\begin{bmatrix}
m'_{11} - um'_{31} & m'_{12} - um'_{32} \\
m'_{21} - vm'_{31} & m'_{22} - vm'_{32}
\end{bmatrix}
\begin{bmatrix} x_{\mathrm{w}} \\ y_{\mathrm{w}} \end{bmatrix}
= \begin{bmatrix} u - m'_{14} \\ v - m'_{24} \end{bmatrix}
\tag{3-29}
$$

将平面靶标放置在地面上,固定相机位置,并拍摄图像,图像尺寸为1920像素×1080像素,如图3-7所示。世界坐标系原点选为靶标左上角第一个黑方格的右下角,X_w 轴选为原点到靶标左下角第一个黑方格的右上角的方向,Y_w 轴选为原点到靶标右上角第一个白方格的左下角的方向,Z_w 轴垂直地面竖直向上。选取平面靶标上角点作为标定点。靶标长为400mm,每个方格的长度为16.7mm,每行有24个黑白相间的方格。利用 OpenCV 的函数 cvFindChessboardCorners 获取平面靶标角点的图像坐标,结合其平面坐标位置,利用式(3-28)计算出 $\boldsymbol{m}'$,

$$\boldsymbol{m}' = \begin{bmatrix} 1.5817474934144284 \\ -3.4917867760567195 \\ 548.11289572255396 \\ 0.050438674623138356 \\ -1.3703065480824401 \\ 575.49775708658683 \\ 0.000022740943452591830 \\ -0.00043866621496217782 \end{bmatrix}$$

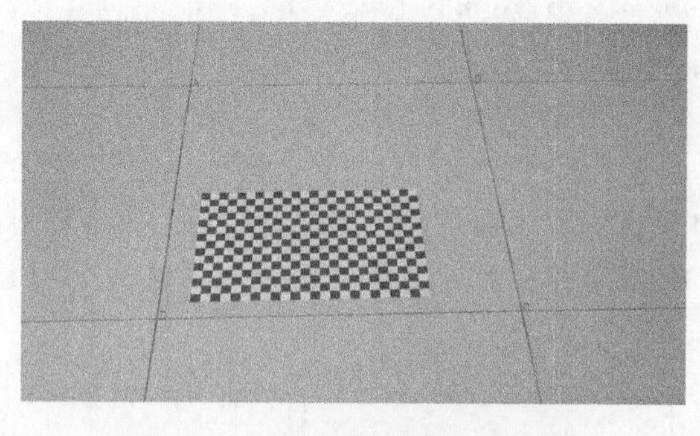

图3-7 用于摄像机标定的图像

获得 $\boldsymbol{m}'$ 后，选取地板砖的四个角点 A、B、C、D 作为校验点，进行测量。提取四个角点的图像坐标，按照式(3-29)求出 A、B、C、D 点在世界坐标中的坐标，见表3-1。为便于评价，利用表3-1中四个角点的坐标，计算出了地板砖边长，见表3-1。地板砖的四个边的边长均为597mm。由表3-1可见，地板砖的测量长度与实际长度之间的相对误差小于0.3%，说明本节测量方法具有较高的精度[5]。

表3-1　单目视觉平面内目标的测量结果

角点	图像坐标/像素	测量出的位置/mm	地板砖边	测量长度/mm	相对误差/%
A	490,897	-65.3，-331.1	AB	595.9	-0.18
B	1299,911	530.6，-329.4	BC	595.7	-0.22
C	1443,265	528.9,266.3	CD	597.2	0.03
D	394,237	-68.3，264.9	DA	596.0	-0.17

3.3　立体视觉位置测量

能够对目标在三维笛卡儿空间内的位置进行测量的视觉系统，称为立体视觉系统。立体视觉比较常见的方式有双目视觉、多目视觉和结构光视觉。本节主要介绍双目视觉和线结构光视觉测量。

3.3.1　双目视觉

双目视觉利用两台摄像机采集的图像上的匹配点对，计算出空间点的三维坐标。摄像机坐标系建立在光轴中心处，其 Z 轴与光轴中心线方向平行，以摄像机到景物方向为正方向，其 X 轴方向取图像坐标沿水平增加的方向。假设两台摄像机 C_1 和 C_2 的内参数及相对外参数均已经预先进行标定。摄像机的内参数采用式(2-5)所示的四参数模型，分别用 $\boldsymbol{M}_{in1}$ 和 $\boldsymbol{M}_{in2}$ 表示。两台摄像机的相对外参数用 ${}^{c1}\boldsymbol{M}_{c_2}$ 表示，即 C_2 坐标系在 C_1 坐标系中表示为 ${}^{c1}\boldsymbol{M}_{c_2}$(见图3-8)。

由空间点 P 在摄像机 C_1 的图像坐标 (u_1, v_1)，可以计算出点 P 在摄像机 C_1 的焦距归一化成像平面的成像点 P_{1c_1} 的坐标：

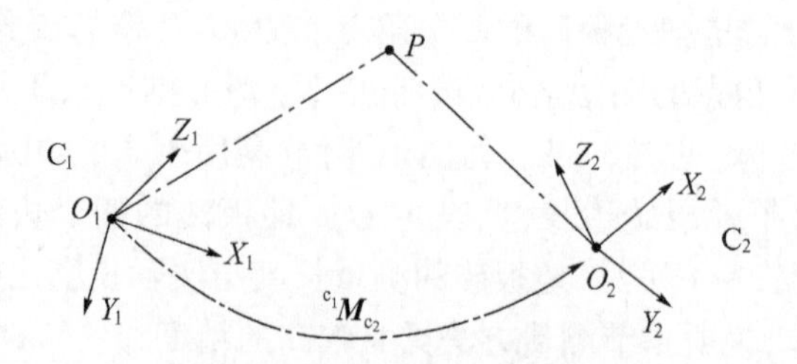

图 3-8 双目立体视觉示意图

$$\begin{bmatrix} x_{1c_1} \\ y_{1c_1} \\ 1 \end{bmatrix} = \begin{bmatrix} k_{x_1} & 0 & u_{10} \\ 0 & k_{y_1} & v_{10} \\ 0 & 0 & 1 \end{bmatrix}^{-1} \begin{bmatrix} u_1 \\ v_1 \\ 1 \end{bmatrix} \tag{3-30}$$

空间点 P 在摄像机 C_1 的光轴中心点与点 P_{1c_1} 构成的直线上,即符合

$$\begin{cases} x = x_{1c_1} t_1 \\ y = y_{1c_1} t_1 \\ z = t_1 \end{cases} \tag{3-31}$$

同样,由空间点 P 在摄像机 C_2 的图像坐标(u_2, v_2),可以计算出点 P 在摄像机 C_2 的焦距归一化成像平面的成像点 P_{1c_2} 的坐标:

$$\begin{bmatrix} x_{2c_1} \\ y_{2c_1} \\ 1 \end{bmatrix} = \begin{bmatrix} k_{x_2} & 0 & u_{20} \\ 0 & k_{y_2} & v_{20} \\ 0 & 0 & 1 \end{bmatrix}^{-1} \begin{bmatrix} u_2 \\ v_2 \\ 1 \end{bmatrix} \tag{3-32}$$

将点 P_{1c_2} 在摄像机 C_2 坐标系的坐标,转换为在摄像机 C_1 坐标系的坐标:

$$[x_{2c_{11}} \quad y_{2c_{11}} \quad z_{2c_{11}} \quad 1]^{\mathrm{T}} = {}^{c_1}\boldsymbol{M}_{c_2} [x_{2c_1} \quad y_{2c_1} \quad 1 \quad 1]^{\mathrm{T}} \tag{3-33}$$

空间点 P 在摄像机 C_2 的光轴中心点与点 P_{1c_2} 构成的直线上。而摄像机 2 的光轴中心点在摄像机 C_1 坐标系中的位置向量,即为${}^{c_1}\boldsymbol{M}_{c_2}$ 的位置向量。因此,该直线方程可表示为

$$\begin{cases} x = p_x + (x_{2c_{11}} - p_x)t_2 \\ y = p_y + (y_{2c_{11}} - p_y)t_2 \\ z = p_z + (z_{2c_{11}} - p_z)t_2 \end{cases} \tag{3-34}$$

式中：p_x、p_y 和 p_z 构成${}^{c_1}\boldsymbol{M}_{c_2}$的位置偏移量。

上述两条直线的交点，即为空间点 P，见图 3-8。对式(3-31)和式(3-34)联立，即可求解出空间点 P 在摄像机 C_1 坐标系中的三维坐标。由于摄像机的内外参数存在标定误差，上述两条直线有时没有交点。因此，在利用式(3-31)和式(3-34)求解点 P 在摄像机 C_1 坐标系中的三维坐标时，通常采用最小二乘法求解。

此外，如果已知摄像机坐标系在其他坐标系中的表示，例如在世界坐标系或者机器人末端坐标系的表示等，则可以由点 P 在摄像机 C_1 坐标系中的三维坐标，利用矩阵变换计算出点 P 在其他坐标系中的三维坐标。

一般地，图像特征点的精度以及摄像机内外参数的标定精度对三维坐标测量结果都具有显著的影响。此外，利用两条直线相交求取三维坐标这种原理，决定了测量精度受图像坐标的误差影响较大，抗随机干扰能力较弱。

3.3.2 结构光视觉

线结构光视觉利用摄像机采集的一幅图像，计算激光条纹上特征点的三维坐标。假设摄像机的内参数以及激光平面方程参数已知，并假设激光平面方程表示为

$$ax + by + cz + 1 = 0 \tag{3-35}$$

式中：a、b、c 为激光平面方程参数。

由于特征点取自激光结构光，所以特征点必然在激光平面上，同时还在摄像机的光轴中心点与成像平面上的成像点之间的一条空间直线上。利用该直线的方程与激光平面方程，即可求解出特征点在摄像机坐标系下的三维坐标。将式(3-31)代入式(3-35)，得

$$\begin{cases} x = \dfrac{-x_{1c_1}}{ax_{1c_1} + by_{1c_1} + c} \\ y = \dfrac{-y_{1c_1}}{ax_{1c_1} + by_{1c_1} + c} \\ z = \dfrac{-1}{ax_{1c_1} + by_{1c_1} + c} \end{cases} \tag{3-36}$$

由特征点在摄像机坐标系下的三维坐标以及摄像机相对于机器人基坐标系或者末端坐标系的外参数,经坐标变换可以得到特征点在基坐标系或者末端坐标系下的三维坐标。

结构光视觉求取的是直线与平面的交点,并且只需要处理一幅图像,图像上的特征点提取也比较容易。因此,与双目视觉相比,结构光视觉的测量精度与测量实时性明显提高。结构光视觉的局限性,在于只能对激光条纹上的点进行三维位置测量。

3.4 基于 P*n*P 问题的位姿测量

P*n*P(Perspective-*n*-Piont)问题由 Fischler 等[6] 于 1981 年首先提出,定义如下:"给定 n 个控制点的空间相对位置,并给定由射影中心点(Center of Perspective,CP)到 n 个控制点的角度,求取射影中心点到各个控制点的距离。"[6]

P*n*P 问题又称为给定点的位姿估计问题。利用目标上的 n 个空间相对位置已知的点作为控制点,由摄像机采集一幅图像,计算摄像机相对于目标的位姿。Horaud 等[7] 在 1989 年对该问题给出了位姿估计的 P*n*P 问题定义:"在目标坐标系中,给定一系列点的坐标及其在图像平面上的投影,并假定摄像机内参数已知,求取目标坐标系与摄像机坐标系之间的变换矩阵,即包含 3 个旋转参数和 3 个平移参数的摄像机外参数矩阵。"[7]

正如文献[8]所指出的,上述两个定义存在差异,但 Horaud 的定义比 Fischler 的定义更加严格。基于 Horaud 定义的 P*n*P 问题的解一定是基于 Fischler 定义的 PnP 问题的解,而基于 Fischler 定义的 PnP 问题的解不一定是基于 Horaud 定义的 PnP 问题的解。显然,如果目标坐标系与摄像机坐标系之间的变换矩阵被确定,那么利用坐标变换容易确定射影中心点(即光轴中心)到各个控制点之间的距离。因此,Horaud的定义在视觉测量与控制中应用更加普遍。本节在讨论 PnP 问题时,采用Horaud 的定义。

PnP 问题在许多领域具有重要应用前景,例如机器人与自动化、计算机视觉、计算机动画、自动绘图、摄影测量等领域[9]。在计算机视觉领域,PnP 问题受到研究者的重视。当 $n>5$ 时,利用第 2 章中 Faugeras 的摄像机标定方法,可以线性求解摄像机的内外参数,已不具有研究意义。当 $n<3$ 时,在上述定义下不可能求解出摄像机的外参数。因此,PnP 问题的研究主要针对 P3P、P4P 和 P5P 开展。由于点数越少应用灵活性越高,所以许多研究者致力于 P3P 和 P4P 问题的研究。

3.4.1 P3P 的常用求解方法

3.4.1.1 解法原理

摄像机坐标系建立在光轴中心处,其 Z 轴与光轴中心线方向平行,以摄像机到景物方向为正方向,其 X 轴方向取图像坐标沿水平增加的方向。假设摄像机的内参数已经预先进行标定。摄像机的内参数采用式(2-5)所示的四参数模型。由空间点 P_i 的图像坐标(u_i, v_i),可以计算出点 P_i 在摄像机的焦距归一化成像平面的成像点 P_{1c_i} 的坐标:

$$\begin{bmatrix} x_{1c_i} \\ y_{1c_i} \\ 1 \end{bmatrix} = \begin{bmatrix} k_x & 0 & u_0 \\ 0 & k_y & v_0 \\ 0 & 0 & 1 \end{bmatrix}^{-1} \begin{bmatrix} u_i \\ v_i \\ 1 \end{bmatrix} \tag{3-37}$$

对于 3 个已知的空间点 P_1、P_2 和 P_3,其构成的三角形的 3 个边的长度分别记为 a、b 和 c,见图 3-9[10]。其中,a 为 P_2 和 P_3 间的距离,b 为 P_1 和 P_3 间的距离,c 为 P_1 和 P_2 间的距离。由空间点 P_i 与摄像机的光轴

中心点 O 之间构成的单位向量记为 $\boldsymbol{e}_i$。事实上,式(3-37)得到的 $[x_{1c_i} \quad y_{1c_i} \quad 1]^{\mathrm{T}}$ 表示了 $\boldsymbol{e}_i$ 的方向。因此,单位向量 $\boldsymbol{e}_i$ 可以由下式获得:

$$\boldsymbol{e}_i = \frac{1}{\sqrt{x_{1c_i}^2 + y_{1c_i}^2 + 1}}\begin{bmatrix} x_{1c_i} \\ y_{1c_i} \\ 1 \end{bmatrix} \tag{3-38}$$

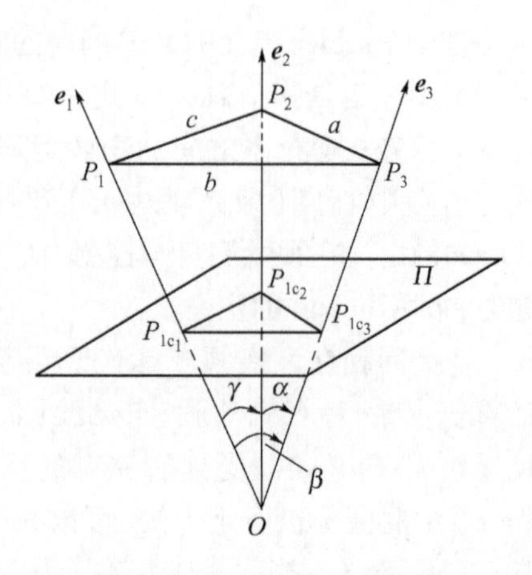

图 3-9 P3P 投影示意图[9]

将 $\boldsymbol{e}_2$ 和 $\boldsymbol{e}_3$ 间的夹角记为 α,$\boldsymbol{e}_1$ 和 $\boldsymbol{e}_3$ 间的夹角记为 β,$\boldsymbol{e}_1$ 和 $\boldsymbol{e}_2$ 间的夹角记为 γ。由 $\boldsymbol{e}_i$ 和 $\boldsymbol{e}_j$,可以计算出两个向量之间的夹角的余弦:

$$\begin{cases} \cos\alpha = \boldsymbol{e}_2^{\mathrm{T}}\boldsymbol{e}_3 \\ \cos\beta = \boldsymbol{e}_1^{\mathrm{T}}\boldsymbol{e}_3 \\ \cos\gamma = \boldsymbol{e}_1^{\mathrm{T}}\boldsymbol{e}_2 \end{cases} \tag{3-39}$$

将 P_1 和 O 间的距离记为 d_1,P_2 和 O 间的距离为 d_2,P_3 和 O 间的距离为 d_3。根据三角几何原理,有下列各式成立:

$$d_2^2 + d_3^2 - 2d_2d_3\cos\alpha = a^2 \tag{3-40}$$

$$d_1^2 + d_3^2 - 2d_1d_3\cos\beta = b^2 \tag{3-41}$$

$$d_1^2 + d_2^2 - 2d_1d_2\cos\gamma = c^2 \tag{3-42}$$

设

$$\begin{cases} d_2 = xd_1 \\ d_3 = yd_1 \end{cases} \tag{3-43}$$

将式(3-43)分别代入式(3-40)~式(3-42),得

$$d_1^2 = \frac{a^2}{x^2 + y^2 - 2xy\cos\alpha} \tag{3-44}$$

$$d_1^2 = \frac{b^2}{1 + y^2 - 2y\cos\beta} \tag{3-45}$$

$$d_1^2 = \frac{c^2}{x^2 + 1 - 2x\cos\gamma} \tag{3-46}$$

由式(3－44)和式(3－45),消去 d_1^2,得

$$x^2 = 2xy\cos\alpha - \frac{2a^2}{b^2}y\cos\beta + \frac{a^2 - b^2}{b^2}y^2 + \frac{a^2}{b^2} \tag{3-47}$$

由式(3－45)和式(3－46),消去 d_1^2,得

$$x^2 = 2x\cos\gamma - \frac{2c^2}{b^2}y\cos\beta + \frac{c^2}{b^2}y^2 + \frac{c^2 - b^2}{b^2} \tag{3-48}$$

由式(3－47)和式(3－48),消去 x^2,得

$$x = \frac{\frac{a^2 - b^2 - c^2}{b^2}y^2 - 2\cos\beta\frac{a^2 - c^2}{b^2}y + \frac{a^2 + b^2 - c^2}{b^2}}{2(\cos\gamma - y\cos\alpha)} \tag{3-49}$$

将式(3－49)代入式(3－47),整理后,得到的一元四次方程如下:

$$a_4y^4 + a_3y^3 + a_2y^2 + a_1y + a_0 = 0 \tag{3-50}$$

式中:

$$a_0 = \left(\frac{a^2 + b^2 - c^2}{b^2}\right)^2 - \frac{4a^2}{b^2}\cos^2\gamma$$

$$a_1 = 4\left[-\left(\frac{a^2 + b^2 - c^2}{b^2}\right)\left(\frac{a^2 - c^2}{b^2}\right)\cos\beta + \frac{2a^2}{b^2}\cos^2\gamma\cos\beta + \left(\frac{a^2 - b^2 + c^2}{b^2}\right)\cos\alpha\cos\gamma\right]$$

$$a_2 = 2\left[\left(\frac{a^2 - c^2}{b^2}\right)^2 - 1 - 4\left(\frac{a^2 + c^2}{b^2}\right)\cos\alpha\cos\beta\cos\gamma + 2\left(\frac{b^2 - c^2}{b^2}\right)\cos^2\alpha + 2\left(\frac{a^2 - c^2}{b^2}\right)\cos^2\beta + 2\left(\frac{b^2 - a^2}{b^2}\right)\cos^2\gamma\right]$$

$$a_3 = 4\left[-\left(\frac{a^2-b^2-c^2}{b^2}\right)\left(\frac{a^2-c^2}{b^2}\right)\cos\beta + \frac{2c^2}{b^2}\cos^2\alpha\cos\beta + \left(\frac{a^2-b^2+c^2}{b^2}\right)\cos\alpha\cos\gamma\right]$$

$$a_4 = \left(\frac{a^2-b^2-c^2}{b^2}\right)^2 - \frac{4c^2}{b^2}\cos^2\alpha$$

由式(3-50)的一元四次方程,求解获得 y 后,代入式(3-49)获得 x。然后,利用式(3-44)、式(3-45)和式(3-46),得到 d_1。利用式(3-43),得到 d_2 和 d_3。3 个空间点 P_1、P_2 和 P_3 在摄像机坐标系中的坐标可由下式计算:

$$\boldsymbol{P}_{c_i} = d_i\boldsymbol{e}_i,\quad i = 1,2,3 \tag{3-51}$$

3.4.1.2 仿真实验与结果

假设摄像机的内参数如式(3-52)所示,3 个空间点在世界坐标系的坐标如式(3-53)所示,单位为毫米(mm)。摄像机相对于世界坐标系的外参数见式(3-54)。

$$\boldsymbol{M}_{in} = \begin{bmatrix} 800 & 0 & 380 \\ 0 & 810 & 320 \\ 0 & 0 & 1 \end{bmatrix} \tag{3-52}$$

$$\boldsymbol{P}_w = [\boldsymbol{P}_{w1}\quad \boldsymbol{P}_{w2}\quad \boldsymbol{P}_{w3}] = \begin{bmatrix} 100 & 220 & 150 \\ 100 & 10 & 200 \\ 0 & 0 & 0 \end{bmatrix} \tag{3-53}$$

$${}^{c}\boldsymbol{M}_w = \begin{bmatrix} 0.7677 & -0.6392 & 0.0449 & -200.0000 \\ 0.6366 & 0.7527 & -0.1677 & -300.0000 \\ 0.0734 & 0.1574 & 0.9848 & 800.0000 \\ 0 & 0 & 0 & 1 \end{bmatrix} \tag{3-54}$$

由摄像机的外参数和空间点在世界坐标系的坐标,可以计算出空间点在摄像机坐标系的坐标,作为仿真实验中空间点在摄像机坐标系的真实坐标,用于与求解的结果进行对比,见式(3-55)。利用摄像机的内参数模型，可以计算出3个空间点的图像坐标，作为测量值，见式(3-56)。

$$\boldsymbol{P}_{\mathrm{c}}=[\boldsymbol{P}_{\mathrm{c}_1}\quad \boldsymbol{P}_{\mathrm{c}_2}\quad \boldsymbol{P}_{\mathrm{c}_3}]=\begin{bmatrix}-187.1518 & -37.4969 & -212.6889\\ -161.0669 & -152.4237 & -53.9632\\ 823.0766 & 817.7189 & 842.4838\end{bmatrix} \tag{3-55}$$

$$\boldsymbol{I}=[\boldsymbol{I}_1\quad \boldsymbol{I}_2\quad \boldsymbol{I}_3]=\begin{bmatrix}198.0954 & 343.3156 & 178.0364\\ 161.4920 & 169.0151 & 268.1175\end{bmatrix} \tag{3-56}$$

将式(3-56)中的图像坐标代入式(3-37)，并结合式(3-38)，可以计算出单位向量 $\boldsymbol{e}_1$、$\boldsymbol{e}_2$ 和 $\boldsymbol{e}_3$：

$$\boldsymbol{e}=[\boldsymbol{e}_1\quad \boldsymbol{e}_2\quad \boldsymbol{e}_3]=\begin{bmatrix}-0.2178 & -0.0450 & -0.2443\\ -0.1874 & -0.1831 & -0.0620\\ 0.9578 & 0.9821 & 0.9677\end{bmatrix} \tag{3-57}$$

由向量 $\boldsymbol{e}_1$、$\boldsymbol{e}_2$ 和 $\boldsymbol{e}_3$，利用式(3-39)可以计算出向量之间的夹角的余弦。其中，$\cos\alpha=0.9727$，$\cos\beta=0.9917$，$\cos\gamma=0.9848$。此外，由式(3-53)中的空间点在世界坐标系的坐标，计算出三角形的3个边的边长，分别为 $a=202.4846\mathrm{mm}$，$b=111.8034\mathrm{mm}$，$c=150\mathrm{mm}$。利用 $\cos\alpha$、$\cos\beta$、$\cos\gamma$、a、b、c 这些参数构成一元四次方程：

$$-6.5820y^4+26.3271y^3-39.4813y^2+26.3094y-6.5731=0 \tag{3-58}$$

由式(3-58)求解出 y 后，保留 y 的实数解，然后利用式(3-47)获得 x。最后，获得3个空间点 P_1、P_2 和 P_3 在摄像机坐标系中坐标的两组解：

$$
\hat{\boldsymbol{P}}_{\mathrm{c}} = \left\{
\begin{array}{l}
\begin{bmatrix}
-187.1518 & -37.4969 & -212.6889 \\
-161.0669 & -152.4237 & -53.9632 \\
823.0766 & 817.7189 & 842.4838
\end{bmatrix} \\
\begin{bmatrix}
-183.4653 & -38.8206 & -197.1347 \\
-157.8943 & -157.8047 & -50.0168 \\
806.8639 & 846.5867 & 780.8719
\end{bmatrix}
\end{array}
\right. \tag{3-59}
$$

式(3－59)中有两组解,这说明该设置下的 P3P 问题具有两组解。其中的第一组解与式(3－55)中的真实值相同,说明利用上述方法能够获得 P3P 问题的真实解,验证了上述方法的有效性。

3.4.2 P*n*P 问题的线性求解

3.4.2.1 视觉系统模型与坐标系

摄像机采用小孔模型,内参数采用式(2－5)所示的四参数模型,并经过预先标定。外参数采用式(2－12)模型。摄像机坐标系建立在光轴中心处,其 Z 轴与光轴中心线方向平行,以摄像机到景物方向为正方向,其 X 轴方向取图像坐标沿水平增加的方向。

假设有 3 个空间点,其在世界坐标系中的位置已知。将空间点 P_i 在世界坐标系中的位置记为 $P_i=(x_{wi}, y_{wi}, z_{wi})$,将空间点 P_i 的图像坐标记为(u_i, v_i)。对于这 3 个空间点,取图像坐标 u_i 最小的点作为参考坐标系的原点。若有两个点的图像坐标 u_i 最小且相同,则在这两个点中取图像坐标 v_i 最小的点作为参考坐标系的原点。取参考坐标系的原点到图像坐标 u_i 最大的点的方向作为参考坐标系的 X_r 轴方向。过第三个点作参考坐标系 X_r 轴的垂线,过原点作垂线的平行线作为参考坐标系的 Y_r 轴,取参考坐标系 X_r 轴与垂线的交点到第三个点的方向作为参考坐标系的 Y_r 轴方向。参考坐标系的 Z_r 轴方向,利用右手定则确定。不失一般性,设 P_1 为参考坐标系的原点 O_r,P_1 到 P_2 的方向为参考坐标系的 X_r 轴方向,P_3 到 X_r 轴垂线与 X_r 轴的交点为 P_3',P_3' 到 P_3 方向为参考坐标系的 Y_r 轴方向,见图 3－10。

根据上述参考坐标系的建立方法,由空间点 P_i 在世界坐标系的位置(x_{wi}, y_{wi}, z_{wi}),容易得到参考坐标系在世界坐标系中的位姿 ${}^{w}\boldsymbol{M}_{r}$ 以及

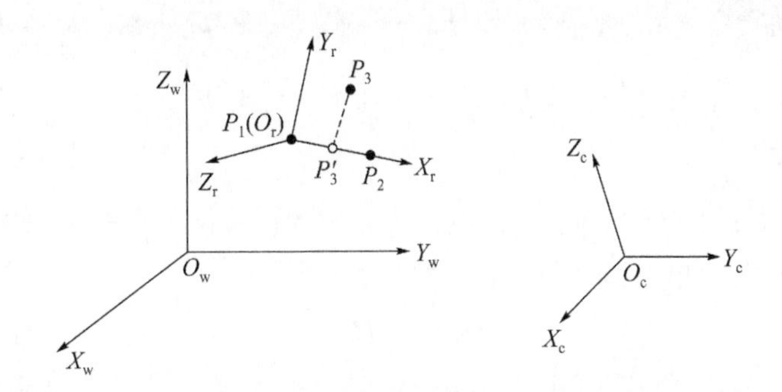

图3－10　PnP问题坐标系的建立[12]

空间点 P_i 在参考坐标系的位置 $\boldsymbol{P}_{ri}=(x_{ri},y_{ri},0)$。

3.4.2.2　共面P4P问题的线性求解

假设在世界坐标系中,4个空间点 $P_1\sim P_4$ 的位置已知。由空间点 P_i 的图像坐标 (u_i,v_i),可以计算出点 P_i 在摄像机的焦距归一化成像平面的成像点 P_{1c_i} 的坐标,见式(3－37)。

将 P_{ri} 的坐标代入摄像机的外参数模型式(2－12),得

$$\begin{cases} x_{c_i} = {}^c n_{rx} x_{ri} + {}^c o_{rx} y_{ri} + {}^c p_{rx} \\ y_{c_i} = {}^c n_{ry} x_{ri} + {}^c o_{ry} y_{ri} + {}^c p_{ry} \\ z_{c_i} = {}^c n_{rz} x_{ri} + {}^c o_{rz} y_{ri} + {}^c p_{rz} \end{cases} \tag{3-60}$$

式中:(x_{ri},y_{ri},z_{ri}) 是 P_i 在参考坐标系的坐标;${}^c\boldsymbol{M}_r$ 是摄像机相对于参考坐标系的外参数,即参考坐标系相对于摄像机坐标系的位姿;${}^c\boldsymbol{n}_r=[{}^c n_{rx}\quad {}^c n_{ry}\quad {}^c n_{rz}]^T$,是 ${}^c\boldsymbol{M}_r$ 的 X 轴在摄像机坐标系的方向向量;${}^c\boldsymbol{o}_r=[{}^c o_{rx}\quad {}^c o_{ry}\quad {}^c o_{rz}]^T$,是 ${}^c\boldsymbol{M}_r$ 的 Y 轴在摄像机坐标系的方向向量;${}^c\boldsymbol{a}_r=[{}^c a_{rx}\quad {}^c a_{ry}\quad {}^c a_{rz}]^T$,是 ${}^c\boldsymbol{M}_r$ 的 Z 轴在摄像机坐标系的方向向量;${}^c\boldsymbol{p}_r=[{}^c p_{rx}\quad {}^c p_{ry}\quad {}^c p_{rz}]^T$,是 ${}^c\boldsymbol{M}_r$ 的位置向量。

由式(3－37),得

$$\begin{cases} x_{1c_i} = x_{c_i}/z_{c_i} = (u_i - u_0)/k_x \\ y_{1c_i} = y_{c_i}/z_{c_i} = (v_i - v_0)/k_y \end{cases} \tag{3-61}$$

将式(3－60)代入式(3－61),得

$$\begin{cases} x_{ri}\,{}^{c}n_{rx} + y_{ri}\,{}^{c}o_{rx} - x_{1c_i}x_{ri}\,{}^{c}n_{rz} - x_{1c_i}y_{ri}\,{}^{c}o_{rz} + {}^{c}p_{rx} - x_{1c_i}\,{}^{c}p_{rz} = 0 \\ x_{ri}\,{}^{c}n_{ry} + y_{ri}\,{}^{c}o_{ry} - y_{1c_i}x_{ri}\,{}^{c}n_{rz} - y_{1c_i}y_{ri}\,{}^{c}o_{rz} + {}^{c}p_{ry} - y_{1c_i}\,{}^{c}p_{rz} = 0 \end{cases} \tag{3-62}$$

对于 n 个已知空间点，可以得到 n 组式(3-62)所示的方程组，即 $2n$ 个方程。利用矩阵，可以将这些方程改写为

$$\boldsymbol{A}_1\boldsymbol{H}_1 + \boldsymbol{A}_2\boldsymbol{H}_2 = 0 \tag{3-63}$$

式中：

$$\boldsymbol{A}_1 = \begin{bmatrix} x_{r1} & 0 & -x_{1c_1}x_{r1} \\ 0 & x_{r1} & -y_{1c_1}x_{r1} \\ \vdots & \vdots & \vdots \\ x_{rn} & 0 & -x_{1c_n}x_{rn} \\ 0 & x_{rn} & -y_{1c_n}x_{rn} \end{bmatrix}$$

$$\boldsymbol{A}_2 = \begin{bmatrix} y_{r1} & 0 & -x_{1c_1}y_{r1} & 1 & 0 & -x_{1c1} \\ 0 & y_{r1} & -y_{1c_1}y_{r1} & 0 & 1 & -y_{1c1} \\ \vdots & \vdots & \vdots & \vdots & \vdots & \vdots \\ y_{rn} & 0 & -x_{1c_n}y_{rn} & 1 & 0 & -x_{1cn} \\ 0 & y_{rn} & -y_{1c_n}y_{rn} & 0 & 1 & -y_{1cn} \end{bmatrix}$$

$$\boldsymbol{H}_1 = [\,{}^{c}n_{rx} \quad {}^{c}n_{ry} \quad {}^{c}n_{rz}\,]^{\mathrm{T}}$$

$$\boldsymbol{H}_2 = [\,{}^{c}o_{rx} \quad {}^{c}o_{ry} \quad {}^{c}o_{rz} \quad {}^{c}p_{rx} \quad {}^{c}p_{ry} \quad {}^{c}p_{rz}\,]^{\mathrm{T}}$$

其中：$\boldsymbol{A}_1$ 是 $2n\times3$ 矩阵；$\boldsymbol{A}_2$ 是 $2n\times6$ 矩阵。

事实上，$\boldsymbol{H}_1$ 就是向量 ${}^{c}\boldsymbol{n}_{w}$，是一个单位向量。因此，有

$$\|\boldsymbol{H}_1\| = 1 \tag{3-64}$$

上式可以作为式(3-63)求解时的约束条件。构造式(3-65)指标函数，可以将式(3-63)的求解问题转换为优化问题，即在任意 λ 条件下保持指标函数 F 最小。$\boldsymbol{H}_1$ 和 $\boldsymbol{H}_2$ 的解由式(3-66)和式(3-67)给出，

其中 $\boldsymbol{H}_1$ 为矩阵 $\boldsymbol{B}$ 的最小特征值所对应的特征向量[11]。

$$F = \|\boldsymbol{A}_1\boldsymbol{H}_1 + \boldsymbol{A}_2\boldsymbol{H}_2\|^2 + \lambda(1 - \|\boldsymbol{H}_1\|^2) \tag{3-65}$$

$$\begin{cases} \boldsymbol{B}\boldsymbol{H}_1 = \lambda\boldsymbol{H}_1 \\ \boldsymbol{H}_2 = -(\boldsymbol{A}_2^{\mathrm{T}}\boldsymbol{A}_2)^{-1}\boldsymbol{A}_2^{\mathrm{T}}\boldsymbol{A}_1\boldsymbol{H}_1 \end{cases} \tag{3-66}$$

其中:

$$\boldsymbol{B} = \boldsymbol{A}_1^{\mathrm{T}}\boldsymbol{A}_1 - \boldsymbol{A}_1^{\mathrm{T}}\boldsymbol{A}_2(\boldsymbol{A}_2^{\mathrm{T}}\boldsymbol{A}_2)^{-1}\boldsymbol{A}_2^{\mathrm{T}}\boldsymbol{A}_1 \tag{3-67}$$

利用 $\boldsymbol{H}_1$ 和 $\boldsymbol{H}_2$ 的解,可以得到摄像机相对于参考坐标系的外参数 ${}^{c}\boldsymbol{M}_{r}$。其中,${}^{c}\boldsymbol{M}_{r}$ 的第三列由第一列和第二列叉乘获得。另外,摄像机相对于世界坐标系的外参数 ${}^{c}\boldsymbol{M}_{w}$,可以由式(3-68)计算:

$${}^{c}\boldsymbol{M}_{w} = {}^{c}\boldsymbol{M}_{r}\,{}^{r}\boldsymbol{M}_{w} \tag{3-68}$$

式中:${}^{r}\boldsymbol{M}_{w}$ 是世界坐标系在参考坐标系中的位姿,由参考坐标系在世界坐标系中的位姿 ${}^{w}\boldsymbol{M}_{r}$ 获得,${}^{r}\boldsymbol{M}_{w} = {}^{w}\boldsymbol{M}_{r}^{-1}$。

讨论:

(1) 对于3个已知空间点而言,$\boldsymbol{A}_1$ 是一个 6×3 的矩阵,$\boldsymbol{A}_2$ 是一个 6×6 的矩阵。由于 $\boldsymbol{A}_2$ 是方阵,所以 $(\boldsymbol{A}_2^{\mathrm{T}}\boldsymbol{A}_2)^{-1} = \boldsymbol{A}_2^{-1}\boldsymbol{A}_2^{-\mathrm{T}}$,代入式(3-67)后,得到 $\boldsymbol{B}=\boldsymbol{0}$。这说明在3个已知空间点的情况下,$\boldsymbol{H}_1$ 和 $\boldsymbol{H}_2$ 不能由式(3-66)和式(3-67)求解。此外,容易发现式(3-63)中有8个未知数,但只有6个方程,不足以对 $\boldsymbol{H}_1$ 和 $\boldsymbol{H}_2$ 求解。

(2) 对于4个已知空间点而言,$\boldsymbol{A}_1$ 是一个 8×3 的矩阵,$\boldsymbol{A}_2$ 是一个 8×6 的矩阵。式(3-63)中有8个未知数,具有8个方程,能够由式(3-66)和式(3-67)对 $\boldsymbol{H}_1$ 和 $\boldsymbol{H}_2$ 求解。

(3) 上述P4P问题的解,不能保证 ${}^{c}\boldsymbol{M}_{r}$ 中的姿态矩阵为单位正交矩阵。以上述P4P问题的解作为初值,采用3.4.2.3小节的递推最小二乘方法迭代,可以提高 ${}^{c}\boldsymbol{M}_{r}$ 的精度,使 ${}^{c}\boldsymbol{M}_{r}$ 中的姿态矩阵更加接近单位正交矩阵。以上述P4P问题的解作为初值,也可以采用正交迭代(Orthogonal Iteration,OI)算法[13,14]优化 ${}^{c}\boldsymbol{M}_{r}$,能够保证 ${}^{c}\boldsymbol{M}_{r}$ 中的姿态矩阵为单位正交矩阵。

基于上述分析,下面给出一个共面 P4P 问题能够线性求解的充分条件[12]。

定理 3-1:对于 4 个共面已知点,如果任意 3 点不共线,那么利用内参数已知的摄像机采集的一幅图像,可以线性求解出这些点到摄像机光轴中心的距离。

3.4.2.3 PnP 问题的线性求解

对于一般的 PnP 问题,当已知点超过 3 个时,可以从中任意选择 3 个不共线的点,结合上述 3 点的中心点作为辅助点,构成共面 PnP 问题。利用 3.4.2.2 小节中的方法求解出 $\boldsymbol{H}_1$ 和 $\boldsymbol{H}_2$,获得摄像机的粗略外参数。然后,利用下述递推最小二乘(Recursive Least Square,RLS)方法求取摄像机的精确外参数。

$$\boldsymbol{\varphi}_i^{\mathrm{T}}=\begin{bmatrix} x_{ri} & 0 & -x_{1c_i}x_{ri} & y_{ri} & 0 & -x_{1c_i}y_{ri} & z_{ri} & 0 & -x_{1c_i}z_{ri} & 1 & 0 \\ 0 & x_{ri} & -y_{1c_i}x_{ri} & 0 & y_{ri} & -y_{1c_i}y_{ri} & 0 & z_{ri} & -y_{1c_i}z_{ri} & 0 & 1 \\ k\,{}^{c}n'_{rx} & k\,{}^{c}n'_{ry} & k\,{}^{c}n'_{rz} & -k\,{}^{c}o'_{rx} & -k\,{}^{c}o'_{ry} & -k\,{}^{c}o'_{rz} & 0 & 0 & 0 & 0 & 0 \\ k\,{}^{c}n'_{rx} & k\,{}^{c}n'_{ry} & k\,{}^{c}n'_{rz} & 0 & 0 & 0 & -k\,{}^{c}a'_{rx} & -k\,{}^{c}a'_{ry} & -k\,{}^{c}a'_{rz} & 0 & 0 \\ 0 & 0 & 0 & k\,{}^{c}n'_{rx} & k\,{}^{c}n'_{ry} & k\,{}^{c}n'_{rz} & 0 & 0 & 0 & 0 & 0 \\ k\,{}^{c}a'_{rx} & k\,{}^{c}a'_{ry} & k\,{}^{c}a'_{rz} & 0 & 0 & 0 & 0 & 0 & 0 & 0 & 0 \end{bmatrix} \tag{3-69}$$

$$\boldsymbol{Y}_i=[x_{1c_i}\quad y_{1c_i}\quad 0\quad 0\quad 0\quad 0]^{\mathrm{T}} \tag{3-70}$$

$$\boldsymbol{\Theta}=[{}^{c}n'_{rx}\ {}^{c}n'_{ry}\ {}^{c}n'_{rz}\ {}^{c}o'_{rx}\ {}^{c}o'_{ry}\ {}^{c}o'_{rz}\ {}^{c}a'_{rx}\ {}^{c}a'_{ry}\ {}^{c}a'_{rz}\ {}^{c}p'_{rx}\ {}^{c}p'_{ry}]^{\mathrm{T}} \tag{3-71}$$

式中:${}^{c}n'_{r}={}^{c}n_{r}/{}^{c}p_{rz}$;${}^{c}o'_{r}={}^{c}o_{r}/{}^{c}p_{rz}$;${}^{c}a'_{r}={}^{c}a_{r}/{}^{c}p_{rz}$;${}^{c}p'_{rx}={}^{c}p_{rx}/{}^{c}p_{rz}$;${}^{c}p'_{ry}={}^{c}p_{ry}/{}^{c}p_{rz}$;$k$ 为加强系数,用于在递推过程中增强姿态误差的作用,以便最大限度消除姿态误差。

RLS 的初值 P_N 由式(3-72)赋值。对于由 3 个已知点和辅助点构成的4个点,分别利用式(3-69)计算 $\boldsymbol{\varphi}_i$,然后计算出 P_N。利用3.4.2.2小节中的方法获得的粗略值中的姿态,也通过 $\boldsymbol{\varphi}_i$ 的计算,引入到RLS的初值 P_N。$\boldsymbol{\Theta}$ 的初值,来源于利用3.4.2.2小节中的方法获得的粗略值中的姿态。

$$\boldsymbol{P}_N = (\boldsymbol{\Phi}_N^{\mathrm{T}}\boldsymbol{\Phi}_N)^{-1}, \quad \boldsymbol{\Phi}_N = \begin{bmatrix} \boldsymbol{\varphi}_1^{\mathrm{T}} \\ \vdots \\ \boldsymbol{\varphi}_4^{\mathrm{T}} \end{bmatrix} \tag{3-72}$$

采用带有遗忘因子的RLS方法计算精确的摄像机外参数,具体算法描述如下:

$$\boldsymbol{K}_{N+1} = \boldsymbol{P}_N\boldsymbol{\varphi}_{N+1}(\rho^2\boldsymbol{I} + \boldsymbol{\varphi}_{N+1}^{\mathrm{T}}\boldsymbol{P}_N\boldsymbol{\varphi}_{N+1})^{-1} \tag{3-73}$$

$$\boldsymbol{\Theta}_{N+1} = \boldsymbol{\Theta}_N + \boldsymbol{K}_{N+1}(\boldsymbol{Y}_{N+1} - \boldsymbol{\varphi}_{N+1}^{\mathrm{T}}\boldsymbol{\Theta}_N) \tag{3-74}$$

$$\boldsymbol{P}_{N+1} = (\boldsymbol{P}_N - \boldsymbol{K}_{N+1}\boldsymbol{\varphi}_{N+1}^{\mathrm{T}}\boldsymbol{P}_N)/\rho^2 \tag{3-75}$$

式中:ρ 为遗忘因子。

根据全部已知点的笛卡儿空间位置和图像坐标进行递推计算。当递推过程收敛时,获得 $\boldsymbol{\Theta}$ 的精确值,从而获得摄像机的外参数。此外,与P3P问题的多解求取类似,通过在辅助点的图像坐标上增加一个偏移量,使RLS方法处于不同的初始状态,经过递推得到不同的解。通过在一定范围内改变偏移量,可以获得PnP问题的全部解。

在基于PnP问题的视觉定位中,建议采用平面4点模式。只要平面内4点中的任何3点不共线,这种模式能够保证解的唯一性,对于视觉控制具有重要意义。此外,在此模式的基础上,增加更多的已知点有利于提高定位精度与抗干扰能力。

3.4.2.4 视觉定位实验

1. 对比实验

该实验用于对基于P3P、P4P、P5P和立体视觉的定位结果进行比较,并检验上述模式在基于PnP问题的视觉定位中的有效性[12]。

摄像机坐标系建立在光轴中心处,其 Z 轴与光轴中心线方向平行,以摄像机到景物方向为正方向,其 X 轴方向取图像坐标沿水平增加的方向。两台摄像机的内参数采用式(2-5)所示的四参数模型,分别用$\boldsymbol{M}_{in1}$和$\boldsymbol{M}_{in2}$表示。两台摄像机的相对外参数用${}^{c_1}\boldsymbol{M}_{c_2}$表示,即$C_2$坐标系在$C_1$坐标系中表示为${}^{c_1}\boldsymbol{M}_{c_2}$。在该实验中,两台摄像机$C_1$和$C_2$的内参数及相对外参数均已经预先进行标定。两台摄像机的内参数、两台摄像机之间的外参数以及5个共面点在世界坐标系中的位置如下,其中第四个点是前3个点所形成的三角形的中心点。图像尺寸为768像素×576像素,位置单位为毫米(mm)。

$$\boldsymbol{M}_{in1}=\begin{bmatrix}2478.07681 & 0 & 374.12421\\ 0 & 2352.55207 & 261.54261\\ 0 & 0 & 1\end{bmatrix}$$

$$\boldsymbol{M}_{in2}=\begin{bmatrix}2499.89330 & 0 & 367.38174\\ 0 & 2364.05466 & 285.22957\\ 0 & 0 & 1\end{bmatrix}$$

$${}^{c_1}\boldsymbol{M}_{c_2}=\begin{bmatrix}1 & 0 & 0 & 190.8\\ 0 & 1 & 0 & 0\\ 0 & 0 & 1 & 9.6\\ 0 & 0 & 0 & 1\end{bmatrix}$$

$$\boldsymbol{P}_w=[\boldsymbol{P}_{w1}\quad \boldsymbol{P}_{w2}\quad \boldsymbol{P}_{w3}\quad \boldsymbol{P}_{w4}\quad \boldsymbol{P}_{w5}]=\begin{bmatrix}0 & 171 & 85.5 & 85.5 & 126.8\\ 0 & 0 & 51 & 17 & -66.1\\ 0 & 0 & 0 & 0 & 0\end{bmatrix}$$

P_w中的前3个点,即P_{w1}、P_{w2}和P_{w3}用于基于P3P问题的视觉定位。前4个点P_{w1}、P_{w2}、P_{w3}和P_{w4}构成3.4.2.2中具有唯一解的PnP模

式，用于基于P4P问题的视觉定位。所有的5个点用于基于P5P问题的视觉定位。图3－11为实验时利用两台摄像机采集5个已知空间点的图像。在基于P3P、P4P和P5P的视觉定位中，采用摄像机C_1采集的图像，即如图3－11(a)所示图像。立体视觉采用图3－11所示的两幅图像，计算这些空间点在摄像机C_1坐标系中的位置。

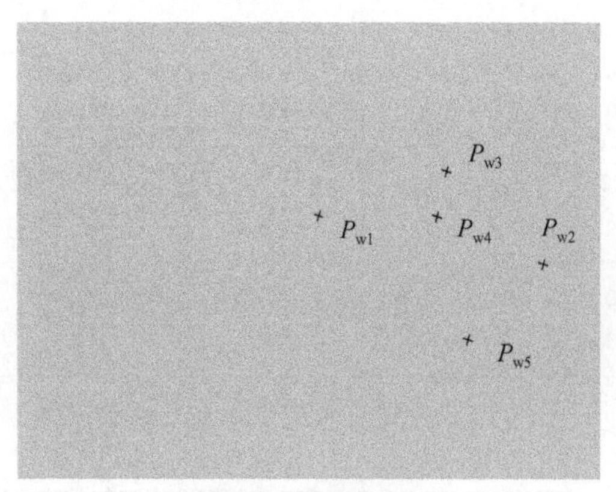

(a) 摄像机C_1采集的图像

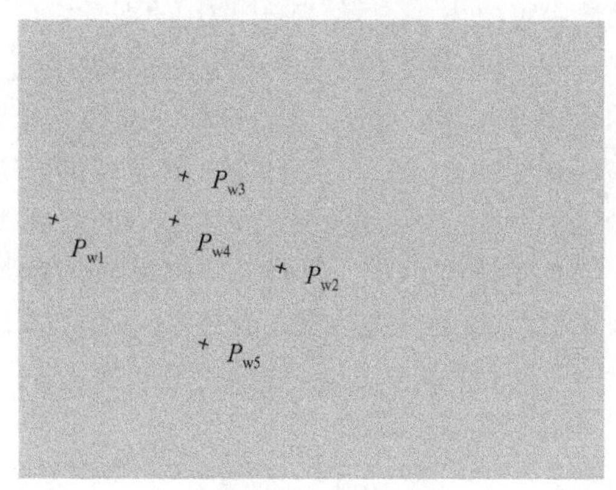

(b) 摄像机C_2采集的图像

图3－11 两台摄像机采集的已知空间点的图像

基于P3P、P4P、P5P以及立体视觉的定位结果见表3－2。在该实验中，利用设定的已知空间点的模式，基于P3P的视觉定位具有两个解，基于P4P和P5P视觉定位具有唯一解。

表 3-2 基于 P3P、P4P、P5P 以及立体视觉的定位结果

点	P3P(x,y,z)/mm		P4P (x,y,z)/mm	P5P (x,y,z)/mm	立体视觉 (x,y,z)/mm
	解 1	解 2			
1	14.0, -11.1, 1336.6	14.4, -11.5, 1380.9	13.9, -11.1, 1324.8	14.0, -11.3, 1340.4	14.9, -17.1, 1401.1
2	176.9,23.6, 1375.0	169.5,22.7, 1317.5	176.0,23.4, 1367.1	177.3,23.5, 1377.6	180.3,19.0, 1399.3
3	105.3, -43.7, 1359.4	104.9, -43.5, 1354.3	104.6, -43.7, 1350.4	105.6, -43.8, 1361.6	108.9, -49.5, 1404.2
4	98.7, -10.4, 1357.0	96.3, -10.8, 1350.9	98.2, -10.4, 1347.4	99.0, -10.5, 1359.9	102.2, -16.1, 1395.7
5	122.1,79.4, 1360.5	112.7,77.4, 1327.2	121.5,79.1, 1350.3	122.2,79.3, 1364.4	124.6,74.6, 1388.1

从这些结果中可以发现，尽管基于 P3P 的视觉定位具有两个解，但是基于 P3P、P4P、P5P 以及立体视觉的定位结果很接近，特别是不同定位结果中的 X、Y 坐标非常接近。基于 P3P 的定位结果 1 与基于 P4P 和 P5P 的定位结果相吻合，这说明上述方法具有较高的定位精度。这些实验结果，验证了上述 P*n*P 问题的线性求解方法的有效性以及所提出的具有唯一解的 P*n*P 模式的正确性。立体视觉的定位结果在 Z 轴方向上具有较大偏差，这是立体视觉本身的原理所决定的，在此不进行进一步的讨论。

2. 机器人本体位姿视觉测量

在仿人机器人打乒乓球任务中，需要对仿人机器人本体相对于世界坐标系的位姿进行测量。在仿人机器人的背部平面上设置矩形红色色标，摄像机固定于仿人机器人后方位置，并朝向色标。如图 3-12(a) 所示，世界坐标系 $O_wX_wY_wZ_w$ 建立在球桌上，X_w 轴平行于球桌长边，Y_w 轴处于球桌平面并垂直于 X_w 轴，Z_w 轴垂直于球桌平面向上；仿人机器人坐标系 $O_rX_rY_rZ_r$ 建立在色标中心位置，X_r 轴和 Y_r 轴

分别平行于矩形色标的两个边，Z_r 轴由 X_r 轴和 Y_r 轴确定；摄像机坐标系 $O_cX_cY_cZ_c$ 建立在摄像机的光轴中心位置，X_c 轴和 Y_c 轴分别平行于图像的横轴和纵轴，Z_r 轴为光轴指向景物方向。图 3-12(b)为视觉测量系统的软件界面，图中标注出了检测出的矩形色标的 4 个顶点。

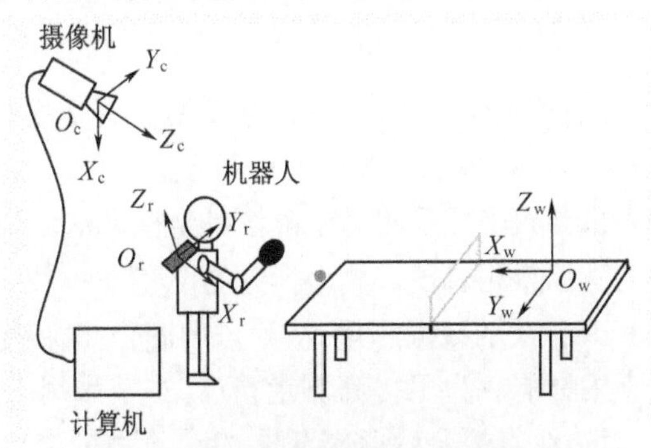

(a) 视觉测量系统构成示意图

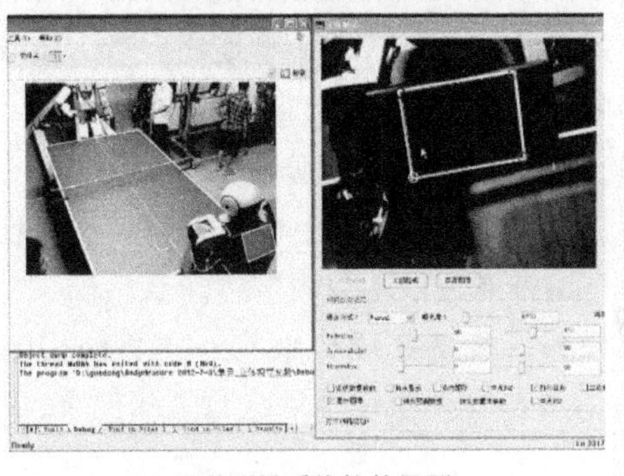

(b) 视觉测量系统软件界面

图 3-12 仿人机器人本体位姿视觉测量系统[15]

摄像机采用 GC660C，色标尺寸为 160mm × 220mm。在球桌上放置棋盘格标定板，对摄像机的内参数、外参数进行了标定。标定结果为

$$\begin{cases} k_x = 1169.9 \\ k_y = 1172.0 \end{cases}, \quad \begin{cases} u_0 = 353.7 \\ v_0 = 256.2 \end{cases}$$

$$
{}^{c}\boldsymbol{T}_{w}=\begin{bmatrix} 0.02590 & 0.99661 & 0.07804 & -327.1 \\ 0.45024 & 0.05806 & -0.89101 & 14.1 \\ -0.89252 & 0.05822 & -0.44722 & 2845.6 \\ 0 & 0 & 0 & 1 \end{bmatrix}
$$

${}^{c}\boldsymbol{T}_{w}$ 是世界坐标系相对于摄像机坐标系的位姿变换矩阵,其中的位置单位为mm。利用摄像机采集仿人机器人上的色标图像,采用PnP方法测量出仿人机器人坐标系相对于摄像机坐标系的位姿${}^{c}\boldsymbol{T}_{r}$,从而计算出仿人机器人坐标系相对于世界坐标系的位姿${}^{w}\boldsymbol{T}_{r}={}^{c}\boldsymbol{T}_{w}^{-1}\,{}^{c}\boldsymbol{T}_{r}$。

对于基于PnP方法的视觉测量,特征点的图像坐标精度对测量结果的精度具有直接影响。为了提高测量精度,本节采用了亚像素精度的边缘点提取,对边缘点拟合后形成直线,相邻直线的交点作为色标的顶点。为了保证测量结果中的姿态矩阵为正交单位阵,以PnP方法的视觉测量结果作为初始值进行了正交迭代。仿人机器人坐标系相对于摄像机坐标系的位姿${}^{c}\boldsymbol{T}_{r}$ 的测量过程如下:

(1) 在进行第1次测量的图像处理时,采用基于颜色的方法从图像中分割出色标,提取色标边缘点。在进行后续测量的图像处理时,采用跟踪方式沿特定方向搜索4条边的边缘点。

(2) 利用最小二乘法和随机抽样一致算法(Random sample consensus,RANSAC)算法对4组边缘点进行直线拟合,得到4条边缘直线方程。

(3) 在边缘直线邻域内进行亚像素精度的边缘点提取,重新计算边缘直线方程。

(4) 利用边缘直线方程求交点,作为色标的顶点。

(5) 对设定的色标跟踪参数进行更新。

(6) 利用PnP方法计算${}^{c}\boldsymbol{T}_{r}$。

(7) 以上述${}^{c}\boldsymbol{T}_{r}$ 作为初始值,利用正交迭代算法优化${}^{c}\boldsymbol{T}_{r}$。

实验中,RANSAC算法的迭代次数限定为10次,OI算法的结束条件设定为误差变化小于0.001或者迭代次数50次。在仿人机器人静止时,利用上述方法对仿人机器人相对于世界坐标系的位姿进行了12

次测量,其结果见表3-3。在表3-3中,姿态转换为*RPY*角。从表3-3可以发现,测量结果具有很好的稳定性。该测量结果与实际值相比,位置误差小于10mm,姿态误差小于1°。利用本节方法测量仿人机器人相对于世界坐标系的位姿,满足了两台仿人机器人对打乒乓球的需要。

表3-3 仿人机器人相对于世界坐标系的位姿[15]

编号	位置/mm			RPY角/(°)		
	${}^{w}x_{r}$	${}^{w}y_{r}$	${}^{w}z_{r}$	R	P	Y
1	3250.8	343.7	528.6	85.7	-0.0	49.5
2	3250.9	343.6	528.7	85.8	0.1	49.6
3	3250.9	343.6	528.7	85.8	0.1	49.6
4	3250.9	343.6	528.6	85.8	0.1	49.5
5	3251.4	343.6	528.9	85.9	0.1	49.4
6	3251.4	343.6	528.9	85.9	0.1	49.5
7	3251.5	343.6	529.0	85.9	0.1	49.5
8	3251.7	343.6	529.1	85.9	0.1	49.4
9	3252.1	343.5	529.3	85.8	0.0	49.4
10	3252.3	343.5	529.3	85.8	0.1	49.4
11	3252.3	343.5	529.3	85.8	0.0	49.5
12	3252.2	343.6	529.2	85.7	-0.0	49.5

3.5 基于矩形目标约束的位姿测量

3.5.1 基于立体视觉的位姿测量

对于图3-13所示的矩形目标,在矩形的中心点建立坐标系,*X*轴和*Y*轴分别与矩形的两个边平行,*Z*轴垂直于矩形目标所在的平面。选取矩形的4个顶点$P_1 \sim P_4$为特征点。

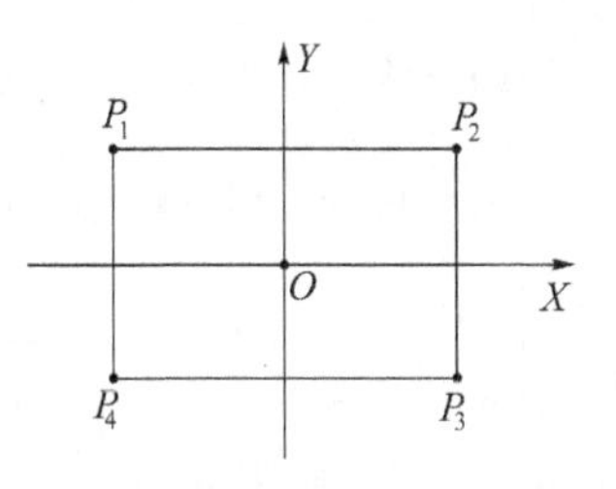

图3-13 矩形目标与坐标系

利用立体视觉可以测量出 4 个特征点 $P_1 \sim P_4$ 在世界坐标系的三维坐标,记为$P_i=(x_{wi},y_{wi},z_{wi})$,$i=1,2,3,4$。4 个特征点 $P_1 \sim P_4$ 坐标的平均值,作为目标坐标系原点在世界坐标系的坐标,对应的位置向量记为 $\boldsymbol{p}=[p_x \quad p_y \quad p_z]^{\mathrm{T}}$,即

$$\boldsymbol{p}=\frac{1}{4}\sum_{i=1}^{4}P_i=\frac{1}{4}\sum_{i=1}^{4}[x_{wi} \quad y_{wi} \quad z_{wi}]^{\mathrm{T}} \tag{3-76}$$

取 P_1 和 P_4 的中心点与 P_2 和 P_3 的中心点构成的向量为 X 轴方向,P_1 和 P_2 的中心点与 P_4 和 P_3 的中心点构成的向量为 Y 轴方向。

$$\begin{cases}\boldsymbol{n}'=\dfrac{1}{2}(P_2+P_3)-\dfrac{1}{2}(P_1+P_4)=\dfrac{1}{2}\begin{bmatrix}x_{w2}+x_{w3}-x_{w1}-x_{w4}\\ y_{w2}+y_{w3}-y_{w1}-y_{w4}\\ z_{w2}+z_{w3}-z_{w1}-z_{w4}\end{bmatrix}\\ \boldsymbol{n}=\dfrac{\boldsymbol{n}'}{\|\boldsymbol{n}'\|}\\ \boldsymbol{o}'=\dfrac{1}{2}(P_1+P_2)-\dfrac{1}{2}(P_3+P_4)=\dfrac{1}{2}\begin{bmatrix}x_{w1}+x_{w2}-x_{w3}-x_{w4}\\ y_{w1}+y_{w2}-y_{w3}-y_{w4}\\ z_{w1}+z_{w2}-z_{w3}-z_{w4}\end{bmatrix}\\ \boldsymbol{o}=\dfrac{\boldsymbol{o}'}{\|\boldsymbol{o}'\|}\end{cases} \tag{3-77}$$

式中:$\boldsymbol{n}'$为 P_1 和 P_4 的中心点与 P_2 和 P_3 的中心点构成的向量;$\boldsymbol{o}'$为 P_1 和 P_2 的中心点与 P_4 和 P_3 的中心点构成的向量;$\boldsymbol{n}$ 为 X 轴在世界坐标系中的表示;$\boldsymbol{o}$ 为 Y 轴在世界坐标系中的表示。

由 $\boldsymbol{n}$ 和 $\boldsymbol{o}$,利用叉乘得到向量 $\boldsymbol{a}$,即 Z 轴在世界坐标系中的表示。

3.5.2 基于矩形的位姿测量

对于尺寸已知的矩形目标,可以利用矩形的平行线约束和面积约束求取其位姿。

3.5.2.1 位姿求取

摄像机采用小孔模型,内参数采用式(2-5)所示的四参数模型,

并经过预先标定。外参数采用式(2-12)模型。在矩形目标的中心点建立目标坐标系,如图3-13所示。矩形的尺寸已知,长度为$2x_w$,宽度为$2y_w$。在目标平面内,$z_w=0$。

由式(2-12),根据${}^c\boldsymbol{M}_w$旋转矩阵的正交约束,有[16]

$$\begin{cases} o_x x_c + o_y y_c + o_z z_c = y_w + o_x p_x + o_y p_y + o_z p_z \\ a_x x_c + a_y y_c + a_z z_c = a_x p_x + a_y p_y + a_z p_z \end{cases} \tag{3-78}$$

令$A_1 = y_w + o_x p_x + o_y p_y + o_z p_z$,$B_1 = a_x p_x + a_y p_y + a_z p_z$。由于$A_1 \neq 0$,$B_1 \neq 0$且$z_c \neq 0$,所以由式(3-78)得

$$\frac{o_x x'_c + o_y y'_c + o_z}{a_x x'_c + a_y y'_c + a_z} = C_1 \tag{3-79}$$

式中:$C_1 = A_1/B_1$;$x'_c = x_c/z_c$,$y'_c = y_c/z_c$,可由式(3-37)根据图像坐标得到。

对于平行于X轴的同一条直线上的点,y_w不变,故A_1和B_1不变。在该直线上任取i、j两个点,由式(3-79)得

$$\frac{o_x x'_{c_i} + o_y y'_{c_i} + o_z}{a_x x'_{c_i} + a_y y'_{c_i} + a_z} = \frac{o_x x'_{c_j} + o_y y'_{c_j} + o_z}{a_x x'_{c_j} + a_y y'_{c_j} + a_z} \tag{3-80}$$

对式(3-80)展开,并利用${}^c\boldsymbol{M}_w$旋转矩阵的正交约束条件化简,有

$$n_x(y'_{c_i} - y'_{c_j}) + n_y(x'_{c_j} - x'_{c_i}) + n_z(x'_{c_i} y'_{c_j} - x'_{c_j} y'_{c_i}) = 0 \tag{3-81}$$

对于任意平行于X轴的同一条直线上的任意两点,均符合式(3-81)。这样,由直线上的多个点可以得到一组式(3-81)所示的方程。当摄像机光轴与目标平面不垂直时,$n_z \neq 0$,可将式(3-81)除以n_z,如式(3-82)所示。求解出n_x/n_z和n_y/n_z后,利用$\|\boldsymbol{n}\|=1$得到n_x、n_y和n_z。

$$n'_x(y'_{c_i} - y'_{c_j}) + n'_y(x'_{c_j} - x'_{c_i}) = x'_{c_j} y'_{c_i} - x'_{c_i} y'_{c_j} \tag{3-82}$$

式中:$n'_x = n_x/n_z$,$n'_y = n_y/n_z$。

当摄像机光轴与目标平面垂直时,$n_z=0$,式(3-81)只有n_x和n_y两个未知数,移项后平方,并利用条件$\|\boldsymbol{n}\|=1$,得式(3-83),从而解出n_x和n_y,n_x取正,n_y的符号由式(3-81)确定。

$$\begin{cases} n_x^2 = \dfrac{(x'_{c_j} - x'_{c_i})^2}{(y'_{c_i} - y'_{c_i})^2 + (x'_{c_j} - x'_{c_i})^2} \\ n_y^2 = 1 - n_x^2 \end{cases} \tag{3-83}$$

由式(2-12),根据${}^{c}\boldsymbol{M}_{w}$旋转矩阵的正交约束,可得

$$\begin{cases} n_x x_c + n_y y_c + n_z z_c = A_2 \\ a_x x_c + a_y y_c + a_z z_c = B_1 \end{cases} \tag{3-84}$$

式中:$A_2 = x_w + n_x p_x + n_y p_y + n_z p_z$。

对于与y轴平行的同一条直线,x_w不变,A_2为常数。由于$A_2 \neq 0$,$B_1 \neq 0$且$z_c \neq 0$,由式(3-84)得

$$a_x x'_{c_i} + a_y y'_{c_i} + a_z = C_2(n_x x'_{c_i} + n_y y'_{c_i} + n_z) \tag{3-85}$$

式中:$C_2 = B_1/A_2$。

考虑到$\boldsymbol{n}$和$\boldsymbol{a}$的正交性,以及$a_z \neq 0$,有

$$n_x a'_x + n_y a'_y = -n_z \tag{3-86}$$

式中:$a'_x = a_x/a_z$,$a'_y = a_y/a_z$。

将式(3-85)两边同除以a_z,并和式(3-86)联立消除a'_x,得到一个含有a'_y的方程:

$$(n_x y'_{c_i} - n_y x'_{c_i})a'_y - n_x(n_x x'_{c_i} + n_y y'_{c_i} + n_z)C'_2 = n_z x'_{c_i} - n_x \tag{3-87}$$

式中:$C'_2 = C_2/a_z$。

对于与y轴平行的同一条直线上的点,C'_2为常数。在该直线上取两个以上的点,可以由式(3-87)求解出a'_y和C'_2。将a'_y代入式(3-86),可以求解出a'_x,然后利用$\|\boldsymbol{a}\| = 1$得到a_x、a_y和a_z。

为进一步提高精度,可以利用两条与y轴平行的直线上的点求取a_x、a_y和a_z。对于不同的与y轴平行的直线,式(3-87)中的常数C'_2不同。

求出$\boldsymbol{n}$和$\boldsymbol{a}$后,利用旋转矩阵的正交性获得$\boldsymbol{o} = \boldsymbol{a} \times \boldsymbol{n}$。由于在求解$\boldsymbol{n}$和$\boldsymbol{a}$的过程中,保证了$\boldsymbol{n}$和$\boldsymbol{a}$是单位正交向量,因此得到的旋转矩阵可以保证是单位正交矩阵。

对于两条直线$y = y_w$和$y = -y_w$上的各自任意一点,可由

式(3-79)分别求出其对应的 C_1,分别记为 C_{11} 和 C_{12},其中 C_{11} 对应直线 $y=y_w$。为提高精度,可以在每条直线上取多个点,对计算出的 C_{11} 和 C_{12} 分别取均值。根据 C_{11} 和 C_{12} 可得到含有 p_x、p_y 和 p_z 的两个方程:

$$\frac{2(o_xp_x+o_yp_y+o_zp_z)}{a_xp_x+a_yp_y+a_zp_z}=C_{11}+C_{12} \tag{3-88}$$

$$\frac{2y_w}{a_xp_x+a_yp_y+a_zp_z}=C_{11}-C_{12} \tag{3-89}$$

对上述两式展开并整理,得

$$\begin{cases}(2o_x-D_{h1}a_x)p_x+(2o_y-D_{h1}a_y)p_y+(2o_z-D_{h1}a_z)p_z=0\\ D_{h2}a_xp_x+D_{h2}a_yp_y+D_{h2}a_zp_z=2y_w\end{cases} \tag{3-90}$$

式中:$D_{h1}=C_{11}+C_{12}$;$D_{h2}=C_{11}-C_{12}$。

同理,由两条直线 $x=x_w$ 和 $x=-x_w$ 也可以得到两个方程,见式(3-91)。由式(3-90)和式(3-91)可以解出 p_x、p_y 和 p_z。

$$\begin{cases}(2n_x-D_{v1}a_x)p_x+(2n_y-D_{v1}a_y)p_y+(2n_z-D_{v1}a_z)p_z=0\\ D_{v2}a_xp_x+D_{v2}a_yp_y+D_{v2}a_zp_z=2x_w\end{cases} \tag{3-91}$$

式中:$D_{v1}=1/C_{21}+1/C_{22}$,$D_{v2}=1/C_{21}-1/C_{22}$,C_{21} 和 C_{22} 是由式(3-84)求出的 C_2,C_{21} 对应于直线 $x=x_w$,C_{22} 对应于直线 $x=-x_w$。

3.5.2.2 基于目标面积的深度求取

$\boldsymbol{p}$ 为目标坐标系原点在摄像机坐标系中的位置向量。显然,利用 $\boldsymbol{p}$ 由式(2-5)可以计算出目标坐标系原点的图像坐标(u_b,v_b)。图3-14给出了空间点与其对应的图像点之间的关系。根据摄像机的针孔模型,在三维空间的目标点 P_1 与在平面 $Z_c=p_z$ 上的点 P_1' 具有相同的图像坐标。利用点 P_1' 的图像坐标和夹角 β_x,可以计算出点 P_1 在目标坐标系下的 X 轴坐标:

$$P_{1x}=OP_1=\frac{OP_1'}{\cos\beta_x+(P_{1x}'/p_z)\sin\beta_x} \tag{3-92}$$

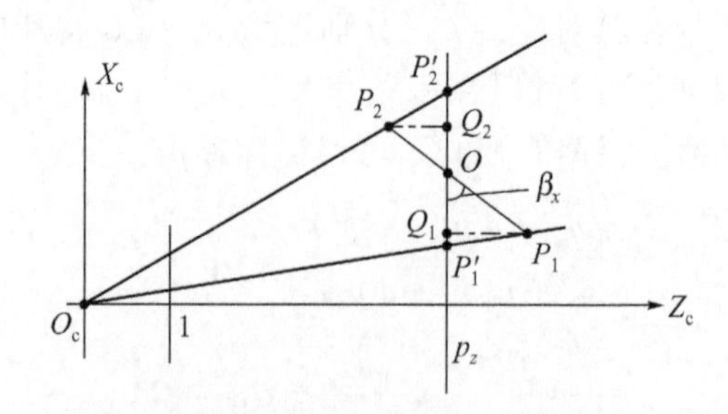

图 3-14 空间位置与成像

式中：β_x 为目标坐标系的 Z 轴与摄像机坐标系的 Z_c 轴在平面$X_cO_cZ_c$投影的夹角，见式(3-93)；$P'_{1x}/p_z = x_{c1}/z_{c1}$，由式(2-5)获得；$OP'_1$ 是点 P'_1 和 O 在平面 $Z_c = p_z$ 中沿 X_c 轴的偏移量，见式(3-94)。

$$\beta_x = \arctan(a_x, a_z) \tag{3-93}$$

$$OP'_1 = \frac{u_1 - u_b}{k_x} p_z \tag{3-94}$$

将式(3-93)和式(3-94)代入式(3-92)，得到 P_1 在目标坐标系下的 X 轴坐标 P_{1x}，见式(3-95)；类似地，可以得到 P_1 在目标坐标系下的 Y 轴坐标 P_{1y}，见式(3-96)。

$$P_{1x} = \frac{(u_1 - u_b)\sqrt{a_x^2 + a_z^2}}{a_z k_x + a_x(u_1 - u_0)} p_z = m_{1x} p_z \tag{3-95}$$

$$P_{1y} = \frac{(v_1 - v_b)\sqrt{a_y^2 + a_z^2}}{a_z k_y + a_y(v_1 - v_0)} p_z = m_{1y} p_z \tag{3-96}$$

式中：m_{1x}和 m_{1y}是点 P_1 在焦距归一化目标坐标系中的坐标，即在$p_z = 1$时的目标坐标系中的坐标。

在目标平面内，沿 X 轴对矩形上、下边缘的 Y 轴坐标之差进行积分，得目标矩形面积：

$$\begin{aligned} S &= \sum_{i=1}^{N} (P_{2y}^{i} - P_{1y}^{i})(P_{1x}^{i+1} - P_{1x}^{i}) \\ &= \left[\sum_{i=1}^{N} (m_{2y}^{i} - m_{1y}^{i})(m_{1x}^{i+1} - m_{1x}^{i})\right] p_z^2 = S_1 p_z^2 \end{aligned} \tag{3-97}$$

式中：S_1 为焦距归一化成像平面处目标面积；N 为沿目标坐标系 X 轴的采样点数；m_{1y}^i，m_{2y}^i 分别为在焦距归一化成像平面处目标坐标系下，矩形第 i 点的上下边缘的 Y 轴坐标，其 X 轴坐标相等。

$$p_z = \sqrt{S/S_1} = 2\sqrt{X_w Y_w / S_1} \tag{3-98}$$

将 p_z 代入式(3－90)、式(3－91)重新求出 p_x、p_y，从而得到精确的目标位置向量 $\boldsymbol{p}$。

3.5.3 基于P4P方法

如果矩形目标4个顶点的空间坐标已知，则可以利用3.4.2小节中的P4P方法求解矩形目标相对于摄像机坐标系的位姿。

对于基于PnP的视觉测量，其精度取决于特征点的图像坐标的精度。一般地，利用角点检测算法如Harris算法、SUSAN(Smallest Univalue Segment Assimilating Nucleus)算法等，可以直接得到矩形4个顶点的图像坐标。但是，在图像中直接进行点特征提取时，得到的特征点的图像坐标的精度往往较低，而且抗干扰能力较差。为了提高矩形4个顶点的图像坐标的精度，可以利用霍夫变换等方法精确提取矩形4条边缘直线，再利用直线求交点获得4个顶点的图像坐标。

3.6 基于目标模型的测量

在目标模型已知的情况下，利用单幅图像中目标的图像特征可以估计目标的位姿。常用的目标特征包括点特征、边缘特征等，本节采用点特征和边缘特征，在图像平面跟踪目标边缘轮廓，沿轮廓法方向搜索边缘像素点，获得目标边缘。以图像中检测出的目标边缘特征与目标CAD模型投影到图像的边缘特征之间的偏差构造目标函数，采用虚拟视觉伺服算法最小化该目标函数，即通过迭代改变模型位姿使得目标函数值最小，从而得到目标位姿。换言之，基于目标模型的测量通过改变模型位姿使得模型在图像上的投影与目标图像吻合，以模型的位姿作为目标位姿的测量结果。图3－15所示为目标的CAD模型和选择出的特征点与边缘，投影到图像上时部分特征点和边缘可见，另一部分特征点和边缘由于遮挡而不可见。因此,构造目标函数时需要采用可见的边缘特征。

图 3-15 目标的 CAD 实体模型和线框模型[17]

3.6.1 点的交互矩阵

本节采用点到直线距离的交互矩阵描述笛卡儿空间位姿变化与图像空间特征变化的关系。假设摄像机镜头畸变很小,可以忽略不计,摄像机的内参数采用小孔模型。如图 2-2 所示,对于摄像机坐标系中的点(x_c,y_c,z_c),焦距归一化成像平面上的成像点坐标为$(x_{c1},y_{c1},1)$。

$$\begin{cases} x_{c1} = x_c/z_c \\ y_{c1} = y_c/z_c \end{cases} \tag{3-99}$$

将式(3-99)对时间求导数,改写为矩阵形式:

$$\begin{bmatrix} \dot{x}_{c1} \\ \dot{y}_{c1} \end{bmatrix} = \begin{bmatrix} 1/z_c & 0 & -x_c/z_c^2 \\ 0 & 1/z_c & -y_c/z_c^2 \end{bmatrix} \begin{bmatrix} \dot{x}_c \\ \dot{y}_c \\ \dot{z}_c \end{bmatrix} = \begin{bmatrix} 1/z_c & 0 & -x_{c1}/z_c \\ 0 & 1/z_c & -y_{c1}/z_c \end{bmatrix} \begin{bmatrix} \dot{x}_c \\ \dot{y}_c \\ \dot{z}_c \end{bmatrix} \tag{3-100}$$

式(3-100)为特征点在笛卡儿空间的平移运动速度与投影到成像平面空间的运动速度之间的关系。由式(2-5)可知,$\dot{u}=k_x\dot{x}_{c1}$,$\dot{v}=k_y\dot{y}_{c1}$。因此,利用式(3-100)容易得到特征点在笛卡儿空间的平移运动速度与在图像平面的运动速度之间的关系：

$$\begin{bmatrix} \dot{u}_{c1} \\ \dot{v}_{c1} \end{bmatrix} = \begin{bmatrix} k_x/z_c & 0 & -k_x x_{c1}/z_c \\ 0 & k_y/z_c & -k_y y_{c1}/z_c \end{bmatrix} \begin{bmatrix} \dot{x}_c \\ \dot{y}_c \\ \dot{z}_c \end{bmatrix} \tag{3-101}$$

摄像机的运动会导致3D点在摄像机坐标系中的运动。3D点在摄像机坐标系中的运动速度与摄像机在笛卡儿空间运动速度之间的关系为

$$\dot{\boldsymbol{X}}_c = -\boldsymbol{v}_{ca} - \boldsymbol{\omega}_{ca} \times \boldsymbol{X}_c \Leftrightarrow \begin{cases} \dot{x}_c = -v_{cax} - \omega_{cay} z_c + \omega_{caz} y_c \\ \dot{y}_c = -v_{cay} - \omega_{caz} x_c + \omega_{cax} z_c \\ \dot{z}_c = -v_{caz} - \omega_{cax} y_c + \omega_{cay} x_c \end{cases} \tag{3-102}$$

式中：$\boldsymbol{X}_c = [x_c, y_c, z_c]^T$，是3D点的位置向量；$\boldsymbol{v}_{ca} = [v_{cax}, v_{cay}, v_{caz}]^T$，是摄像机的线速度向量；$\boldsymbol{\omega}_{ca} = [\omega_{cax}, \omega_{cay}, \omega_{caz}]^T$，是摄像机的角速度向量。

将式(3-102)代入式(3-100)，合并同类项，并应用式(3-99)，有

$$\begin{bmatrix} \dot{x}_{c1} \\ \dot{y}_{c1} \end{bmatrix} = \begin{bmatrix} -\dfrac{1}{z_c} & 0 & \dfrac{x_{c1}}{z_c} & x_{c1}y_{c1} & -(1+x_{c1}^2) & y_{c1} \\ 0 & -\dfrac{1}{z_c} & \dfrac{y_{c1}}{z_c} & 1+y_{c1}^2 & -x_{c1}y_{c1} & -x_{c1} \end{bmatrix} \begin{bmatrix} v_{cax} \\ v_{cay} \\ v_{caz} \\ \omega_{cax} \\ \omega_{cay} \\ \omega_{caz} \end{bmatrix} \tag{3-103}$$

可重写为

$$\begin{bmatrix} \dot{x}_{c1} \\ \dot{y}_{c1} \end{bmatrix} = \boldsymbol{L}_x \begin{bmatrix} \boldsymbol{v}_{ca} \\ \boldsymbol{\omega}_{ca} \end{bmatrix} \tag{3-104}$$

其中，交互矩阵$\boldsymbol{L}_x$为

$$
\boldsymbol{L}_x = \begin{bmatrix} -\dfrac{1}{z_c} & 0 & \dfrac{x_{c1}}{z_c} & x_{c1}y_{c1} & -(1+x_{c1}^2) & y_{c1} \\ 0 & -\dfrac{1}{z_c} & \dfrac{y_{c1}}{z_c} & 1+y_{c1}^2 & -x_{c1}y_{c1} & -x_{c1} \end{bmatrix} \tag{3-105}
$$

在矩阵 $\boldsymbol{L}_x$ 中，计算 x_{c1} 和 y_{c1} 时，涉及摄像机的内参数。z_c 的值是该点相对于摄像机坐标系的深度。因此，采用如上形式交互矩阵的任何控制方案必须估计或近似给出 z_c 的值。

3.6.2 直线的交互矩阵

对于焦距归一化成像平面的直线方程可表达为参数方程形式，即

$$
x_{c1}\cos\theta + y_{c1}\sin\theta = \rho \tag{3-106}
$$

式中：θ 为直线的垂线与图像坐标系 u 轴的夹角；ρ 为摄像机坐标系原点在焦距归一化成像平面对应的成像点到直线的距离。

在摄像机坐标系中，对于空间直线所在的平面方程可表示为

$$
\begin{cases} A_1x_c + B_1y_c + C_1z_c + D_1 = 0 \\ A_2x_c + B_2y_c + C_2z_c + D_2 = 0 \end{cases} \tag{3-107}
$$

式中：A_1、B_1、C_1、D_1 和 A_1、B_1、C_1、D_1 分别为直线所在的两个平面方程的参数。

排除通过摄像机坐标系原点的直线，则两个平面中至少有一个平面不通过摄像机坐标系原点。不失一般性，假设 $D_1 \neq 0$。对式(3-107)第1式除以 z_c，得

$$
Ax_{c1} + By_{c1} + C = 1/z_c \tag{3-108}
$$

式中：$A = -A_1/D_1$；$B = -B_1/D_1$；$C = -C_1/D_1$。

将式(3-106)直线极坐标参数方程对时间求导数，得

$$
\dot{\rho} + (x_{c1}\sin\theta - y_{c1}\cos\theta)\dot{\theta} = \dot{x}_{c1}\cos\theta + \dot{y}_{c1}\sin\theta \tag{3-109}
$$

将式(3-108)中的 $1/z_c$ 代入式(3-103)，再将式(3-103)中的 $\dot{x}_{c1}$ 和 $\dot{y}_{c1}$ 代入式(3-109)，再利用式(3-106)将 x_{c1} 用 y_{c1} 表示，整理后

得[18,19]

$$(-\dot{\theta}/\cos\theta)y_{c1}+(\dot{\rho}+\rho\tan\theta\dot{\theta})=y_{c1}\boldsymbol{K}_1\begin{bmatrix}v_{ca}\\ \omega_{ca}\end{bmatrix}+\boldsymbol{K}_2\begin{bmatrix}v_{ca}\\ \omega_{ca}\end{bmatrix} \tag{3-110}$$

式中：

$$\begin{cases}\boldsymbol{K}_1=[\lambda_1\cos\theta \quad \lambda_1\sin\theta \quad -\lambda_1\rho \quad \rho \quad \rho\tan\theta \quad 1/\cos\theta]\\ \boldsymbol{K}_2=[\lambda_2\cos\theta \quad \lambda_2\sin\theta \quad -\lambda_2\rho \quad \sin\theta \quad -\cos\theta-\rho^2/\cos\theta \quad -\rho\tan\theta]\end{cases} \tag{3-111}$$

式中：$\lambda_1=A\tan\theta-B$；$\lambda_2=-A\rho/\cos\theta-C$。

式(3－110)对于属于直线上的任意点均成立。因此，含有 y_{c1} 的项相等，不含 y_{c1} 的项相等，有

$$\begin{cases}\dot{\theta}=-K_1\cos\theta\begin{bmatrix}\boldsymbol{v}_{ca}\\ \boldsymbol{\omega}_{ca}\end{bmatrix}\\ \dot{\rho}=(K_2+\rho K_1\sin\theta)\begin{bmatrix}\boldsymbol{v}_{ca}\\ \boldsymbol{\omega}_{ca}\end{bmatrix}\end{cases} \tag{3-112}$$

将式(3－111)代入式(3－112)，整理后得

$$\begin{aligned}\begin{bmatrix}\dot{\rho}\\ \dot{\theta}\end{bmatrix}&=\begin{bmatrix}\lambda_\rho\cos\theta & \lambda_\rho\sin\theta & -\lambda_\rho\rho & (1+\rho^2)\sin\theta & -(1+\rho^2)\cos\theta & 0\\ \lambda_\theta\cos\theta & \lambda_\theta\sin\theta & -\lambda_\theta\rho & -\rho\cos\theta & -\rho\sin\theta & -1\end{bmatrix}\begin{bmatrix}\boldsymbol{v}_{ca}\\ \boldsymbol{\omega}_{ca}\end{bmatrix}\\ &=\begin{bmatrix}\boldsymbol{L}_\rho\\ \boldsymbol{L}_\theta\end{bmatrix}\begin{bmatrix}\boldsymbol{v}_{ca}\\ \boldsymbol{\omega}_{ca}\end{bmatrix}=\boldsymbol{L}_l\begin{bmatrix}\boldsymbol{v}_{ca}\\ \boldsymbol{\omega}_{ca}\end{bmatrix}\end{aligned} \tag{3-113}$$

式中：$\lambda_\rho=-A\rho\cos\theta-B\rho\sin\theta-C$；$\lambda_\theta=-A\sin\theta+B\cos\theta$；$\boldsymbol{L}_\rho$ 为 ρ 的交互矩阵；$\boldsymbol{L}_\theta$ 为 θ 的交互矩阵；$\boldsymbol{L}_l$ 为直线的交互矩阵。

式(3－108)为含有特征直线的平面在焦距归一化成像平面上的投影。选择这样一个平面，特征直线所在平面在焦距归一化成像平面

上的投影与式(3－106)相同。在直线上点的 z_c 为定值 z_l 时,结合式(3－106)和式(3－108),有

$$\begin{cases} A = \cos\theta \\ B = \sin\theta \\ C = 1/z_l - \rho \end{cases} \tag{3-114}$$

将式(3－114)代入(3－113)中的 λ_ρ 和 λ_θ,计算得到 $\lambda_\rho = -1/z_l$, $\lambda_\theta = 0$。将 $\lambda_\rho = -1/z_l$ 和 $\lambda_\theta = 0$ 代入式(3－113),得到直线的交互矩阵

$$\boldsymbol{L}_l = \begin{bmatrix} -\dfrac{\cos\theta}{z_l} & -\dfrac{\sin\theta}{z_l} & \dfrac{\rho}{z_l} & (1+\rho^2)\sin\theta & -(1+\rho^2)\cos\theta & 0 \\ 0 & 0 & 0 & -\rho\cos\theta & -\rho\sin\theta & -1 \end{bmatrix} \tag{3-115}$$

式(3－115)表明,对于处于垂直于摄像机光轴平面内的直线,平移运动不改变特征直线在图像空间的斜率,绕 Z 轴的旋转运动不改变在图像空间中特征直线到光轴中心点的距离。

为便于读者理解,下面利用极坐标方法推导直线的交互矩阵。如图 3－16 所示,成像平面坐标系建立在焦距归一化成像平面上,其原点为摄像机坐标系的 Z_c 轴与焦距归一化成像平面的交点,其 X_{c1} 轴与摄像机坐标系的 X_c 轴平行,其 Y_{c1} 轴与摄像机坐标系的 Y_c 轴平行,特征直线在焦距归一化成像平面的投影为 l_{c1},成像平面坐标系原点到直线 l_{c1} 的垂线为 $O_{c1}P_{c10}$。$O_{c1}P_{c10}$ 长度为直线 l_{c1} 的参数 ρ,$O_{c1}P_{c10}$ 与 X_{c1} 轴的夹角为直线 l_{c1} 的参数 θ。O_{c1} 为 Z_{c1} 轴的投影,P_{c10} 为特征直线上点 P 的投影。因此,根据特征直线上点 P 以及附近点的变化,可以得到特征直线参数的变化[39]。

假设特征直线上点 P 在摄像机坐标系中的坐标为(x_{c0}, y_{c0}, z_{c0}),P_{c10} 在摄像机坐标系中的坐标为(x_{c10}, y_{c10}, 1)。P_{c10} 点的极坐标参数 ρ_0、θ_0 与 x_{c10}、y_{c10} 的关系为

$$\rho_0 = \sqrt{x_{c10}^2 + y_{c10}^2}, \quad \theta_0 = \arctan\frac{y_{c10}}{x_{c10}} \tag{3-116}$$

将式(3－116)对时间求导,有

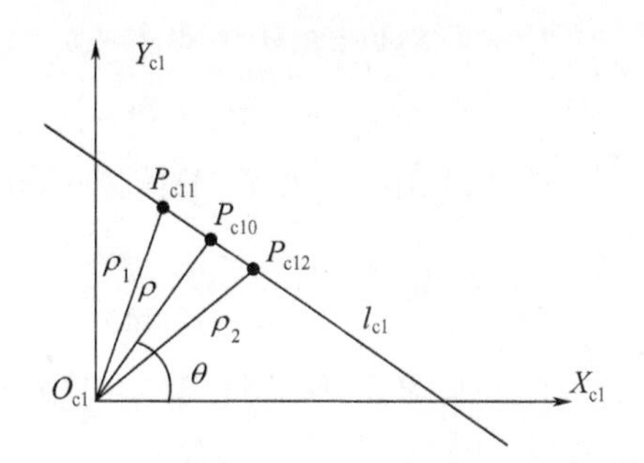

图3-16　直线在焦距归一化成像平面的投影

$$\dot{\rho}_0 = (x_{c10}\dot{x}_{c10} + y_{c10}\dot{y}_{c10})/\rho_0,\quad \dot{\theta}_0 = (x_{c10}\dot{y}_{c10} - y_{c10}\dot{x}_{c10})/\rho_0^2 \tag{3-117}$$

将式(3-103)代入式(3-117),并利用 $\rho_0\cos\theta$ 代替 x_{c10},利用 $\rho_0\sin\theta$ 代替 y_{c10},得到

$$\begin{bmatrix}\dot{\rho}_0\\ \dot{\theta}_0\end{bmatrix} = \begin{bmatrix} -\dfrac{\cos\theta_0}{z_{c0}} & -\dfrac{\sin\theta_0}{z_{c0}} & \dfrac{\rho_0}{z_{c0}} & (1+\rho_0^2)\sin\theta_0 & -(1+\rho_0^2)\cos\theta_0 & 0 \\ \dfrac{\sin\theta_0}{\rho_0 z_{c0}} & -\dfrac{\cos\theta_0}{\rho_0 z_{c0}} & 0 & \dfrac{\cos\theta_0}{\rho_0} & \dfrac{\sin\theta_0}{\rho_0} & -1 \end{bmatrix} \begin{bmatrix}\boldsymbol{v}_{ca}\\ \boldsymbol{\omega}_{ca}\end{bmatrix} \tag{3-118}$$

在 P_{c10} 点附近沿投影直线 l_{c1} 对称设定两个点 P_{c11} 和 P_{c12},其对应的极坐标参数为 ρ_1、θ_1 和 ρ_2、θ_2,满足如下关系:

$$\begin{cases}\theta_1 = \theta + \Delta\theta \\ \theta_2 = \theta - \Delta\theta \\ \rho_1 = \rho_2\end{cases} \tag{3-119}$$

式中:$\Delta\theta$ 是角度增量,是一个接近于0的正数。

由图3-16可以发现,当摄像机运动时,如果 $\Delta\theta$ 接近于0,则 ρ_0、ρ_1 和 ρ_2 的变化量比较接近。因此,可以采用 ρ_0 的变化率近似表示直线参数 ρ 的变化率。显然,ρ_1 和 ρ_2 的微小变化量可以导致直线参数 θ 的较大变化量。因此,不能采用 θ_0 的变化率代替直线参数 θ 的变化率。将用极坐标表示的 P_{c11} 和 P_{c12} 代入式(3-106)直线方程,则

$$\begin{cases}\rho_1\cos\theta_1\cos\theta+\rho_1\sin\theta_1\sin\theta=\rho\\ \rho_2\cos\theta_2\cos\theta+\rho_2\sin\theta_2\sin\theta=\rho\end{cases}\tag{3-120}$$

由式(3-120)推导出利用P_{c11}和P_{c12}的极坐标表示的直线参数:

$$\theta=\arctan\frac{\rho_1\cos\theta_1-\rho_2\cos\theta_2}{\rho_2\sin\theta_2-\rho_1\sin\theta_1}\tag{3-121}$$

将式(3-121)对时间求导数,然后将式(3-119)代入求导后的表达式化简,得

$$\dot{\theta}=\frac{1}{2\rho_1}(\dot{\rho}_2-\dot{\rho}_1)\cot\Delta\theta+\frac{1}{2}(\dot{\theta}_1+\dot{\theta}_2)\tag{3-122}$$

将式(3-118)对应于P_{c11}和P_{c12}的极坐标参数变化率代入式(3-122),得

$$\dot{\theta}=\begin{bmatrix}L_{\theta vx} & L_{\theta vy} & \frac{1}{2z_{c2}}-\frac{1}{2z_{c1}} & -\rho_1\cos\theta & -\rho_1\sin\theta & -1\end{bmatrix}\begin{bmatrix}\boldsymbol{v}_{ca}\\ \boldsymbol{\omega}_{ca}\end{bmatrix}\tag{3-123}$$

式中:z_{c1}和z_{c2}是对应于点P_{c11}和P_{c12}的z坐标,并且

$$\begin{cases}L_{\theta vx}=\frac{1}{2\rho_1}\left(\frac{\cos\theta_1}{z_{c1}}-\frac{\cos\theta_2}{z_{c2}}\right)\cot\Delta\theta+\frac{1}{2\rho_1}\left(\frac{\sin\theta_2}{z_{c2}}+\frac{\sin\theta_1}{z_{c1}}\right)\\ L_{\theta vy}=\frac{1}{2\rho_1}\left(\frac{\sin\theta_1}{z_{c1}}-\frac{\sin\theta_2}{z_{c2}}\right)\cot\Delta\theta-\frac{1}{2\rho_1}\left(\frac{\cos\theta_1}{z_{c1}}+\frac{\cos\theta_2}{z_{c2}}\right)\end{cases}\tag{3-124}$$

对于处于垂直于摄像机光轴平面内的直线,$z_{c1}=z_{c2}$。将$z_{c1}=z_{c2}$代入式(3-124),得到$L_{\theta vx}=0$,$L_{\theta vy}=0$。此时,式(3-123)改写为

$$\dot{\theta}=\begin{bmatrix}0 & 0 & 0 & -\rho_1\cos\theta & -\rho_1\sin\theta & -1\end{bmatrix}\begin{bmatrix}\boldsymbol{v}_{ca}\\ \boldsymbol{\omega}_{ca}\end{bmatrix}\tag{3-125}$$

结合式(3-118)第1式和式(3-125),即可得到垂直于摄像机光轴平面内直线的交互矩阵表达式,与式(3-115)相同。

3.6.3 基于 CAD 模型的测量

假设在目标 CAD 模型上选择 m 个可见特征点和 n 条特征直线。特征在成像平面内的变化速度与摄像机运动速度之间具有以下关系：

$$\begin{aligned}&[\dot{x}_{c11}\quad \dot{y}_{c11}\quad \cdots\quad \dot{x}_{c1m}\quad \dot{y}_{c1m}\quad \dot{\rho}_1\quad \dot{\theta}_1\quad \cdots\quad \dot{\rho}_n\quad \dot{\theta}_n]^{\mathrm{T}}\\&=\begin{bmatrix}L_{x1}\\ \vdots\\ L_{xm}\\ L_{l1}\\ \vdots\\ L_{ln}\end{bmatrix}\begin{bmatrix}v_{cax}\\ v_{cay}\\ v_{caz}\\ \omega_{cax}\\ \omega_{cay}\\ \omega_{caz}\end{bmatrix}=\boldsymbol{L}_s\begin{bmatrix}v_{cax}\\ v_{cay}\\ v_{caz}\\ \omega_{cax}\\ \omega_{cay}\\ \omega_{caz}\end{bmatrix}\end{aligned}\tag{3-126}$$

式中：$\boldsymbol{L}_s$ 是包含特征点和特征直线的交互矩阵，是 $(2m+2n)\times 6$ 的矩阵。

将式(3－126)改写为

$$\begin{aligned}&[v_{cax}\quad v_{cay}\quad v_{caz}\quad \omega_{cax}\quad \omega_{cay}\quad \omega_{caz}]^{\mathrm{T}}\\&=\boldsymbol{L}_s^{+}[\dot{x}_{c11}\quad \dot{y}_{c11}\quad \cdots\quad \dot{x}_{c1m}\quad \dot{y}_{c1m}\quad \dot{\rho}_1\quad \dot{\theta}_1\quad \cdots\quad \dot{\rho}_n\quad \dot{\theta}_n]^{\mathrm{T}}\end{aligned}\tag{3-127}$$

式中：$\boldsymbol{L}_s^{+}$ 是包含特征点和特征直线的交互矩阵的伪逆，是 $6\times(2m+2n)$ 的矩阵。

利用特征点和特征直线的变化速度，根据式(3－127)可以求取摄像机的运动速度。因此，可以根据目标的图像特征与模型投影到图像的图像特征之间的偏差，设计模型的运动速度控制律，如式(3－128)，控制模型相对于摄像机虚拟运动。当目标的图像特征与模型投影到图像的图像特征相吻合时，模型相对于摄像机的位姿作为目标位姿的测量结果。

$$
\begin{aligned}
&\begin{bmatrix} v_{cax} & v_{cay} & v_{caz} & \omega_{cax} & \omega_{cay} & \omega_{caz} \end{bmatrix}^{\mathrm{T}} \\
&= -\lambda \boldsymbol{L}_s^{+} \boldsymbol{D} \begin{bmatrix} \Delta x_{c11} & \Delta y_{c11} & \cdots & \Delta x_{c1m} & \Delta y_{c1m} & \Delta\rho_1 & \Delta\theta_1 & \cdots & \Delta\rho_n & \Delta\theta_n \end{bmatrix}^{\mathrm{T}}
\end{aligned} \tag{3-128}
$$

式中：λ 为比例因子；$\boldsymbol{D} = \mathrm{diag}(w_1, w_2, \cdots, w_m)$ 为对角阵；$w_i\ (i=1, 2, \cdots, m)$ 表示各图像特征的权重；$\Delta x_{c11}, \Delta y_{c11}, \cdots, \Delta x_{c1m}, \Delta y_{c1m}, \Delta\rho_1, \Delta\theta_1, \cdots, \Delta\rho_n, \Delta\theta_n$ 为目标的图像特征与模型投影到图像的图像特征之间的偏差。

由于是控制模型在摄像机坐标系中运动，所以各个特征点的 z_c 是已知的。对于直线特征，在 $k_x = k_y = k$ 时其在成像平面与图像平面的直线斜率相同，ρ 相差一个系数 k。此外，为了获得特征点在成像平面的坐标 x_{c1i} 和 y_{c1i}，需要已知摄像机的内参数。

3.7 基于消失点的位姿测量

在 2.6 节中，介绍了基于消失点的摄像机内参数的标定。除此之外，利用消失点还可以实现对目标的视觉测量。下面分别以单视点的三维测量和仿射测量为例，说明基于消失点的视觉测量方法。

3.7.1 基于消失点的单视点三维测量

摄像机采用小孔模型，内参数采用式(2-5)所示的四参数模型，并经过预先标定。摄像机的外参数采用式(2-12)模型。摄像机坐标系建立在光轴中心处，其 Z 轴与光轴中心线方向平行，以摄像机到景物方向为正方向，其 X 轴方向取图像坐标沿水平增加的方向。在矩形的某一点处建立世界坐标系，其 X 和 Y 轴分别与矩形的两个边平行，Z 轴垂直于矩形目标所在的平面[20]。

图 3-17 为基于消失点的姿态测量示意图[20]。在图 3-17 中，矩形中的 P_4 点选为世界坐标系的原点，P_4 到 P_3 的方向作为世界坐标系的 X 轴方向，P_4 到 P_1 的方向作为世界坐标系的 Y 轴方向。$P_1 \sim P_4$ 在成像平面上的成像点分别为 $P_{i1} \sim P_{i4}$，平行线 P_1P_2 和 P_4P_3 的消失点记为 P_{v1}，平行线 P_4P_1 和 P_3P_2 的消失点记为 P_{v2}。由点 $P_1 \sim P_4$ 的图像坐

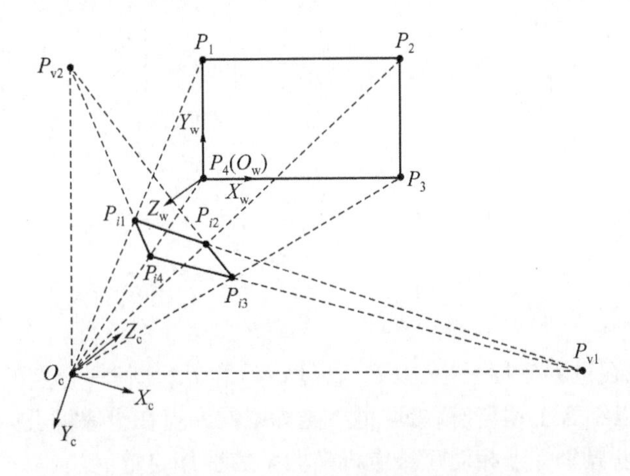

图3-17 基于消失点的姿态测量示意图[20]

标,可以计算出消失点 P_{v1} 和 P_{v2} 的图像坐标。由 P_{v1} 和 P_{v2} 的图像坐标,可以计算出其在摄像机的焦距归一化成像平面的成像点 P_{1v1} 和 P_{1v2} 的坐标:

$$\begin{bmatrix} x_{1cvi} \\ y_{1cvi} \\ 1 \end{bmatrix} = \begin{bmatrix} k_x & 0 & u_0 \\ 0 & k_y & v_0 \\ 0 & 0 & 1 \end{bmatrix}^{-1} \begin{bmatrix} u_{vi} \\ v_{vi} \\ 1 \end{bmatrix} \tag{3-129}$$

式中:(u_{vi}, v_{vi}) 是消失点 P_{vi} 的图像坐标;$(x_{1cvi}, y_{1cvi}, 1)$ 是消失点 P_{vi} 在摄像机的焦距归一化成像平面的成像点在摄像机坐标系的坐标,$i=1,2$;k_x 和 k_y 是摄像机从成像平面坐标到图像坐标的放大系数;(u_0, v_0) 是摄像机的光轴中心点的图像坐标。

事实上,O_cP_{v1} 平行于 P_1P_2 和 P_4P_3。因此,消失点 P_{v1} 在焦距归一化成像平面的成像点的坐标 $[x_{1cv1} \quad y_{1cv1} \quad 1]^T$,既是 P_{v1} 在摄像机坐标系的位置向量,又是世界坐标系的 X 轴的方向向量。同样,$[x_{1cv2} \quad y_{1cv2} \quad 1]^T$ 表示了世界坐标系的 Y 轴的方向。将其归一化为单位向量,就可以分别得到世界坐标系在摄像机坐标系中的旋转变换矩阵 $\boldsymbol{R}$ 的 X 轴和 Y 轴分量。利用这两个分量的叉乘,得到 $\boldsymbol{R}$ 的 Z 轴分量。

$$ {}^{c}\boldsymbol{n}_{w} = \frac{1}{\sqrt{x_{1cv1}^{2} + y_{1cv1}^{2} + 1}} \begin{bmatrix} x_{1cv1} \\ y_{1cv1} \\ 1 \end{bmatrix} \tag{3-130} $$

$$ {}^{c}\boldsymbol{o}_{w} = \frac{1}{\sqrt{x_{1cv2}^{2} + y_{1cv2}^{2} + 1}} \begin{bmatrix} x_{1cv2} \\ y_{1cv2} \\ 1 \end{bmatrix} \tag{3-131} $$

$$ {}^{c}\boldsymbol{a}_{w} = {}^{c}\boldsymbol{n}_{w} \times {}^{c}\boldsymbol{o}_{w} \tag{3-132} $$

如果在世界坐标系中,除 P_4 点(原点)之外,任何一个点的坐标已知,则可以结合上述姿态,求取世界坐标系的原点在摄像机坐标系中的位置,即世界坐标系相对于摄像机坐标系的平移向量。

假设在世界坐标系中,P_5 点的坐标已知,则向量 $\boldsymbol{P}_4\boldsymbol{P}_5$ 已知。利用旋转变换矩阵 $\boldsymbol{R}$ 乘以该向量,就得到该向量在摄像机坐标系下的表示。由 P_4 和 P_5 点的图像坐标,可以分别获得摄像机坐标系下的向量 O_cP_4 和 O_cP_5。于是,利用这3个向量,可以计算出三角形 $O_cP_4P_5$ 的三个角。由三角形 $O_cP_4P_5$ 的三个角和一个边 P_4P_5,可以计算出三角形的另外两个边 O_cP_4 和 O_cP_5 的长度。这样,由 O_cP_4 的长度和方向,得到 P_4(即 O_w)在摄像机坐标系中的位置。

3.7.2 基于消失点的单视点仿射测量

如果一个平面,其在图像空间的成像为一条直线,则称这条直线为消失线。由于消失线是由一个平面形成的直线图像,平面上无穷远处的直线的图像也是这条消失线。因此,消失线又被称作是一个平面上无穷远处的直线形成的图像。图3-18给出了消失点与消失线的示意图。图3-18(a)中的平面 Π 形成消失线 l,与平面 Π 垂直的平行线形成消失点 v,在平面 Π 内的平行线形成的消失点在消失线 l 上。图3-18(b)中给出了木屋一个平面形成的消失线,在图像上是一条水平直线[21]。

将世界坐标系的原点建立在形成消失线的平面上,世界坐标系的 X 和 Y 轴建立在该平面内,世界坐标系的 Z 轴垂直于该平面。将空间

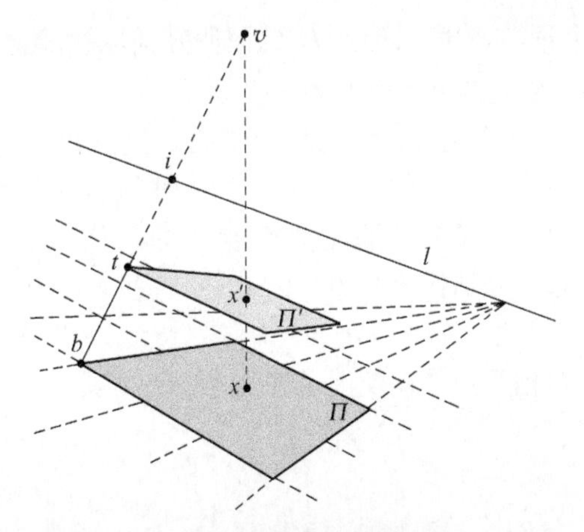

(a) 消失点与消失线示意图

(b) 具有消失点与消失线的自然场景

图3-18　消失点与消失线[21]

点的坐标记为(x_{wi},y_{wi},z_{wi})，其图像坐标记为(u_i,v_i)。由式(2-7)和式(2-12)，得

$$s[u_i \quad v_i \quad 1]^{\mathrm{T}} = \boldsymbol{H}[x_{wi} \quad y_{wi} \quad z_{wi} \quad 1]^{\mathrm{T}} = [\boldsymbol{h}_1 \quad \boldsymbol{h}_2 \quad \boldsymbol{h}_3 \quad \boldsymbol{h}_4]\boldsymbol{P}_i \tag{3-133}$$

式中：s为深度系数；$\boldsymbol{H}=\boldsymbol{M}_{in}[\boldsymbol{n} \quad \boldsymbol{o} \quad \boldsymbol{a} \quad \boldsymbol{p}]=[\boldsymbol{h}_1 \quad \boldsymbol{h}_2 \quad \boldsymbol{h}_3 \quad \boldsymbol{h}_4]$，为从笛卡儿空间到图像空间的单应性矩阵。

将上式改写为

$$s\boldsymbol{I}_i = \boldsymbol{H}\boldsymbol{P}_i \tag{3-134}$$

式中：$\boldsymbol{I}_i=[u_i \quad v_i \quad 1]^{\mathrm{T}}$，为点 P_i 的图像齐次坐标；$\boldsymbol{P}_i=[x_{wi} \quad y_{wi} \quad z_{wi} \quad 1]^{\mathrm{T}}$，为点 P_i 在世界坐标系的齐次坐标。

将沿世界坐标系的 X、Y、Z 轴方向的消失点的图像坐标分别记为 $\boldsymbol{V}_x$、$\boldsymbol{V}_y$、$\boldsymbol{V}_z$。当 $\boldsymbol{P}=[1 \quad 0 \quad 0 \quad 0]^{\mathrm{T}}$ 时，表示空间点 $\boldsymbol{P}$ 是一个平行于世界坐标系的 X 轴的无穷远点。将 $\boldsymbol{P}$ 代入式(3－134)，即可得到 h_1。同理，分别将 $\boldsymbol{P}=[0 \quad 1 \quad 0 \quad 0]^{\mathrm{T}}$ 和 $\boldsymbol{P}=[0 \quad 0 \quad 1 \quad 0]^{\mathrm{T}}$ 代入式(3－134)，可得到 $\boldsymbol{h}_2$ 和 $\boldsymbol{h}_3$，见式(3－135)。式(3－135)中的符号"≅"，表示在相差一个比例因子意义上的相等：

$$\begin{cases} \boldsymbol{h}_1 \cong \boldsymbol{V}_x \\ \boldsymbol{h}_2 \cong \boldsymbol{V}_y \\ \boldsymbol{h}_3 \cong \boldsymbol{V}_z \end{cases} \tag{3-135}$$

由于世界坐标系的原点建立在形成消失线的平面上，因此 $\boldsymbol{H}$ 中 $\boldsymbol{h}_1$、$\boldsymbol{h}_2$ 和 $\boldsymbol{h}_4$ 构成了该平面到图像空间的映射。而 $\boldsymbol{h}_4$ 就是世界坐标系的原点到摄像机光轴中心点的位置向量。考虑到比例因子，$\boldsymbol{H}$ 取值如下：

$$\boldsymbol{H}=[\boldsymbol{V}_x \quad \boldsymbol{V}_y \quad \alpha\boldsymbol{V}_z \quad \hat{\boldsymbol{l}}] \tag{3-136}$$

式中：$\boldsymbol{\alpha}$ 是比例因子；

$$\hat{\boldsymbol{l}}=\boldsymbol{l}/\|\boldsymbol{l}\|, \quad \boldsymbol{l}\cdot\boldsymbol{V}_x=0, \quad \boldsymbol{l}\cdot\boldsymbol{V}_y=0 \tag{3-137}$$

对于场景中两个平行的平面，若世界坐标系建立在其中一个平面上，则两个平面上的点在世界坐标系的齐次坐标分别可以表示为 $\boldsymbol{P}_{\mathrm{b}}=[x_{\mathrm{wb}} \quad y_{\mathrm{wb}} \quad 0 \quad 1]^{\mathrm{T}}$ 和 $\boldsymbol{P}_{\mathrm{t}}=[x_{\mathrm{wt}} \quad y_{\mathrm{wt}} \quad z_{\mathrm{wt}} \quad 1]^{\mathrm{T}}$。其中，$z_{\mathrm{w}}$ 是两个平面之间的距离。若取 $x_{\mathrm{wb}}=x_{\mathrm{wt}}=x_{\mathrm{w}}$，$y_{\mathrm{wb}}=y_{\mathrm{wt}}=y_{\mathrm{w}}$，$z_{\mathrm{wt}}=z_{\mathrm{w}}$，则有下列公式成立：

$$\boldsymbol{I}_{\mathrm{b}}=\rho(x_{\mathrm{w}}\boldsymbol{h}_1+y_{\mathrm{w}}\boldsymbol{h}_2+\boldsymbol{h}_4) \tag{3-138}$$

$$\boldsymbol{I}_{\mathrm{t}}=\mu(x_{\mathrm{w}}\boldsymbol{h}_1+y_{\mathrm{w}}\boldsymbol{h}_2+z_{\mathrm{w}}\boldsymbol{h}_3+\boldsymbol{h}_4) \tag{3-139}$$

式中：ρ 和 μ 是比例因子。

结合式(3－135)～式(3－138)，得到比例因子 ρ 的计算公式：

$$\rho = \hat{\boldsymbol{l}} \cdot \boldsymbol{I}_{\mathrm{b}} \tag{3-140}$$

由式(3-135)、式(3-136)、式(3-140)和式(3-139),得

$$\alpha z_{\mathrm{w}} = \frac{-\|\boldsymbol{I}_{\mathrm{b}} \times \boldsymbol{I}_{\mathrm{t}}\|}{(\hat{\boldsymbol{l}} \cdot \boldsymbol{I}_{\mathrm{b}})\|\boldsymbol{V}_z \times \boldsymbol{I}_{\mathrm{t}}\|} \tag{3-141}$$

如果已知两个平面之间的距离,由式(3-141)可以求解出系数 α。如果已知系数 α,则由式(3-141)可以求解出两个平面之间的距离 z_{w}。通常,给出一段线段的距离作为两个平面之间的参考距离,例如图3-18(b)中的窗子到地面的距离 $t_{\mathrm{r}}b_{\mathrm{r}}$,用于计算系数 α。然后,利用获得的系数 α,计算其他平面之间的距离,例如图3-18(b)中的人的高度 tb。此外,在 α 未知的情况下,也可以利用式(3-141)计算场景中两段直线的长度之比。

对于图3-18(a)中的两个平面 Π 和 Π',如果世界坐标系由平面 Π 平移到 Π',则如式(3-136)所示的 $\boldsymbol{H}$ 成为

$$\boldsymbol{H}' = [\boldsymbol{V}_x \quad \boldsymbol{V}_y \quad \alpha\boldsymbol{V}_z \quad \alpha z_{\mathrm{w}}\boldsymbol{V}_z + \hat{\boldsymbol{l}}] \tag{3-142}$$

式中:z_{w} 是两个平面 Π 和 Π' 之间的距离。

对于平面到图像空间的映射,$\boldsymbol{H}$ 和 $\boldsymbol{H}'$ 中的第三列可以不予考虑。于是,式(3-136)和式(3-142)成为

$$\begin{cases} \boldsymbol{H}_{\Pi} = [\boldsymbol{V}_x \quad \boldsymbol{V}_y \quad \hat{\boldsymbol{l}}] \\ \boldsymbol{H}'_{\Pi'} = [\boldsymbol{V}_x \quad \boldsymbol{V}_y \quad \alpha z_{\mathrm{w}}\boldsymbol{V}_z + \hat{\boldsymbol{l}}] \end{cases} \tag{3-143}$$

由式(3-143)可以获得两个平面之间的映射关系:

$${}^{\Pi'}\boldsymbol{H}_{\Pi} = \boldsymbol{H}'_{\Pi'}\boldsymbol{H}_{\Pi}^{-1} = \boldsymbol{I} + \alpha z_{\mathrm{w}}\boldsymbol{V}_z\hat{\boldsymbol{l}}^{\mathrm{T}} \tag{3-144}$$

利用式(3-144)可以将平面 Π 上的图像坐标转换为平面 Π' 上的图像坐标,从而实现不同平面上的图形面积的测量与比较。

假设摄像机的光轴中心点的坐标为 $\boldsymbol{P}_{\mathrm{oc}} = [x_{\mathrm{c}} \quad y_{\mathrm{c}} \quad z_{\mathrm{c}} \quad w_{\mathrm{c}}]^{\mathrm{T}}$,由 $\boldsymbol{H}\boldsymbol{P}_{\mathrm{oc}} = 0$ 得

$$x_{\mathrm{c}}\boldsymbol{V}_x + y_{\mathrm{c}}\boldsymbol{V}_y + \alpha z_{\mathrm{c}}\boldsymbol{V}_z + w_{\mathrm{c}}\hat{\boldsymbol{l}} = 0 \tag{3-145}$$

根据 Cramer 规则(Cramer’s Rule),由式(3－145)可以求解获得 $\boldsymbol{P}_{oc}=[x_c \quad y_c \quad z_c \quad w_c]^{\mathrm{T}}$,即

$$\begin{cases} x_c = -\det[\boldsymbol{V}_y \quad \boldsymbol{V}_z \quad \hat{\boldsymbol{l}}], & y_c = \det[\boldsymbol{V}_x \quad \boldsymbol{V}_z \quad \hat{\boldsymbol{l}}] \\ \alpha z_c = -\det[\boldsymbol{V}_x \quad \boldsymbol{V}_y \quad \hat{\boldsymbol{l}}], & w_c = \det[\boldsymbol{V}_x \quad \boldsymbol{V}_y \quad \boldsymbol{V}_z] \end{cases} \tag{3-146}$$

图 3－19 给出了平行平面之间图像映射的应用例子。在图 3－19(a)中,利用式(3－144)将建筑物前面平面上的图像特征点映射到包含线段 l_1、l_2 和 l_3 的平面上,然后分别利用式(3－141)计算出两段直线的长度之比。在图 3－19(b)中,利用式(3－144)将建筑物阳台平面上的图像特征点映射到墙面平面上,然后分别利用式(3－141)计算出两个窗子边框直线的长度之比,从而获得两个窗子的面积比。

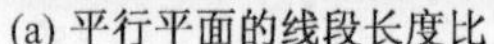
(a) 平行平面的线段长度比

(b) 平行平面的区域面积比

图 3－19 平行平面之间图像映射的应用[21]

3.8 移动机器人的视觉定位

视觉在移动机器人的定位中具有重要作用。事实上,路标导航(Landmark Navigation,LN)定位和模型匹配(Model Matching,MM)定位都是通过视觉实现机器人定位[22]。LN 通过视觉识别路标(Landmark)实现定位;MM 通过视觉提取环境特征,与已经建立的环境地图比较实

现定位[22]。MM 可以在全局范围内实现较高精度的定位,但计算量大,实时性差,而且易出现特征匹配错误,因而其应用受到较大的限制。LN 实现简单,但单独使用时需要对路标搜索,使定位速度受到很大影响。因此,LN 一般与相对定位如 DR(Dead Reckoning)相结合,用于对相对定位累计误差的校正。例如,El-Hakim 等[23-24]利用 DR 确定移动机器人初始近似值,利用 8 个 CCD 摄像机对同一点的位置和摄像机本身的位姿迭代,形成被测点的准确位置和机器人的准确位姿,同时也实现了对 DR 定位误差的校正。El-Hakim 的方法具有高的定位精度,但实时性较差。

适应于移动机器人视觉定位的方法有很多,例如 3.4 节中的基于 P*n*P 的定位方法,3.5 节中的基于矩形目标约束的位姿测量等。除此之外,本节着重介绍两种移动机器人的视觉定位方法,一种为相对于特定已知路标的定位方法,另一种为利用非特定未知空间点的相对定位方法。

3.8.1 基于单应性矩阵的视觉定位

近年来,Malis 等基于摄像机的单应性矩阵提出了 2.5D 视觉伺服方法[25]。在其一系列论文中,对该方法进行了论述,并通过实验验证了该方法的有效性和实时性。Fang 等将 2.5D 视觉伺服用于具有运动学冗余的工业机器人[26],还利用单摄像机实现移动机器人的视觉伺服,根据平面上至少 3 个点的图像坐标求出当前摄像机位姿与目标位姿之间的单应性矩阵,作为控制量[27]。从本质上看,利用单应性矩阵求取摄像机的当前位姿与目标位姿之间的变换,也可以认为是摄像机在目标坐标系中的定位。本节的工作是在文献[25-27]的基础上展开的,主要研究移动机器人的单摄像机定位问题[28]。

3.8.1.1 欧几里得空间单应性矩阵

众所周知,对于平面 Π 上的点 P 在两个视点 O_{c_1}、O_{c_2}下的图像齐次坐标 $\boldsymbol{I}_1=[u_1 \quad v_1 \quad 1]^{\mathrm{T}}$ 和 $\boldsymbol{I}_2=[u_2 \quad v_2 \quad 1]^{\mathrm{T}}$,存在一组单应性矩阵 $\boldsymbol{H}_i$,使下式成立:

$$\alpha\boldsymbol{I}_2=\boldsymbol{H}_i\boldsymbol{I}_1 \tag{3-147}$$

式中：α 为非零常数因子。

图像坐标系下的单应性矩阵 $\boldsymbol{H}_i$ 在相差一个非零常数因子的意义下是唯一的。

取摄像机坐标系的 Z 轴为摄像机光轴方向，坐标系原点在摄像机光轴中心。设在摄像机坐标系下平面 Π 上的点 P 的欧几里得空间坐标为 $\boldsymbol{P}_c=[x_c \quad y_c \quad z_c]^{\mathrm{T}}$，已知摄像机内参数矩阵为 $\boldsymbol{M}_{in}$，则有

$$\boldsymbol{I}_i = \boldsymbol{M}_{in}\boldsymbol{P}_{c_i}/z_{c_i} \tag{3-148}$$

将式(3-148)代入式(3-147)，有

$$\boldsymbol{P}_{c_2} = \boldsymbol{M}_{in}^{-1}\boldsymbol{H}_i\boldsymbol{M}_{in}\boldsymbol{P}_{c_1}z_{c_2}/z_{c_1} = \boldsymbol{H}_e\boldsymbol{P}_{c_1} \tag{3-149}$$

式中：H_e 称为欧几里得空间单应性矩阵。

事实上，H_e 即为摄像机在两个视点 O_{c_1}、O_{c_2} 的坐标系之间的变换。通过平面 Π 上的 3 个点，可以确定 H_e 的参数，见文献[27]。

3.8.1.2 视觉定位

选择平面 Π 垂直于地面，在平面 Π 上选择一点作为视点 O_{c_1}，X_{c_1} 轴垂直于地面，Y_{c_1} 轴与地面平行并在平面 Π 上。摄像机安装在移动机器人上，并使其光轴平行于地面。选择摄像机的光轴中心作为视点 O_{c_2}，选择 X_{c_2} 轴与 X_{c_1} 轴平行，建立坐标系，如图 3-20 所示。

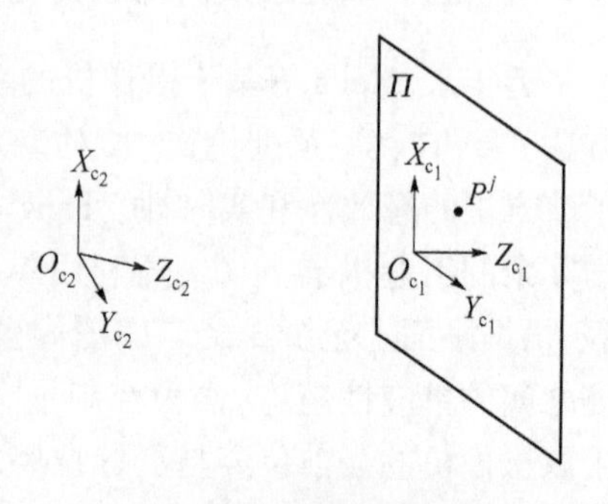

图 3-20 摄像机坐标系

当移动机器人运动时，视点 O_{c_2} 相对于视点 O_{c_1} 作平移运动，摄像机的姿态绕 X_{c_2} 轴旋转。设 $\boldsymbol{H}_e=\begin{bmatrix}\boldsymbol{R} & \boldsymbol{p}\\ 0 & 1\end{bmatrix}$，于是，有

$$\boldsymbol{P}_{c_2} = \boldsymbol{R}\boldsymbol{P}_{c_1} + \boldsymbol{p} \tag{3-150}$$

$$\begin{bmatrix} x_{c_2} \\ y_{c_2} \\ z_{c_2} \end{bmatrix} = \begin{bmatrix} 1 & 0 & 0 \\ 0 & \cos\theta & -\sin\theta \\ 0 & \sin\theta & \cos\theta \end{bmatrix} \begin{bmatrix} x_{c_1} \\ y_{c_1} \\ z_{c_1} \end{bmatrix} + \begin{bmatrix} p_x \\ p_y \\ p_z \end{bmatrix} \tag{3-151}$$

式(3-151)中,θ 为 Z_{c_1} 轴与 Z_{c_2} 轴之间的夹角。$[p_x \quad p_y \quad p_z]^T$ 为视点 O_{c_1} 在视点 O_{c_2} 坐标系中的表示。

对于平面 Π 上的任意一点 P^j,在视点 O_{c_1} 坐标系中可表示为 $P^j_{c_1} = [x^j_{c_1} \quad y^j_{c_1} \quad 0]^T$,将其代入式(3-151),可得

$$\begin{cases} x^j_{c_2} = x^j_{c_1} + p_x \\ y^j_{c_2} = y^j_{c_1}\cos\theta + p_y \\ z^j_{c_2} = y^j_{c_1}\sin\theta + p_z \end{cases} \tag{3-152}$$

式中:$(x^j_{c_1}, y^j_{c_1}, z^j_{c_1})$ 为平面 Π 上的点 P^j 在坐标系 $O_{c_1}X_{c_1}Y_{c_1}Z_{c_1}$ 下的坐标;$(x^j_{c_2}, y^j_{c_2}, z^j_{c_2})$ 为 P^j 在坐标系 $O_{c_2}X_{c_2}Y_{c_2}Z_{c_2}$ 下的坐标。

消去 $z^j_{c_2}$,式(3-152)重写为式(3-153)。其中的 $x^j_{c_2}/z^j_{c_2}$ 和 $y^j_{c_2}/z^j_{c_2}$ 可利用式(3-148)由图像坐标获得。

$$\begin{cases} \dfrac{x^j_{c_2}}{z^j_{c_2}}(y^j_{c_1}\sin\theta + p_z) = x^j_{c_1} + p_x \\ \dfrac{y^j_{c_2}}{z^j_{c_2}}(y^j_{c_1}\sin\theta + p_z) = y^j_{c_1}\cos\theta + p_y \end{cases} \tag{3-153}$$

命题3-1:对于安装在移动机器人上的摄像机,使其光轴平行于地面。如果摄像机内参数已知,并且已知平行于摄像机坐标系的 X 或 Y 轴的平面 Π 上的任意两个点的坐标,则可以通过这两个点的图像坐标计算出移动机器人的位置和姿态,即实现移动机器人的定位。

证明:式(3-153)是由平面 Π 上的一个点的平面坐标和图像坐标获得的,共有两个方程4个未知参数。显然,若已知平面 Π 上的两

个点的平面坐标和图像坐标,则有 4 个方程,可求解出 4 个未知参数 p_x、p_y、p_z、θ,获得 $\boldsymbol{H}_e$。$\boldsymbol{H}_e^{-1}$ 即为摄像机坐标系 $O_{c_2}X_{c_2}Y_{c_2}Z_{c_2}$ 在坐标系 $O_{c_1}X_{c_1}Y_{c_1}Z_{c_1}$ 下的表示,即实现了移动机器人的定位。

下面讨论如何利用平面 Π 上的两个点的平面坐标和图像坐标,实现移动机器人的定位。如果将 P^1 选在视点 O_{c_1},则 $x_{c_1}^1=0,y_{c_1}^1=0$,由式(3-153)得

$$\begin{cases} p_x = \dfrac{x_{c_2}^1}{z_{c_2}^1}p_z \\ p_y = \dfrac{y_{c_2}^1}{z_{c_2}^1}p_z \end{cases} \tag{3-154}$$

对于点 P^2,将式(3-154)代入式(3-153),并整理,得

$$\begin{cases} y_{c_1}^2\sin\theta = \dfrac{1}{x_{c_2}^2/z_{c_2}^2}\left[x_{c_1}^2+\left(\dfrac{x_{c_2}^1}{z_{c_2}^1}-\dfrac{x_{c_2}^2}{z_{c_2}^2}\right)p_z\right] = a_1+b_1p_z \\ y_{c_1}^2\cos\theta = \dfrac{y_{c_2}^2/z_{c_2}^2}{x_{c_2}^2/z_{c_2}^2}\left[x_{c_1}^2+\left(\dfrac{x_{c_2}^1}{z_{c_2}^1}-\dfrac{x_{c_2}^2}{z_{c_2}^2}\right)p_z\right]+\dfrac{y_{c_2}^2}{z_{c_2}^2}p_z-\dfrac{y_{c_2}^1}{z_{c_2}^1}p_z = a_2+b_2p_z \end{cases} \tag{3-155}$$

式中:

$$\begin{cases} a_1 = \dfrac{1}{x_{c_2}^2/z_{c_2}^2}x_{c_1}^2, \quad b_1 = \dfrac{1}{x_{c_2}^2/z_{c_2}^2}\left(\dfrac{x_{c_2}^1}{z_{c_2}^1}-\dfrac{x_{c_2}^2}{z_{c_2}^2}\right) \\ a_2 = \dfrac{y_{c_2}^2/z_{c_2}^2}{x_{c_2}^2/z_{c_2}^2}x_{c_1}^2, \quad b_2 = \dfrac{y_{c_2}^2/z_{c_2}^2}{x_{c_2}^2/z_{c_2}^2}\left(\dfrac{x_{c_2}^1}{z_{c_2}^1}-\dfrac{x_{c_2}^2}{z_{c_2}^2}\right)+\dfrac{y_{c_2}^2}{z_{c_2}^2}-\dfrac{y_{c_2}^1}{z_{c_2}^1} \end{cases}$$

由式(3-155)得

$$(y_{c_1}^2)^2 = (a_1+b_1p_z)^2+(a_2+b_2p_z)^2 \tag{3-156}$$

故

$$p_z = \frac{-c_2 \pm \sqrt{c_2^2 - 4c_1c_3}}{2c_1} \tag{3-157}$$

式中：$c_1 = (b_1^2 + b_2^2)$，$c_2 = 2(a_1b_1 + a_2b_2)$，$c_3 = a_1^2 + a_2^2 - (y_{c_1}^2)^2$。

获得 p_z 后，由式(3-154)可获得 p_x、p_y。偏转角 θ 可由式(3-158)获得

$$\theta = \arctan(a_1 + b_1p_z, a_2 + b_2p_z) \tag{3-158}$$

对于平面 Π 上的多个点，可以利用式(3-154)、式(3-157)和式(3-158)求得多组参数 p_x、p_y、p_z、θ。对其按照文献[29]方法进行信息融合，获得准确的 p_x、p_y、p_z、θ。

3.8.1.3 实验与结果

摄像机内参数为

$$\boldsymbol{M}_{\text{in}} = \begin{bmatrix} 2030.0 & 0 & 809.6 \\ 0 & 2083.4 & 279.3 \\ 0 & 0 & 1 \end{bmatrix}$$

摄像机相对于机器人的外参数为

$$\boldsymbol{T}_{\text{m}} = \begin{bmatrix} 0.9087 & 0.0069 & 0.4175 & 10.0097 \\ -0.0215 & 0.9993 & 0.0302 & -410.5238 \\ -0.4170 & -0.0364 & 0.9082 & 169.7820 \\ 0 & 0 & 0 & 1 \end{bmatrix}$$

位置以毫米(mm)为单位。

将“田”字形路标粘贴到墙上，按照图3-16所示坐标系调整摄像机的位置，使摄像机正对着路标时采集到的“田”字形与 X_{c_1} 轴、Y_{c_1} 轴平行。图3-21为机器人在不同位置时，摄像机采集到的图像。选择“田”字形的9个交点作为特征点。

在 O_{c_1} 坐标系中，路标特征点的坐标分别为

$$\boldsymbol{P}_{c_1} = \begin{bmatrix} 0 & 0 & 0 & 51 & 51 & 51 & 101.5 & 101.5 & 101.5 \\ 0 & 57 & 113.5 & 0 & 57 & 113.5 & 0 & 57 & 113.5 \\ 0 & 0 & 0 & 0 & 0 & 0 & 0 & 0 & 0 \end{bmatrix}$$

图 3-21 定位时摄像机采集到的图像[28]

利用 8 个非零位置特征点与 O_{c_1} 坐标系原点,对移动机器人进行定位。当移动机器人在初始位置时,定位结果如下:

$$\boldsymbol{\Theta}=[-0.1686\ \ -0.1706\ \ -0.0260\ \ -0.1485\ \ -0.1468\ \ -0.0298\ \ -0.1893\ \ -0.2304]$$

$$\boldsymbol{p}=\begin{bmatrix} 447.5 & 452.2 & 434.8-2.9\mathrm{i} & 438.4 & 442.9 & 438.3-4.2\mathrm{i} & 437.8-19.7\mathrm{i} & 433.3 \\ -256.3 & -254.7 & -260.8-1.0\mathrm{i} & -259.5 & -258.0 & -259.6-1.5\mathrm{i} & -259.8-6.9\mathrm{i} & -261.4 \\ 3053.0 & 3084.0 & 2969.0-19.3\mathrm{i} & 2993.0 & 3022.6 & 2992.1-27.6\mathrm{i} & 2989.1-129.7\mathrm{i} & 2959.2 \end{bmatrix}$$

经过对上述结果的实数部分进行信息融合,得到 $\theta=-0.1587$,$\boldsymbol{p}=[445\quad -257\quad 3038]^{\mathrm{T}}$。

机器人沿 Y_{c_2} 轴移动 100mm,定位结果为 $\theta=-0.1652$,$\boldsymbol{p}=[447\quad -357\quad 3029]^{\mathrm{T}}$。

机器人在初始位置的基础上,沿 Y_{c_2} 轴移动 50mm,沿 Z_{c_2} 轴移动 -50mm,定位结果为 $\theta=-0.1669$,$\boldsymbol{p}=[434\quad -310\quad 2979]^{\mathrm{T}}$。

利用上述 θ 和 $\boldsymbol{p}$,分别获得 $\boldsymbol{H}_{\mathrm{e}}$。$\boldsymbol{H}_{\mathrm{e}}^{-1}$ 即为摄像机坐标系 $O_{c_2}X_{c_2}Y_{c_2}Z_{c_2}$ 在坐标系 $O_{c_1}X_{c_1}Y_{c_1}Z_{c_1}$ 下的表示,由此即可获得机器人在路标坐标系中的位置。实验结果见表 3-4。

表 3-4 视觉定位实验结果

机器人实验位置	偏转角 θ /rad	路标在机器人坐标系中的位置/mm	机器人在路标坐标系中的位置/mm
原始位置	-0.1587	$[445\ \ -257\ \ 3038]^T$	$[-445\ \ 734\ \ -2959]^T$
沿 Y_{c_2} 轴移动 100mm	-0.1652	$[447\ \ -357\ \ 3029]^T$	$[-447\ \ 850\ \ -2929]^T$
沿 Y_{c_2} 轴移动 50mm，沿 Z_{c_2} 轴移动 -50mm	-0.1669	$[434\ \ -310\ \ 2979]^T$	$[-434\ \ 801\ \ -2886]^T$

误差分析：测量结果存在误差的原因是多方面的，包括 X_{c_2} 轴与 X_{c_1} 轴不平行导致的误差、摄像机内参数存在误差、图像处理存在误差等，但由于式(3-150)~式(3-158)是以 X_{c_2} 轴与 X_{c_1} 轴平行为基础的，当二者方向上具有较大偏差时，定位结果必然受其影响而产生误差。因此，X_{c_2} 轴与 X_{c_1} 轴不平行成为测量结果存在误差的主要因素。利用8个非零位置特征点与 O_{c_1} 坐标系原点对移动机器人进行定位时，定位结果 $\boldsymbol{p}$ 有时会出现复数，这主要是因为 X_{c_2} 轴与 X_{c_1} 轴不平行，二者方向上具有较大偏差造成的。从图 3-21 可以看出，"田"字形路标的水平线、竖直线与图像坐标的水平轴和垂线轴明显不平行。

以原始位置为基准，不考虑 X 轴方向误差，机器人在不同的实验位置时，视觉测量结果的绝对误差和相对误差见表 3-5。其中，位置相对误差的计算方法为：在相应坐标系中的位置变化与机器人实验位置变化之差，除以 O_{c_1} 与 O_{c_2} 之间的距离。

表 3-5 以原始位置为基准的视觉定位误差

机器人实验位置	偏转角误差		路标在机器人坐标系中的位置误差		机器人在路标坐标系中的位置误差	
	绝对误差 /rad	相对误差 /%	绝对误差 /mm	相对误差 /%	绝对误差 /mm	相对误差 /%
沿 Y_{c_2} 轴移动 100mm	0.0065	4.1	1	0.03	19	0.6
沿 Y_{c_2} 轴移动 50mm，沿 Z_{c_2} 轴移动 -50mm	0.0082	5.2	8	0.3	28	1

由表3-5可以发现,由于偏转角误差的影响,由路标在机器人坐标系中的位置转换为机器人在路标坐标系中的位置时,位置误差会大幅度提高。因此,提高偏转角的测量精度是降低机器人定位误差的关键。

本小节提出的移动机器人的视觉定位方法,利用已知的摄像机内参数和平行于摄像机坐标系的 X 轴或 Y 轴的平面 Π 上的任意已知两个点的图像坐标,可以计算出移动机器人的位置和姿态,即实现移动机器人的定位。该方法计算量小,实现简单。

3.8.2 基于非特定参照物的视觉定位

3.8.2.1 两个视点之间相对位姿

摄像机采用小孔模型,内参数采用式(2-5)所示的四参数模型,并经过预先标定。摄像机的外参数采用式(2-12)模型。摄像机坐标系建立在光轴中心处,其 Z 轴与光轴中心线方向平行,以摄像机到景物方向为正方向,其 X 轴方向取图像坐标沿水平增加的方向。

摄像机在两个视点 O_{c_1}、O_{c_2} 的坐标系如图3-22所示,分别用符号 C_1 和 C_2 表示。在摄像机的视点 O_{c_1} 处建立世界坐标系 W,其各个轴的方向与在视点 O_{c_2} 的坐标系的各个轴的方向相同。因此,坐标系 C_1 与 W 之间为纯旋转,坐标系 C_2 与 W 之间为纯平移。由摄像机外参数模型,得到式(3-159)和式(3-160):

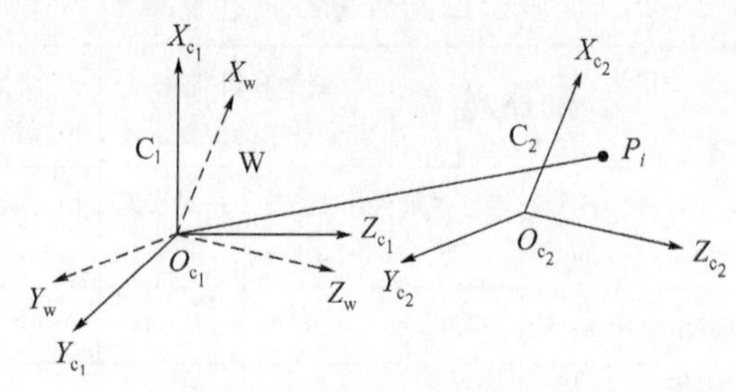

图3-22 摄像机两个视点的坐标变换

$$\begin{bmatrix} x_{c_1} \\ y_{c_1} \\ z_{c_1} \end{bmatrix} = \begin{bmatrix} n_x & o_x & a_x & 0 \\ n_y & o_y & a_y & 0 \\ n_z & o_z & a_z & 0 \end{bmatrix} \begin{bmatrix} x_w \\ y_w \\ z_w \\ 1 \end{bmatrix} = {}^{c_1}\boldsymbol{M}_w \begin{bmatrix} x_w \\ y_w \\ z_w \\ 1 \end{bmatrix} \tag{3-159}$$

$$\begin{bmatrix} x_{c_2} \\ y_{c_2} \\ z_{c_2} \end{bmatrix} = \begin{bmatrix} 1 & 0 & 0 & p_x \\ 0 & 1 & 0 & p_y \\ 0 & 0 & 1 & p_z \end{bmatrix} \begin{bmatrix} x_w \\ y_w \\ z_w \\ 1 \end{bmatrix} = {}^{c_2}\boldsymbol{M}_w \begin{bmatrix} x_w \\ y_w \\ z_w \\ 1 \end{bmatrix} \tag{3-160}$$

对于任意一个空间点 P_i，其在视点 O_{c_1}、O_{c_2} 的图像坐标可由式(2-5)导出：

$$\begin{cases} x_{c_1 i} = u_{d1i} z_{c_1 i} / k_{x1} \\ y_{c_1 i} = v_{d1i} z_{c_1 i} / k_{y1} \end{cases} \tag{3-161}$$

$$\begin{cases} x_{c_2 i} = u_{d2i} z_{c_2 i} / k_{x2} \\ y_{c_2 i} = v_{d2i} z_{c_2 i} / k_{y2} \end{cases} \tag{3-162}$$

式中：$u_{d1i} = u_{1i} - u_{10}$，$v_{d1i} = v_{1i} - v_{10}$，$u_{d2i} = u_{2i} - u_{20}$，$v_{d2i} = v_{2i} - v_{20}$。

将式(3-161)代入式(3-159)，得到空间点 P_i 在世界坐标系的坐标：

$$\begin{cases} x_{wi} = \dfrac{u_{d1i}}{k_{x1}} n_x z_{c_1 i} + \dfrac{v_{d1i}}{k_{y1}} n_y z_{c_1 i} + n_z z_{c_1 i} \\ y_{wi} = \dfrac{u_{d1i}}{k_{x1}} o_x z_{c_1 i} + \dfrac{v_{d1i}}{k_{y1}} o_y z_{c_1 i} + o_z z_{c_1 i} \\ z_{wi} = \dfrac{u_{d1i}}{k_{x1}} a_x z_{c_1 i} + \dfrac{v_{d1i}}{k_{y1}} a_y z_{c_1 i} + a_z z_{c_1 i} \end{cases} \tag{3-163}$$

在式(3－163)中消除 z_{c_1i}，得到利用 z_{wi} 表示的 x_{wi} 和 y_{wi}：

$$x_{wi}=\frac{\dfrac{u_{d1i}}{k_{x1}}n_x+\dfrac{v_{d1i}}{k_{y1}}n_y+n_z}{\dfrac{u_{d1i}}{k_{x1}}a_x+\dfrac{v_{d1i}}{k_{y1}}a_y+a_z}z_{wi},\quad y_{wi}=\frac{\dfrac{u_{d1i}}{k_{x1}}o_x+\dfrac{v_{d1i}}{k_{y1}}o_y+o_z}{\dfrac{u_{d1i}}{k_{x1}}a_x+\dfrac{v_{d1i}}{k_{y1}}a_y+a_z}z_{wi} \tag{3-164}$$

将式(3－162)代入式(3－160)，并消除 z_{c_1i}，得到另一组利用 z_{wi} 表示的 x_{wi} 和 y_{wi}：

$$x_{wi}=\frac{u_{d2i}}{k_{x2}}(p_z+z_{wi})-p_x,\quad y_{wi}=\frac{v_{d2i}}{k_{y2}}(p_z+z_{wi})-p_y \tag{3-165}$$

显然，对于同一个空间点 P_i，式(3－164)中的 x_{wi}、y_{wi} 与式(3－165)中的 x_{wi}、y_{wi} 是相同的。将式(3－164)代入式(3－165)，消去参数 z_{wi} 并化简，得到一个只含有两个视点之间相对位姿，与空间点 P_i 的位置无关的方程：

$$\begin{aligned}&\frac{v_{d2i}}{k_{y2}}\frac{u_{d1i}}{k_{x1}}(n_xp_z-a_xp_x)+\frac{v_{d2i}}{k_{y2}}\frac{v_{d1i}}{k_{y1}}(n_yp_z-a_yp_x)+\frac{v_{d2i}}{k_{y2}}(n_zp_z-a_zp_x)+\\&\frac{u_{d2i}}{k_{x2}}\frac{u_{d1i}}{k_{x1}}(a_xp_y-o_xp_z)+\frac{u_{d2i}}{k_{x2}}\frac{v_{d1i}}{k_{y1}}(a_yp_y-o_yp_z)+\frac{u_{d2i}}{k_{x2}}(a_zp_y-o_zp_z)+\\&\frac{u_{d1i}}{k_{x1}}(o_xp_x-n_xp_y)+\frac{v_{d1i}}{k_{y1}}(o_yp_x-n_yp_y)+(o_zp_x-n_zp_y)=0\end{aligned} \tag{3-166}$$

令

$$k=o_zp_x-n_zp_y \tag{3-167}$$

$$h_1=(n_xp_z-a_xp_x)/k \tag{3-168}$$

$$h_2 = (n_y p_z - a_y p_x)/k \tag{3-169}$$

$$h_3 = (n_z p_z - a_z p_x)/k \tag{3-170}$$

$$h_4 = (a_x p_y - o_x p_z)/k \tag{3-171}$$

$$h_5 = (a_y p_y - o_y p_z)/k \tag{3-172}$$

$$h_6 = (a_z p_y - o_z p_z)/k \tag{3-173}$$

$$h_7 = (o_x p_x - n_x p_y)/k \tag{3-174}$$

$$h_8 = (o_y p_x - n_y p_y)/k \tag{3-175}$$

利用式(3-167)~式(3-175),将式(3-166)改写为

$$\frac{v_{d2i}}{k_{y2}}\frac{u_{d1i}}{k_{x1}}h_1 + \frac{v_{d2i}}{k_{y2}}\frac{v_{d1i}}{k_{y1}}h_2 + \frac{v_{d2i}}{k_{y2}}h_3 + \frac{u_{d2i}}{k_{x2}}\frac{u_{d1i}}{k_{x1}}h_4 + \frac{u_{d2i}}{k_{x2}}\frac{v_{d1i}}{k_{y1}}h_5 + \frac{u_{d2i}}{k_{x2}}h_6 + \frac{u_{d1i}}{k_{x1}}h_7 + \frac{v_{d1i}}{k_{y1}}h_8 + 1 = 0 \tag{3-176}$$

利用在两个视点中的 n 个位置未知的空间点,可以构造出 n 个如式(3-176)所示的方程。在 $n \geqslant 8$ 时,利用最小二乘法可以求解出中间参数 $h_1 \sim h_8$,进而确定两个视点之间的位姿。换言之,利用至少8个位置未知的空间点,可以确定摄像机两个视点之间的位姿,但位置向量中含有比例系数 k。

在摄像机两个视点的共同视场中,如果有任意两个空间点之间的距离已知,则可以在两个视点之间位姿的基础上,利用立体视觉原理,计算出比例系数 k。上述方法既能用于两台摄像机之间的位姿求取,又能用于一台摄像机在两个视点之间的位姿求取。

3.8.2.2 移动机器人两个视点之间相对位姿

对于移动机器人,其摄像机一般安装在移动机器人本体上。假设在室内环境下,机器人运动范围内的地面是一个平面。为更好地反映移动机器人的运动,假设摄像机固定安装在移动机器人上。摄像机坐标系、机器人坐标系和世界坐标系的建立,如图3-23所示。另外,在摄像机的两个视点之间建立虚拟世界坐标系,见图3-22。

当移动机器人运动时,摄像机的位置与姿态随之变化。但由于摄

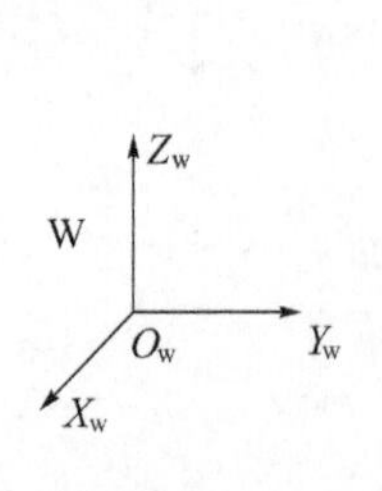

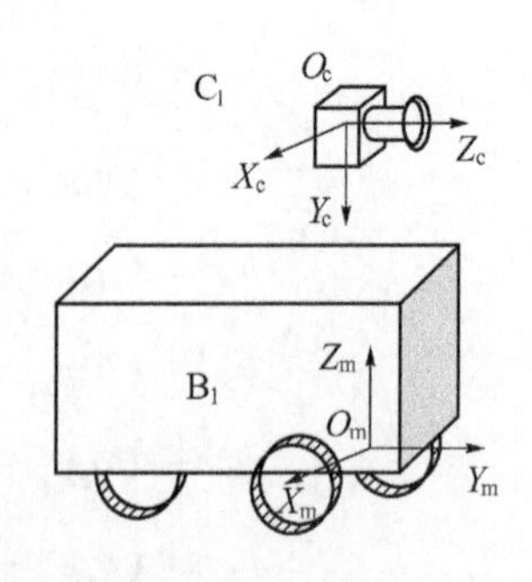

图 3-23 摄像机与移动机器人

像机固定安装在移动机器人上,所以摄像机的运动只有 3 个自由度,分别为在基坐标系的 X_w、Y_w 轴的平移运动和绕 Z_w 轴的旋转运动。对于摄像机的两个视点 O_{c_1}、O_{c_2},虚拟世界坐标系相对于摄像机坐标系 C_1 只有绕 Y_{c_1} 轴的旋转,相对于摄像机坐标系 C_2 只有沿 X_{c_2} 和 Z_{c_2} 轴的平移。此外,对于非完整性约束(Non-holonomic Constraints)的移动机器人,不能够单独沿 X_{c_2} 轴平移。因此,当移动机器人运动时,p_z 一定为非零值,因此,有式(3-177)~式(3-179)成立:

$$ {}^{c_1}\boldsymbol{M}_w = \begin{bmatrix} \cos\theta & 0 & \sin\theta & 0 \\ 0 & 1 & 0 & 0 \\ -\sin\theta & 0 & \cos\theta & 0 \end{bmatrix} \tag{3-177} $$

$$ {}^{c_2}\boldsymbol{M}_w = \begin{bmatrix} 1 & 0 & 0 & p_x \\ 0 & 1 & 0 & 0 \\ 0 & 0 & 1 & p_z \end{bmatrix} \tag{3-178} $$

$$ p_x = kp_z \tag{3-179} $$

式中:θ 为移动机器人在两个视点之间的旋转角;k 为 p_x 和 p_z 之间的比例系数。

将式(3-177)和式(3-178)中的参数以及式(3-179)代入式(3-166),得

$$\frac{v_{d2i}}{k_y}\frac{u_{d1i}}{k_x}(\cos\theta - k\sin\theta) + \frac{v_{d2i}}{k_y}(-\sin\theta - k\cos\theta) + \frac{v_{d1i}}{k_y}k = \frac{u_{d2i}}{k_x}\frac{v_{d1i}}{k_y} \tag{3-180}$$

利用3个中间变量g_1、g_2和g_3，式(3-180)改写为

$$\frac{v_{d2i}}{k_y}\frac{u_{d1i}}{k_x}g_1 + \frac{v_{d2i}}{k_y}g_2 + \frac{v_{d1i}}{k_y}g_3 = \frac{u_{d2i}}{k_x}\frac{v_{d1i}}{k_y} \tag{3-181}$$

式中：

$$\begin{cases} g_1 = \cos\theta - k\sin\theta \\ g_2 = -\sin\theta - k\cos\theta \\ g_3 = k \end{cases} \tag{3-182}$$

显然，利用在两个视点中的n个位置未知的空间点，可以构造出n个如式(3-181)所示的方程。在$n \geqslant 3$时，利用最小二乘法可以求解出中间参数$g_1 \sim g_3$。然后，利用式(3-183)求解出转角θ。根据θ和k，由式(3-184)计算两个视点之间的相对位姿。

$$\theta = \arctan(-g_2 - g_1 g_3, g_1 - g_2 g_3) \tag{3-183}$$

$$\begin{aligned} {}^{c_1}\boldsymbol{M}_{c_2h} &= {}^{c_1}\boldsymbol{M}_{wh}({}^{c_2}\boldsymbol{M}_{wh})^{-1} \\ &= \begin{bmatrix} \cos\theta & 0 & \sin\theta & -(k\cos\theta + \sin\theta)p_z \\ 0 & 1 & 0 & 0 \\ -\sin\theta & 0 & \cos\theta & (k\sin\theta - \cos\theta)p_z \\ 0 & 0 & 0 & 1 \end{bmatrix} \end{aligned} \tag{3-184}$$

式中：${}^{c_1}\boldsymbol{M}_{wh}$和${}^{c_2}\boldsymbol{M}_{wh}$分别为${}^{c_1}M_w$和${}^{c_2}M_w$添加行[0　0　0　1]后形成的齐次矩阵。

上述推导过程说明，利用至少3个位置未知的空间点在摄像机两个视点下的图像坐标，可以确定移动机器人运动前后方向变化以及从运动前的位置到运动后的位置所形成的向量的方向。此外，在摄像机

两个视点的共同视场中，如果有任意两个空间点之间的距离已知，则可以利用立体视觉原理，结合式(3-154)计算出 p_z。

3.9 移动机器人的视觉全局定位

移动机器人的全局视觉定位，主要有以下3种方式。第一种方式为基于单摄像机的平面视觉，将摄像机安装在移动机器人工作平面的上方固定位置，摄像机光轴的中心线垂直于移动机器人工作平面，利用一幅图像可以实现平面内目标的二维位置测量，参见2.2节。第二种方式将基于里程计的推算定位法与基于路标的视觉定位相结合，利用视觉定位的结果消除基于里程计的推算定位的累积误差[22]。推算定位与视觉定位相结合的方法，包括信息融合法和绝对位置更新法等。在3.8节的视觉定位方法中，基于单应性矩阵的视觉定位适合对移动机器人的绝对位置进行更新，基于非特定参照物的视觉定位适合与推算定位进行信息融合。第三种方式被称为视觉推算定位，它利用运动前后所采集的图像，计算出移动机器人运动前后的相对位置与方向，并利用移动机器人运动前的位置和方向推算出运动后的位置和方向。

本节着重介绍基于非特定参照物的视觉全局定位法，包括一种视觉推算定位[30]以及一种融合视觉定位与推算定位的方法[31-32]。

3.9.1 基于非特定参照物的视觉全局定位

两台摄像机安装在移动机器人上，每台摄像机的坐标系建立在光轴中心处，其 Z 轴与光轴中心线方向平行，以摄像机到景物方向为正方向，其 X 轴方向取图像坐标沿水平增加的方向。假设两台摄像机 C_1 和 C_2 的内参数及相对外参数均已经预先进行标定。摄像机的内参数采用式(2-5)所示的四参数模型，分别用 $\boldsymbol{M}_{in1}$ 和 $\boldsymbol{M}_{in2}$ 表示。两台摄像机的相对外参数用 ${}^{c_1}\boldsymbol{M}_{c_2}$ 表示，即 C_2 坐标系在 C_1 坐标系中表示为 ${}^{c_1}\boldsymbol{M}_{c_2}$。

如图3-24所示，在移动机器人运动前后，摄像机 C_1 的位置和姿态发生变化。将摄像机 C_1 运动前相对于世界坐标系的位置和姿态记

为 $M_{c_1}^i=[R_{c_1}^i \quad p_{c_1}^i]$，运动后相对于世界坐标系的位置和姿态记为 $\boldsymbol{M}_{c_1}^{i+1}=[\boldsymbol{R}_{c_1}^{i+1} \quad \boldsymbol{p}_{c_1}^{i+1}]$，将运动后相对于运动前的位姿记为 ${}^iM_{c_1}^{i+1}=[{}^i\boldsymbol{R}_{c_1}^{i+1} \quad {}^i\boldsymbol{p}_{c_1}^{i+1}]$。对于一个未知的空间点 P_{c_1}，与移动机器人运动前后的两个视点 $O_{c_1}^i$ 和 $O_{c_1}^{i+1}$ 构成一个三角形。参照 3.4.1.1 小节，可以利用空间点的图像坐标和摄像机的内参数获得单位向量 $\boldsymbol{e}_{c_1}^i$ 和 $\boldsymbol{e}_{c_1}^{i+1}$。利用坐标变换，将向量 ${}^i\boldsymbol{p}_{c_1}^{i+1}$、$\boldsymbol{e}_{c_1}^i$ 和 $\boldsymbol{e}_{c_1}^{i+1}$ 转换为在世界坐标系中表示的向量。于是，根据三角形的向量之间的关系，下式成立[30]：

$$\lambda_1\boldsymbol{R}_{c_1}^i\boldsymbol{e}_{c_1}^i=\lambda_2\boldsymbol{R}_{c_1}^i\,{}^i\boldsymbol{R}_{c_1}^{i+1}\,\boldsymbol{e}_{c_1}^{i+1}+\boldsymbol{R}_{c_1}^i\,{}^i\boldsymbol{p}_{c_1}^{i+1} \tag{3-185}$$

式中：λ_1 和 λ_2 是两个未知系数。

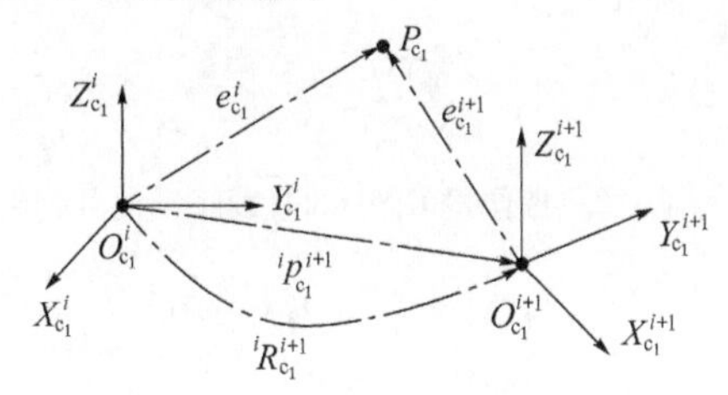

图 3-24 在摄像机 C_1 中的特征点的几何约束

式(3-185)说明，向量 $\boldsymbol{R}_{c_1}^i\boldsymbol{e}_{c_1}^i$、$\boldsymbol{R}_{c_1}^i\,{}^i\boldsymbol{R}_{c_1}^{i+1}\,\boldsymbol{e}_{c_1}^{i+1}$ 和 $\boldsymbol{R}_{c_1}^i\,{}^i\boldsymbol{p}_{c_1}^{i+1}$ 之间线性相关。因此，由这 3 个向量组成的行列式为 0：

$$\det\left|\boldsymbol{R}_{c_1}^i\boldsymbol{e}_{c_1}^i \quad \boldsymbol{R}_{c_1}^i\,{}^i\boldsymbol{R}_{c_1}^{i+1}\boldsymbol{e}_{c_1}^{i+1} \quad \boldsymbol{R}_{c_1}^i\,{}^i\boldsymbol{p}_{c_1}^{i+1}\right|=0 \tag{3-186}$$

同理，对于摄像机 C_2，可以利用另一个未知的空间点 P_{c_2}，得

$$\det\left|\boldsymbol{R}_{c_1}^i\,{}^{c_1}\boldsymbol{R}_{c_2}\boldsymbol{e}_{c_2}^i \quad \boldsymbol{R}_{c_1}^i\,{}^i\boldsymbol{R}_{c_1}^{i+1}\,{}^{c_1}\boldsymbol{R}_{c_2}\boldsymbol{e}_{c_2}^{i+1} \quad \boldsymbol{R}_{c_1}^i\,{}^i\boldsymbol{p}_{c_1}^{i+1}+({}^i\boldsymbol{R}_{c_1}^{i+1}-\boldsymbol{I})\,{}^{c_1}\boldsymbol{p}_{c_2}\right|=0 \tag{3-187}$$

假设空间中一条直线 L_{c_1} 在世界坐标系中的姿态已知。在移动机器人运动前后摄像机 C_1 采集的该直线的图像上，分别取两个图像点，如图 3-25 所示。假设摄像机 C_1 在视点 $O_{c_1}^i$ 时所取的图像点对应于直线 L_{c_1} 上的空间点 $P_{c_11}^i$ 和 $P_{c_12}^i$，在视点 $O_{c_1}^{i+1}$ 时所取的图像点对应于直线 L_{c_1} 上的空间点 $P_{c_11}^{i+1}$ 和 $P_{c_12}^{i+1}$。参照 3.4.1.1 小节，可以利用空间点的图像坐标和摄像机的内参数获得单位向量 $\boldsymbol{e}_{c_11}^i$、$\boldsymbol{e}_{c_12}^i$、$\boldsymbol{e}_{c_11}^{i+1}$ 和 $\boldsymbol{e}_{c_12}^{i+1}$。由向量

$\boldsymbol{e}_{c_1 1}^i$和$\boldsymbol{e}_{c_1 2}^i$叉乘，得到点$O_{c_1}^i$、$P_{c_1 1}^i$和$P_{c_1 2}^i$所形成的平面的法向量$\boldsymbol{n}_{c_1}^i$。由向量$\boldsymbol{e}_{c_1 1}^{i+1}$和$\boldsymbol{e}_{c_1 2}^{i+1}$叉乘，得到点$O_{c_1}^{i+1}$、$P_{c_1 1}^{i+1}$和$P_{c_1 2}^{i+1}$所形成的平面的法向量$\boldsymbol{n}_{c_1}^{i+1}$：

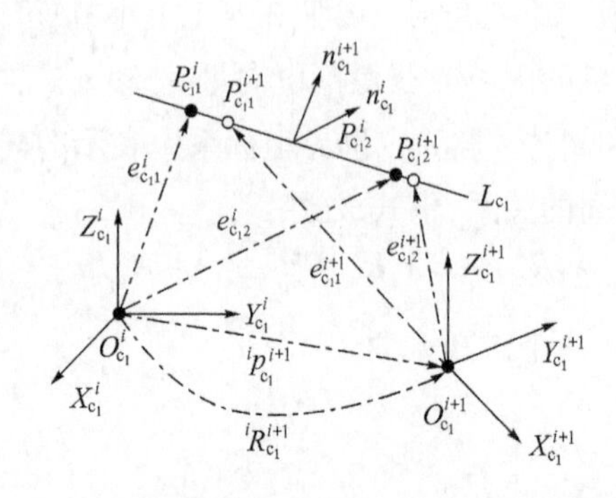

图 3-25　在摄像机 C_1 中的直线特征的几何约束

$$\begin{cases}\boldsymbol{n}_{c_1}^i = \boldsymbol{e}_{c_1 1}^i \times \boldsymbol{e}_{c_1 2}^i \\ \boldsymbol{n}_{c_1}^{i+1} = \boldsymbol{e}_{c_1 1}^{i+1} \times \boldsymbol{e}_{c_1 2}^{i+1}\end{cases} \tag{3-188}$$

向量$\boldsymbol{n}_{c_1}^i$和$\boldsymbol{n}_{c_1}^{i+1}$叉乘，构成的向量就是直线$\boldsymbol{L}_{c_1}$。利用坐标变换，将向量$\boldsymbol{n}_{c_1}^i$和$\boldsymbol{n}_{c_1}^{i+1}$转换为在世界坐标系中表示的向量，得

$$\mu_1 \boldsymbol{L}_{c_1} = (\boldsymbol{R}_{c_1}^i \boldsymbol{n}_{c_1}^i) \times (\boldsymbol{R}_{c_1}^i \, {}^i\boldsymbol{R}_{c_1}^{i+1} \boldsymbol{n}_{c_1}^{i+1}) \tag{3-189}$$

同理，对于在世界坐标系中姿态已知的另一条空间直线$\boldsymbol{L}_{c_2}$，利用摄像机 C_2 采集的该直线的图像，可以得到

$$\mu_2 \boldsymbol{L}_{c_2} = (\boldsymbol{R}_{c_1}^i \, {}^{c_1}\boldsymbol{R}_{c_2} \boldsymbol{n}_{c_2}^i) \times (\boldsymbol{R}_{c_1}^i \, {}^i\boldsymbol{R}_{c_1}^{i+1} \, {}^{c_1}\boldsymbol{R}_{c_2} \boldsymbol{n}_{c_2}^{i+1}) \tag{3-190}$$

对于 n 条在世界坐标系中姿态已知的空间直线，利用两台摄像机分别采集图像，由式(3-189)和式(3-190)可以得到 n 个方程组，共 $3n$ 个方程。而这 $3n$ 个方程中共有 $n+3$ 个未知数，因此，当 $n \geqslant 2$ 时可以利用这些方程求解出运动后相对于运动前的姿态${}^i\boldsymbol{R}_{c_1}^{i+1}$。为提高求解的精度，将$({}^i\boldsymbol{R}_{c_1}^{i+1})({}^i\boldsymbol{R}_{c_1}^{i+1})^{\mathrm{T}} = \boldsymbol{I}$作为约束，利用 Levenberg-Marquart 非线性优化方法进行求解。

对于 n 个在世界坐标系中位置未知的空间点，利用两台摄像机分别采集图像，由式(3－186)和式(3－187)可以得到含有运动后相对于运动前的平移向量的 n 个方程。由于移动机器人在平面内运动，所以运动后相对于运动前的平移向量只有两个未知数。因此，求解出 ${}^{i}\boldsymbol{R}_{c_1}^{i+1}$ 后，利用两个在世界坐标系中位置未知的空间点，可以求解出运动后相对于运动前的平移向量。

图3－26为两台摄像机分别采集的图像以及所选取的特征点与特征直线。摄像机 C_1 所选取的特征点为墙壁上挂盒的一个角点，特征直线为挂盒的两条边。摄像机 C_2 所选取的特征点为挂图的一个角点，特征直线为挂图的两条边。两台摄像机可以分别选取特征，不需要在两台摄像机之间进行特征点或特征直线的匹配，是该方法的主要特点。

(a) 摄像机 C_1 的图像及特征点与特征直线

(b) 摄像机 C_2 的图像及特征点与特征直线

图3－26 两台摄像机采集的图像及所选取的特征点与特征直线[25]

3.9.2 视觉定位与里程计推算定位的信息融合

里程计推算定位涉及到移动机器人的运动学模型，在此予以简要介绍。轮式移动机器人根据其转向方式的不同，可以分为导向驱动式和差动驱动式。在导向驱动式移动机器人中，由导向轮决定其运动方向，由驱动轮确定运动速度。在差动驱动式移动机器人中，由两个驱动轮的速度差决定其运动方向，由两个驱动轮的速度均值确定运动速度。下面以导向驱动式移动机器人为例，说明其运动学模型。将机器人坐标系建立在其两个后轮连线的中点，取移动机器人的前进方向为 X 轴方向，从右侧到左侧方向的两个后轮的连线作为 Y 轴，如

图 3－27 所示。移动机器人可以采用式(3－191)运动学模型,描述其运动速度:

$$\begin{cases}\dot{x} = v\cos\theta \\ \dot{y} = v\sin\theta \\ \dot{\theta} = (v/L)\tan\phi\end{cases} \tag{3-191}$$

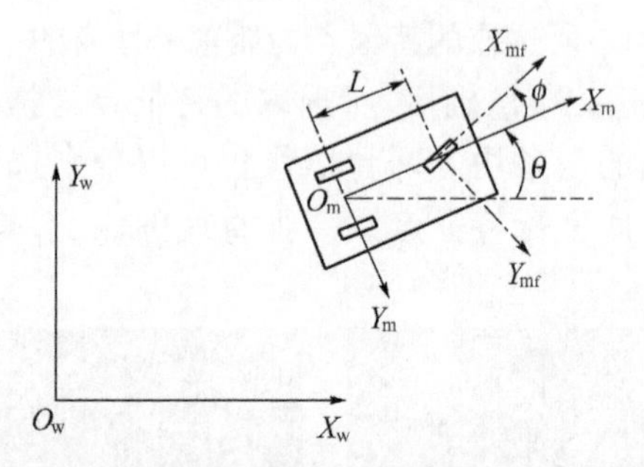

图 3－27 导向驱动式移动机器人运动模型示意图

式中:v 为驱动轮的运动速度;θ 为移动机器人的方向角,即 X_m 与 X_w 之间的夹角;ϕ 为导向轮的转向角;L 为前后轮之间的距离;$\dot{x}$、$\dot{y}$ 和 $\dot{\theta}$ 分别为移动机器人坐标系在世界坐标系中平移和旋转速度。

显然,由于受机械约束,轮子不会沿着垂直于轮平面的方向平移。对于后轮,O_m 点不能够单独沿 Y_m 轴平移;对于前轮,不会沿 Y_{mf} 轴平移。于是,可以得到前轮和后轮的约束方程[31]:

$$\begin{cases}\dot{x}\sin(\theta+\phi) - \dot{y}\cos(\theta+\phi) - L\dot{\theta}\cos\phi = 0 \\ \dot{x}\sin\theta - \dot{y}\cos\theta = 0\end{cases} \tag{3-192}$$

上式所示的约束,称为非完整性约束。具有这种约束关系的移动机器人,又称为非完整性约束移动机器人。

假设在移动机器人的 O_m 点的正上方某一位置安装摄像机,摄像机的坐标系建立在光轴中心处,其 Z 轴与光轴中心线方向平行,以摄像机到景物方向为正方向,其 X 轴方向取图像坐标沿水平增加的方向。假设摄像机相对于移动机器人具有两个自由度,分别为偏转和俯仰。假设摄像机的偏转角为 θ_c,俯仰角为 φ。在偏转角和俯仰角为0°时，摄像机坐标系与世界坐标系之间的姿态关系见图3－28(a)。在偏转角和俯仰角不为0°时，摄像机坐标系与世界坐标系之间的姿态关系见图3－28(b)。

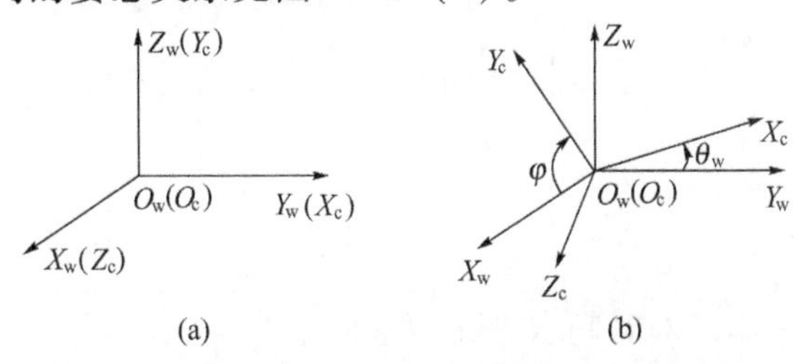

图3－28 摄像机坐标系与世界坐标系之间的姿态

移动机器人的方向角 θ 和摄像机的偏转角 θ_c 共同构成摄像机在机器人的世界坐标系中的偏转角，记为 θ_w：

$$\theta_w = \theta + \theta_c \tag{3-193}$$

由图3－28(b)可以发现，当世界坐标系绕 Z_w 轴旋转 $90° + \theta_w$，再绕新的 X_w 轴旋转 $90° - \varphi$ 后，世界坐标系与摄像机坐标系重合。因此，可以得到摄像机坐标系相对于世界坐标系的姿态：

$$\begin{aligned} {}^{w}\boldsymbol{R}_c &= \mathrm{Rot}(Z_w, 90° + \theta_w)\mathrm{Rot}(X_w, 90° - \varphi) \\ &= \begin{bmatrix} -\sin\theta & -\cos\theta\sin\varphi & \cos\theta\cos\varphi \\ \cos\theta & -\sin\theta\sin\varphi & \sin\theta\cos\varphi \\ 0 & \cos\varphi & \sin\varphi \end{bmatrix} \end{aligned} \tag{3-194}$$

由上式中的 ${}^{w}\boldsymbol{R}_c$ 求逆，即可得到世界坐标系相对于摄像机坐标系的姿态 ${}^{c}\boldsymbol{R}_w$，即摄像机外参数中的姿态矩阵：

$${}^{c}\boldsymbol{R}_w = ({}^{w}\boldsymbol{R}_c)^{\mathrm{T}} = \begin{bmatrix} -\sin\theta & \cos\theta & 0 \\ -\cos\theta\sin\varphi & -\sin\theta\sin\varphi & \cos\varphi \\ \cos\theta\cos\varphi & \sin\theta\cos\varphi & \sin\varphi \end{bmatrix} \tag{3-195}$$

假设目标点 P_i 在世界坐标系中的位置保持不变，将其记为(x_{wi}, y_{wi}, z_{wi})。将摄像机坐标系的原点（移动机器人的位置）在世界坐标系中的位置记为(x_{wr},y_{wr},h),其中,h 为摄像机坐标系的原点在世界坐标系中的 Z 轴位置,为常数。目标点 P_i 在摄像机坐标系的位置,可表示为

$$\begin{bmatrix} x_{ci} \\ y_{ci} \\ z_{ci} \end{bmatrix} = {}^{c}\boldsymbol{R}_{w}\left(\begin{bmatrix} x_{wi} \\ y_{wi} \\ z_{wi} \end{bmatrix} - \begin{bmatrix} x_{wr} \\ y_{wr} \\ h \end{bmatrix}\right) \tag{3-196}$$

将式(3-196)对时间求导数,得

$$\begin{bmatrix} \dot{x}_{ci} \\ \dot{y}_{ci} \\ \dot{z}_{ci} \end{bmatrix} = -\boldsymbol{v}_{t} + \omega \boldsymbol{w}_{k} \times \begin{bmatrix} x_{ci} \\ y_{ci} \\ z_{ci} \end{bmatrix} \tag{3-197}$$

式中:$\boldsymbol{v}_t$ 为平移速度;$\boldsymbol{w}_k$ 为旋转角速度单位向量;ω 为旋转角速度,即

$$\boldsymbol{v}_{t} = \begin{bmatrix} -\dot{x}_{wr}\sin\theta_{w} + \dot{y}_{wr}\cos\theta_{w} \\ -\dot{x}_{wr}\sin\varphi\cos\theta_{w} - \dot{y}_{wr}\sin\varphi\sin\theta_{w} \\ \dot{x}_{wr}\cos\varphi\cos\theta_{w} + \dot{y}_{wr}\cos\varphi\sin\theta_{w} \end{bmatrix} \tag{3-198}$$

$$\boldsymbol{w}_{k} = \frac{1}{\sqrt{\dot{\varphi}^{2} + \dot{\theta}^{2}}}\begin{bmatrix} -\dot{\varphi} \\ \dot{\theta}\cos\varphi \\ \dot{\theta}\sin\varphi \end{bmatrix} \tag{3-199}$$

$$\omega = \sqrt{\dot{\varphi}^{2} + \dot{\theta}^{2}} \tag{3-200}$$

对于摄像机坐标系中的点 $\boldsymbol{P}_{c0} = [0 \quad 0 \quad z_{c0}]^{T}$,有下式成立[32]:

$$\omega \boldsymbol{w}_{k} = \omega_{c0}\boldsymbol{P}_{c0} + \frac{1}{\|\boldsymbol{P}_{c0}\|}\boldsymbol{v}_{t} \times \boldsymbol{P}_{c0} \tag{3-201}$$

式中:ω_{c0}是未知系数。

将$\boldsymbol{P}_{c0}$代入式(3-201),得

$$[\omega w_{kx} \quad \omega w_{ky} \quad \omega w_{kz}]^{T} = [v_{ty} \quad -v_{tx} \quad \omega_{c0} z_{c0}]^{T} \tag{3-202}$$

式(3-202)等式两边的第一、二个元素分别相等,消去ω得

$$v_{tx} w_{kx} + v_{ty} w_{ky} = 0 \tag{3-203}$$

将式(3-198)和式(3-199)中的v_{tx}、v_{ty}、w_{kx}和w_{ky}代入式(3-203),得到约束方程如下:

$$\dot{\varphi}(\dot{x}_{wr}\sin\theta_{w} - \dot{y}_{wr}\cos\theta_{w}) - \dot{\theta}\sin\varphi\cos\varphi(\dot{x}_{wr}\cos\theta_{w} + \dot{y}_{wr}\sin\theta_{w}) = 0 \tag{3-204}$$

在移动机器人运动过程中,连续采集至少两个空间特征点的两幅图像,利用2.7.1小节的方法可以计算其扩展焦点FOE的坐标(U, V)。而向量$[U \quad V \quad 1]^{T}$与平移速度$\boldsymbol{v}_{t}$成正比:

$$\boldsymbol{v}_{t} = \lambda [U \quad V \quad 1]^{T} \tag{3-205}$$

式中:λ为比例系数。

由式(3-198)和式(3-205)得

$$\frac{V}{U} = \frac{\sin\varphi(\dot{x}_{wr}\cos\theta_{w} + \dot{y}_{wr}\sin\theta_{w})}{\dot{x}_{wr}\sin\theta_{w} - \dot{y}_{wr}\cos\theta_{w}} \tag{3-206}$$

由式(3-191)、式(3-192)、式(3-204)和式(3-206),利用扩展卡尔曼滤波(Extended Kalman Filter,EKF)可以实现视觉定位与里程计推算定位的信息融合[32]。

3.10 基于天花板的视觉推算定位

在室内环境中,移动机器人视觉定位的特征可以在天花板、地面和周围环境中提取。与地面环境相比,天花板环境能够在较长的时间内保持不变,更接近结构化环境。另外,天花板被遮挡的可能性也较小,因而从天花板提取特征更加方便、可靠。本节以办公室的吊顶天花板为背景,介绍移动机器人的视觉推算定位[33-35]。

3.10.1 天花板的视觉特征

一般地,办公室内的天花板吊顶多使用矩形扣板,扣板间缝隙与背景的对比度较为明显,能够用作视觉特征。图 3-29 为某办公室的天花板图片,其扣板间缝隙形成的直线为两组平行线,且组间直线相互垂直。

图 3-29 天花板特征

为减小摄像机镜头畸变的影响,选择接近图像中心区域的两条直线作为特征直线,并以其交点作为特征点,见图 3-29。在第一次提取特征直线时,通过对图像全局搜索提取扣板间缝隙边缘点,利用霍夫变换提取直线,选取接近图像中心区域的不同斜率的两条直线作为特征直线,并求交点获得特征点。在后续的图像中提取特征直线时,为提高图像处理的速度,利用 ROI(Region of Interest)技术对特征直线进行跟踪。具体而言,在上次得到的两条特征直线的一定区域内提取扣板间缝隙边缘点,再利用最小二乘法和 RANSAC 技术进行直线提取。一旦特征点远离图像中心区域,则沿着当前特征直线向图像中心区域移动一定距离建立 ROI 区域,并将 ROI 区域的搜索宽度增加一倍,以便提取出接近图像中心区域的另一条直线作为特征直线。获得新的特征直线后,对特征点进行更新[33-34]。为了对两条特征直线进行区分,利用从图像中心点开始的一条短线标注特征直线 1。图 3-30 为天花板直线特征提取的结果,其中特征直线附近的高亮区域为 ROI 区域。由图 3-30可以发现,特征提取具有很好的鲁棒性,即便在有干扰的情况下，仍可以由提取出的特征直线准确获得特征点。

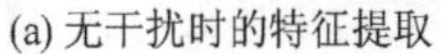

(a) 无干扰时的特征提取

(b) 有干扰的特征提取

图3－30　天花板直线特征的提取

在办公室的天花板上，除了具有上述直线和点特征之外，还有一些物体可以用作路标。例如，天花板上的烟雾探测器、扬声器、空调排风口、日光灯等，如图3－31所示。上述物体可以通过模板匹配的方式进行识别[35]。

(a) 烟雾探测器　(b) 扬声器

(c) 空调排风口　(d) 日光灯

图3－31　天花板上可用作路标的物体

3.10.2 视觉系统构成

基于天花板的视觉定位示意图如图 3-32 所示。摄像机安装在移动机器人的顶部,并垂直指向天花板。假设地面与天花板均为平面,且两个平面平行。将世界坐标系建立在天花板上,其原点位于某块扣板的顶点,X_w 轴和 Y_w 轴分别与天花板的扣板缝隙直线平行,Z_w 轴为垂直于天花板向上的方向。摄像机坐标系建立在其光轴中心处,Z_c 轴与光轴中心线方向平行,以摄像机到景物方向为正方向,X_c 轴方向取图像坐标沿水平增加的方向。机器人坐标系建立在 Z_c 轴与天花板的交点处,各个坐标轴的方向与摄像机坐标系各个坐标轴的方向相同[34]。

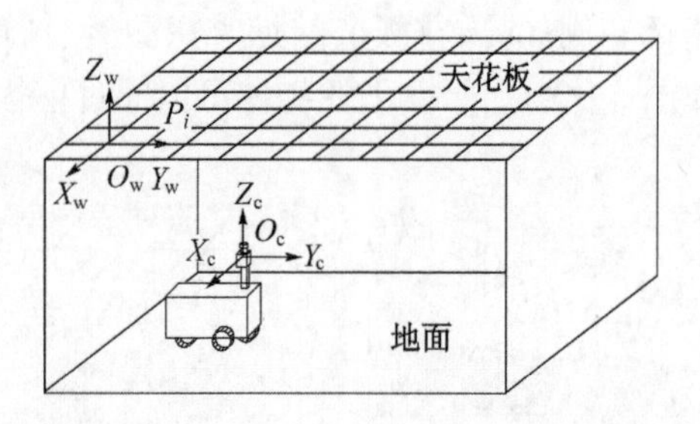

图 3-32 基于天花板的视觉定位示意图[34]

3.10.3 视觉推算定位

在天花板上选择一块扣板的 4 个顶点作为已知点,利用 3.4.2 节的 PnP 方法求取世界坐标系与摄像机系之间的关系,实现移动机器人的初始定位。

在第 i 次采样时,机器人在世界坐标系中的位姿 ${}^{w}\boldsymbol{T}_{ir}$ 表示为

$$
{}^{w}T_{ir} = \begin{bmatrix} \cos\phi_i & -\sin\phi_i & 0 & p_{xi} \\ \sin\phi_i & \cos\phi_i & 0 & p_{yi} \\ 0 & 0 & 1 & 0 \\ 0 & 0 & 0 & 1 \end{bmatrix} \tag{3-207}
$$

式中: (p_{xi}, p_{yi}) 为机器人沿 X_w 轴和 Y_w 轴的平移量;ϕ_i 为机器人绕 Z_w

轴的旋转角。

在第 i 次采样时，摄像机坐标系在世界坐标系中的位姿 ${}^{\mathrm{w}}\boldsymbol{T}_{ci}$ 表示为

$$ {}^{\mathrm{w}}\boldsymbol{T}_{ci} = {}^{\mathrm{w}}\boldsymbol{T}_{ir}{}^{\mathrm{w}}\boldsymbol{T}_{\mathrm{c}} \tag{3-208} $$

式中：${}^{\mathrm{w}}\boldsymbol{T}_{\mathrm{c}}$ 为初始定位时摄像机坐标系在世界坐标系中的位姿，由下式的 ${}^{\mathrm{c}}\boldsymbol{T}_{\mathrm{w}}$ 求逆获得，即

$$ {}^{\mathrm{c}}\boldsymbol{T}_{\mathrm{w}} = \begin{bmatrix} {}^{\mathrm{c}}n_{\mathrm{w}x} & {}^{\mathrm{c}}o_{\mathrm{w}x} & {}^{\mathrm{c}}a_{\mathrm{w}x} & {}^{\mathrm{c}}p_{\mathrm{w}x} \\ {}^{\mathrm{c}}n_{\mathrm{w}y} & {}^{\mathrm{c}}o_{\mathrm{w}y} & {}^{\mathrm{c}}a_{\mathrm{w}y} & {}^{\mathrm{c}}p_{\mathrm{w}y} \\ {}^{\mathrm{c}}n_{\mathrm{w}z} & {}^{\mathrm{c}}o_{\mathrm{w}z} & {}^{\mathrm{c}}a_{\mathrm{w}z} & {}^{\mathrm{c}}p_{\mathrm{w}z} \\ 0 & 0 & 0 & 1 \end{bmatrix} \tag{3-209} $$

将式(3－207)和式(3－209)代入式(3－208)，得

$$ {}^{ci}\boldsymbol{T}_{\mathrm{w}} = {}^{\mathrm{c}}\boldsymbol{T}_{\mathrm{w}}^{\mathrm{w}}\boldsymbol{T}_{ir}^{-1} = \left[\begin{matrix} {}^{\mathrm{c}}n_{\mathrm{w}x}\cos\phi_i - {}^{\mathrm{c}}o_{\mathrm{w}x}\sin\phi_i & {}^{\mathrm{c}}n_{\mathrm{w}x}\sin\phi_i + {}^{\mathrm{c}}o_{\mathrm{w}x}\cos\phi_i & {}^{\mathrm{c}}a_{\mathrm{w}x} \\ {}^{\mathrm{c}}n_{\mathrm{w}y}\cos\phi_i - {}^{\mathrm{c}}o_{\mathrm{w}y}\sin\phi_i & {}^{\mathrm{c}}n_{\mathrm{w}y}\sin\phi_i + {}^{\mathrm{c}}o_{\mathrm{w}y}\cos\phi_i & {}^{\mathrm{c}}a_{\mathrm{w}y} \\ {}^{\mathrm{c}}n_{\mathrm{w}z}\cos\phi_i - {}^{\mathrm{c}}o_{\mathrm{w}z}\sin\phi_i & {}^{\mathrm{c}}n_{\mathrm{w}z}\sin\phi_i + {}^{\mathrm{c}}o_{\mathrm{w}z}\cos\phi_i & {}^{\mathrm{c}}a_{\mathrm{w}z} \\ 0 & 0 & 0 \end{matrix}\right. $$

$$ \left.\begin{matrix} {}^{\mathrm{c}}n_{\mathrm{w}x}(p_{xi}\cos\phi_i + p_{yi}\sin\phi_i) + {}^{\mathrm{c}}o_{\mathrm{w}x}(-p_{xi}\sin\phi_i + p_{yi}\cos\phi_i) + {}^{\mathrm{c}}p_{\mathrm{w}x} \\ {}^{\mathrm{c}}n_{\mathrm{w}y}(p_{xi}\cos\phi_i + p_{yi}\sin\phi_i) + {}^{\mathrm{c}}o_{\mathrm{w}y}(-p_{xi}\sin\phi_i + p_{yi}\cos\phi_i) + {}^{\mathrm{c}}p_{\mathrm{w}y} \\ {}^{\mathrm{c}}n_{\mathrm{w}z}(p_{xi}\cos\phi_i + p_{yi}\sin\phi_i) + {}^{\mathrm{c}}o_{\mathrm{w}z}(-p_{xi}\sin\phi_i + p_{yi}\cos\phi_i) + {}^{\mathrm{c}}p_{\mathrm{w}z} \\ 1 \end{matrix}\right] $$

$$ = \begin{bmatrix} {}^{ci}n_{\mathrm{w}x} & {}^{ci}o_{\mathrm{w}x} & {}^{ci}a_{\mathrm{w}x} & {}^{ci}p_{\mathrm{w}x} \\ {}^{ci}n_{\mathrm{w}y} & {}^{ci}o_{\mathrm{w}y} & {}^{ci}a_{\mathrm{w}y} & {}^{ci}p_{\mathrm{w}y} \\ {}^{ci}n_{\mathrm{w}z} & {}^{ci}o_{\mathrm{w}z} & {}^{ci}a_{\mathrm{w}z} & {}^{ci}p_{\mathrm{w}z} \\ 0 & 0 & 0 & 1 \end{bmatrix} \tag{3-210} $$

3.10.3.1 求取姿态

由于天花板上的两组平行线是正交的,所以可利用 3.5.2 小节的方法得到任意时刻世界坐标系相对于摄像机坐标系的姿态。但本节中只采用了图 3-30 所示的两条特征直线,所以有必要给出根据这两条特征直线求取姿态的方法。在特征直线 1 和特征直线 2 上各取两个点,由式(3-81)得到式(3-211)和式(3-212)。在本节后续介绍中,将上标 ci 简记为 i。

$$
{}^{i}n_{wx}(y_{1cx1}-y_{1cx2})+{}^{i}n_{wy}(x_{1cx2}-x_{1cx1})+{}^{i}n_{wz}(x_{1cx1}y_{1cx2}-x_{1cx2}y_{1cx1})=0 \tag{3-211}
$$

$$
{}^{i}o_{wx}(y_{1cy1}-y_{1cy2})+{}^{i}o_{wy}(x_{1cy2}-x_{1cy1})+{}^{i}o_{wz}(x_{1cy1}y_{1cy2}-x_{1cy2}y_{1cy1})=0 \tag{3-212}
$$

式中:(x_{1cx1},y_{1cx1})和(x_{1cx2},y_{1cx2})是平行于 X_w 轴的特征直线 1 上的两个点在归一化成像平面上的成像点的坐标;(x_{1cy1},y_{1cy1})和(x_{1cy2},y_{1cy2})是平行于 Y_w 轴的特征直线 2 上的两个点在归一化成像平面上的成像点的坐标。这些成像点的坐标由式(3-37)根据图像坐标得到。

将式(3-210)中的姿态参数代入式(3-211)和式(3-212),得

$$
\begin{aligned}
&[{}^{c}n_{wx}(y_{1cx1}-y_{1cx2})+{}^{c}n_{wy}(x_{1cx2}-x_{1cx1})+{}^{c}n_{wz}(x_{1cx1}y_{1cx2}-x_{1cx2}y_{1cx1})]\cos\phi_i\\
&=[{}^{c}o_{wx}(y_{1cx1}-y_{1cx2})+{}^{c}o_{wy}(x_{1cx2}-x_{1cx1})+{}^{c}o_{wz}(x_{1cx1}y_{1cx2}-x_{1cx2}y_{1cx1})]\sin\phi_i
\end{aligned} \tag{3-213}
$$

$$
\begin{aligned}
&[{}^{c}o_{wx}(y_{1cy1}-y_{1cy2})+{}^{c}o_{wy}(x_{1cy2}-x_{1cy1})+{}^{c}o_{wz}(x_{1cy1}y_{1cy2}-x_{1cy2}y_{1cy1})]\cos\phi_i\\
&=-[{}^{c}n_{wx}(y_{1cy1}-y_{1cy2})+{}^{c}n_{wy}(x_{1cy2}-x_{1cy1})+{}^{c}n_{wz}(x_{1cy1}y_{1cy2}-x_{1cy2}y_{1cy1})]\sin\phi_i
\end{aligned} \tag{3-214}
$$

结合式(3-213)和式(3-214),可以求解出

$$
\phi_i=\arctan(k_1+k_2,k_3+k_4) \tag{3-215}
$$

式中:

$$\begin{cases}k_1 = {}^{c}n_{wx}(y_{1cx1} - y_{1cx2}) + {}^{c}n_{wy}(x_{1cx2} - x_{1cx1}) + {}^{c}n_{wz}(x_{1cx1}y_{1cx2} - x_{1cx2}y_{1cx1}) \\ k_2 = {}^{c}o_{wx}(y_{1cy1} - y_{1cy2}) + {}^{c}o_{wy}(x_{1cy2} - x_{1cy1}) + {}^{c}o_{wz}(x_{1cy1}y_{1cy2} - x_{1cy2}y_{1cy1}) \\ k_3 = {}^{c}o_{wx}(y_{1cx1} - y_{1cx2}) + {}^{c}o_{wy}(x_{1cx2} - x_{1cx1}) + {}^{c}o_{wz}(x_{1cx1}y_{1cx2} - x_{1cx2}y_{1cx1}) \\ k_4 = -[{}^{c}n_{wx}(y_{1cy1} - y_{1cy2}) + {}^{c}n_{wy}(x_{1cy2} - x_{1cy1}) + {}^{c}n_{wz}(x_{1cy1}y_{1cy2} - x_{1cy2}y_{1cy1})]\end{cases} \tag{3-216}$$

3.10.3.2　求取位置

随着移动机器人的运动,天花板上的任何一个特征点都不能保证一直处于摄像机的视场中。显然,利用天花板上的固定点实现移动机器人的定位是不可行的。因此,本节的视觉定位采用动态特征点,即两条特征直线的交点所形成的一个特征点。

在 Z_c 轴与天花板的交点处建立参考坐标系,各个坐标轴的方向与世界坐标系各个坐标轴的方向相同。在第 i 次和第 $i+1$ 次采样时,特征点 P_j 与世界坐标系、参考坐标系、摄像机坐标系之间的关系见图3-33。摄像机坐标系在第 i 次和第 $i+1$ 次采样之间的运动,可以看做是由旋转运动和平移运动构成的复合运动。第一步为绕 Z_{ci} 轴的旋转运动,使旋转后摄像机在 O_{ci} 的姿态与在 O_{ci+1} 的姿态相同;第二步为从 O_{ci} 到 O_{ci+1} 的平移运动,将摄像机移动到 O_{ci+1} 位置。

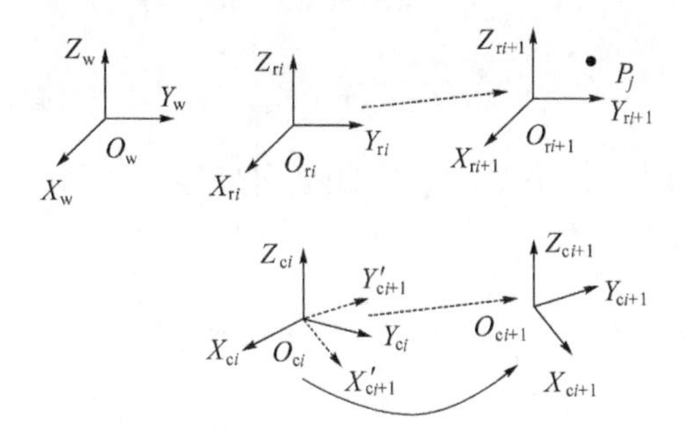

图3-33　特征点与各坐标系的关系

在第 i 次和第 $i+1$ 次采样时,参考坐标系在摄像机坐标系中位姿为

$$
{}^{i}\boldsymbol{T}_{ri}=\begin{bmatrix}{}^{i}n_{wx} & {}^{i}o_{wx} & {}^{i}a_{wx} & 0\\ {}^{i}n_{wy} & {}^{i}o_{wy} & {}^{i}a_{wy} & 0\\ {}^{i}n_{wz} & {}^{i}o_{wz} & {}^{i}a_{wz} & {}^{c}p_{rz}\\ 0 & 0 & 0 & 1\end{bmatrix} \tag{3-217}
$$

$$
{}^{i+1}\boldsymbol{T}_{ri+1}=\begin{bmatrix}{}^{i+1}n_{wx} & {}^{i+1}o_{wx} & {}^{i+1}a_{wx} & 0\\ {}^{i+1}n_{wy} & {}^{i+1}o_{wy} & {}^{i+1}a_{wy} & 0\\ {}^{i+1}n_{wz} & {}^{i+1}o_{wz} & {}^{i+1}a_{wz} & {}^{c}p_{rz}\\ 0 & 0 & 0 & 1\end{bmatrix} \tag{3-218}
$$

上两式中：${}^{i}\boldsymbol{T}_{ri}$ 为第 i 次采样时参考坐标系在摄像机坐标系中位姿；${}^{i+1}\boldsymbol{T}_{ri+1}$ 为第 $i+1$ 次采样时参考坐标系在摄像机坐标系中位姿；${}^{c}p_{rz}$ 为摄像机的光轴中心点到光轴与天花板交点的距离。

在天花板与地面平行的情况下，${}^{c}p_{rz}$ 为常数。O_c 在 Z_w 的分量是天花板与地面间的距离，所以无论任何时刻 O_c 在 Z_w 的分量是不变的。将式(3-209)和式(3-217)求逆，利用初始定位时的位姿可以得到 ${}^{c}p_{rz}$：

$$
{}^{c}p_{rz}=({}^{c}a_{wx}/{}^{c}a_{wz}){}^{c}p_{wx}+({}^{c}a_{wy}/{}^{c}a_{wz}){}^{c}p_{wy}+{}^{c}p_{wz} \tag{3-219}
$$

在第 i 次采样时，根据摄像机的内、外参数模型和式(3-217)，由特征点 P_j 的图像坐标得

$$
\begin{cases}({}^{i}n_{wx}-{}^{i}x_{1cj}{}^{i}n_{wz}){}^{i}x_{rj}+({}^{i}o_{wx}-{}^{i}x_{1cj}{}^{i}o_{wz}){}^{i}y_{rj}={}^{i}x_{1cj}{}^{c}p_{rz}\\ ({}^{i}n_{wy}-{}^{i}y_{1cj}{}^{i}n_{wz}){}^{i}x_{rj}+({}^{i}o_{wy}-{}^{i}y_{1cj}{}^{i}o_{wz}){}^{i}y_{rj}={}^{i}y_{1cj}{}^{c}p_{rz}\end{cases} \tag{3-220}
$$

式中：$({}^{i}x_{rj},{}^{i}y_{rj})$ 为第 i 次采样时特征点 P_j 在参考坐标系 $O_{ri}X_{ri}Y_{ri}Z_{ri}$ 的坐标；$({}^{i}x_{1cj},{}^{i}y_{1cj})$ 为第 i 次采样时特征点 P_j 在归一化成像平面上的成像点坐标，可由式(3-37)根据图像坐标获得。

由式(3-220),求解得到第 i 次采样时特征点 P_j 在参考坐标系 $O_{ri}X_{ri}Y_{ri}Z_{ri}$ 的坐标($^{i}x_{rj}$,$^{i}y_{rj}$),见式(3-221)。类似地,可以得到式(3-222)所示的第 $i+1$ 次采样时特征点 P_j 在参考坐标系 $O_{ri+1}X_{ri+1}Y_{ri+1}Z_{ri+1}$ 的坐标($^{i+1}x_{rj}$,$^{i+1}y_{rj}$)。

$$\begin{bmatrix} {}^{i}x_{rj} \\ {}^{i}y_{rj} \end{bmatrix} = \begin{bmatrix} {}^{i}n_{wx} - {}^{i}x_{1cj}\,{}^{i}n_{wz} & {}^{i}o_{wx} - {}^{i}x_{1cj}\,{}^{i}o_{wz} \\ {}^{i}n_{wy} - {}^{i}y_{1cj}\,{}^{i}n_{wz} & {}^{i}o_{wy} - {}^{i}y_{1cj}\,{}^{i}o_{wz} \end{bmatrix}^{-1} \begin{bmatrix} {}^{i}x_{1cj}\,{}^{c}p_{rz} \\ {}^{i}y_{1cj}\,{}^{c}p_{rz} \end{bmatrix} \tag{3-221}$$

$$\begin{bmatrix} {}^{i+1}x_{rj} \\ {}^{i+1}y_{rj} \end{bmatrix} = \begin{bmatrix} {}^{i+1}n_{wx} - {}^{i+1}x_{1cj}\,{}^{i+1}n_{wz} & {}^{i+1}o_{wx} - {}^{i+1}x_{1cj}\,{}^{i+1}o_{wz} \\ {}^{i+1}n_{wy} - {}^{i+1}y_{1cj}\,{}^{i+1}n_{wz} & {}^{i+1}o_{wy} - {}^{i+1}y_{1cj}\,{}^{i+1}o_{wz} \end{bmatrix}^{-1} \begin{bmatrix} {}^{i+1}x_{1cj}\,{}^{c}p_{rz} \\ {}^{i+1}y_{1cj}\,{}^{c}p_{rz} \end{bmatrix} \tag{3-222}$$

式中:($^{i+1}x_{rj}$,$^{i+1}y_{rj}$)是第 $i+1$ 次采样时特征点 P_j 在归一化成像平面上的成像点坐标,可由式(3-37)根据图像坐标获得。

结合图3-33,由式(3-217)和式(3-218),得到在第 i 次和第 $i+1$次采样时在摄像机坐标系在第 i 次采样时的参考坐标系中位姿,见式(3-223)和式(3-224)。利用式(3-223)和式(3-224)中的相应位置分量,得到位置的递推公式(3-225):

$${}^{ri}\boldsymbol{T}_{i} = \begin{bmatrix} {}^{i}n_{wx} & {}^{i}n_{wy} & {}^{i}n_{wz} & -{}^{i}n_{wz}\,{}^{c}p_{rz} \\ {}^{i}o_{wx} & {}^{i}o_{wy} & {}^{i}o_{wz} & -{}^{i}o_{wz}\,{}^{c}p_{rz} \\ {}^{i}a_{wx} & {}^{i}a_{wy} & {}^{i}a_{wz} & -{}^{i}a_{wz}\,{}^{c}p_{rz} \\ 0 & 0 & 0 & 1 \end{bmatrix} \tag{3-223}$$

$${}^{ri}\boldsymbol{T}_{i+1} = \begin{bmatrix} 1 & 0 & 0 & {}^{i}x_{rj} - {}^{i+1}x_{rj} \\ 0 & 1 & 0 & {}^{i}y_{rj} - {}^{i+1}y_{rj} \\ 0 & 0 & 1 & 0 \\ 0 & 0 & 0 & 1 \end{bmatrix} \begin{bmatrix} {}^{i+1}n_{wx} & {}^{i+1}n_{wy} & {}^{i+1}n_{wz} & -{}^{i+1}n_{wz}\,{}^{c}p_{rz} \\ {}^{i+1}o_{wx} & {}^{i+1}o_{wy} & {}^{i+1}o_{wz} & -{}^{i+1}o_{wz}\,{}^{c}p_{rz} \\ {}^{i+1}a_{wx} & {}^{i+1}a_{wy} & {}^{i+1}a_{wz} & -{}^{i+1}a_{wz}\,{}^{c}p_{rz} \\ 0 & 0 & 0 & 1 \end{bmatrix}$$

$$
=\begin{bmatrix}
{}^{i+1}n_{wx} & {}^{i+1}n_{wy} & {}^{i+1}n_{wz} & {}^{i}x_{rj}-{}^{i+1}x_{rj}-{}^{i+1}n_{wz}{}^{c}p_{rz} \\
{}^{i+1}o_{wx} & {}^{i+1}o_{wy} & {}^{i+1}o_{wz} & {}^{i}y_{rj}-{}^{i+1}y_{rj}-{}^{i+1}o_{wz}{}^{c}p_{rz} \\
{}^{i+1}a_{wx} & {}^{i+1}a_{wy} & {}^{i+1}a_{wz} & -{}^{i+1}a_{wz}{}^{c}p_{rz} \\
0 & 0 & 0 & 1
\end{bmatrix} \tag{3-224}
$$

$$
\begin{cases}
p_{xi+1}=p_{xi}+{}^{i}x_{rj}-{}^{i+1}x_{rj}-{}^{i+1}n_{wz}{}^{c}p_{rz}+{}^{i}n_{wz}{}^{c}p_{rz} \\
p_{yi+1}=p_{yi}+{}^{i}y_{rj}-{}^{i+1}y_{rj}-{}^{i+1}o_{wz}{}^{c}p_{rz}+{}^{i}o_{wz}{}^{c}p_{rz}
\end{cases} \tag{3-225}
$$

3.10.4 实验与结果

实验系统如图3－34所示。摄像机安装时经过仔细调整，其光轴中心线尽可能垂直于天花板。摄像机的内参数经过预先标定，相关参数为

$$
(u_0, v_0)=(311.24, 232.73),\quad k_x=686.17,\quad k_y=683.53
$$

图3－34 实验系统

在实验室的天花板上选择一块扣板，利用PnP方法对移动机器人进行初始定位，得到的摄像机坐标系相对于世界坐标系的位姿为

$$
{}^{w}\boldsymbol{T}_{c}=\begin{bmatrix}
0.8961 & -0.4440 & -0.0013 & -24.4 \\
0.4468 & 0.8947 & -0.0003 & 123.8 \\
0.0013 & -0.0003 & 1.0000 & -2010.7 \\
0 & 0 & 0 & 1
\end{bmatrix}
$$

然后,控制移动机器人在室内地面运动,利用本节方法对移动机器人的位置和姿态进行了视觉测量。为比较位置测量的准确性,用以下方式计算机器人的实际位置:以比例方式计算与图像中心点对应的天花板上的点在扣板中的位置,并以扣板个数计数方式计算当前扣板在世界坐标系的位置,从而获得与图像中心点对应的天花板上的点在世界坐标系的位置,作为移动机器人的实际位置。在定位实验中,移动机器人以圆弧轨迹运动约8742mm,最大位置误差为29.43mm,最大方向角误差为1.9°。定位实验结果见图3-35。其中,图3-35(a)给出了视觉推算定位的测量位置和实际位置,图3-35(b)为测量位置和实际位置之间的距离,图3-35(c)为测量方向角和实际方向角,图3-35(d)为测量方向角和实际方向角之间的偏差。由图3-35可以发现,本节的视觉推算定位具有较高的定位精度。

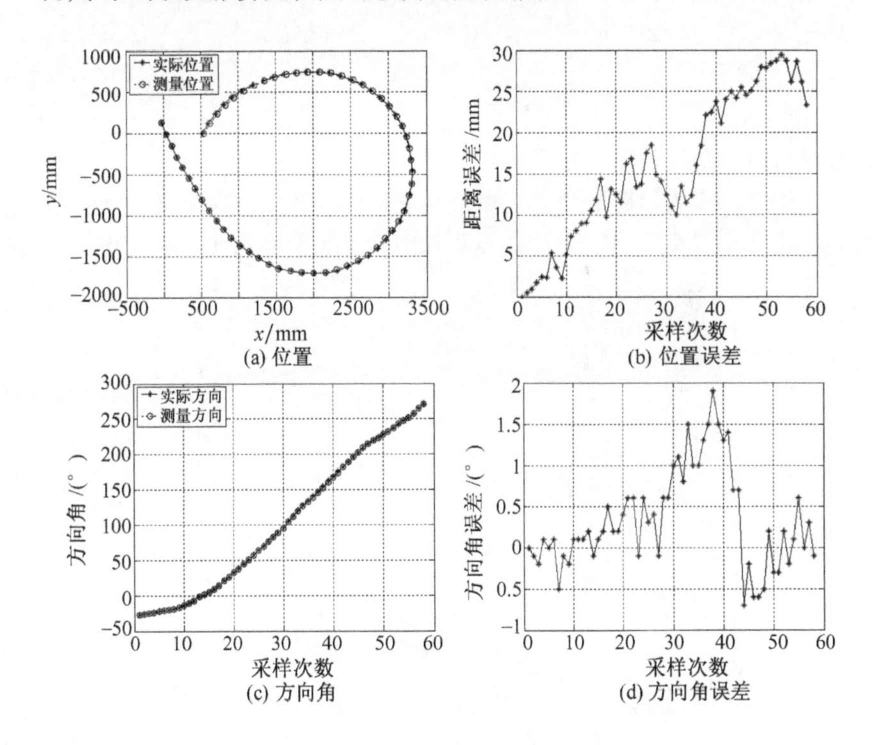

图3-35 视觉推算定位实验结果

3.11 MEMS 装配中的显微视觉测量

MEMS(Micro Electro Mechanical System,微机电系统)中的操作对象尺寸微小这一本身固有的特点,决定了其视觉系统需要利用显微镜头对目标进行放大,而显微镜头的引入使得视觉系统视野和景深大幅度减小。利用显微镜头与摄像机构成的视觉系统称为显微视觉系统,与常规视觉相比,具有视场小、景深小等特点。视场小导致目标容易移出视野,景深小导致单台摄像机采集到的图像只有很小深度范围内的景物是清晰的。因此,显微视觉系统中常常需要显微摄像机运动,需要对采集的图像进行清晰度判定。本节针对显微视觉系统的特点,分别介绍显微视觉系统的常见构成方式,清晰度判定方法,位姿测量方法等。

3.11.1 显微视觉系统的构成

3.11.1.1 单路显微视觉系统

图 3-36 为单路显微视觉测量系统机构示意图。该显微视觉测量系统主要由显微镜、摄像机、监视器和图像采集卡等构成。通过固定在

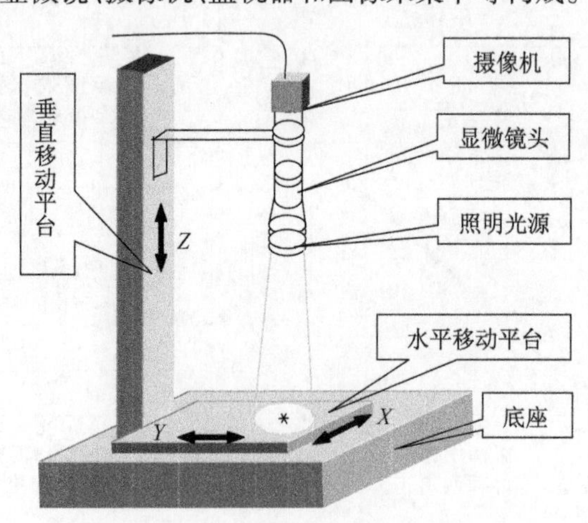

图 3-36 单路显微视觉测量系统示意图

显微镜目镜处的摄像机采集图像并经图像采集卡 A/D 转换成数字信号，由计算机软件对数字图像进行数字信号处理，得到所需的各种目标图像特征，实现模式识别、坐标计算、灰度分布图绘制等多种功能，完成微操作的监控和精确检测定位。该显微视觉测量系统具有三维移动平台，水平移动平台用于将目标置于显微视觉系统的视野中，垂直移动平台用于调整显微镜与目标之间的高度。

图 3－36 所示的单路显微视觉系统，对目标在 X、Y 轴方向的平移和绕 Z 轴的旋转非常敏感，可以从图像中特征的变化获得上述运动量的信息。沿 Z 轴的平移和绕 X、Y 轴的旋转均会改变目标相对于显微镜头的物距，导致图像不清晰，所以难以从图像中特征的变化获得沿 Z 轴的平移和绕 X、Y 轴的旋转。对于图像特征能够很好地反映出来的运动自由度，称为显微视觉系统的敏感自由度。图 3－36 所示的单路显微视觉系统，具有 3 个敏感自由度，分别为沿 X、Y 轴方向的平移和绕 Z 轴的旋转[36]。此外，通过显微摄像机沿 Z 轴的平移，可以获得目标顶部不同区域的清晰图像，记录不同区域图像清晰时的 Z 轴位置，得到目标在 Z 轴方向的位置信息。

MEMS 显微操作视觉系统的硬件主要包括高分辨率的 CCD 摄像机、可变倍数的显微镜物镜及光源、图像采集卡和自动调焦机构等。例如，图 3－37 为哈尔滨工业大学的微齿轮装配显微操作系统，它包括显

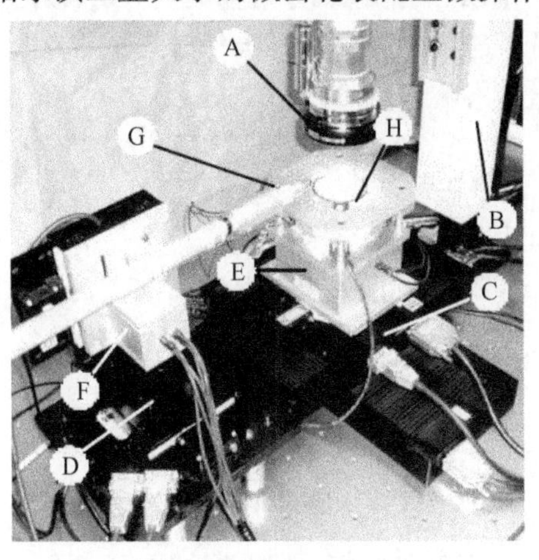

图 3－37　MEMS 显微视觉装配系统

微视觉系统、微操作手和装配工作台三个子系统。图中：A 为显微成像模块；B 为自动调焦模块；C 为装配台宏动模块；D 为操作手宏动模块；E 为装配台微动模块；F 为操作手微动模块；G 为微操作器模块；H 为夹盘。

微型配件置于装配台上方，通过装配台的微动使配件处于显微视觉系统的视野中。利用自动调焦模块调整显微镜高度，改变显微镜与目标之间的距离，使目标图像清晰。利用操作手宏动模块控制操作手移动，到达装配台上方后，改用微动模块控制操作手做小范围运动。在显微视觉的引导下，当操作手的夹持器能够夹持到目标时，操作手的夹持器动作，夹取目标配件，并将目标配件移动到另一个装配台进行装配。微型行星齿轮减速器器件尺寸范围为 350 ~ 2000μm，其位置在微操作手系统中是未知的。因此，在微操作手夹取齿轮过程中，需要由显微视觉系统给出夹持器与齿轮的相对位置。

3.11.1.2 双路显微视觉系统

如图 3－38 所示，常用的双路显微视觉系统采用两套单路显微视觉正交排列。如前所述，每一路显微视觉具有 3 个敏感自由度，显微摄像机 1 对沿 X、Y 轴的平移和绕 Z 轴的旋转敏感，显微摄像机 2 对沿 X、Z 轴的平移和绕 Y 轴的旋转敏感[36]。因此，图 3－38 所示的双路显微视觉系统具有 5 个敏感自由度，分别为沿 X、Y、Z 轴的平移和绕 Y、Z 轴的旋转，其中沿 X 轴的平移具有冗余信息。该双路显微视觉系统难以

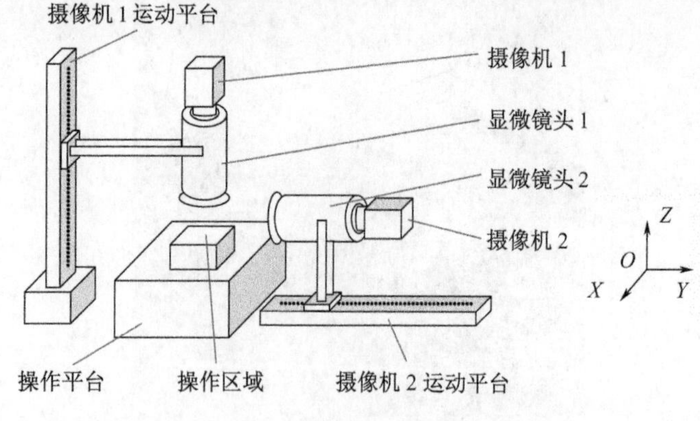

图 3－38 双路显微视觉系统示意图

获得绕 X 轴的旋转信息。与传统的双目立体视觉不同，双路显微视觉系统的两台显微摄像机分别针对目标的不同侧面获得清晰图像，几乎没有公共视场，几乎没有可以匹配的特征点。

3.11.1.3　三路显微视觉系统

如图 3－39 所示，常用的三路显微视觉系统采用 3 套单路显微视觉正交排列。如前所述，每一路显微视觉具有 3 个敏感自由度，显微摄像机 1 对沿 X、Y 轴的平移和绕 Z 轴的旋转敏感，显微摄像机 2 对沿 X、Z 轴的平移和绕 Y 轴的旋转敏感，显微摄像机 3 对沿 Y、Z 轴的平移和绕 X 轴的旋转敏感[36]。因此，图 3－39 所示的三路显微视觉系统具有 6 个敏感自由度，分别为沿 X、Y、Z 轴的平移和绕 X、Y、Z 轴的旋转，其中沿 X、Y、Z 轴的平移具有冗余信息。三路显微视觉系统的 3 台显微摄像机分别针对目标的不同侧面获得清晰图像，几乎没有公共视场，几乎没有可以匹配的特征点。

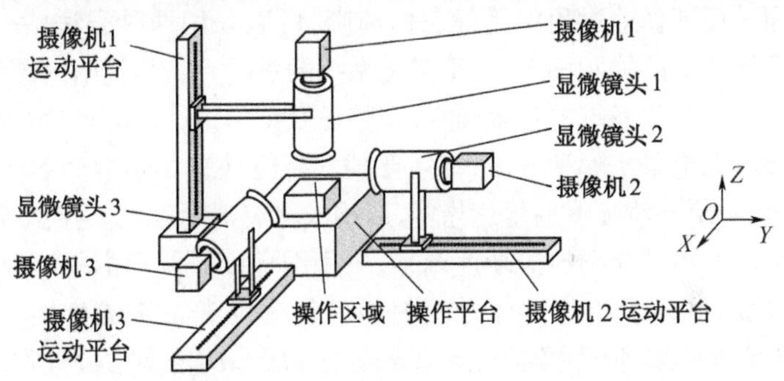

图 3－39　三路显微视觉系统示意图

3.11.2　显微视觉系统的自动调焦

视觉系统的成像，可以采用下述模型描述：

$$\frac{1}{f}=\frac{1}{f_o}+\frac{1}{f_i} \tag{3-226}$$

式中：f 为摄像机镜头焦距；f_o 为物距；f_i 为像距。

当物距 f_o 和像距 f_i 满足式（3－226）模型时，像点聚焦为一亮点；

当物距f_o和像距f_i不满足式(3-226)时,像点为一弥散圆,图像不清晰。显微视觉系统的景深较小,对象与显微镜之间的距离过大或过小,很容易造成图像模糊。图3-40为利用垂直移动平台改变显微镜与目标平面之间的距离时,所采集的微齿轮目标的图像。从左到右,显微镜与目标平面之间的距离逐渐减小。

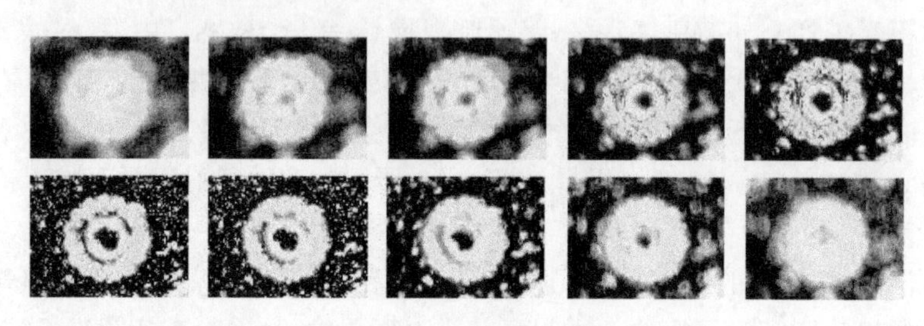

图3-40　微齿轮的显微视觉序列图像

为了保证作业过程中目标图像清晰,可以采用两种方法:一种方法将目标对象的物距固定,调整视觉系统的焦距f,获得清晰的图像;另一种方法将视觉系统的焦距固定,调整显微镜物距,同样可以得到清晰的图像。无论采用哪种方法,都需要建立具有快速判定能力的图像清晰度模型,给出清晰度的量化指标,以构成具有清晰度闭环控制的自调整系统。本小节介绍的清晰度调整,采用图3-36所示的垂直移动平台,通过调整显微镜与目标之间的距离改变视觉系统的物距。由于MEMS装配的部件尺寸较小,所以只需要在较小的范围内调整物距,就能够满足式(3-226),得到清晰的图像。此外,采用物距调整具有灵活性高、位置便于测量等特点。

由图3-40所示微齿轮的显微视觉序列图像,可以得到以下线索:建立的图像清晰度评判函数随着显微镜沿物镜光轴方向由远而近向物体移动时,其取值应该明显变化,并且当函数取得极大值时,在该点处的图像应该为最清晰的图像。梯度能量法具有上述特征,其计算量也较小。因此,本小节采用梯度能量法作为清晰度评判函数,并将图像清晰度评判函数取得极大值的位置作为目标在Z轴方向的位置信息。

对于图像中心点附近的区域,利用下式可以计算出其梯度能量:

$$\begin{cases} E = \sum_{u=u_a}^{u_b} \sum_{v=v_a}^{v_b} (g_u^2 + g_v^2) \\ g_u(u,v) = g(u+1,v) - g(u,v) \\ g_v(u,v) = g(u,v+1) - g(u,v) \end{cases} \tag{3-227}$$

式中：$g(u,v)$为图像坐标为(u,v)的图像点的灰度值；$g_u(u,v)$为该图像点的图像行梯度；$g_v(u,v)$为该图像点的图像列梯度。图像区域为$u_a \leqslant u \leqslant u_b, v_a \leqslant v \leqslant v_b$。

梯度能量法主要考察图像空间灰度梯度变化的大小。清晰的图像，边缘梯度变化大；模糊的图像，边缘模糊甚至不存在，整幅图像的梯度变化小。式(3-227)中的E是选定区域内图像的所有行梯度和列梯度的平方和。然而，对于实际中具有复杂背景的微齿轮图像，此方法测量噪声大，函数取值表现出非单调性，造成结果不可靠。为了克服上述因素，对式(3-227)进行了修正，同时增加了约束条件。

对于图像坐标为(u,v)的图像点，取行间距为两个像素的二阶差分作为其行梯度，取列间距为两个像素的二阶差分作为其列梯度，如下：

$$\begin{cases} g_u(u,v) = |g(u+2,v) - 2g(u,v) + g(u-2,v)| \\ g_v(u,v) = |g(u,v+2) - 2g(u,v) + g(u,v-2)| \end{cases} \tag{3-228}$$

对式(3-228)中的行梯度和列梯度增加约束：如果图像点的灰度大于灰度阈值，则该点的行梯度和列梯度置为0；如果行梯度小于行梯度阈值，则行梯度设为0；如果列梯度小于列梯度阈值，则列梯度设为0。同时，对非零行梯度和列梯度的图像点的个数进行计数。利用区域内所有图像点的梯度之和，除以非零梯度图像点的个数，得到修正后的清晰度函数。修正后的区域内所有图像点的梯度为

$$g_M = \sum_{u=u_a}^{u_b} \sum_{v=v_a}^{v_b} (g_u^2 + g_v^2), [g_u(u,v) > g_{uT}] \& [g_v(u,v) > g_{vT}] \& [g(u,v) < g_T] \tag{3-229}$$

式中：g_{uT}为行梯度阈值；g_{vT}为列梯度阈值；g_T 为灰度阈值。

修正后的清晰度函数为

$$E = g_M/N \tag{3-230}$$

式中：N 为非零梯度图像点的个数。

获得目标的清晰图像后，从中分割出微齿轮目标，计算微齿轮中心点的图像坐标。微齿轮中心点的图像坐标以及图像清晰度函数取得极大值的位置作为目标微齿轮的位置信息。图 3-41 给出了一个微齿轮的原始图像，以及经过目标分割与图像处理后的微齿轮轮廓[37]。

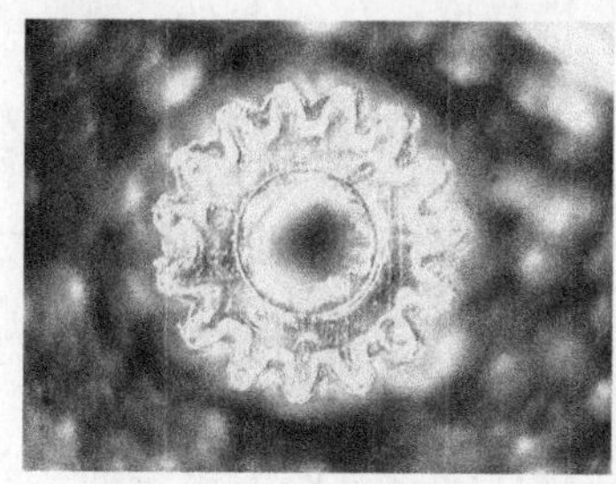

(a) 微齿轮的原始图像

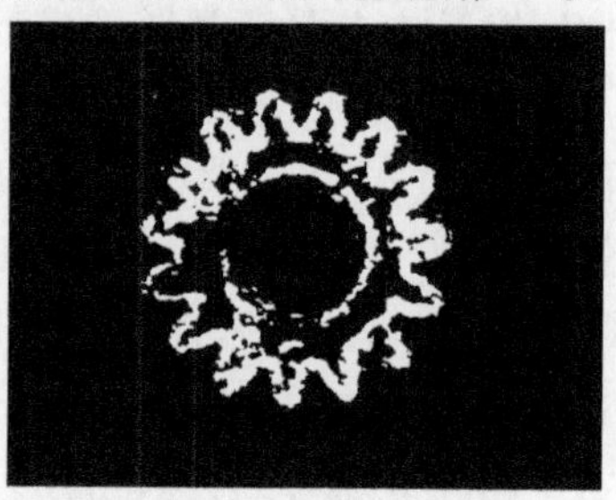

(b) 分割出的微齿轮图像

图 3-41 微齿轮的原始图像与目标分割结果[37]

图像清晰度评价函数具有多种类型，包括空域、频域、统计等类型。空域类型常用的图像清晰度评价函数包括梯度函数、边缘算子函数等。频域类型常用的图像清晰度评价函数包括图像能量函数、频谱函数等。统计类型常用的图像清晰度评价函数包括信息熵函数、灰度方差函数、直方图函数等。一个好的图像清晰度评价函数，需要具有单峰性、鲁棒性、精确性和实时性等特性。

3.11.3 显微视觉测量

3.11.3.1 单路显微视觉测量

单路显微视觉测量为平面内的测量，可以对 X、Y 轴方向的位移和绕 Z 轴的旋转进行测量。假设显微摄像机坐标系的 Z 轴与运动坐标系的 Z 轴平行。考虑到显微摄像机坐标系 X、Y 轴与运动坐标系的 X、Y 轴不一定平行，单路显微视觉测量的模型为

$$
\begin{cases}
\Delta x = k_{11}\Delta u + k_{12}\Delta v \\
\Delta y = k_{21}\Delta u + k_{22}\Delta v \\
\Delta\theta_z = \Delta\theta
\end{cases}
\tag{3-231}
$$

式中：Δx、Δy 为运动平台的位移量或者不同目标之间的相对位移；Δu、Δv 为图像特征的位移量或者不同目标图像特征之间的相对位移；$\Delta\theta_z$ 为绕 Z 轴的旋转角增量；$\Delta\theta$ 为图像中直线绕 Z 轴的旋转角增量；$k_{11} \sim k_{22}$为系数。

3.11.3.2 多路显微视觉测量

多路显微视觉测量为多个平面内的测量的综合，一般采用点特征和线特征的变化进行测量。对于两路显微视觉系统，目标运动后特征的变化为

$$
\begin{bmatrix} \Delta u_1 \\ \Delta v_1 \\ \vdots \\ \Delta u_m \\ \Delta v_m \\ \Delta\theta_1 \\ \vdots \\ \Delta\theta_n \end{bmatrix}
=
\begin{bmatrix}
k_{11} & k_{12} & k_{13} & k_{14} & k_{15} \\
k_{21} & k_{22} & k_{23} & k_{24} & k_{25} \\
\vdots & \vdots & \vdots & \vdots & \vdots \\
k_{(2m-1)1} & k_{(2m-1)2} & k_{(2m-1)3} & k_{(2m-1)4} & k_{(2m-1)5} \\
k_{(2m)1} & k_{(2m)2} & k_{(2m)3} & k_{(2m)4} & k_{(2m)5} \\
k_{(2m+1)1} & k_{(2m+1)2} & k_{(2m+1)3} & k_{(2m+1)4} & k_{(2m+1)5} \\
\vdots & \vdots & \vdots & \vdots & \vdots \\
k_{(2m+n)1} & k_{(2m+n)2} & k_{(2m+n)3} & k_{(2m+n)4} & k_{(2m+n)5}
\end{bmatrix}
\begin{bmatrix} \Delta x \\ \Delta y \\ \Delta z \\ \Delta\theta_y \\ \Delta\theta_z \end{bmatrix}
= \boldsymbol{J}_2
\begin{bmatrix} \Delta x \\ \Delta y \\ \Delta z \\ \Delta\theta_y \\ \Delta\theta_z \end{bmatrix}
\tag{3-232}
$$

式中：Δx、Δy、Δz 为运动平台的位移量；Δu_i、Δv_i 为第 i 个图像特征的位移量；$\Delta\theta_y$、$\Delta\theta_z$ 为绕 Y、Z 轴的旋转角增量；$\Delta\theta_i$ 为图像中第 i 条直线的旋转角增量；$\boldsymbol{J}_2$ 为双路显微视觉的图像雅可比矩阵。

利用运动平台的多次主动微量运动，可以对式(3-232)中的 $\boldsymbol{J}_2$ 进行标定。获得 $\boldsymbol{J}_2$ 后，利用 $\boldsymbol{J}_2$ 的伪逆和图像特征的变化对目标进行5自由度相对位姿测量，如下：

$$\begin{bmatrix} \Delta x \\ \Delta y \\ \Delta z \\ \Delta\theta_y \\ \Delta\theta_z \end{bmatrix} = \boldsymbol{J}_2^+ \begin{bmatrix} \Delta u_1 \\ \Delta v_1 \\ \vdots \\ \Delta u_m \\ \Delta v_m \\ \Delta\theta_1 \\ \vdots \\ \Delta\theta_n \end{bmatrix} \tag{3-233}$$

式中：$\boldsymbol{J}_2^+$ 为 $\boldsymbol{J}_2$ 的伪逆。

需要指出的是，式(3-232)中的图像特征是分布于两台显微摄像机图像中的特征。

同理，三路显微视觉系统中目标运动后特征的变化为

$$\begin{bmatrix} \Delta u_1 \\ \Delta v_1 \\ \vdots \\ \Delta u_m \\ \Delta v_m \\ \Delta\theta_1 \\ \vdots \\ \Delta\theta_n \end{bmatrix} = \begin{bmatrix} k_{11} & k_{12} & k_{13} & k_{14} & k_{15} & k_{16} \\ k_{21} & k_{22} & k_{23} & k_{24} & k_{25} & k_{26} \\ \vdots & \vdots & \vdots & \vdots & \vdots & \vdots \\ k_{(2m-1)1} & k_{(2m-1)2} & k_{(2m-1)3} & k_{(2m-1)4} & k_{(2m-1)5} & k_{(2m-1)6} \\ k_{(2m)1} & k_{(2m)2} & k_{(2m)3} & k_{(2m)4} & k_{(2m)5} & k_{(2m)6} \\ k_{(2m+1)1} & k_{(2m+1)2} & k_{(2m+1)3} & k_{(2m+1)4} & k_{(2m+1)5} & k_{(2m+1)6} \\ \vdots & \vdots & \vdots & \vdots & \vdots & \vdots \\ k_{(2m+n)1} & k_{(2m+n)2} & k_{(2m+n)3} & k_{(2m+n)4} & k_{(2m+n)5} & k_{(2m+n)6} \end{bmatrix} \begin{bmatrix} \Delta x \\ \Delta y \\ \Delta z \\ \Delta\theta_x \\ \Delta\theta_y \\ \Delta\theta_z \end{bmatrix}$$

$$= \boldsymbol{J}_3 \begin{bmatrix} \Delta x \\ \Delta y \\ \Delta z \\ \Delta\theta_z \\ \Delta\theta_y \\ \Delta\theta_z \end{bmatrix} \tag{3-234}$$

式中：Δx、Δy、Δz 为运动平台的位移量；Δu_i、Δv_i 为第 i 个图像特征的位移量；$\Delta\theta_x$、$\Delta\theta_y$、$\Delta\theta_z$ 为绕 X、Y、Z 轴的旋转角增量；$\Delta\theta_i$ 为图像中第 i 条直线的旋转角增量；$\boldsymbol{J}_3$ 为三路显微视觉的图像雅可比矩阵。

式(3－234)中的图像特征是分布于三台显微摄像机图像中的特征。利用运动平台的多次主动微量运动,可以对式(3－234)中的$\boldsymbol{J}_3$进行标定。获得$\boldsymbol{J}_3$后,利用$\boldsymbol{J}_3$的伪逆和图像特征的变化对目标进行6自由度相对位姿测量。

$$\begin{bmatrix} \Delta x \\ \Delta y \\ \Delta z \\ \Delta\theta_x \\ \Delta\theta_y \\ \Delta\theta_z \end{bmatrix} = \boldsymbol{J}_3^+ \begin{bmatrix} \Delta u_1 \\ \Delta v_1 \\ \vdots \\ \Delta u_m \\ \Delta v_m \\ \Delta\theta_1 \\ \vdots \\ \Delta\theta_n \end{bmatrix} \tag{3-235}$$

式中:$\boldsymbol{J}_3^+$为$\boldsymbol{J}_3$的伪逆。

3.11.4 实验与结果

采用图3－37所示的基于单路显微视觉的微齿轮装配系统,进行了微齿轮的测量与抓取实验。首先,通过手动调整显微镜的放大倍数,使得目标齿轮和微夹持器都能得到大小合适的清晰图像。在随后的实验中,显微镜的放大倍数固定。对于处在Z轴方向上不同位置的夹持器和微齿轮,通过调整显微镜的物距,获得清晰图像。具体实验步骤如下:

(1) 显微镜的放大倍数固定,将微齿轮硅片放在装配台上,控制装配台微动模块使得其中一个微齿轮在显微镜视野中心,利用3.11.2小节中的方法,调整显微镜自动调焦模块使得式(3－230)所示梯度能量函数取极大值,此处即为图像清晰点,并记下当前微齿轮的图像中心坐标(i_1, j_1)以及装配台微动模块的三维坐标(x_1, y_1, z_1),然后将装配台微动模块移出显微镜视野中心。

(2) 显微镜的放大倍数固定,并且显微镜自动调焦模块固定不变,控制操作手微动模块,将其置于显微镜视野中心,同样利用3.11.2小节中的方法，调整操作手微动模块的 Z 方向位移，即改变物距，使得梯度能量函数（式(3-230)）取极大值，获得清晰的图像。记下当前微夹持器的图像中心坐标(i_2,j_2)以及操作手微动模块的三维坐标(x_2, y_2, z_2)。

(3) 根据光学图像成像原理，当显微镜的放大倍数一定时，物镜的工作距离也就确定了。因此，微齿轮清晰图像平面和微夹持器清晰图像平面应该是重叠的。微齿轮图像中心坐标和微夹持器图像中心坐标的偏差为(i_1-i_2,j_1-j_2)。

(4) 控制操作手微动模块，调整其 X、Y 轴方向坐标，使微夹持器图像中心坐标和微齿轮中心坐标重叠，即$(i_2, j_2)=(i_1, j_1)$。

(5) 控制操作手微动模块，调整其 Z 轴方向坐标，使其向上运行 Δz 距离。

(6) 控制装配台微动模块，使其回到显微镜视野中心坐标(x_1, y_1, z_1)。

(7) 由步骤(3)～(6)可知，此时微夹持器和微齿轮的 Z 轴方向距离即为 Δz，微夹持器和微齿轮的 X、Y 轴方向距离为0。控制操作手微动模块，调整其 Z 轴方向坐标，使其向下运行 Δz 距离，并结合微夹持器末端的高精度三维微力传感器，完成微夹持器和微齿轮的定位和夹持。

在装配前，装配台各工作点的空间位置、装配台和成像平面的夹角、装配台的旋转中心、微夹持器和成像平面的夹角都需要标定。标定以CCD成像平面为参考平面，以成像中心为参考坐标中心，坐标轴平行于图像坐标。实验采用模糊PID控制算法，控制操作手微动模块和装配台微动模块。

图3-42为实验中微齿轮与夹持器的部分图像。图3-43为实验中微齿轮与夹持器的清晰度函数。其中：图3-42(a)为实验中经过步骤(1)后的微齿轮图像，调整过程中按照式(3-230)计算出的清晰度函数值见图3-43(a)；图3-42(b)为实验中经过步骤(2)后的夹持器图像，调整过程中按照式(3-230)计算出的清晰度函数值见图3-43(b)；图3-42(c)为实验中经过步骤(5)后，装配台微动模块使微齿轮回到显微镜视野中心过程中微齿轮与夹持器图像，从图3-42(c)可

以发现,此时微齿轮图像是清晰的,而夹持器的图像不是很清晰;图3-42(d)为实验中经过步骤(6)后微齿轮与夹持器图像,此时,夹持器已经位于微齿轮的上方。经过步骤(7)后,完成微夹持器和微齿轮的定位和夹持。

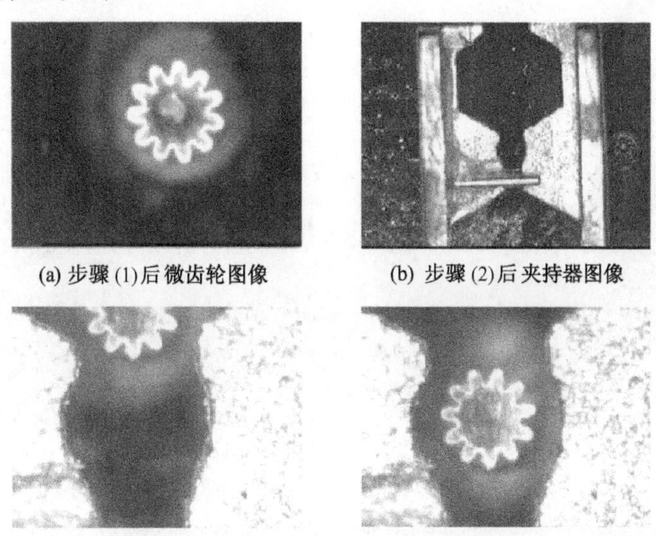

(a) 步骤(1)后微齿轮图像　(b) 步骤(2)后夹持器图像

(c) 步骤(5)后微齿轮与夹持器图像　(d) 步骤(6)后微齿轮与夹持器图像

图3-42　实验中微齿轮与夹持器的部分图像[38]

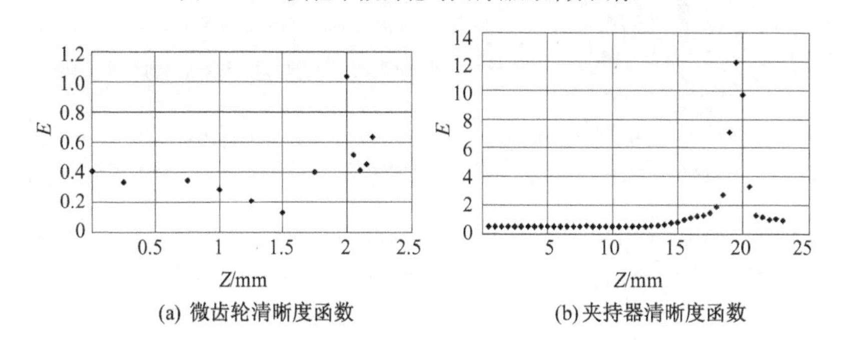

(a) 微齿轮清晰度函数　(b) 夹持器清晰度函数

图3-43　实验中微齿轮与夹持器的清晰度函数

实验结果表明,利用上述方法能够实现微齿轮与微夹持器之间的相对定位,由显微视觉系统给出夹持器与微齿轮的相对位置,在视觉引导下可以实现对微齿轮的夹取操作。

参 考 文 献

[1] 马颂德,张正友.计算机视觉——计算理论与算法基础[M].北京:科学出版社,1997.

[2] 贾云得.机器视觉[M].北京:科学出版社,2000.

[3] 章毓晋.图像工程[M].北京:清华大学出版社,1999.

[4] Sonka M, Hlavac V, Boyle R. Image processing, analysis, and machine vision [M].北京:人民邮电出版社,2002.

[5] 尹英杰,徐德,张正涛,等.基于单目视觉的平面测量[J].电子测量与仪器学报,2013,27(4):347-352.

[6] Fishler M A, Bolles R C. Random sample consensus: A paradigm for model fitting with applications to image analysis and automated cartomated cartography [J]. Comm. ACM, 1981, 24(6): 381-395.

[7] Horaud R, Conio B, Leboulleux O. An analytic solution for the perspective 4-point problem [J]. Computer Vision, Graphics, Image Processing, 1989, 47(1): 33-44.

[8] Hu Z Y, Wu F C. A note on the number of solutions of the noncoplanar P4P problem [J]. IEEE Transactions on Pattern Analysis and Machine Intelligence, 2002, 24(5): 550-555.

[9] Gao X S, Hou X R, Tang J L, et al. Complete solution classification for the perspective-three-point problem [J]. IEEE Transactions on Pattern Analysis and Machine Intelligence, 2003, 25(8): 930-943.

[10] Juang J G. Parameter estimation in the three-point perspective projection problem in computer vision [C]. Proceedings of the IEEE International Symposium on Industrial Electronics, 1997: 1065-1070.

[11] Faugeras D, Toscani G. The calibration problem for stereo [C]. Proceedings of IEEE Computer Society Conference on Computer Vision and Pattern Recognition, Los Alamitos, CA, 1986: 15-20.

[12] Xu D, Li Y F, Tan M. A general recursive linear method and unique solution pattern design for the perspective-n-point problem [J]. Image and Vision Computing, 2008, 26(6): 740-750.

[13] Lu C, Hager G, Mjolsness E. Fast and globally convergent pose estimation from video images [J]. IEEE Transactions on Pattern Analysis and Machine Intelligence, 2000, 22(6): 610-622.

[14] 张志勇,张靖,朱大勇.一种基于视觉成像的快速收敛的位姿测量算法及实验研究[J].航空学报,2007,28(4):943-947.

[15] Chen G, Xu D, Yang P. High precision pose measurement for humanoid robot based on PnP and OI algorithms[C]. 2010 IEEE International Conference on Robotics and Biomimetics (ROBIO 2010), Tianjin, Dec. 14 – 18, 2010: 620 – 624.

[16] Xu D, Tan M, Jiang Z, et al. Use of colour and shape constraints in vision-based valve operation by robot [J]. International Journal of Advanced Robotic Systems, 2006, 3(3): 267 – 274.

[17] 张鹏程,徐德. 基于 CAD 模型的目标跟踪和定位算法研究[J]. 高技术通讯, 2014, 24(6): 623 – 631.

[18] Comport A I, Marchand E, Pressigout M. Real-time markerless tracking for augmented reality the virtual visual servoing framework[J]. IEEE Transactions on Visualization and Computer Graphics, 2006, 12(4): 615 – 628.

[19] Espiau B, Chaumette F, Rives P. A new approach to visual servoing in robotics[J]. IEEE Transactions on Robotics and Automation, 1992, 8(3): 313 – 326.

[20] Guillou E, Meneveaux D, Maisel E, et al. Using vanishing points for camera calibration and coarse 3D reconstruction from a single image [J]. Visual Computer, 2000, 16(7): 396 – 410.

[21] Criminisi A, Reid I, Zisserman A. Single view metrology [J]. International Journal of Computer Vision, 2000, 40(2): 123 – 148.

[22] Borenstein J, Everett H R, Feng L, et al. Mobile robot positioning: sensors and techniques [J]. Journal of Robotic Systems, 1997, 14(4): 231 – 249.

[23] El-Hakim S F, Boulanger P, Blais F, et al. A mobile system for indoors 3-D mapping and positioning [M]. Zurich: Wichmann Press, 1997.

[24] El-Hakim S F, Boulanger P, Blais F, et al. Sensor based creation of indoor virtual environment models [C]. Proceedings of the International Conference on Virtual Systems and Multimedia, 1997:50 – 58.

[25] Malis E, Chaumette F, Boudet S. 2D 1/2 visual servoing [J]. IEEE Transactions on Robotics and Automation, 1999, 15(2): 234 – 246.

[26] Fang Y, Behal A, Dixon W E, et al. Adaptive 2.5D visual servoing of kinematically redundant robot manipulators [C]. Proceedings of the 41st IEEE Conference on Decision and Control, Las Vegas, 2002: 2860 – 2865.

[27] Fang Y, Dawson D M, Dixon W E, et al. Homography-based visual servoing of wheeled mobile robots [C]. Proceedings of the 41st IEEE Conference on Decision and Control, Las Vegas, 2002: 2866 – 2871.

[28] Xu D, Tu Z, Tan M. Study on visual positioning based on homography for indoor mobile robot [J]. 自动化学报, 2005, 31(3): 464 – 469.

[29] Xu D, Tan M. Accurate positioning in real time for mobile robot [J]. 自动化学报, 2003, 29(5):716 – 725.

[30] Sugimoto A, Nagatomo W, Matsuyama T. Estimating ego motion by fixation control of mounted active cameras [C]. Proceedings of Asian Conference on Computer Vision, 2004: 67 – 72.

[31] Hashimoto K, Noritsugu T. Visual servoing of nonholonomic cart [C]. Proceedings of IEEE International Conference on Robotics and Automation, 1997: 1719 - 1724.

[32] Adam A, Rivlin E, Rotstein H. Fusion of fixation and odometry for vehicle navigation [C]. Proceedings of IEEE International Conference on Robotics and Automation, 1999: 1638 - 1643.

[33] 韩立伟, 徐德. 基于直线和单特征点的机器人视觉推算定位[J]. 机器人, 2008, 30(1): 79 - 84, 90.

[34] Xu D, Han L, Tan M, et al. Ceiling-based visual positioning for an indoor mobile robot with monocular vision [J], IEEE Transactions on Industrial Electronics, 2009, 56(5): 1617 - 1628.

[35] Han L, Xu D, Zhang Y. Natural ceiling features based self-localisation for indoor mobile robots [J]. International Journal of Modelling, Identification and Control, 2010, 10(3/4): 272 - 280.

[36] Xu D, Li F, Zhang Z, et al. Characteristic of monocular microscope vision and its application on assembly of micro-pipe and micro-sphere[C]. Tthe 32nd Chinese Control Conference, July 26 - 28, Xi'an, China, 2013:5758 - 5763.

[37] 江泽民, 徐德, 涂志国, 等. MEMS 装配显微图像分割与特征点提取[J]. 机器人, 2004, 26(5): 404 - 408.

[38] Jiang Z, Xu D, Tan M, et al. MEMS assembly with the simplex focus measure [C]. IEEE International Conference on Mechatronics and Automation, Ontario, Canada, July 29 - August 1, 2005: 1118 - 1122.

[39] 徐德,卢金燕. 直线特征的交互矩阵求取[J]. 自动化学报,2015,41(10):1762 - 1771.

第4章 视觉控制

4.1 基于位置的视觉控制

利用视觉位置测量,可以构成两种类型的视觉控制系统。一种利用视觉测量的位置作为给定,构成位置给定型机器人视觉控制;一种利用视觉测量的位置作为反馈,构成位置反馈型机器人视觉控制[1]。

4.1.1 位置给定型机器人视觉控制

位置给定型视觉控制,利用视觉测量得到的位置作为机器人系统的给定。下面以工业机器人为例,说明视觉给定型位置控制[2]。

图4-1为Eye-to-Hand位置给定型机器人视觉控制框图,它利用视觉测量的目标位置对机器人进行位置给定,使机器人的末端到达目标位置。视觉位置给定部分由图像采集、特征提取、笛卡儿空间三维坐标求取、关节位置给定值确定等部分构成。其中,从图像采集到形成目标的三维坐标部分,即为第3章中的视觉测量,有多种方案

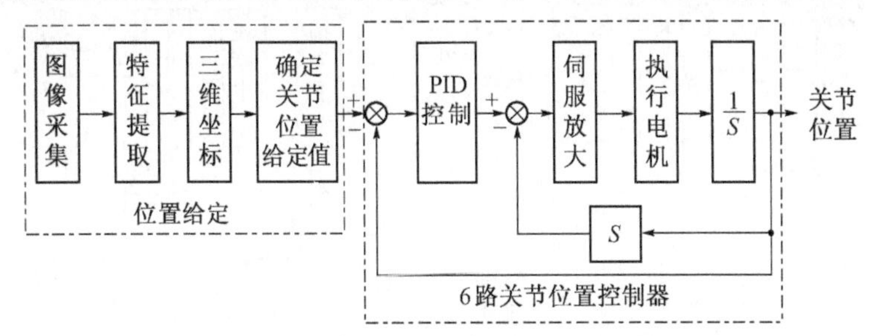

图4-1 Eye-to-Hand位置给定型机器人视觉控制框图

可供选择。根据摄像机的内参数和相对于机器人基坐标系的外参数，计算获得特征点在基坐标系下的三维坐标，经过在线路径规划获得机器人下一运动周期的位姿，通过逆运动学求解得到6个关节的关节位置给定值。各个关节采用位置闭环和速度闭环控制，内环为速度环，外环为位置环。机器人本体各个关节的运动使得机器人的末端按照给定的位置和姿态运动。

图4－2为Eye-in-Hand位置给定型机器人视觉控制框图，它利用视觉测量的目标位置对机器人进行位置给定，使机器人的末端到达目标位置。视觉位置给定由机器人位姿获取、图像采集、特征提取、笛卡儿空间三维坐标求取、关节位置给定值确定等部分构成。与图4－1的Eye-to-Hand视觉系统类似，从图像采集到形成目标的三维坐标视觉测量部分，也有多种方案可供选择。根据摄像机的内参数和相对于机器人末端的外参数计算获得特征点在末端坐标系下的三维坐标，再根据机器人的位姿计算出特征点在基坐标系下的三维坐标，经过在线路径规划获得机器人下一运动周期的位姿，通过逆运动学求解得到6个关节的关节位置给定值。各个关节采用位置闭环和速度闭环控制，内环为速度环，外环为位置环。

从视觉控制的角度而言，位置给定型视觉控制属于视觉开环控制。图4－2中，虽然末端位姿引入位置给定部分，但只是参与三维坐标的计算，并未构成机器人末端位置的闭环控制。

利用视觉测量的位置作为给定构成的视觉控制系统，属于Looking then Doing的方式，对实时性要求较低，视觉测量的周期可以为100ms

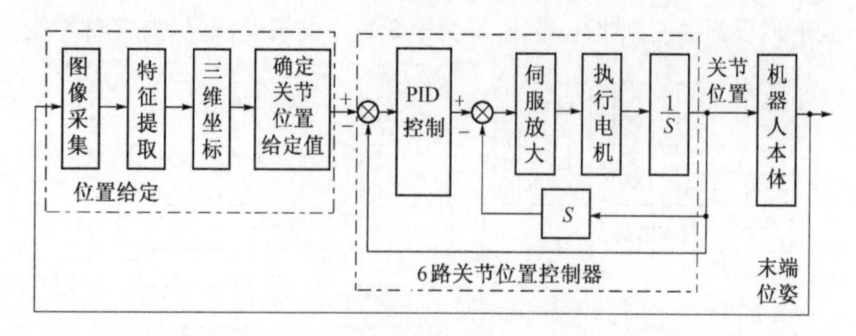

图4－2 Eye-in-Hand位置给定型机器人视觉控制框图

级甚至秒级。

4.1.2 机器人的位置视觉伺服控制

图4-3为利用视觉进行位置反馈的控制系统框图，用于使机器人末端工具与对象保持固定距离。视觉系统为Eye-in-Hand结构。控制系统由3个闭环构成，外环为笛卡儿空间的位置环，而各个关节采用位置闭环和速度闭环控制，其内环为速度环，外环为位置环。视觉位置反馈由机器人位姿获取、图像采集、特征提取、笛卡儿空间三维坐标求取、机器人工具与目标距离计算等部分构成。将设定距离与测量到的机器人工具到目标的距离相比较，形成距离偏差。根据距离偏差和机器人的当前位姿，利用位姿调整策略，确定下一时刻的机器人位姿，经过逆运动学求解，得到6个关节的关节位置给定值。然后，各个关节根据其关节位置给定值，利用关节位置控制器和伺服放大器对机器人的运动进行控制。

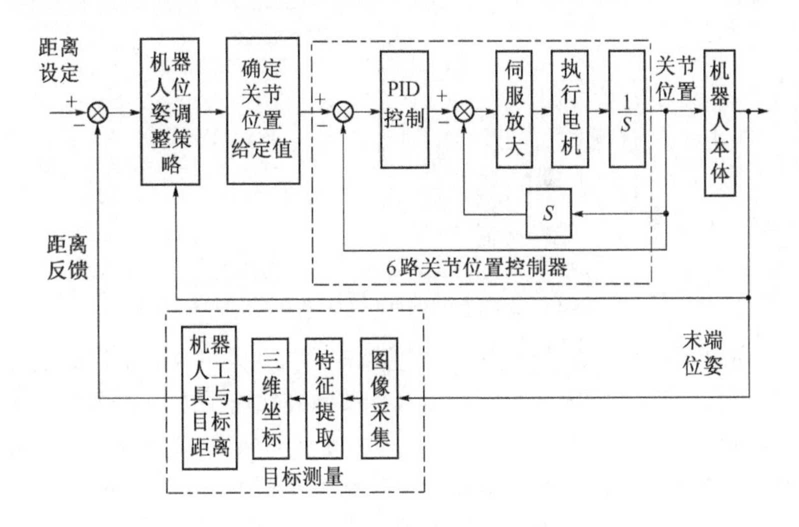

图4-3 位置反馈型视觉控制

利用视觉测量的位置作为反馈构成的视觉控制系统，属于Looking and Doing的方式。它对视觉系统的实时性要求较高，视觉测量的周期应小于100ms级。

图4-4为基于位置的视觉伺服(Position-based Visual Servoing)控制系统框图[3]。视觉系统为Eye-to-Hand结构。控制系统由两个闭环构成,外环为笛卡儿空间的位置环,内环为各个关节的速度环。视觉位置反馈由图像采集、特征提取、笛卡儿空间三维坐标求取、机器人工具位姿计算等部分构成。由给定的位姿与机器人末端的位姿比较得到位姿偏差,根据位姿偏差设计机器人位姿调整策略,得到希望的机器人末端在笛卡儿空间的运动速度,利用机器人的雅可比矩阵计算出关节空间的运动速度。由6路关节速度控制器,根据各个关节的期望运动速度,利用伺服放大器对机器人的运动进行控制。

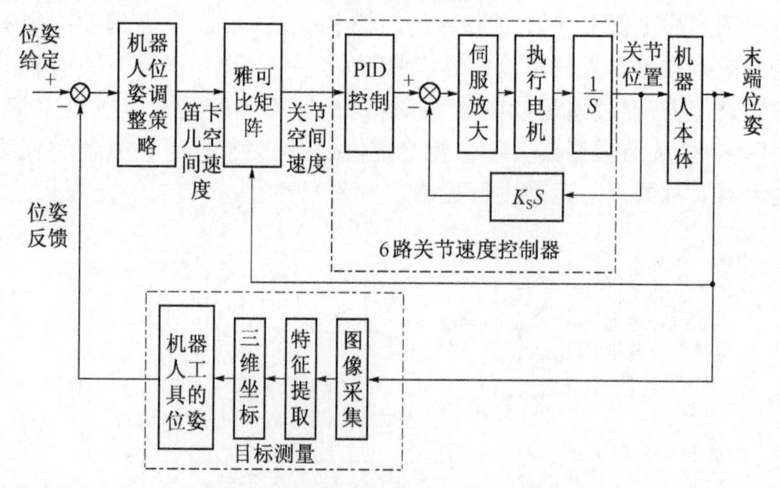

图4-4 基于位置的视觉伺服控制系统框图

在图4-4中,如果利用位姿调整策略得到的是机器人末端的位姿增量,利用雅可比矩阵的关节速度计算改为在线路径规划和逆运动学求解,则可以得到6个关节的关节位置给定值。然后,如果各个关节采用位置闭环和速度闭环控制,各个关节根据其关节位置给定值,利用位置伺服对机器人的运动进行控制,那么图4-4将成为与图4-3类似的位置反馈型视觉控制。在大部分文献对视觉伺服的定义中,视觉伺服与位置反馈型视觉控制的区别主要在于,机器人的关节运动速度是否直接由期望的末端运动速度获得,机器人的关节控制器是否采用位置闭环控制。此外,也有文献将位置视觉反馈控制归类为视觉伺服。

图4-5(a)为利用移动机械手开门示意图[4]。机械手(工业机器人)安装在移动机器人上,同时在移动机器人上安装两台摄像机,摄像机的内、外参数均预先经过标定。对于图4-5(a)所示移动机械手上的摄像机,与移动机器人和机械手分别构成不同结构的视觉系统。相对于移动机器人而言,可以将移动机器人看做某一机器人的末端,摄像机与它构成 Eye-in-hand 结构的视觉系统。相对于机械手而言,则摄像机与它构成 Eye-to-Hand 结构的视觉系统。为便于识别机械手的抓手以及门把手,在机械手的末端和门把手附近加装特定标记(又称为路标,Landmark)。每个标记由5个矩形构成,其中的4个小矩形分布在大矩形的4个角的外侧。图4-5(b)为目标与机器人末端识别标记。

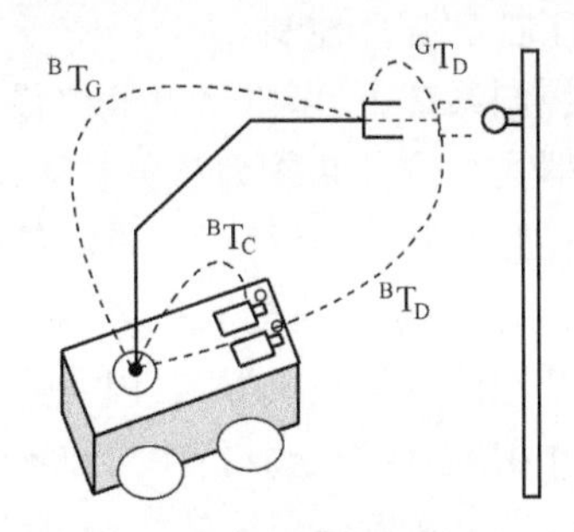

(a) 移动机械手开门示意图

(b) 目标与机器人末端识别标记

图4-5 移动机械手开门任务示意图与识别标记[4]

选择标记上中间大矩形与周围小矩形的交点作为特征点。利用两台摄像机分别采集目标与机器人末端识别标记图像,提取两个标记上的特征点的图像坐标,利用立体视觉算法计算出特征点在机械手基坐标系的笛卡儿坐标。以目标标记的中间大矩形的一个长边作为目标坐标系的 X 轴,相邻的短边作为目标坐标系的 Y 轴,这两个边的交点作为目标坐标系的原点。利用特征点的空间坐标,可以计算出 X 轴和 Y 轴在机械手基坐标系的姿态,利用叉乘得到 Z 轴在机械手基坐标系的姿态,从而得到目标坐标系在机械手基坐标系的位姿。同样地,可以获得机械手的末端标记坐标系在机械手基坐标系的位姿。由于这样得到的姿态不是单位正交矩阵,所以将目标姿态和机械手末端标记姿态转换为利用横滚(Roll)、俯仰(Pitch)和偏转(Yaw)角表示的姿态，然后再转换为利用矩阵表示的姿态，以保证姿态矩阵为单位正交矩阵。由目标位姿和机械手末端标记位姿可以得到目标与机械手末端标记之间的相对位姿。然后，再根据期望的目标与机械手末端标记之间的相对位姿，计算出目标与机械手末端标记之间的位姿偏差，并转换为机械手末端标记相对于机械手基坐标系的位姿偏差，用于机器人的控制。

4.1.3 基于位置的视觉控制的稳定性

对于位置给定型视觉控制系统，无论是图4－1所示的Eye-to-Hand方式的视觉控制系统，还是图4－2所示的Eye-in-Hand方式的视觉控制系统，系统的稳定性与视觉信息的引入无关。在这类系统中，视觉测量的结果仅仅作为系统的给定，属于视觉开环控制。

在图4－3所示的位置反馈型视觉控制系统中，可以将关节位置给定部分、机器人的关节位置控制器和机器人本体一并作为对象看待，看做是一个具有较大惯性时间常数的一阶惯性环节。目标的视觉测量部分，可以看做是一个比例环节。另外，末端位姿引入机器人位姿调整策略，主要是为了将末端位姿限定在一定范围内以保护机器人，以及避免奇异位姿，对末端位姿的调整起到限幅作用等，在稳定分析中可以不予考虑。因此，可以将图4－3视觉控制系统转化为一个等效控制系统，其系统框图如图4－6所示，T_r为惯性时间常数，k为距离反馈系数。这是一个典型的一阶惯性环节的单闭环系统。机器人位姿调整策略采用PID控制算法，根据机器人环节的惯性时间常数适当调整PID参数，就能够保证系统的稳定性。

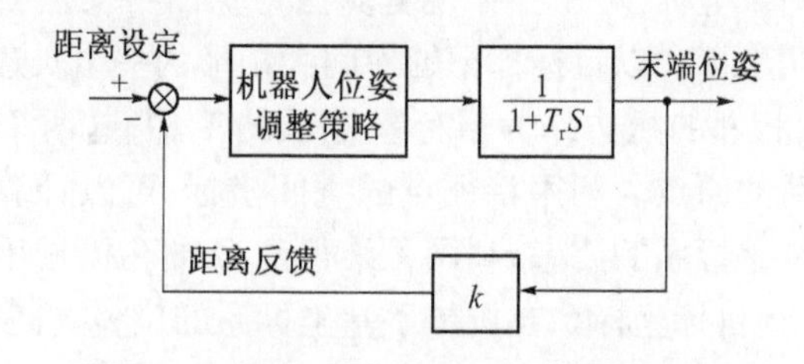

图4－6 位置反馈型视觉控制的简化框图

对于图4-4所示基于位置的视觉伺服控制系统,在关节速度较低时,可以将机器人的各个关节分别看做是一个二阶环节,它由具有较大惯性时间常数的一个一阶惯性环节和一个积分环节串联构成。此时,可以将图4-4视觉控制系统转化为一个等效控制系统,其系统框图如图4-7所示。图4-7中,$\boldsymbol{J}$为机器人的雅可比矩阵,T_j为关节j的惯性时间常数,K_S为速度反馈系数,k为位姿反馈系数。理想情况下,位姿反馈系数$k=1$。等效控制系统是一个二阶惯性环节的双闭环非线性控制系统,内环为各个关节的速度环,外环为机器人末端的位置与姿态环。机器人位姿调整策略部分的输出为位姿偏差$\Delta\boldsymbol{T}$,偏差较小时由雅可比矩阵将其转化为机器人的关节增量$\Delta\boldsymbol{q}$,经过速度控制的PID控制算法将$\Delta\boldsymbol{q}$转换为关节速度给定$\dot{q}$。速度内环根据给定关节速度$\dot{q}$控制各个关节,以二阶环节对象描述的各个关节输出关节位置q,由机器人本体将关节位置q转变为机器人的末端位姿。由关节位置q到机器人的末端位姿的转变,可以利用运动学模型A描述,是高阶非线性环节。此外,机器人的雅可比矩阵$\boldsymbol{J}$,是关节位置q的函数,也是高阶非线性环节。在$\Delta\boldsymbol{T}$和$\Delta\boldsymbol{q}$较小时,可以将机器人的雅可比矩阵$\boldsymbol{J}$近似为线性环节。在$\Delta\boldsymbol{q}$较小时,运动学模型A近似为线性环节。在此情况下,根据机器人环节的惯性时间常数适当调整PID参数,可以保证系统的稳定性。在给定位姿与机器人的当前位姿偏差较大时,可以利用机器人位姿调整策略产生较小的$\Delta\boldsymbol{T}$和$\Delta\boldsymbol{q}$,以保证机器人运动的稳定性。

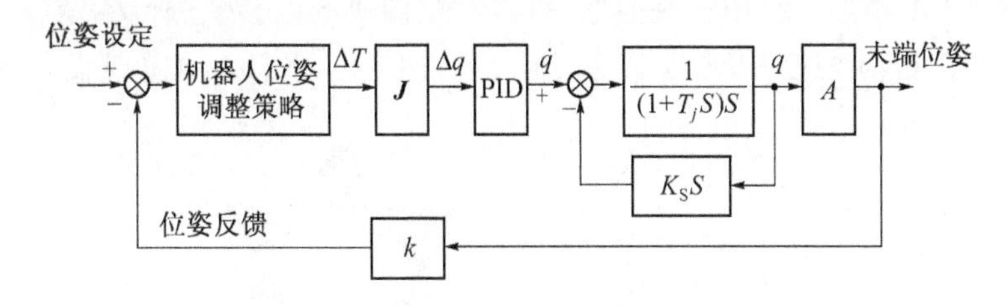

图4-7 基于位置的视觉伺服的简化系统框图

通常,当机器人的运动速度较高时,需要考虑机器人的动力学特性。此时机器人的位姿调整策略,对控制系统的稳定性尤为重要。考虑机器人动力学特性时的视觉伺服控制比较复杂,此处从略。

4.1.4 基于位置的自标定视觉控制

自标定视觉控制,利用场景中的已知信息对摄像机进行标定,然后利用摄像机的参数实现基于位置或者混合视觉控制。由于不需要预先对摄像机进行标定,所以这种视觉控制系统的应用比较方便。但由于对目标已知信息的要求较严格,其应用受到限制,应用面不是很宽。本节以对正六边形目标的跟踪为例,说明基于位置的自标定视觉控制[5]。

考虑单摄像机的 Eye-in-Hand 视觉系统,并假设摄像机的镜头畸变可以忽略不计。摄像机坐标系建立在其光轴中心位置,其 Z 轴取沿光轴中心线到景物的方向,X 轴取图像坐标水平增加的方向,Y 轴取图像坐标垂直增加的方向。在摄像机安装时,调整摄像机的姿态,使得当机器人的末端沿末端坐标系的 X 轴方向平移时,在摄像机采集的目标图像中只有水平图像坐标变化,垂直图像坐标保持不变;末端沿末端坐标系的 Y 轴平移时,在摄像机采集的目标图像中只有垂直图像坐标变化,水平图像坐标保持不变。这样,可以使摄像机坐标系与机器人的末端坐标系具有相同的姿态。

图 4-8 为目标模式示意图。在图 4-8(a)中,将正六边形的顶点用直线联结,可以得到 3 个矩形,这 3 个矩形的边的交点又是新形成的一个正六边形的顶点。将新的正六边形的顶点再用直线联结,又可以得到 3 个矩形。利用这些矩形,可以对摄像机的内参数进行标定。为便于在视觉控制中进行图像处理,根据图 4-8(a)的模式设计出

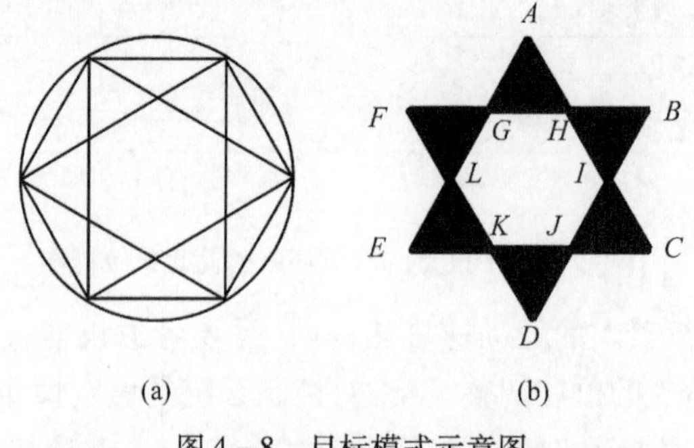

图 4-8 目标模式示意图

图4-8(b)模式。在图4-8(b)模式中,选择点 $A \sim L$ 作为特征点。在目标上建立目标坐标系,原点选取目标的中心点,点 L 到点 I 的方向作为 X 轴方向,点 D 到点 A 的方向作为 Y 轴方向。点 $A \sim L$ 在目标坐标系中的坐标已知。采用2.3节或2.6.2小节的方法,可以实现对摄像机内参数的标定。

获得摄像机的内参数之后,根据特征点 $A \sim L$ 的图像坐标和其在目标坐标系中的位置,利用3.4节基于PnP问题的位姿测量算法,可以求解出目标坐标系在摄像机坐标系中的位姿。由于摄像机坐标系与机器人的末端坐标系的姿态相同,所以可以根据测量出的目标坐标系在摄像机坐标系中的位姿,以及期望的目标坐标系在摄像机坐标系中的位姿,确定机器人末端相对于末端坐标系的运动量,控制机器人运动。此时,对机器人的控制采用基于位置的视觉控制,其原理参见4.1.2小节。

4.1.5 基于位置视觉控制的特点

基于位置的视觉控制具有以下特点[3]:

(1) 误差信号和关节控制器的输入信号都是空间位姿,具有明确的物理意义,实现起来比较容易。

(2) 特征的选取比较容易,没有特别的要求。可以选择便于分割的角点、端点等作为目标特征。

(3) 在三维笛卡儿空间计算误差,需要通过图像进行三维重建。换言之,需要根据目标上特征点的图像坐标,计算特征点在摄像机坐标系的三维坐标,并利用坐标变换关系转换为在参考坐标系的三维坐标。对于具有姿态要求的视觉控制,则需要根据目标上特征点的图像坐标,计算出目标的坐标系的位置和姿态。

(4) 一般地,需要对摄像机的内、外参数进行标定,需要进行手眼标定。对于这些标定,虽然目前已经有自标定技术,但还是比较麻烦。

(5) 由于根据图像估计目标的空间位姿,没有对图像进行控制,机器人的运动学模型误差和摄像机的标定误差都直接影响系统的控制精度。

4.2 基于图像的视觉控制

基于图像的视觉控制,直接利用图像特征对机器人进行控制。控制器的给定是目标的图像特征,利用视觉测量目标的当前图像特征作为反馈,以图像特征的偏差控制机器人的运动。如果根据图像特征的偏差直接对机器人的关节运动速度进行控制,构成的控制系统称为基于图像的视觉伺服控制,否则,构成的控制系统称为基于图像的视觉控制。

4.2.1 基于图像特征的视觉控制

下面以操作阀门为例,针对 Eye-in-Hand 结构的视觉系统,说明基于图像的视觉控制。图 4-9 为机器人操作阀门示意图。在阀门上,利用色标作为阀门标记和手柄标记。其中,用正方形红色色标作为阀门标记,长方形绿色色标作为手柄标记。机械手末端装有抓手,抓手具有闭合和松开两个位置。抓手与机械手末端之间装有腕力传感器和微型摄像机。腕力传感器用于测量机械手腕部的力和力矩,微型摄像机用于引导机械手的抓手抓取阀门手柄。

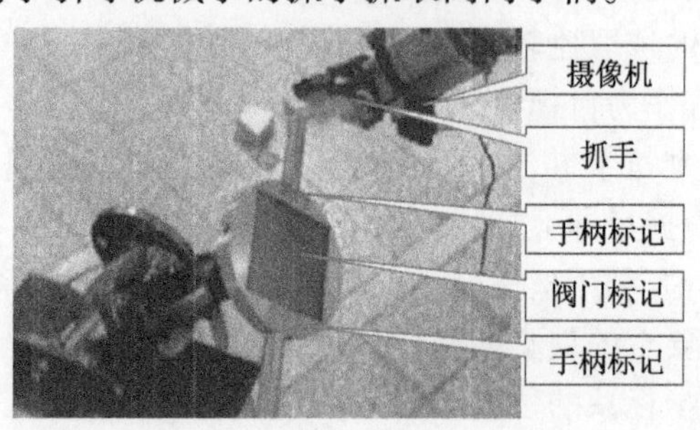

图 4-9 机器人操作阀门示意图

微型摄像机的坐标系建立在其光轴中心处,Z 轴取沿光轴到景物的方向,X 轴取图像坐标水平增加的方向,Y 轴取图像坐标垂直增加的方向。在安装摄像机时,通过调整摄像机的方向,使得抓手沿机械手末端坐标系的 X 轴平移时,在摄像机采集的目标图像中只有水平图像坐标变化,垂直图像坐标保持不变;抓手沿机械手末端坐标系的 Y 轴平移时,在摄像机采集的目标图像中只有垂直图像坐标变化,水平图像坐标保持不变。这样,可以使摄像机坐标系与机械手的末端坐标系具有相同的姿态。

由于手柄标记的尺寸较小,而摄像机的镜头为广角镜头,在摄像机与阀门的距离较远时,手柄标记的图像区域很小,不易分辨。因此,将抓手对阀门趋近作业分为两个阶段:第一个阶段抓手距阀门较远,通过视觉利用阀门标记对机械手的运动进行控制;第二个阶段抓手距阀门较近,通过视觉利用手柄标记对机械手的运动进行控制。在基于图像的视觉控制中,对于上述两个阶段分别给出期望的图像特征。首先,利用手动控制将抓手移动到能够抓取到手柄的位置,采集手柄标记图像作为第二阶段的期望图像,提取手柄标记的图像特征作为期望的图像特征。图4-10所示的手柄标记图像就是在抓手能够抓取到手柄时所采集的期望图像。将抓手移离手柄一定高度,使阀门标记和两个手柄标记均在摄像机视场中,并且能够较好地分辨出手柄标记。此时,采集阀门标记和手柄标记图像作为第一阶段的期望图像,提取阀门标记的图像特征作为期望的图像特征。由于机器人具有6个自由度,所以选取的图像特征至少为6个。在此任务中,选取的图像特征分别为:色标的质心坐标、色标的图像区域面积、色标主方向、沿主方向的梯形畸变、垂直于主方向的梯形畸变。其中,色标的质心坐标用于机械手沿 X、Y 轴方向的平移调整,色标的图像区域面积用于机械手沿 Z 轴方向的平移调整,色标主方向用于机械手绕 Z 轴方向的旋转调整,沿主方

图4-10　给定图像特征

向的梯形畸变用于机械手绕 X 轴方向的旋转调整,垂直于主方向的梯形畸变用于机械手绕 Y 轴方向的旋转调整。在第一阶段,以两个手柄标记的连线作为阀门标记色标的主方向。在第二阶段,以手柄标记的长轴作为手柄标记色标的主方向。

图 4-11 为绕坐标轴旋转所选取的图像特征示意图。在不同的摄像机姿态下,矩形成像后的图像为不同的四边形。例如,图4-10中期望图像的手柄标记是一个四边形。首先,利用 Hotlling 变换提取四边形的主特征向量。沿主特征向量方向,提取四边形上、下两边的长度 l_{x1} 和 l_{x2},以两者之比作为绕 X 轴的旋转特征,见图 4-11(a)。沿垂直于主特征向量方向,提取四边形左、右两边的长度 l_{y1} 和 l_{y2},以两者之比作为绕 Y 轴的旋转特征,见图 4-11(b)。主特征向量与 X 轴的夹角,作为绕 Z 轴的旋转特征,见图4-11(c)。

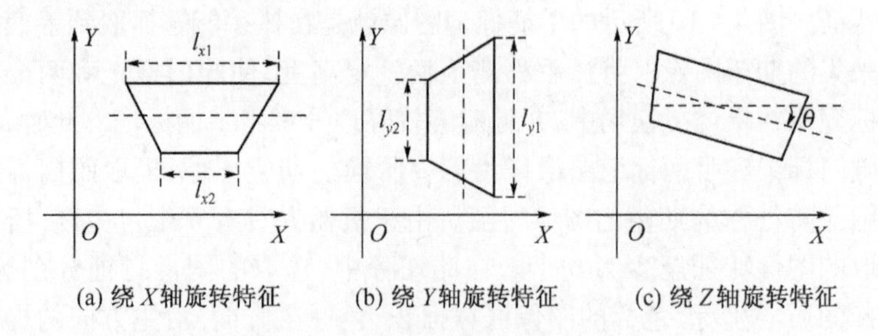

(a) 绕 X 轴旋转特征 (b) 绕 Y 轴旋转特征 (c) 绕 Z 轴旋转特征

图 4-11 绕坐标轴的旋转特征

对于机器人末端的微分调整量 d_x、d_y、d_z、δ_x、δ_y、δ_z,可以利用如下对应关系进行描述:

$$\begin{cases} d_x = u_{\mathrm{d}} - u \\ d_y = v_{\mathrm{d}} - v \\ d_z = 1 - \sqrt{S/S_{\mathrm{d}}} \end{cases}, \quad \begin{cases} \delta_x = 1 - l_x/l_{x\mathrm{d}} \\ \delta_y = 1 - l_y/l_{y\mathrm{d}} \\ \delta_z = \theta_{\mathrm{d}} - \theta \end{cases} \tag{4-1}$$

式中:d_x、d_y、d_z 为末端的微分平移量;δ_x、δ_y、δ_z 为末端的微分旋转量;$(u_{\mathrm{d}}, v_{\mathrm{d}})$ 为标记质心的期望图像坐标;(u, v) 为标记质心的实际图像坐标;S_{d} 为标记的期望图像面积;S 为标记的实际图像面积;$l_{x\mathrm{d}}$ 为标记沿主方向的期望梯形畸变;l_x 为标记沿主方向的实际梯形畸变;$l_{y\mathrm{d}}$ 为标记垂直于主方向的期望梯形畸变；l_y 为标记垂直于主方向的实际梯形畸变；θ_d 为色标主方向与图像水平轴之间的期望夹角；θ 为色标主方向与图像水平轴之间的实际夹角。

由式(4－1)可以发现：当实际图像特征小于期望图像特征时，微分调整量大于0；当实际图像特征大于期望图像特征时，微分调整量小于0；当实际图像特征等于期望图像特征时，微分调整量为0。这只是说明，按照上述方式选取的图像特征能够反映目标的位姿，建立的微分调整量与图像特征的关系能够表征机器人末端的运动趋势。实际上，微分调整量与图像特征增量之间关系是非线性的，而且耦合性强，要比式(4－1)复杂得多。因此，在实际应用中，可以对式(4－1)中的6个微分调整量赋予不同的优先级，通过分步调整实现各个图像特征之间的解耦。此外，微分增量 d_x、d_y、d_z、δ_x、δ_y、δ_z 不能直接用于控制机器人的末端运动，需要经过适当的控制算法形成末端运动控制量 d_{xc}、d_{yc}、d_{zc}、δ_{xc}、δ_{yc}、δ_{zc}。例如，PID 算法就是一种较常采用的控制算法。

由机器人末端的实际微分运动控制量 d_{xc}、d_{yc}、d_{zc}、δ_{xc}、δ_{yc}、δ_{zc}，得到末端的位姿调整量为

$$\boldsymbol{\Delta} = \begin{bmatrix} 0 & -\delta_{zc} & \delta_{yc} & d_{xc} \\ \delta_{zc} & 0 & -\delta_{xc} & d_{yc} \\ -\delta_{yc} & \delta_{xc} & 0 & d_{zc} \\ 0 & 0 & 0 & 0 \end{bmatrix} \tag{4-2}$$

在第一阶段，以预先采集的阀门标记作为期望图像，利用阀门标记图像的特征控制机械手的抓手向阀门运动。在第一阶段的起始阶段，由于阀门标记的当前图像与期望图像差距可能较大，有可能在当前图像中得不到6个图像特征。在此情况下，可以利用阀门标记图像的质心位置中的两个特征，先对机械手抓手的位置进行调整。待当前图像中有6个图像特征后，再对抓手的位姿进行调整。当阀门标记的当前图像特征与期望图像特征差距较小，能够较好地分辨出手柄标记时，第一阶段结束，第二阶段开始。在第二阶段，以预先采集的手柄标记作为期望图像，利用手柄标记图像的特征控制机械手的抓手向阀门运动。当手柄标记的当前图像特征与期望图像特征差距足够小时，第二阶段结束。此时，抓手已经按照期望的姿态到达手柄位置，闭合抓手，即能

够较好地抓取到手柄。

图 4－12 为一个阶段的基于图像的视觉控制框图。它由 3 个闭环构成,外环为图像特征闭环,内环为关节位置环和速度环。图 4－12 中的关节位置控制环节,由关节位置环和关节速度环构成,参见图 4－1。视觉反馈为目标的当前图像特征,由图像采集和特征提取两部分构成。由给定的期望图像特征与当前图像特征比较得到特征偏差,根据该偏差设计机器人末端微分运动调整策略,实现图像空间偏差到笛卡儿空间偏差的转换。图像空间偏差到笛卡儿空间偏差的转换矩阵,又称为

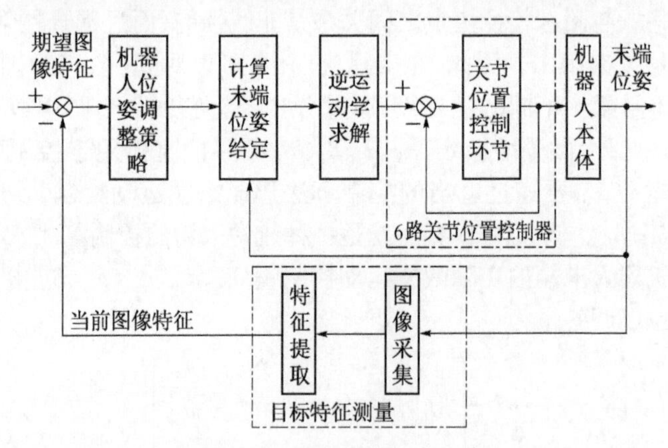

图 4－12　基于图像的视觉控制框图

图像空间到笛卡儿空间微分运动的雅可比矩阵。根据机器人的当前位姿,由机器人末端微分运动量得到希望的机器人末端在笛卡儿空间的位姿,利用机器人的逆运动学计算出关节空间的位置给定。由 6 路关节位置控制器,根据各个关节的期望位置,利用伺服放大器对机器人的运动进行控制。通过机器人本体各个关节的运动,使得机器人的末端按照希望的位置和姿态运动。

在本小节中的阀门抓取中,从图像空间偏差到笛卡儿空间偏差的转换是一种定性关系,未用到摄像机的参数。该任务不需要对摄像机进行标定,是基于图像的视觉控制的一种特殊情况。一般地,基于图像的视觉控制需要获得从图像空间偏差到笛卡儿空间偏差转换的定量关系,即需要图像空间到笛卡儿空间微分运动的雅可比矩阵。该矩阵是摄像机到目标距

离以及图像特征的函数。因此,基于图像的视觉控制需要估计目标的深度信息,需要对摄像机进行标定。由于摄像机和机器人均包含在图像闭环之内,所以控制精度对摄像机参数误差和机器人的模型误差不敏感。

4.2.2 基于图像的视觉伺服控制

以工业机器人为例,针对 Eye-in-hand 结构的视觉系统,说明基于图像的视觉伺服控制。如图 4-13 所示,基于图像的视觉伺服由两个闭环构成,外环为图像特征闭环,内环为关节速度环。视觉反馈为目标的当前图像特征,由图像采集和特征提取两部分构成。由给定的期望图像特征与当前图像特征比较得到特征偏差,根据该偏差设计机器人的运动调整策略,并以其输出作为图像雅可比矩阵的输入。从图像空间到关节空间的雅可比矩阵称为图像雅可比矩阵,由图像空间到笛卡儿空间微分运动的雅可比矩阵和机器人的笛卡儿空间到关节空间的雅可比矩阵的乘积构成。图像雅可比矩阵的输出为各个关节的期望速度。由 6 路关节速度控制器,根据各个关节的期望速度,利用伺服放大器对机器人的运动进行控制。通过机器人本体各个关节的运动,使得机器人的末端按照希望的位置和姿态运动。求解图像雅可比矩阵是基于图像视觉伺服的一个主要任务,主要有 3 种方法,分别为直接估计方法、深度估计方法、常数近似方法。直接估计的方法不考虑图像雅可比

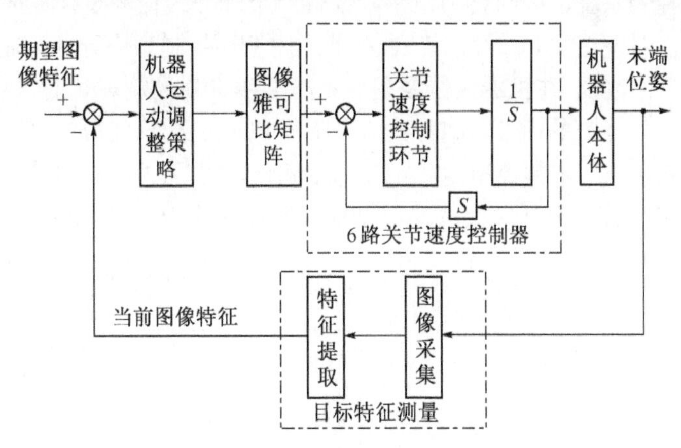

图 4-13 基于图像的视觉伺服控制

矩阵的解析形式,在摄像机运动过程中直接得到数值解。典型的直接估计方法是采用神经元网络和模糊逻辑逼近的方法[4,6]。深度估计的方法需要求出图像雅可比矩阵的解析式,在每一个控制周期估计深度值,代入解析式求值。这种方法实时在线调整雅可比矩阵的值,精度高,但计算量较大。常数近似方法是简化的方法,图像雅可比矩阵的值在整个视觉伺服过程中保持不变,通常取理想图像特征下的图像雅可比矩阵的值。常数近似的方法只能保证在目标位置的一个小邻域内收敛。直接估计的方法和常数近似的方法更容易导致目标离开视场。

4.2.3 基于图像的视觉控制的稳定性

类似于4.1.3小节,在图4-12所示的基于图像的视觉控制系统中,可以将关节位置给定部分、机器人的关节位置控制器和机器人本体一并作为对象看待,看做是一个具有较大惯性时间常数的一阶惯性环节。目标图像特征的视觉测量部分,可以看做是由两部分构成的:一部分为利用摄像机模型表示的对象环节;另一部分为比例反馈环节。因此,可以将图4-12视觉控制系统转化为一个等效控制系统,其系统框图如图4-14所示,T_r为惯性时间常数,k为图像反馈系数。由于描述图像特征与末端位姿之间关系的摄像机模型是一种非线性关系,所以基于图像的视觉控制系统可以简化为由一阶惯性环节和非线性环节构成的单闭环系统。对于这类非线性系统,在小范围内PID控制算法可以保证系统的稳定性。因此,在机器人位姿调整策略采用PID控制算法时,除需要根据机器人环节的惯性时间常数适当调整PID参数外,需要对PID控制算法的输出进行限幅控制,以保证系统的稳定性。另外,模糊控制算法、变结构多模控制算法以及变参数PID控制算法等均可用于基于图像的

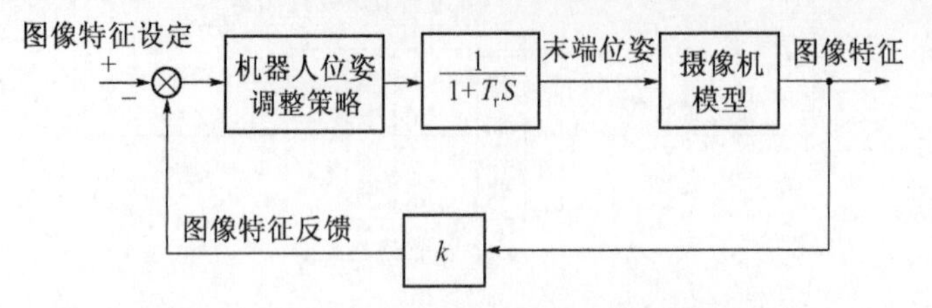

图4-14 基于图像的视觉控制的简化系统框图

视觉控制。

对于图4－13所示的基于图像的视觉伺服控制系统，在关节速度较低时，可以将机器人的各个关节分别看做是一个二阶环节，它由具有较大惯性时间常数的一个一阶惯性环节和一个积分环节串联构成。此时，可以将图4－13的视觉控制系统转化为一个等效控制系统，其系统框图如图4－15所示。图4－15中，$\boldsymbol{J}_i$ 为描述图像特征变化与机器人关节变化之间关系的图像雅可比矩阵，T_j 为关节 j 的惯性时间常数，K_S 为速度反馈系数，k 为位姿反馈系数。等效控制系统是一个二阶惯性环节和非线性环节的双闭环非线性控制系统，内环为各个关节的速度环，外环为图像特征环。机器人运动调整策略部分的输出为图像特征偏差 ΔI，偏差较小时由图像雅可比矩阵将其转化为机器人的关节增量 Δq，经过速度控制的PID控制算法将 Δq 转换为关节速度给定 $\dot{q}$。速度内环根据给定关节速度 $\dot{q}$ 控制各个关节，以二阶环节对象描述的各个关节输出关节位置 q，由机器人本体将关节位置 q 转变为机器人的末端位姿。

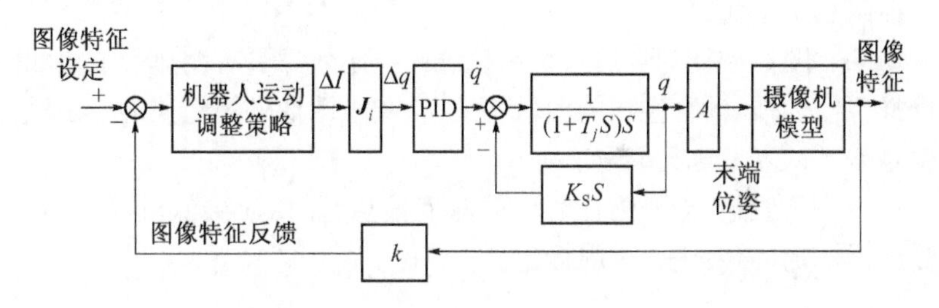

图4－15　基于图像的视觉伺服的简化系统框图

由关节位置 q 到机器人的末端位姿的转变，可以利用运动学模型 A 描述，是高阶非线性环节。此外，机器人的图像雅可比矩阵 $\boldsymbol{J}_i$ 是关节位置 q 的函数，也是高阶非线性环节。描述图像特征与末端位姿之间关系的摄像机模型，也是一个非线性环节。在 ΔI 和 Δq 较小时，可以将机器人的图像雅可比矩阵 $\boldsymbol{J}_i$ 近似为线性环节。在 Δq 较小时，运动学模型 A 近似为线性环节。在此情况下，根据机器人环节的惯性时间常数适当调整PID参数，可以保证系统的稳定性。在给定图像特征与当前图像特征偏差较大时，可以利用机器人运动调整策略产生较小

的 ΔI 和 Δq,以保证机器人运动的稳定性。

通常,当机器人的运动速度较高时,需要考虑机器人的动力学特性。此时机器人的运动调整策略,对控制系统的稳定性尤为重要。考虑机器人动力学特性时的视觉伺服控制比较复杂,此处从略。

4.2.4 基于图像的视觉控制的特点

基于图像的视觉控制具有以下特点[3]:

(1) 在图像空间构成闭环,对标定误差和空间模型误差不敏感,控制精度较高。这些特点是基于图像视觉伺服的突出优点。

(2) 基于图像的视觉伺服直接在二维图像空间计算误差,不需要三维重建。但误差信号和关节控制器的输入信号都是图像特征,没有明确的物理意义。

(3) 图像雅可比矩阵的求取比较困难,系统的稳定性分析比较困难,给控制器的设计带来很大困难。另外,控制系统只在目标位置附近的邻域范围内收敛,伺服过程中容易进入图像雅可比矩阵的奇异点,导致控制系统不稳定。

(4) 图像特征的选取对控制系统的控制效果具有明显影响。如何选择鲁棒性强、耦合性弱的图像特征,在基于图像的视觉控制系统设计中是需要认真考虑的问题。

(5) 一般地,需要估计目标的深度信息,需要对摄像机的内、外参数进行标定,需要进行手眼标定。

4.3 混合视觉伺服控制

虽然基于位置和基于图像的视觉伺服方法各自具有不同的优点,但这两种方法都具有一些难以克服的缺点。于是,有研究者将基于位置和基于图像的视觉伺服结合在一起,提出了混和视觉伺服方法,以保留基于位置和基于图像的视觉伺服的各自优点。混合视觉伺服的主要思想是采用图像伺服控制一部分自由度,余下的自由度采用其他技术控制,不需要计算图像雅可比矩阵。混合视觉伺服以 Malis 等提出的混合视觉伺服方法最具代表性[6-7],称为 2.5D 视觉伺服方法，是在已知摄像机内参数的前提下，根据当前图像特征与期望图像特征计算两个视点之间在欧几里得空间的单应性矩阵。除了这种方法，Deguchi[8]也提出了混合视觉伺服方法，其思想与2.5D视觉伺服方法是一致的，只是在单应性矩阵分解上采用不同的方法。本节着重介绍Malis等提出的2.5D视觉伺服方法。

4.3.1　2.5D视觉伺服的结构

Malis等[6-7]提出的2.5D视觉伺服方法，使用扩展图像坐标在图像空间控制位置，而通过部分三维重建在笛卡儿空间控制旋转。2.5D视觉伺服的结构框图如图4-16所示。对于摄像机采集的目标图像，经过处理后提取出特征点，利用当前图像特征与期望图像特征计算两个视点之间在欧几里得空间的单应性矩阵。将该单应性矩阵进行分

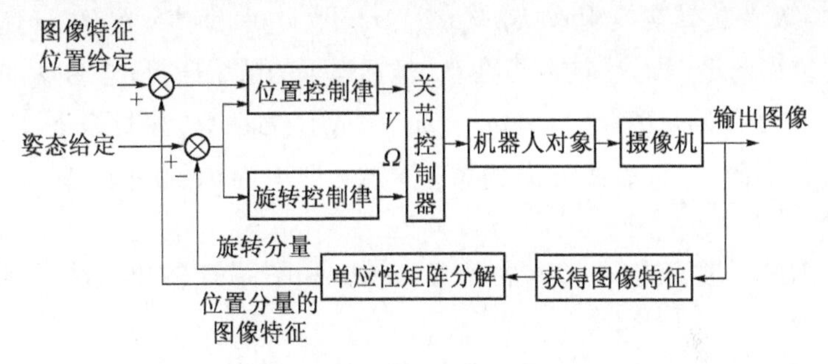

图4-16　2.5D视觉伺服的结构框图[6]

解，得到旋转分量和位置分量。位置分量的当前图像特征与给定的期望图像特征相比较，作为位置控制律的输入。旋转分量作为位置控制律和旋转控制律的输入。位置控制律采用基于图像的视觉伺服方法，旋转控制律采用基于位置的视觉伺服方法。这种方法不需要进行准确的摄像机标定，并且扩展图像坐标与末端速度之间的雅可比矩阵在整个工作空间都不存在奇异点。

4.3.2　2.5D视觉伺服的原理

4.3.2.1　带比例因子的欧几里得重建

摄像机内参数采用式(2-5)所示的四参数模型。对于平面Π

上的点 P,设其在两个视点 O_{c_1}、O_{c_2} 下的图像齐次坐标为 $\boldsymbol{I}_1 = [u_1 \quad v_1 \quad 1]^{\mathrm{T}}$ 和 $\boldsymbol{I}_2 = [u_2 \quad v_2 \quad 1]^{\mathrm{T}}$,在摄像机坐标系下欧几里得空间坐标为 $\boldsymbol{P}_{c_1} = [x_{c_1} \quad y_{c_1} \quad z_{c_1}]^{\mathrm{T}}$ 和 $\boldsymbol{P}_{c_2} = [x_{c_2} \quad y_{c_2} \quad z_{c_2}]^{\mathrm{T}}$。在图像空间,两个视点下的图像坐标之间存在一组单应性矩阵 $\boldsymbol{H}_i$,称为图像空间单应性矩阵,如式(3-147)所示。在欧几里得空间,两个视点下的空间坐标之间存在一组单应性矩阵 $\boldsymbol{H}_e$,称为欧几里得空间单应性矩阵,如式(3-149)所示。

此处的欧几里得空间单应性矩阵 $\boldsymbol{H}_e$ 是一个 3×3 矩阵,它可以分解为两个矩阵之和:

$$\boldsymbol{H}_e = \boldsymbol{R} + \boldsymbol{p}_{d_1} \cdot \boldsymbol{m}_1^{\mathrm{T}} \tag{4-3}$$

式中:$\boldsymbol{R}$ 为旋转变换矩阵;$\boldsymbol{p}_{d_1} = \boldsymbol{p}/d_1$,$\boldsymbol{p} = [p_x \quad p_y \quad p_z]^{\mathrm{T}}$,为 O_{c_1} 与 O_{c_2} 之间的位移向量,即 O_{c_1} 的原点在 O_{c_2} 坐标系下的位置向量;d_1 为 O_{c_1} 的原点到平面 Π 的距离;$\boldsymbol{m}_1 = [m_{1x} \quad m_{1y} \quad m_{1z}]^{\mathrm{T}}$ 为在 O_{c_1} 坐标系下,O_{c_1} 的原点到平面 Π 的垂线方向的单位向量,即平面 Π 的法向量的单位向量。

为便于理解式(4-3),将位置向量 $\boldsymbol{p}$ 和平面 Π 的单位法向量 $\boldsymbol{m}_1$ 代入式(4-3)展开,得

$$\boldsymbol{H}_e = \begin{bmatrix} n_x & o_x & a_x \\ n_y & o_y & a_y \\ n_z & o_z & a_z \end{bmatrix} + \begin{bmatrix} p_x m_x/d_1 & p_x m_y/d_1 & p_x m_z/d_1 \\ p_y m_x/d_1 & p_y m_y/d_1 & p_y m_z/d_1 \\ p_z m_x/d_1 & p_z m_y/d_1 & p_z m_z/d_1 \end{bmatrix} =$$

$$\begin{bmatrix} n_x + p_x m_x/d_1 & o_x + p_x m_y/d_1 & a_x + p_x m_z/d_1 \\ n_y + p_y m_x/d_1 & o_y + p_y m_y/d_1 & a_y + p_y m_z/d_1 \\ n_z + p_z m_x/d_1 & o_z + p_z m_y/d_1 & a_z + p_z m_z/d_1 \end{bmatrix} \tag{4-4}$$

其中,$\boldsymbol{n} = [n_x \quad n_y \quad n_z]^{\mathrm{T}}$,$\boldsymbol{o} = [o_x \quad o_y \quad o_z]^{\mathrm{T}}$,$\boldsymbol{a} = [a_x \quad a_y \quad a_z]^{\mathrm{T}}$,是旋转

矩阵 $\boldsymbol{R}$ 的3个单位向量，即 O_{c_1} 坐标系的 X_{c_1}、Y_{c_1} 和 Z_{c_1} 轴方向的单位向量在 O_{c_2} 坐标系下的表示。

由式(4-4)以及 $\boldsymbol{P}_{c_2}=\boldsymbol{H}_e\boldsymbol{P}_{c_1}$，得

$$\begin{bmatrix} x_{c_2} \\ y_{c_2} \\ z_{c_2} \end{bmatrix} = \begin{bmatrix} n_x x_{c_1} + o_x y_{c_1} + a_x z_{c_1} + p_x m_x x_{c_1}/d_1 + p_x m_y y_{c_1}/d_1 + p_x m_z z_{c_1}/d_1 \\ n_y x_{c_1} + o_y y_{c_1} + a_y z_{c_1} + p_y m_x x_{c_1}/d_1 + p_y m_y y_{c_1}/d_1 + p_y m_z z_{c_1}/d_1 \\ n_z x_{c_1} + o_z y_{c_1} + a_z z_{c_1} + p_z m_x x_{c_1}/d_1 + p_z m_y y_{c_1}/d_1 + p_z m_z z_{c_1}/d_1 \end{bmatrix} \tag{4-5}$$

在式(4-5)中，$m_x x_{c_1} + m_y y_{c_1} + m_z z_{c_1}$ 项为位置向量 $\boldsymbol{P}_{c_1}$ 在 $\boldsymbol{m}_1$ 方向的投影，其大小为 d_1，参见图4-17。因此，式(4-5)可化简为

$$\begin{bmatrix} x_{c_2} \\ y_{c_2} \\ z_{c_2} \end{bmatrix} = \begin{bmatrix} n_x x_{c_1} + o_x y_{c_1} + a_x z_{c_1} + p_x \\ n_y x_{c_1} + o_y y_{c_1} + a_y z_{c_1} + p_y \\ n_z x_{c_1} + o_z y_{c_1} + a_z z_{c_1} + p_z \end{bmatrix} \tag{4-6}$$

式(4-6)结果与采用齐次坐标变换得到的结果相同。其物理意义是，位置向量 $\boldsymbol{P}_{c_2}$ 等于位置向量 $\boldsymbol{P}_{c_1}$ 与位移向量 $\boldsymbol{p}$ 之和。

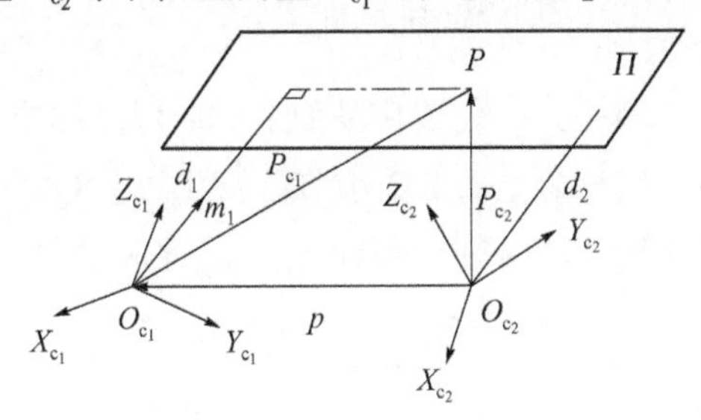

图4-17　欧几里得空间中的位置向量与变换[6]

虽然 d_1 与 O_{c_2} 的原点到平面 Π 的距离 d_2 是未知的，但有下列关系成立：

$$d_2 = d_1 + \boldsymbol{m}_2^{\mathrm{T}}\boldsymbol{p} \tag{4-7}$$

式中：d_2 为 O_{c_2} 的原点到平面 Π 的距离；$\boldsymbol{m}_2 = [m_{2x} \quad m_{2y} \quad m_{2z}]^{\mathrm{T}}$ 为在

O_{c_2} 坐标系下，O_{c_2} 的原点到平面 Π 的垂线方向的单位向量，即平面 Π 的法向量的单位向量。

由式(4-7)得到 d_2 与 d_1 之间的比率 γ：

$$\gamma = d_2/d_1 = 1 + \boldsymbol{m}_2^{\mathrm{T}}\boldsymbol{p}_{d_1} = \det(\boldsymbol{H}_{\mathrm{e}}) \tag{4-8}$$

此外，z_{c_2} 与 d_1、γ 之间符合下式：

$$d_2 = \gamma d_1 = z_{c_2}\boldsymbol{m}_2^{\mathrm{T}}\boldsymbol{P}_{c21} \tag{4-9}$$

由式(4-9)得到 z_{c_2} 与 d_1 之间的比率 ρ_1，如下：

$$\rho_1 = \frac{z_{c_2}}{d_1} = \frac{\gamma}{\boldsymbol{m}_2^{\mathrm{T}}\boldsymbol{P}_{c21}} \tag{4-10}$$

式中：$\boldsymbol{P}_{c21}$ 为 $\boldsymbol{P}_{c_2}$ 在焦距归一化成像平面上的成像点的位置向量，$\boldsymbol{P}_{c21} = [x_{c_2}/z_{c_2} \quad y_{c_2}/z_{c_2} \quad 1]^{\mathrm{T}}$，参见 2.1.2 小节以及式(2-8)。

同样地，z_{c_1} 与 d_1 之间符合

$$d_1 = z_{c_1}\boldsymbol{m}_1^{\mathrm{T}}\boldsymbol{P}_{c11} \tag{4-11}$$

式中：$\boldsymbol{P}_{c11}$ 为 $\boldsymbol{P}_{c_1}$ 在焦距归一化成像平面上的成像点的位置向量，$\boldsymbol{P}_{c11} = [x_{c_1}/z_{c_1} \quad y_{c_1}/z_{c_1} \quad 1]^{\mathrm{T}}$，参见 2.1.2 小节以及式(2-8)。

由式(4-10)和式(4-11)，得到 z_{c_1} 与 z_{c_2} 之间的比率

$$\rho_2 = \frac{z_{c_2}}{z_{c_1}} = \frac{\gamma\boldsymbol{m}_1^{\mathrm{T}}\boldsymbol{P}_{c11}}{\boldsymbol{m}_2^{\mathrm{T}}\boldsymbol{P}_{c21}} = \rho_1\boldsymbol{m}_1^{\mathrm{T}}\boldsymbol{P}_{c11} \tag{4-12}$$

4.3.2.2 控制方案

欧几里得空间单应性矩阵 $\boldsymbol{H}_{\mathrm{e}}$ 中的旋转变换矩阵 $\boldsymbol{R}$，可以表示为绕一个空间单位向量 $\boldsymbol{f}$ 旋转角度 θ 得到。其中，$\boldsymbol{f} = [f_x \quad f_y \quad f_z]^{\mathrm{T}}$，是一个空间单位向量构成的转轴，$\theta$ 为转角。两者之间的相互关系见式(4-13)~式(4-15)：

$$
\begin{bmatrix} n_x & o_x & a_x \\ n_y & o_y & a_y \\ n_z & o_z & a_z \end{bmatrix} =
$$

$$
\begin{bmatrix} f_x f_x(1-\cos\theta)+\cos\theta & f_y f_x(1-\cos\theta)-f_z\sin\theta & f_z f_x(1-\cos\theta)+f_y\sin\theta \\ f_x f_y(1-\cos\theta)+f_z\sin\theta & f_y f_y(1-\cos\theta)+\cos\theta & f_z f_y(1-\cos\theta)-f_x\sin\theta \\ f_x f_z(1-\cos\theta)-f_y\sin\theta & f_y f_z(1-\cos\theta)+f_x\sin\theta & f_z f_z(1-\cos\theta)+\cos\theta \end{bmatrix}
$$

(4 - 13)

$$
\begin{cases} f_x = (o_z - a_y)/(2\sin\theta) \\ f_y = (a_x - n_z)/(2\sin\theta) \\ f_z = (n_y - o_x)/(2\sin\theta) \end{cases} \tag{4 - 14}
$$

$$
\tan\theta = \frac{\sqrt{(o_z - a_y)^2 + (a_x - n_z)^2 + (n_y - o_x)^2}}{n_x + o_y + a_z - 1} \tag{4 - 15}
$$

选择$\boldsymbol{f}\theta$作为旋转控制向量。$\boldsymbol{f}\theta$的导数可以表示为

$$
\frac{\mathrm{d}(\boldsymbol{f}\theta)}{\mathrm{d}t} = [\boldsymbol{0} \quad \boldsymbol{J}_\omega]\boldsymbol{V} \tag{4 - 16}
$$

式中：$\boldsymbol{V} = [\boldsymbol{v}^{\mathrm{T}} \quad \boldsymbol{\omega}^{\mathrm{T}}]^{\mathrm{T}}$，为摄像机的运动速度，为$6 \times 1$向量，$\boldsymbol{v}$为摄像机的平移运动速度，$\boldsymbol{\omega}$为摄像机的旋转运动速度；$\boldsymbol{J}_\omega$为旋转分量的雅可比矩阵，即

$$
\boldsymbol{J}_\omega(\boldsymbol{f},\theta) = \boldsymbol{I}_3 - \frac{\theta}{2}\boldsymbol{f}_\times + \left(1 - \frac{\operatorname{sinc}\theta}{\operatorname{sinc}^2(\theta/2)}\right)\boldsymbol{f}_\times^2 \tag{4 - 17}
$$

式中：$\operatorname{sinc}\theta = \sin\theta/\theta$；$\boldsymbol{I}_3$为$3 \times 3$的单位矩阵；$\boldsymbol{f}_\times$为反对称矩阵（Anti-symmetric Matrix），即

$$
\boldsymbol{f}_\times = \begin{bmatrix} 0 & -f_z & f_y \\ f_z & 0 & -f_x \\ -f_y & f_x & 0 \end{bmatrix} \tag{4 - 18}
$$

雅可比矩阵 $\boldsymbol{J}_{\omega}$ 的行列式的值为

$$\det \boldsymbol{J}_{\omega} = 1/\mathrm{sinc}^2(\theta/2) \tag{4-19}$$

由式(4-19)知,只有在 $\theta=2k\pi$ 时,$\mathrm{sinc}\theta$ 的值为0。可见,旋转分量的雅可比矩阵 $\boldsymbol{J}_{\omega}$ 在工作范围内不存在奇异问题。此外,当 θ 较小时,$\boldsymbol{J}_{\omega} \approx \boldsymbol{I}_3$。

下面对平移控制向量进行设计。对于平面 Π 上的点 P,在视点 O_{c_2} 的摄像机坐标系下,其位置向量为 $\boldsymbol{P}_{c_2} = [x_{c_2} \quad y_{c_2} \quad z_{c_2}]^{\mathrm{T}}$。该空间坐标对时间的导数如下:

$$\dot{\boldsymbol{P}}_{c_2} = [-\boldsymbol{I}_3 \quad \boldsymbol{P}_{c_2 \times}]\boldsymbol{V} \tag{4-20}$$

由于 $\boldsymbol{V}$ 是摄像机的运动速度,即视点 O_{c_2} 的运动速度,所以位置向量为 $\boldsymbol{P}_{c_2}$ 对时间的导数与 $\boldsymbol{V}$ 的位置分量的符号相反。

定义扩展图像坐标:

$$\boldsymbol{I}_{\mathrm{e}} = [u_{\mathrm{e}} \quad v_{\mathrm{e}} \quad w_{\mathrm{e}}]^{\mathrm{T}} = \left[\frac{x_{\mathrm{c}}}{z_{\mathrm{c}}} \quad \frac{y_{\mathrm{c}}}{z_{\mathrm{c}}} \quad \log z_{\mathrm{c}}\right]^{\mathrm{T}} \tag{4-21}$$

式中:$(u_{\mathrm{e}}, v_{\mathrm{e}}, w_{\mathrm{e}})$ 为扩展图像坐标。

在视点 O_{c_2} 下,对式(4-21)所示的扩展图像坐标求导:

$$\dot{\boldsymbol{I}}_{\mathrm{e}2} = \frac{1}{z_{c_2}}\begin{bmatrix} 1 & 0 & -x_{c_2}/z_{c_2} \\ 0 & 1 & -y_{c_2}/z_{c_2} \\ 0 & 0 & 1 \end{bmatrix}\begin{bmatrix} \dot{x}_{c_2} \\ \dot{y}_{c_2} \\ \dot{z}_{c_2} \end{bmatrix} \tag{4-22}$$

式中:$\boldsymbol{I}_{e_2}$ 是在视点 O_{c_2} 下的扩展图像坐标。

将式(4-10)代入式(4-22),得

$$\dot{\boldsymbol{I}}_{\mathrm{e}2} = -\frac{1}{d_1}\boldsymbol{J}_v \dot{\boldsymbol{P}}_{c_2} \tag{4-23}$$

式中:$\boldsymbol{J}_v$ 为平移分量的雅可比矩阵,即

$$J_v = \frac{1}{\rho_1}\begin{bmatrix} -1 & 0 & u_{e2} \\ 0 & -1 & v_{e2} \\ 0 & 0 & -1 \end{bmatrix} \tag{4-24}$$

将式(4-20)代入式(4-23),得

$$\dot{I}_{e2} = \left[\frac{1}{d_1}J_v \quad J_{v\omega}\right]V \tag{4-25}$$

式中:$J_{v\omega}$为旋转分量与平移分量的耦合雅可比矩阵,即

$$J_{v\omega} = \begin{bmatrix} u_{e2}v_{e2} & -(1+u_{e2}^2) & v_{e2} \\ 1+v_{e2}^2 & -u_{e2}v_{e2} & -u_{e2} \\ -v_{e2} & u_{e2} & 0 \end{bmatrix} \tag{4-26}$$

于是,视觉伺服的控制目标可以描述为使下式中的误差 e 趋向于0:

$$e = [(I_e - I_e^*)^T \quad f^T\theta]^T \tag{4-27}$$

式中:I_e 为在当前视点下的扩展图像坐标;I_e^* 为期望的扩展图像坐标。

将期望的视点作为 O_{c_1},当前视点作为 O_{c_2},则扩展图像坐标的误差可以计算如下:

$$\begin{aligned} I_e - I_e^* &= [u_{e2} - u_{e1} \quad v_{e2} - v_{e1} \quad \lg(z_{c_2}/z_{c_1})]^T \\ &= [u_{e2} - u_{e1} \quad v_{e2} - v_{e1} \quad \lg\rho_2]^T \end{aligned} \tag{4-28}$$

在式(4-28)中,u_{e2}、v_{e2}、u_{e1}和 v_{e1}可以根据特征点的当前图像坐标和期望图像坐标,由摄像机的内参数模型利用式(2-8)计算获得。ρ_2根据式(4-12)进行估计。在式(4-27)中,旋转控制向量$f\theta$ 通过欧几里得空间单应性矩阵 H_e 计算获得。首先计算欧几里得空间单应性矩阵H_e,然后将H_e 分解成平移矩阵$p_{d_1}\cdot m_1^T$ 和旋转矩阵R,由旋转矩阵

$\boldsymbol{R}$ 利用式(4-14)和式(4-15)计算出 $\boldsymbol{f}$ 和 θ。可见:位置的控制误差是基于图像获得的,位置视觉伺服是基于图像的视觉伺服;姿态的控制误差是经过三维重建后计算获得的,姿态视觉伺服是基于位置的视觉伺服。

控制误差的导数为

$$\dot{\boldsymbol{e}} = \boldsymbol{J}\boldsymbol{V} = \begin{bmatrix} \frac{1}{d^*}\boldsymbol{J}_v & \boldsymbol{J}_{v\omega} \\ \boldsymbol{0} & \boldsymbol{J}_\omega \end{bmatrix}\boldsymbol{V} \tag{4-29}$$

式中:d^* 为期望视点的原点到平面 Π 的距离;$\boldsymbol{J}$ 为系统的雅可比矩阵。若将期望视点作为 O_{c_1},当前视点作为 O_{c_2},则 $d^* = d_1$,$\boldsymbol{J}_v$ 见式(4-24),$\boldsymbol{J}_{v\omega}$ 见式(4-26),$\boldsymbol{J}_\omega$ 见式(4-17)。

利用下式控制律,可以使控制系统的误差指数收敛,趋向稳定:

$$\dot{\boldsymbol{e}} = -\lambda \boldsymbol{e} \tag{4-30}$$

式中:λ 为收敛速度调整系数,$0 \leqslant \lambda \leqslant 1$。

将式(4-27)和式(4-29)代入式(4-30),得到视觉控制系统的控制律如下:

$$\boldsymbol{V} = -\lambda \hat{\boldsymbol{J}}^{-1}\boldsymbol{e} = -\lambda \begin{bmatrix} \hat{d}^*\boldsymbol{J}_v^{-1} & -\hat{d}^*\boldsymbol{J}_v^{-1}\boldsymbol{J}_{v\omega} \\ 0 & \boldsymbol{J}_\omega^{-1} \end{bmatrix}\begin{bmatrix} \boldsymbol{I}_e - \boldsymbol{I}_e^* \\ \boldsymbol{f}\theta \end{bmatrix} \tag{4-31}$$

式中:$\hat{d}^*$ 为 d^* 的估计值。

由于当 $\theta \to 0$ 时,$\mathrm{sinc}\theta \to 1$,所以有

$$\boldsymbol{J}_\omega^{-1}\boldsymbol{f}\theta = \left(\boldsymbol{I}_3 + \frac{\theta}{2}\mathrm{sinc}^2(\theta/2)\boldsymbol{f}_\times + (1 - \mathrm{sinc}\theta)\boldsymbol{f}_\times^2\right)\boldsymbol{f}\theta = \boldsymbol{f}\theta \tag{4-32}$$

因此,$\boldsymbol{J}_\omega^{-1} = \boldsymbol{I}_3$。将 $\boldsymbol{J}_\omega^{-1} = \boldsymbol{I}_3$ 代入式(4-31),得到如下控制律:

$$\boldsymbol{V} = -\lambda \begin{bmatrix} \hat{d}^*\boldsymbol{J}_v^{-1} & -\hat{d}^*\boldsymbol{J}_v^{-1}\boldsymbol{J}_{v\omega} \\ \boldsymbol{0} & \boldsymbol{I}_3 \end{bmatrix}\begin{bmatrix} \boldsymbol{I}_e - \boldsymbol{I}_e^* \\ \boldsymbol{f}\theta \end{bmatrix} \tag{4-33}$$

此外,摄像机的标定误差对系统稳定性的影响,参见文献[6]。

Malis 等提出的2.5D视觉伺服方法,继承了基于位置和基于图像视觉伺服的优点,既保证了对于标定误差的鲁棒性以及不依赖于笛卡儿空间模型的特点,避免了估计深度信息,又可以通过设计解耦的控制律,使系统达到全局稳定。这种方法虽然避免了直接计算图像雅可比矩阵,但需要根据图像特征在线实时计算两个视点之间在欧几里得空间的单应性矩阵,计算比较复杂、计算量大。在计算单应性矩阵时,为了减少计算量,常采用线性最小二乘估计的方法,但带来的缺点是对图像噪声敏感。

4.4 直接视觉控制

在基于位置的视觉伺服中,首先从摄像机采集的图像中提取出特征点的图像坐标,然后根据摄像机的内、外参数经过三维重建计算目标的位姿,进而计算出位姿偏差。由位姿偏差计算出各个关节的关节角与速度,控制机器人的运动。在基于图像的视觉伺服中,根据提取出的特征点的图像坐标,利用图像雅可比矩阵计算出各个关节的运动量,控制机器人运动。上述视觉伺服的共同点是利用多个特征点的图像坐标,经过中间运算获得各个关节的运动量。能否不经过三维重建,不利用图像雅可比矩阵,而直接由特征点的图像坐标控制机器人的关节运动呢?回答是肯定的,这就是直接视觉控制。它通过建立特征点的图像坐标与关节角之间的对应关系,由特征点的图像坐标直接控制机器人的关节运动。

4.4.1 直接视觉控制的结构

直接视觉控制一般采用 Eye-to-Hand 型视觉系统,摄像机位置固定,工作空间固定。图4-18为以工业机器人为例的直接视觉伺服控制系统框图,由视觉关节位置给定、关节位置控制器和被控对象机器人本体构成。视觉关节位置给定部分,采集工作空间内的目标与机器人末端的图像,提取特征点,计算特征点的图像坐标,并利用图像特征与关节位置的映射关系,给出机器人各个关节的关节位置。关节位置控制器根据给定的各个关节位置,控制机器人的运动。各个关节采用位置闭环和速度闭环控制,内环为速度环,外环为位置环。如果只提取目标的图像特征,不提取机器人末端的图像特征,根据目标的图像特征给定机器人的关节位置,则控制系统为目标给定型的开环控制。如果同时提取目标的图像特征和机器人末端的图像特征,根据目标的图像特征给定机器人的关节位置,并利用机器人末端的图像特征对给定的机器人关节位置进行修正,则控制系统为图像闭环控制。

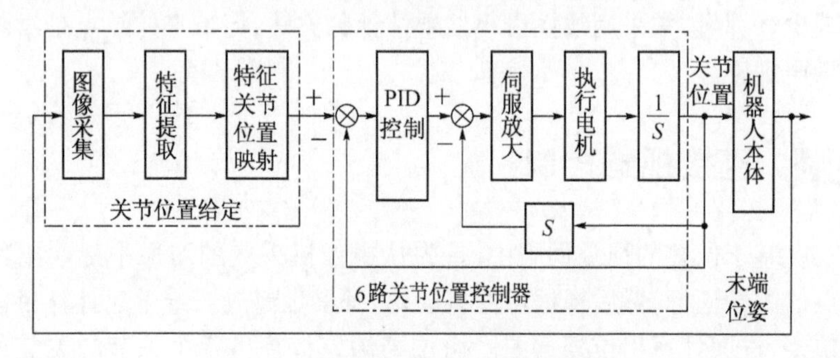

图 4-18　直接视觉伺服控制系统框图

如果工作空间为平面,则可以采用单摄像机进行视觉直接控制。如果工作空间为三维空间,则需要采用两台摄像机进行视觉直接控制。

4.4.2　visual-motor 函数的实现

在直接视觉控制系统中,图像特征与关节位置的映射关系是关键因素。由于该映射反映的是视觉信息与电机控制之间关系,所以该映射又被称为 visual-motor 函数。一般地,visual-motor 函数是多输入多输出函数。对于 6 自由度工业机器人,如果采用单摄像机的直接视觉控制,选取 n 个特征点,利用特征点的图像坐标作为输入,则 visual-motor 函数是一个有 $2n$ 输入、6 输出的函数。其 $2n$ 个输入为每个特征点的图像坐标(u_i,v_i),6 个输出为 6 个关节的关节位置。对于采用两台摄像机的直接伺服控制,如果选取 n 个特征点,利用特征点的图像坐标作为输入,则 visual-motor 函数是一个 $4n$ 输入 6 输出的函数。

由于 visual-motor 函数是图像特征与关节位置的映射,包含了摄像机模型、机器人模型等非线性环节,所以它是一个具有高阶非线性的非单调多元函数。对于这样一个函数,可以采用神经元网络来实现。为便于具体实现,可以将 visual-motor 函数分解为 6 个多输入单输出函数,每个函数的输出对应一个关节的关节位置。

神经元网络的模型有很多种类,其中的 BP 网络和 CMAC 网络较适合用于实现 visual-motor 函数。当然,也可以将模糊算法结合到神经元网络中,构成模糊神经元网络,以提高神经元网络的性能。图 4－19(a)为一个 BP 网络的多输入单输出模型,由输入层、隐层(中间层)和输出层构成。在图 4－19(a)给出的模型中,中间层只有一层。在实际应用中,中间层可以有多层,每层具有不同数量的神经元。对于 BP 网络,中间层的层数和神经元的数量以及神经元之间的联结方式是构造神经网络的关键。图4－19(b)为一个 FCMAC 网络的单输入单输出模型[9]。在该模型中,输入 x 在输入空间进行模糊量化,获得 x 对 N 个量化等级的模糊隶属度。将每个等级的隶属度乘以相应的权值后相加,作为 FCMAC 的输出。图 4－19(b)所示模型,容易推广到多输入单输出的 FCMAC 网络。对于多输入 FCMAC 网络,随着输入信号数量的增加,权值 W 的地址空间 A_d 按指数增长。地址空间 A_d 的迅速膨胀,将占用大量的内存资源,使实现变得困难。因 A_d 是稀疏空间,因此可以利用 Hash 映射进行压缩,以解决 A_d 占用资源过大问题。

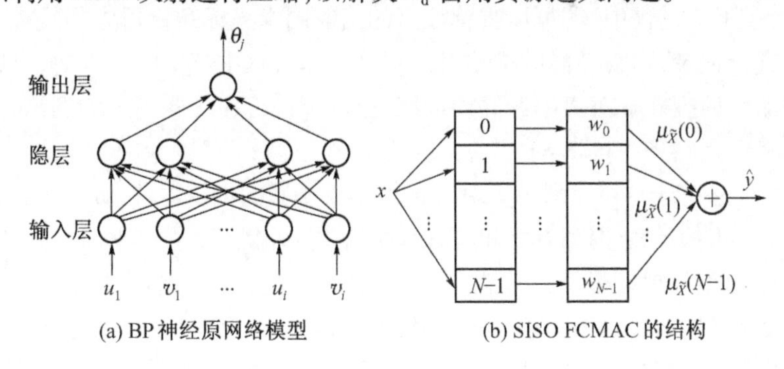

(a) BP 神经原网络模型　　(b) SISO FCMAC 的结构

图 4－19　部分神经元网络模型

无论采用上述模型中的哪一种神经网络,神经网络在使用之前都需要进行训练,以确定神经元之间的联结权值。因此,训练样本集的建立是采用神经元网络实现 visual-motor 函数的关键。

对于工作空间为平面的直接视觉伺服控制,可以将工作平面利用网格划分为若干等份。在每个等份的网格中,将网格的交点作为训练点,如图4-20所示。以训练点作为参考,将机器人的末端移动到合适的工作位置,记录训练点的图像坐标、机器人末端特征点的图像坐标和机器人各个关节的关节坐标,作为一个训练样本对。分别以不同的网格点作为参考,得到一系列训练样本对,形成训练样本对集。对于工作空间为三维空间的直接视觉伺服控制,可以将工作空间划分为若干个平行的平面构成平面工作子空间,然后利用类似于平面工作空间的直接视觉伺服方法,选择训练点,并形成训练样本对集。

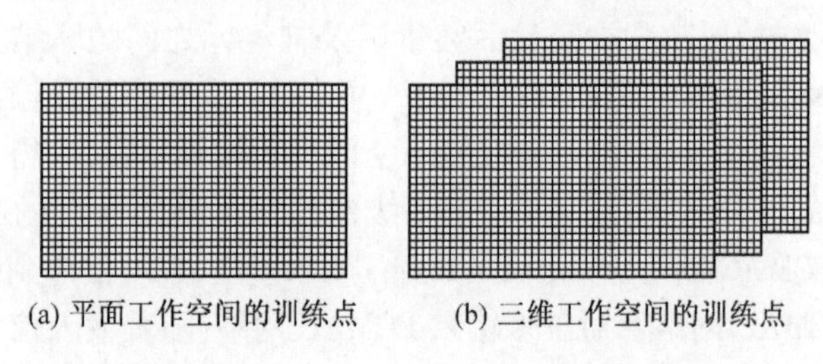

(a) 平面工作空间的训练点　　(b) 三维工作空间的训练点

图4-20　工作空间的训练点的选取

除利用训练样本对集内的样本对数据对神经元网络进行训练之外,在工作过程中,还可以将特征点的当前图像坐标和机器人的关节坐标进行记录,作为当前的样本对。这些工作过程中产生的样本对,可以添加到训练样本对集用做离线训练,也可以进行在线修正式的训练,实现神经元网络的自学习。

上述基于神经元网络实现visual-motor函数的训练方法,看上去有点像机器人的示教,但两者之间具有本质的差别。机器人的示教,可以实现点对点运动、规定路径和规定速度的运动。示教之后,机器人只是简单地重复示教的内容,对于示教内容之外的位置或运动无能为力。基于神经元网络实现的直接视觉控制,训练的是神经元网络的联结权值。神经元网络经过训练之后具有泛化特性,使得非训练点的位置和运动能够符合工作要求。

前面介绍的基于位置、基于图像的视觉伺服和混合视觉伺服,均需要已知摄像机的内部模型。因此,利用摄像机构成这些视觉控制系统前,均需要预先对摄像机的内参数进行标定。本节介绍的直接视觉伺服,虽然不需要对摄像机的参数进行标定,但需要对系统的 visual-motor 函数进行训练。一般地,这种训练比较繁杂。如何使 visual-motor 函数具有较强的自学习能力,简化训练过程,是一个值得深入研究的问题。

此外,基于摄像机模型的视觉控制对工作空间具有较强的适应能力,而基于神经元网络的直接视觉控制对工作空间的适应能力较弱。因此,基于神经元网络的直接视觉控制多用于摄像机固定、工作空间固定的应用场合。

4.5 基于姿态的视觉控制

在视觉控制系统中,视觉传感器的标定比较繁杂。尤其是利用两台摄像机构成的双目视觉系统,两台摄像机之间的外参数标定以及摄像机与机器人之间的外参数标定都相当麻烦。对于基于位置的视觉伺服,三维重建是以摄像机的内、外参数为基础的,一旦更换摄像机或者摄像机的位置发生变化,则需要重新对摄像机的外参数进行标定,给视觉控制系统的应用带来很大的不便。

在摄像机的外参数矩阵中,姿态矩阵的精确获得需要经过一系列的标定过程,参见第2章。然而,使摄像机的姿态与机器人坐标系姿态大致一致,即摄像机相对于机器人的外参数矩阵中的旋转矩阵接近单位矩阵,却是比较容易实现的。因此,本节以摄像机外参数的粗略姿态矩阵为基础,针对 Eye-to-Hand 型视觉系统,介绍基于姿态的视觉控制[10]。

4.5.1 姿态测量

对于由两台摄像机构成的 Eye-to-Hand 型视觉系统,假设两台摄像机的内参数已知,两台摄像机之间的相对姿态已知。实际上,利用3.4节、3.5节、3.7节方法容易标定出两台摄像机之间的相对姿态。利用两台摄像机之间的相对姿态,可以实现直线、平面和刚体的姿态测量。

4.5.1.1 直线的姿态测量

如图 4-21 所示,在一条直线 L_k 上,任选两点 P_1 和 P_2 作为特征点。这两个特征点构成的向量,在摄像机坐标系 C_1 和 C_2 中分别表示为 ${}^1\boldsymbol{L}_{P12}$ 和 ${}^2\boldsymbol{L}_{P12}$。点 P_i 在摄像机坐标系 C_1 和 C_2 中的位置向量分别表示为 $\boldsymbol{P}_{c_1i}$ 和 $\boldsymbol{P}_{c_2i}$。利用 ${}^1\boldsymbol{P}_{c_2i}$ 表示 $\boldsymbol{P}_{c_2i}$ 在摄像机坐标系 C_1 中的向量。两台摄像机之间的姿态变换矩阵记为 ${}^1\boldsymbol{R}_2$,为已知量。

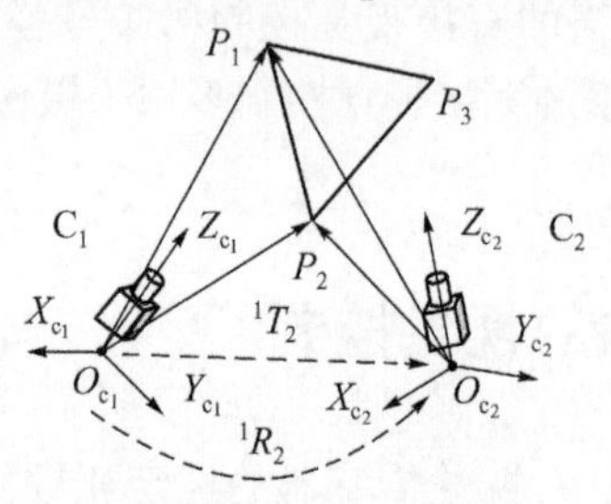

图 4-21 直线的姿态测量示意图

由图 4-21 可知,向量 ${}^1\boldsymbol{L}_{P12}$、${}^1\boldsymbol{P}_{c_11}$ 和 ${}^1\boldsymbol{P}_{c_12}$ 构成向量三角形,是线性相关的。因此,有[11]

$$\begin{vmatrix} P_{c_11x} & P_{c_12x} & {}^1L_{P12x} \\ P_{c_11y} & P_{c_12y} & {}^1L_{P12y} \\ P_{c_11z} & P_{c_12z} & {}^1L_{P12z} \end{vmatrix} = 0 \tag{4-34}$$

式中:${}^1\boldsymbol{P}_{c_11} = [P_{c_11x} \quad P_{c_11y} \quad P_{c_11z}]^{\mathrm{T}}$,${}^1\boldsymbol{P}_{c_12} = [P_{c_12x} \quad P_{c_12y} \quad P_{c_12z}]^{\mathrm{T}}$,可由式(2-8)根据图像坐标计算。

将式(4-34)展开,可以重写为

$$(P_{c_11y}P_{c_12z} - P_{c_12y}P_{c_11z})\,{}^1L_{P12x} + (P_{c_12x}P_{c_11z} - P_{c_11x}P_{c_12z})\,{}^1L_{P12y} + (P_{c_11x}P_{c_12y} - P_{c_12x}P_{c_11y})\,{}^1L_{P12z} = 0 \tag{4-35}$$

类似地,向量 ${}^1\boldsymbol{L}_{P12}$、${}^1\boldsymbol{P}_{c_21}$ 和 ${}^1\boldsymbol{P}_{c_22}$ 也构成向量三角形,是线性相关的。因此,有

$$({}^1P_{c_21y}\,{}^1P_{c_22z} - {}^1P_{c_22y}\,{}^1P_{c_21z})\,{}^1L_{P12x} + ({}^1P_{c_22x}\,{}^1P_{c_21z} - {}^1P_{c_21x}\,{}^1P_{c_22z})\,{}^1L_{P12y} +$$

$$({}^1P_{c_21x}{}^1P_{c_22y} - {}^1P_{c_22x}{}^1P_{c_21y}){}^1L_{P12z} = 0 \tag{4-36}$$

${}^1\boldsymbol{P}_{c_2i}$由向量$\boldsymbol{P}_{c_2i}$经过${}^1\boldsymbol{R}_2$旋转变换获得：

$${}^1\boldsymbol{P}_{c_2i} = {}^1\boldsymbol{R}_2\boldsymbol{P}_{c_2i} = \begin{bmatrix} {}^1n_{2x}x_{c_2ki}/z_{c_2ki} + {}^1o_{2x}y_{c_2ki}/z_{c_2ki} + {}^1a_{2x} \\ {}^1n_{2y}x_{c_2ki}/z_{c_2ki} + {}^1o_{2y}y_{c_2ki}/z_{c_2ki} + {}^1a_{2y} \\ {}^1n_{2z} + {}^1o_{2z} + {}^1a_{2z} \end{bmatrix} = \begin{bmatrix} {}^1P_{c_2ix} \\ {}^1P_{c_2iy} \\ {}^1P_{c_2iz} \end{bmatrix} \tag{4-37}$$

由式(4-35)和式(4-36)，以及单位向量约束$\|{}^1\boldsymbol{L}_{P12}\| = 1$，可以求出单位向量${}^1\boldsymbol{L}_{P12}$。然后，利用下式可以得到单位向量${}^2\boldsymbol{L}_{P12}$：

$${}^2\boldsymbol{L}_{P12} = ({}^1R_2)^{-1}{}^1\boldsymbol{L}_{P12} \tag{4-38}$$

在上述求解过程中，两台摄像机可以选择同一条直线上的不同特征点，分别构成方程(4-35)和方程(4-36)。换言之，在上述直线姿态测量方法中，不需要进行特征点匹配。

4.5.1.2　平面与刚体的姿态测量

对于一个平面，任意选择平面上的两条相交的直线，在每条直线上任选两个特征点。利用4.5.1.1小节中的直线姿态测量方法，测量出分别以单位向量表示的两条直线的方向。然后，利用向量的叉乘，得到平面的法向量。通过对刚体的两个平面的法向量的测量，可以获得利用旋转变换矩阵表示的刚体的姿态。

4.5.2　基于姿态估计的视觉控制系统的结构与基本原理

4.5.2.1　系统构成与坐标系的建立

考虑这样一个趋近任务，利用工业机器人末端按照一定的姿态接近目标。假设目标具有一个矩形平面，机器人末端以其朝向与该平面的法向量方向平行，并且末端的另外两个轴与矩形的相邻边平行的姿态，接近四边形平面的中心点。

图4-22为基于姿态测量的视觉控制系统构成示意图。两台摄像机C_{a1}和C_{a2}位于工业机器人的机座附近，机器人末端和目标均处于两

台摄像机的视场中。摄像机坐标系 C_1 的各个坐标轴调整至与机器人基坐标系的各个坐标轴平行。摄像机坐标系 C_2 的姿态不一定与 C_1 的姿态相同,但两者之间的相对姿态已知。另外,E 表示机器人的末端坐标系,W_o 表示目标坐标系。W_o 的原点建立在目标的矩形平面的中心,其 X、Y 轴分别平行于矩形的相邻边。W_o 的原点在坐标系 E 中的位置向量记为 $\boldsymbol{P}_{oe}$,$\boldsymbol{P}_{oe}$ 在摄像机坐标系 C_1 中的向量记为 ${}^1\boldsymbol{P}_{eo}$。

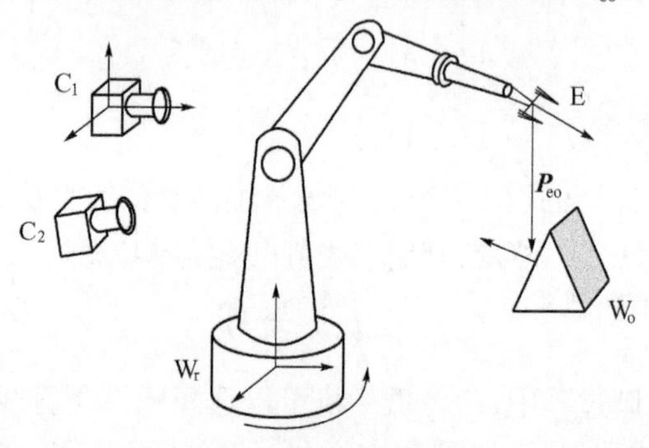

图 4-22 基于姿态测量的视觉控制系统构成示意图[10]

4.5.2.2 控制策略

利用 4.5.1 小节的方法测量出矩形的相邻边在摄像机坐标系 C_1 中的方向向量,利用向量叉乘获得矩形平面的法向量,从而得到目标坐标系 W_o 在摄像机坐标系 C_1 中的旋转变换矩阵 ${}^1\boldsymbol{R}_o$。由 ${}^1\boldsymbol{R}_o$ 可确定机器人末端在摄像机坐标系 C_1 中期望姿态 ${}^1\boldsymbol{R}_{ed}$。此外,机器人末端在机器人坐标系 W_r 中的姿态 ${}^r\boldsymbol{R}_{em}$ 可由机器人控制器读出。为方便起见,选择机器人坐标系 W_r 作为控制机器人末端进行调整的参考坐标系。假设机器人坐标系 W_r 在摄像机坐标系 C_1 中的姿态为 ${}^1\boldsymbol{R}_r$,机器人末端在机器人坐标系 W_r 中的姿态调整为 ${}^r\boldsymbol{R}_{ead}$,则有下式成立:

$$({}^1\boldsymbol{R}_r)^{-1}\,{}^1\boldsymbol{R}_{ed} = {}^r\boldsymbol{R}_{ead}\,{}^r\boldsymbol{R}_{em} \tag{4-39}$$

$${}^r\boldsymbol{R}_{ead} = ({}^1\boldsymbol{R}_r)^{-1}\,{}^1\boldsymbol{R}_{ed}({}^r\boldsymbol{R}_{em})^{-1} \tag{4-40}$$

事实上,${}^r\boldsymbol{R}_{ead}$ 是机器人末端的期望姿态与测量姿态之间的偏差,可以表示成绕转轴 ${}^r\boldsymbol{f}$ 旋转角度 ${}^r\theta$ 的旋转变换,即

$$ {}^{r}\boldsymbol{R}_{ead} = \mathrm{Rot}({}^{r}\boldsymbol{f},{}^{r}\theta) \tag{4-41} $$

因此,选取 $k_{\theta}{}^{r}\theta$ 作为基于姿态控制的角度调整量,而实际的姿态调整量由下式计算获得:

$$ {}^{r}\boldsymbol{R}_{eadc} = \mathrm{Rot}({}^{r}\boldsymbol{f}, k_{\theta}{}^{r}\theta), \quad 0 < k_{\theta} < 1 \tag{4-42} $$

式中:${}^{r}\boldsymbol{R}_{eadc}$为控制中一步的姿态调整量;$k_{\theta}$ 为姿态调整系数。

为实现姿态与位置控制的解耦,在进行姿态调整时保持机器人末端的位置不变。机器人末端在坐标系 W_r 中的位置和姿态,可以根据测量出的机器人各个关节的关节角,利用机器人的运动学计算获得。假设计算出的结果如下:

$$ {}^{r}\boldsymbol{H}_{e} = \begin{bmatrix} {}^{r}\boldsymbol{R}_{e} & {}^{r}\boldsymbol{T}_{e} \\ 0 & 1 \end{bmatrix} \tag{4-43} $$

则进行姿态调整时的末端位置补偿可由下式计算:

$$ {}^{r}\boldsymbol{T}_{e1} = -{}^{1}\boldsymbol{R}_{eadc}{}^{r}\boldsymbol{T}_{e} \tag{4-44} $$

在趋近作业的起始阶段,机器人末端与目标之间的距离未知。因此,在起始阶段趋向目标时,可以沿着机器人末端到目标的方向每次平移固定长度,即

$$ {}^{r}\boldsymbol{T}_{e2} = k_{s}({}^{1}\boldsymbol{R}_{r})^{-1}{}^{1}\boldsymbol{P}'_{eo}, \quad 0 < k_{s} < 1 \tag{4-45} $$

式中:${}^{1}\boldsymbol{P}'_{oe}$是${}^{1}\boldsymbol{P}_{oe}$在摄像机坐标系 C_1 中的单位向量,可利用4.5.1 小节中方法测量获得;k_s 为起始阶段位置调整的步长系数。

由于可以从机器人控制器读取机器人末端的位置,所以机器人末端的移动距离可以根据移动前后末端的位置获得。假设机器人末端沿向量 $\boldsymbol{P}_{eo}$方向移动。在机器人末端移动两次以上之后,可以根据交比不变性计算机器人末端到目标的距离,如下:

$$ \begin{cases} \dfrac{(d_{em}^{i-1} + d_{em}^{i})/d_{em}^{i}}{(d_{em}^{i-1} + d_{em}^{i} + d_{ed1}^{i})/(d_{em}^{i} + d_{ed1}^{i})} = \dfrac{(r_{e1}^{i-1} + r_{e1}^{i})/r_{e1}^{i}}{(r_{e1}^{i-1} + r_{e1}^{i} + r_{de1}^{i})/(r_{e1}^{i} + r_{de1}^{i})} \\ \dfrac{(d_{em}^{i-1} + d_{em}^{i})/d_{em}^{i}}{(d_{em}^{i-1} + d_{em}^{i} + d_{ed2}^{i})/(d_{em}^{i} + d_{ed2}^{i})} = \dfrac{(r_{e2}^{i-1} + r_{e2}^{i})/r_{e2}^{i}}{(r_{e2}^{i-1} + r_{e2}^{i} + r_{de2}^{i})/(r_{e2}^{i} + r_{de2}^{i})} \end{cases} \tag{4-46} $$

式中：d_{ed1}^{i}是利用摄像机 C_{a1}估计出的机器人末端工具点与目标之间的距离；d_{ed2}^{i}是利用摄像机 C_{a2}估计出的机器人末端工具点与目标之间的距离；d_{em}^{i}是机器人末端在第 $i-1$ 次和第 i 次采样之间末端移动的距离；r_{e1}^{i}和 r_{e2}^{i}是在第 $i-1$ 次和第 i 次采样之间末端在摄像机 C_{a1}和 C_{a2}的图像空间移动的距离；r_{e1}^{i}和 r_{e2}^{i}与 d_{em}^{i}相对应，$i>2$，即

$$\begin{cases} r_{\mathrm{e1}}^{i} = \sqrt{(u_{\mathrm{e1}}^{i} - u_{\mathrm{e1}}^{i-1})^2 + (v_{\mathrm{e1}}^{i} - v_{\mathrm{e1}}^{i-1})^2} \\ r_{\mathrm{de1}}^{i} = \sqrt{(u_{\mathrm{d1}} - u_{\mathrm{e1}}^{i})^2 + (v_{\mathrm{d1}} - v_{\mathrm{e1}}^{i})^2} \\ r_{\mathrm{e2}}^{i} = \sqrt{(u_{\mathrm{e2}}^{i} - u_{\mathrm{e2}}^{i-1})^2 + (v_{\mathrm{e2}}^{i} - v_{\mathrm{e2}}^{i-1})^2} \\ r_{\mathrm{de2}}^{i} = \sqrt{(u_{\mathrm{d2}} - u_{\mathrm{e2}}^{i})^2 + (v_{\mathrm{d2}} - v_{\mathrm{e2}}^{i})^2} \end{cases} \tag{4-47}$$

式中：$(u_{\mathrm{d1}},v_{\mathrm{d1}})$和$(u_{\mathrm{d2}},v_{\mathrm{d2}})$是目标在摄像机 C_{a1}和 C_{a2}中的图像坐标；$(u_{\mathrm{e1}}^{i},v_{\mathrm{e1}}^{i})$和$(u_{\mathrm{e2}}^{i},v_{\mathrm{e2}}^{i})$是末端工具点在第 i 次采样时在摄像机 C_{a1}和 C_{a2}中的图像坐标。

显然，如果 $r_{\mathrm{e1}}^{i}=0$，那么 d_{ed1}^{i}就不能够由式(4－46)进行估计。同样地，如果 $r_{\mathrm{e2}}^{i}=0$，那么 d_{ed2}^{i}就不能够由式(4－46)进行估计。在 r_{e1}^{i}和 r_{e2}^{i}中，如果只有一个图像距离不为 0，机器人末端工具点与目标之间的距离就由这个不为 0 的图像距离利用式(4－46)进行估计。如果两个图像距离均不为 0，则取 d_{ed1}^{i}和 d_{ed2}^{i}的均值作为机器人末端工具点与目标之间的距离 d_{ed}^{i}。如果两个图像距离均为 0，那么机器人末端工具点与目标之间的距离 d_{ed}^{i}为 0。此时，机器人的末端已经到达目标点位置。

利用误差 d_{ed}^{i}和向量${}^{1}\boldsymbol{P}_{\mathrm{oe}}$，机器人末端工具点与目标之间位置误差 $\boldsymbol{e}_{\mathrm{ed}}^{i}$可由下式表示：

$$[e_{x\mathrm{ed}}^{i} \quad e_{y\mathrm{ed}}^{i} \quad e_{z\mathrm{ed}}^{i}]^{\mathrm{T}} = d_{\mathrm{ed}}^{i}({}^{1}\boldsymbol{R}_{\mathrm{r}})^{-1}{}^{1}\boldsymbol{P}'_{\mathrm{eo}} \tag{4-48}$$

采用 PID 算法的趋近控制律，可以设计为

$$
{}^{\mathrm{r}}\boldsymbol{T}_{\mathrm{e2}} = \begin{bmatrix} \Delta x_{\mathrm{ce}}^{i} \\ \Delta y_{\mathrm{ce}}^{i} \\ \Delta z_{\mathrm{ce}}^{i} \end{bmatrix} = \boldsymbol{K}_{\mathrm{p}} \begin{bmatrix} e_{x\mathrm{ed}}^{i} \\ e_{y\mathrm{ed}}^{i} \\ e_{z\mathrm{ed}}^{i} \end{bmatrix} + \boldsymbol{K}_{\mathrm{i}} \begin{bmatrix} \sum_{j=1}^{i} e_{x\mathrm{ed}}^{i} \\ \sum_{j=1}^{i} e_{y\mathrm{ed}}^{i} \\ \sum_{j=1}^{i} e_{z\mathrm{ed}}^{i} \end{bmatrix} + \boldsymbol{K}_{\mathrm{d}} \begin{bmatrix} e_{x\mathrm{ed}}^{i} - e_{x\mathrm{ed}}^{i-1} \\ e_{y\mathrm{ed}}^{i} - e_{y\mathrm{ed}}^{i-1} \\ e_{z\mathrm{ed}}^{i} - e_{z\mathrm{ed}}^{i-1} \end{bmatrix} \tag{4-49}
$$

式中：$\Delta x_{\mathrm{ce}}^{i}$为末端在机器人坐标系 $\mathrm{W_r}$ 中沿 X 轴方向的调整量，$\Delta y_{\mathrm{ce}}^{i}$为沿 Y 轴方向的调整量，$\Delta z_{\mathrm{ce}}^{i}$是沿 Z 轴方向的调整量；K_{p}、K_{i} 和 K_{d} 是 PID 控制的参数矩阵。

因此，在机器人坐标系 $\mathrm{W_r}$ 中，控制机器人的末端向目标趋近的位姿调整矩阵由姿态调整和位置调整生成：

$$
{}^{\mathrm{r}}\boldsymbol{H}_{\mathrm{eadc}} = \begin{bmatrix} {}^{\mathrm{r}}\boldsymbol{R}_{\mathrm{eadc}} & {}^{\mathrm{r}}\boldsymbol{T}_{\mathrm{e1}} + {}^{\mathrm{r}}\boldsymbol{T}_{\mathrm{e2}} \\ 0 & 1 \end{bmatrix} \tag{4-50}
$$

式中：${}^{\mathrm{r}}\boldsymbol{H}_{\mathrm{eadc}}$为实际控制中一步的位置和姿态调整矩阵。

4.5.3 实验与结果

在如图 4-22 所示实验系统中，利用一个灰色矩形作为末端工具，以白色矩形作为目标。两台摄像机放置在 UP6 工业机器人的机座附近，其内参数经过预先标定，标定结果如下：

$$
\begin{cases} \boldsymbol{M}_{\mathrm{in1}} = \begin{bmatrix} 795.8968 & 0 & 362.0 \\ 0 & 816.2882 & 274.0 \\ 0 & 0 & 1 \end{bmatrix} \\ \boldsymbol{M}_{\mathrm{in2}} = \begin{bmatrix} 825.0236 & 0 & 351.4 \\ 0 & 846.6148 & 223.5 \\ 0 & 0 & 1 \end{bmatrix} \end{cases} \tag{4-51}
$$

调整摄像机 C_{a1} 的姿态,使得机器人的末端在沿机器人坐标系 W_r 的 Y 轴方向移动时,末端在该摄像机中的图像坐标只有水平方向的变化,在沿机器人坐标系 W_r 的 Z 轴方向移动时,末端在该摄像机中的图像坐标只有垂直方向的变化。这样,摄像机 C_{a1} 的坐标系的各轴与机器人坐标系 W_r 的各轴基本平行。以矩形目标作为参考,利用4.5.1小节中的方法分别测量两台摄像机相对于矩形目标的姿态,从而计算出两台摄像机之间的相对姿态,即

$$
{}^{1}\boldsymbol{R}_2=\begin{bmatrix}0.9832 & -0.0533 & -0.1691\\ 0.0742 & 0.9972 & 0.0056\\ 0.1656 & -0.0244 & 0.9866\end{bmatrix} \tag{4-52}
$$

实验任务是将机器人的工具末端点移动到目标的中心位置,工具姿态为指向目标平面的法向量的反方向。与4.5.2小节不同的是,实验中只关心工具末端的朝向,而末端坐标系的另外两个坐标轴的方向可以是任意的。假设以灰色矩形的长边方向作为末端工具的方向,其在摄像机坐标系 C_1 中的姿态记为 ${}^{1}\boldsymbol{a}_{em}$。目标法向量的反方向,记为 ${}^{1}\boldsymbol{a}_r$,是末端工具的期望方向。由工具的当前方向 ${}^{1}\boldsymbol{a}_{em}$ 和期望的方向 ${}^{1}\boldsymbol{a}_r$,可以计算出在摄像机坐标系 C_1 中的末端旋转轴和旋转角,即

$$
\begin{cases}{}^{1}\boldsymbol{f}={}^{1}\boldsymbol{a}_{em}\times{}^{1}\boldsymbol{a}_r\\ {}^{1}\theta=\arccos({}^{1}\boldsymbol{a}_{em}\cdot{}^{1}\boldsymbol{a}_r)\end{cases} \tag{4-53}
$$

然后,可以计算出在摄像机坐标系 C_1 中的姿态调整矩阵,从而得到在机器人坐标系 W_r 中的姿态调整矩阵,即

$$
{}^{1}\boldsymbol{R}_{ead}=({}^{1}\boldsymbol{R}_r)^{-1}\mathrm{Rot}({}^{1}\boldsymbol{f},{}^{1}\theta) \tag{4-54}
$$

实验中,式(4-42)的系数取 $k_\theta=0.4$。在趋近开始阶段,式(4-45)中的步长系数取 $k_s=25\mathrm{mm}$。控制算法采用比例控制律,比例系数矩阵为

$$
\boldsymbol{K}_p=\begin{bmatrix}0.3 & 0 & 0\\ 0 & 0.5 & 0\\ 0 & 0 & 0.5\end{bmatrix} \tag{4-55}
$$

利用上述基于姿态的视觉控制方法进行了机器人末端工具趋近目标的实验。部分实验场景见图4-23。其中:图4-23(a)给出的是在起始阶段,机器人末端工具以及目标的位置与姿态情况;图4-23(b)给出的是在实验结束时,机器人末端工具以及目标的位置与姿态情况。从图4-23可以看出,利用基于姿态的视觉控制,能够控制机器人末端工具到达期望的位置与姿态。

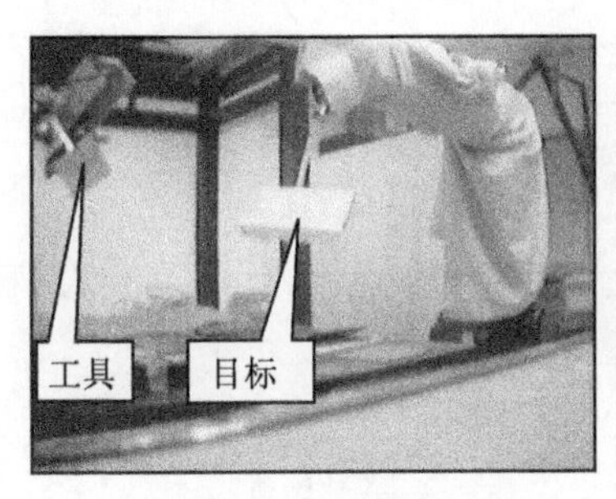

(a) 起始阶段的实验场景

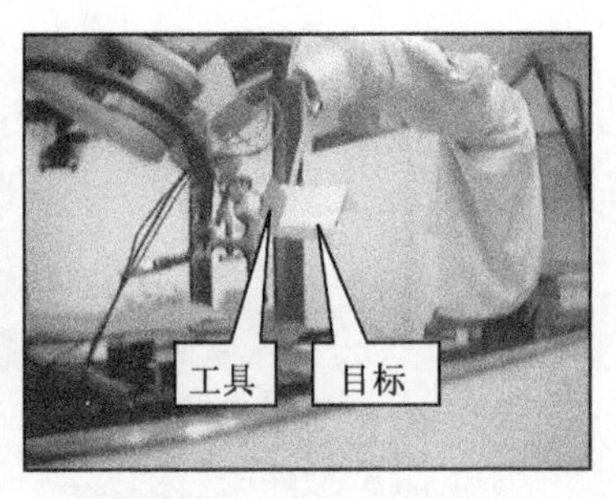

(b) 实验结束时的实验场景

图4-23　实验场景

图4-24给出了部分实验结果。图4-24(a)为实验中末端的轨迹。趋近控制的前3步作为起始阶段,采用式(4-45)所示的固定步长实现对位置的控制。然后,机器人末端的位置和姿态调整根据式(4-42)和式(4-49)进行控制。从图4-24(a)的运动轨迹可以发现,机器人的末端基本上沿着从末端初始位置到目标的方向运动。图4-24(b)给出了机

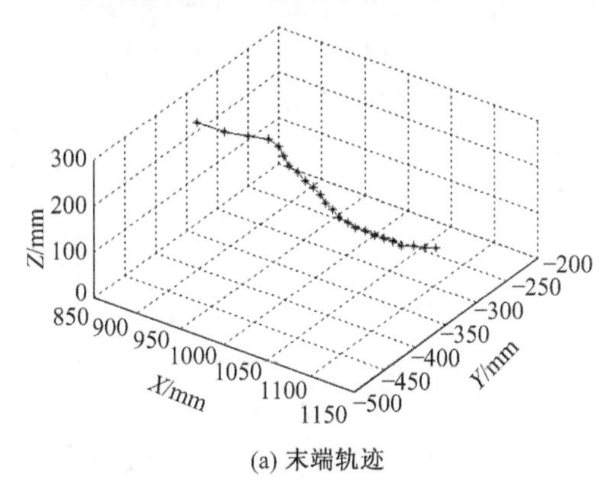

(a) 末端轨迹

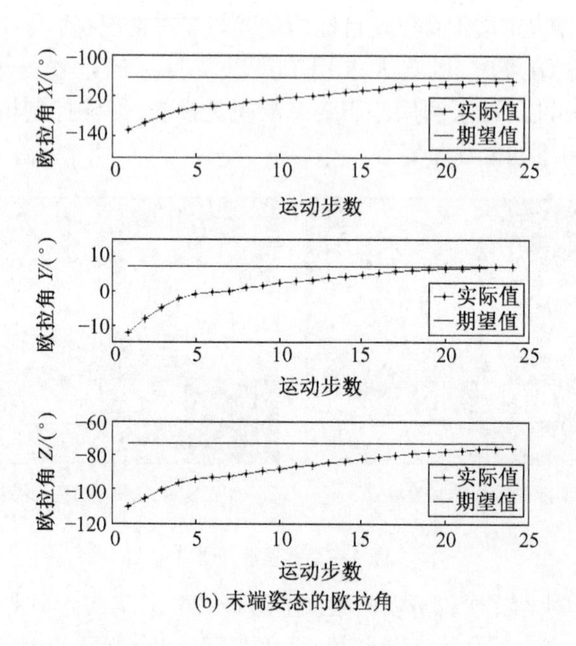

(b) 末端姿态的欧拉角

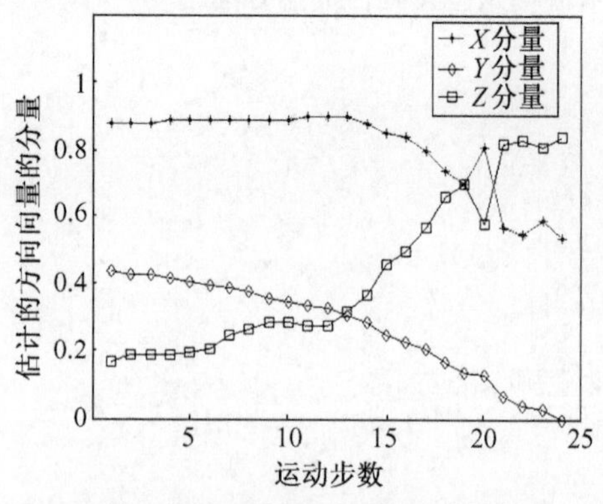

(c) 末端到目标的单位方向向量的估计值

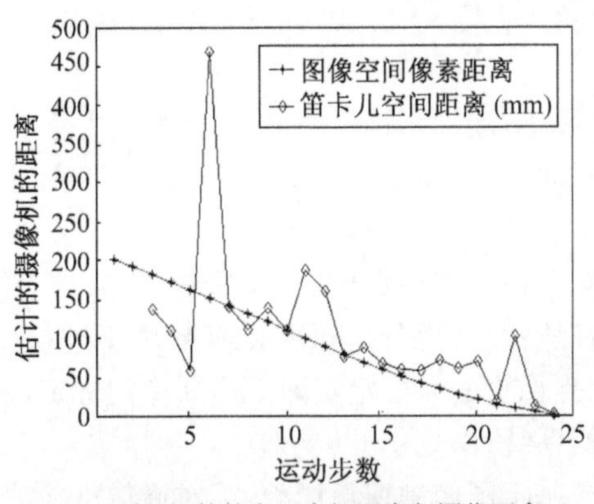

(d) 到目标的笛卡儿空间距离与图像距离

图4-24 实验结果[10]

器人末端的期望姿态和达到的姿态,以欧拉角表示。从图4-24(b)可知,机器人末端的姿态调整变化平稳,能够达到期望的姿态。图4-24(c)给出了末端到目标的单位方向向量的3个分量的估计值。在机器人的末端工具与目标的距离较远时,估计出的末端到目标的单位方向向量变化比较平稳。在机器人的末端工具与目标的距离较近时,估计出的末端到目标的单位方向向量波动较大。这是因为在同样噪声量级下,距离较近时噪声在测量信号中占有较大的比例。图4-24(d)显示了末端工具到目标的笛卡儿空间距离与图像距离,其中的笛卡儿空间距离是采用交比不变性进行估计的结果。由于采用交比不变性的距离估计对噪声敏感,并且机器人末端运动轨迹不是一条严格的直线,所以距离估计的精度受到很大影响,估计出的距离存在较大波动。在实验中,估计出的距离经过低通滤波后用于机器人末端的运动控制。

此外,在利用本节方法进行直线姿态测量的部分实验中,存在直线的姿态无法计算出来的现象。这是由于被测直线与两台摄像机光轴中心形成的直线共面,导致方程(4-35)和方程(4-36)线性相关。通过主动调整一台摄像机的姿态,可以改变两台摄像机的光轴中心与被测直线共面的状态,从而使方程(4-35)和方程(4-36)线性无关,解决直线姿态测量中的求解问题。

4.6 基于图像雅可比矩阵的无标定视觉伺服

近年来,国际上很多机器人领域的学者致力于无标定视觉伺服(Uncalibrated Visual Servoing)研究。分析这些文献,不难发现这些无标定视觉伺服可以划分为两类。

一类属于基于位置型视觉伺服,其摄像机参数利用特定的场景进行自标定或者在线标定,得到的摄像机参数用于进行三维重建。在这类系统中,所谓摄像机的无标定实际上是无专门标定,即不需要预先标定。对于这一类系统,参见4.1.4小节。

另一类属于基于图像型视觉伺服,不对摄像机参数进行估计,而是将摄像机参数与机器人参数融入图像雅可比矩阵一起估计。因此,这类系统又被称为基于图像雅可比矩阵的无标定视觉伺服系统。这类系统根据图像信息直接控制机器人的运动,不需要进行三维重建。基于图像雅可比矩阵的无标定视觉伺服,是视觉控制领域的一个热点问题,吸引了大量研究者对此进行研究。在众多的研究成果中,佐治亚理工学院 Piepmeier 等[12]提出的视觉伺服方法,是比较有代表性的一种。该方法利用机器人末端与目标图像的特征构造二次型性能函数,以性能函数最小为目标,通过拟牛顿法(Quasi-Newton Method)在线估计图像雅可比矩阵,从而控制机器人运动。

4.6.1 动态牛顿法

以工业机器人为例,介绍基于图像雅可比矩阵的无标定视觉伺服[12,13]。摄像机位置固定,构成 Eye-to-Hand 型视觉系统,摄像机的内、外参数未经标定。控制任务是在视觉引导下,利用机器人的末端跟踪目标。

目标的特征随时间变化,是一个时变函数,用 $y_o(t)$ 表示。机器人末端的特征随机器人关节角的改变而变化,是机器人关节向量 $\boldsymbol{\theta}$ 的函数,表示为 $y_e(\boldsymbol{\theta})$。利用机器人末端和目标的图像特征,在图像空间定义跟踪误差,即

$$\boldsymbol{f}(\boldsymbol{\theta},t) = y_e(\boldsymbol{\theta}) - y_o(t) \tag{4-56}$$

$f(\boldsymbol{\theta}, t)$包含了机器人的运动学与摄像机的成像几何关系，是一个高阶非线性多变量函数。$f(\boldsymbol{\theta}, t)$的优化求解，是基于图像雅可比矩阵的无标定视觉伺服所要解决的关键问题。定义性能指标函数如下：

$$\boldsymbol{F}(\boldsymbol{\theta},t) = \frac{1}{2}\boldsymbol{f}^{\mathrm{T}}(\boldsymbol{\theta},t)\boldsymbol{f}(\boldsymbol{\theta},t) \tag{4-57}$$

将$\boldsymbol{F}(\boldsymbol{\theta}, t)$在$(\boldsymbol{\theta}, t)$处进行泰勒级数(Taylor Series)展开，有

$$\boldsymbol{F}(\boldsymbol{\theta}+h_\theta,t+h_t) = \boldsymbol{F}(\boldsymbol{\theta},t) + \boldsymbol{F}_\theta h_\theta + \boldsymbol{F}_t h_t + \cdots \tag{4-58}$$

式中：h_θ和h_t分别为θ和t的增量；$\boldsymbol{F}_\theta$和$\boldsymbol{F}_t$分别为F对θ和t的偏导数。

对于固定的采样周期h_t，通过使$\boldsymbol{F}(\boldsymbol{\theta}+h_\theta, t+h_t)$对$\boldsymbol{\theta}$的偏导数为0优化$\boldsymbol{F}(\boldsymbol{\theta}, t)$，即

$$\frac{\partial \boldsymbol{F}(\boldsymbol{\theta}+h_\theta,t+h_t)}{\partial \theta} = \boldsymbol{F}_\theta + \boldsymbol{F}_{\theta\theta}h_\theta + \boldsymbol{F}_{t\theta}h_t + O(h^2) = 0 \tag{4-59}$$

式中：$O(h^2)$是h_θ和h_t的高阶无穷小项，忽略不计；$\boldsymbol{F}_{\theta\theta}$是$\boldsymbol{F}$对$\boldsymbol{\theta}$的二阶偏导数，$\boldsymbol{F}_{t\theta}$是$\boldsymbol{F}$对$\boldsymbol{\theta}$和$t$的二阶偏导数。

定义如下变量：

$$\boldsymbol{J} = \frac{\partial \boldsymbol{f}}{\partial \boldsymbol{\theta}}, \quad \boldsymbol{S} = \frac{\partial \boldsymbol{J}^{\mathrm{T}}}{\partial \boldsymbol{\theta}}\boldsymbol{f} \tag{4-60}$$

于是，有

$$\boldsymbol{F}_\theta = \boldsymbol{J}^{\mathrm{T}}\boldsymbol{f}, \quad \boldsymbol{F}_{\theta\theta} = \boldsymbol{J}^{\mathrm{T}}\boldsymbol{J} + \boldsymbol{S}, \quad \boldsymbol{F}_{t\theta} = \boldsymbol{J}^{\mathrm{T}}\frac{\partial \boldsymbol{f}}{\partial t} \tag{4-61}$$

将式(4-61)中的$\boldsymbol{F}_\theta$、$\boldsymbol{F}_{\theta\theta}$和$\boldsymbol{F}_{t\theta}$代入式(4-59)，得

$$\boldsymbol{J}^{\mathrm{T}}\boldsymbol{f} + (\boldsymbol{J}^{\mathrm{T}}\boldsymbol{J} + \boldsymbol{S})h_\theta + \boldsymbol{J}^{\mathrm{T}}\frac{\partial \boldsymbol{f}}{\partial t}h_t = 0 \tag{4-62}$$

由式(4-62)得到$\boldsymbol{\theta}$的计算表达式，即

$$\boldsymbol{\theta} + h_\theta = \boldsymbol{\theta} - (\boldsymbol{J}^{\mathrm{T}}\boldsymbol{J} + \boldsymbol{S})^{-1}\boldsymbol{J}^{\mathrm{T}}\left(\boldsymbol{f} + \frac{\partial \boldsymbol{f}}{\partial t}h_t\right) \tag{4-63}$$

这种求解$\boldsymbol{\theta}$的方法，即为牛顿法(Newton Method)。

在式(4-63)中，$\boldsymbol{J}$是图像特征到机器人关节空间的映射，即图像

雅可比矩阵。如果利用解析方法求解 $\boldsymbol{J}$,则需要对摄像机进行标定,并需要已知机器人的模型。此外,式(4-63)中的 $\boldsymbol{S}$ 很难求解出精确值。然而,当 $\boldsymbol{\theta}$ 趋近于其解时,$\boldsymbol{S}$ 趋近于0。因此,在式(4-63)中常常忽略 $\boldsymbol{S}$。这时的 $\boldsymbol{\theta}$ 求解方法,即为高斯-牛顿法(Gauss-Newton Method)。如果将式(4-63)中的图像雅可比矩阵采用其估计值 $\hat{\boldsymbol{J}}$ 代替,则这种求解方法称为动态拟牛顿法。令 $\boldsymbol{\theta}_{k+1}=\boldsymbol{\theta}_k+h_\theta$,由式(4-63)得到在 $k+1$ 时刻 $\boldsymbol{\theta}$ 的值,即

$$\boldsymbol{\theta}_{k+1}=\boldsymbol{\theta}_k-(\hat{\boldsymbol{J}}_k^{\mathrm{T}}\hat{\boldsymbol{J}}_k)^{-1}\hat{\boldsymbol{J}}_k^{\mathrm{T}}\left(\boldsymbol{f}_k+\frac{\partial \boldsymbol{f}_k}{\partial t}h_t\right) \tag{4-64}$$

如果 f_k 不随时间变化,则 $\partial f_k/\partial t=0$,这时的求解方法称为静态拟牛顿法,见下式:

$$\boldsymbol{\theta}_{k+1}=\boldsymbol{\theta}_k-(\hat{\boldsymbol{J}}_k^{\mathrm{T}}\boldsymbol{J}_k)^{-1}\hat{\boldsymbol{J}}_k^{\mathrm{T}}\boldsymbol{f}_k \tag{4-65}$$

4.6.2 图像雅可比矩阵的估计

4.6.2.1 动态 Broyden 法

误差函数 $\boldsymbol{f}(\theta, t)$ 的仿射模型记为 $\boldsymbol{m}(\boldsymbol{\theta}, t)$,是 $\boldsymbol{f}(\boldsymbol{\theta}, t)$ 的一阶泰勒级数展开,即

$$\boldsymbol{m}_k(\boldsymbol{\theta},t)=\boldsymbol{f}_k+\hat{\boldsymbol{J}}_k(\boldsymbol{\theta}-\boldsymbol{\theta}_k)+\frac{\partial \boldsymbol{f}_k}{\partial t}(t-t_k) \tag{4-66}$$

假设在 $k-1$ 时刻,式(4-66)仿射模型能够完全反映误差函数,$\boldsymbol{m}_k(\boldsymbol{\theta}_{k-1},t_{k-1})=\boldsymbol{f}_{k-1}=\boldsymbol{f}(\boldsymbol{\theta}_{k-1}, t_{k-1})$。为保证仿射模型能够反映 k 时刻误差的变化,需要对 f_k 进行更新。误差函数 $\boldsymbol{f}(\boldsymbol{\theta}, t)$ 的微分为

$$\Delta \boldsymbol{f}_k=\hat{\boldsymbol{J}}_k\boldsymbol{h}_\theta+\frac{\partial \boldsymbol{f}_k}{\partial t}h_t \tag{4-67}$$

式中:$\Delta \boldsymbol{f}_k=\boldsymbol{f}_k-f_{k-1}$,$\boldsymbol{h}_\theta=\boldsymbol{\theta}_k-\boldsymbol{\theta}_{k-1}$。

显然,在 $k-1$ 时刻和 k 时刻 $\hat{\boldsymbol{J}}$ 是不同的。但在 Broyden 法中,式(4-67)需要保持成立。因此,需要对 $\hat{\boldsymbol{J}}$ 进行更新。将式(4-67)中

的 $\hat{\boldsymbol{J}}_k$ 替换为 $\Delta\hat{\boldsymbol{J}}_k+\hat{\boldsymbol{J}}_{k-1}$，得

$$\boldsymbol{h}_\theta^{\mathrm{T}}\Delta\hat{\boldsymbol{J}}_k^{\mathrm{T}}=\left(\Delta\boldsymbol{f}_k-\hat{\boldsymbol{J}}_{k-1}\boldsymbol{h}_\theta-\frac{\partial\boldsymbol{f}_k}{\partial t}h_t\right)^{\mathrm{T}} \tag{4-68}$$

在式(4－68)约束下，$\hat{\boldsymbol{J}}_k$ 的估计是使 $\Delta\hat{\boldsymbol{J}}_k$ 的 Frobenius 范数 $\|\Delta\hat{\boldsymbol{J}}_k\|_F=\left(\sum(\Delta\hat{\boldsymbol{J}}_{kij})^2\right)^{1/2}$ 最小。因此，由式(4－68)可以得到动态 Broyden 法的 $\hat{\boldsymbol{J}}_k$ 估计公式为

$$\hat{\boldsymbol{J}}_k=\hat{\boldsymbol{J}}_{k-1}+\frac{\left(\Delta\boldsymbol{f}_k-\hat{\boldsymbol{J}}_{k-1}\boldsymbol{h}_\theta-\frac{\partial\boldsymbol{f}_k}{\partial t}h_t\right)\boldsymbol{h}_\theta^{\mathrm{T}}}{\boldsymbol{h}_\theta^{\mathrm{T}}\boldsymbol{h}_\theta} \tag{4-69}$$

在静态情况下，$\boldsymbol{f}_k$ 不随时间变化，$\partial\boldsymbol{f}_k/\partial t=0$，这时的 $\hat{\boldsymbol{J}}_k$ 估计公式为

$$\hat{\boldsymbol{J}}_k=\hat{\boldsymbol{J}}_{k-1}+\frac{(\Delta\boldsymbol{f}_k-\hat{\boldsymbol{J}}_{k-1}\boldsymbol{h}_\theta)\boldsymbol{h}_\theta^{\mathrm{T}}}{\boldsymbol{h}_\theta^{\mathrm{T}}\boldsymbol{h}_\theta} \tag{4-70}$$

仿射模型 $\boldsymbol{m}(\boldsymbol{\theta},t)$ 是误差函数 $\boldsymbol{f}(\boldsymbol{\theta},t)$ 的切线逼近，是分段连续函数。因此，在 $k-1$ 时刻，下式成立：

$$\boldsymbol{m}_k(\boldsymbol{\theta}_{k-1},t_{k-1})-\boldsymbol{m}_{k-1}(\boldsymbol{\theta}_{k-1},t_{k-1})=0 \tag{4-71}$$

在视觉测量的特征误差 $\boldsymbol{f}_k$ 中，一般会含有噪声。当噪声量级较大时，为保持式(4－67)和式(4－71)成立，在 $\hat{\boldsymbol{J}}_k$ 中会引入较大的误差。而 $\hat{\boldsymbol{J}}_k$ 误差的增大，将导致跟踪性能变差。为改善跟踪性能，可以利用递推算法进行滤波。

4.6.2.2 改进的图像雅可比矩阵估计

利用递推最小二乘法进行滤波，是使仿射模型 $\boldsymbol{m}_k(\boldsymbol{\theta}_{k-1},t_{k-1})$ 和 $\boldsymbol{m}_{k-1}(\boldsymbol{\theta}_{k-1},t_{k-1})$ 之间的偏差最小化，而不再是保持式(4－67)和式(4－71)成立。建立如下式所示性能指标函数，即

$$G_k=\sum_{i=1}^{k}\lambda^{k-i}\|\boldsymbol{m}_k(\boldsymbol{\theta}_{i-1},t_{i-1})-\boldsymbol{m}_{i-1}(\boldsymbol{\theta}_{i-1},t_{i-1})\|^2 \tag{4-72}$$

则以 G_k 最小作为递推最小二乘法的目标。

相应的带有递推最小二乘的 $\hat{\boldsymbol{J}}_k$ 的估计如下：

$$\hat{\boldsymbol{J}}_k = \hat{\boldsymbol{J}}_{k-1} + \frac{\left(\Delta \boldsymbol{f}_k - \hat{\boldsymbol{J}}_{k-1}\boldsymbol{h}_\theta - \frac{\partial \boldsymbol{f}_k}{\partial t}h_t\right)\boldsymbol{h}_\theta^{\mathrm{T}}\boldsymbol{P}_{k-1}}{\lambda + \boldsymbol{h}_\theta^{\mathrm{T}}\boldsymbol{P}_{k-1}\boldsymbol{h}_\theta} \tag{4-73}$$

$$\boldsymbol{P}_k = \frac{1}{\lambda}\left(\boldsymbol{P}_{k-1} - \frac{\boldsymbol{P}_{k-1}\boldsymbol{h}_\theta\boldsymbol{h}_\theta^{\mathrm{T}}\boldsymbol{P}_{k-1}}{\lambda + \boldsymbol{h}_\theta^{\mathrm{T}}\boldsymbol{P}_{k-1}\boldsymbol{h}_\theta}\right) \tag{4-74}$$

式中：λ 为遗忘因子，与式(3－75)中的 ρ^2 相同。

如果选择 m 个图像特征，则 $\boldsymbol{f}_k$ 为 m 维向量。若机器人有 n 个关节，则 $\boldsymbol{\theta}_k$ 为 n 维向量。图像雅可比矩阵 $\hat{\boldsymbol{J}}_k$ 为 $m \times n$ 矩阵，$\boldsymbol{P}_k$ 为 $n \times n$ 矩阵。

在上述基于图像雅可比矩阵的无标定视觉伺服中，首先利用式(4－56)计算图像特征误差 $\boldsymbol{f}_k$ 和 $\Delta\boldsymbol{f}_k = \boldsymbol{f}_k - \boldsymbol{f}_{k-1}$，然后计算 $k-1$ 时刻的机器人关节增量 $h_\theta = \theta_k - \theta_{k-1}$，利用 $k-1$ 时刻的 $\boldsymbol{P}_{k-1}$ 和 $\boldsymbol{h}_\theta$ 根据式(4－73)计算 k 时刻的图像雅可比矩阵的估计值 $\hat{\boldsymbol{J}}_k$，再利用式(4－64)计算出 $k+1$ 时刻的机器人关节变量的值 $\boldsymbol{\theta}_{k+1}$，用于控制机器人的运动。同时，利用式(4－74)计算 k 时刻的 $\boldsymbol{P}_k$，为下一控制周期计算图像雅可比矩阵的估计值做准备。另外，如果不采用带有递推最小二乘的方法而是直接采用动态 Broyden 法估计，则利用式(4－69)计算 k 时刻的图像雅可比矩阵的估计值 $\hat{\boldsymbol{J}}_k$。

此外，Piepmeier 等还对算法的收敛性进行了证明，此处从略。有兴趣的读者可参考文献[12]。

4.7 基于极线约束的无标定摄像机的视觉控制

4.7.1 基本原理

假设两台摄像机 $\mathrm{C_{a1}}$ 和 $\mathrm{C_{a2}}$ 间隔一定距离放置。将 $\mathrm{C_{a1}}$ 的光轴中心点记为 C_1，$\mathrm{C_{a2}}$ 的光轴中心点记为 C_2。对于两台摄像机视场中的点 P，

与 C_1 的连线为 PC_1，与 C_2 的连线为 PC_2。m_1 为 PC_1 与摄像机 C_{a1} 的成像平面的交点，即点 P 在摄像机 C_{a1} 上的成像点。m_2 为 PC_2 与 C_{a2} 的成像平面的交点，是点 P 在摄像机 C_{a2} 上的成像点。PC_2 在摄像机 C_{a1} 的成像平面上的投影为 m_1e_1，PC_1 在摄像机 C_{a2} 的成像平面上的投影为 m_2e_2。m_1e_1 和 m_2e_2 称为外极线，极线约束原理图见图 4-25。在镜头畸变较小时，m_1e_1 和 m_2e_2 为直线。在镜头畸变较大时，m_1e_1 和 m_2e_2 成为曲线。

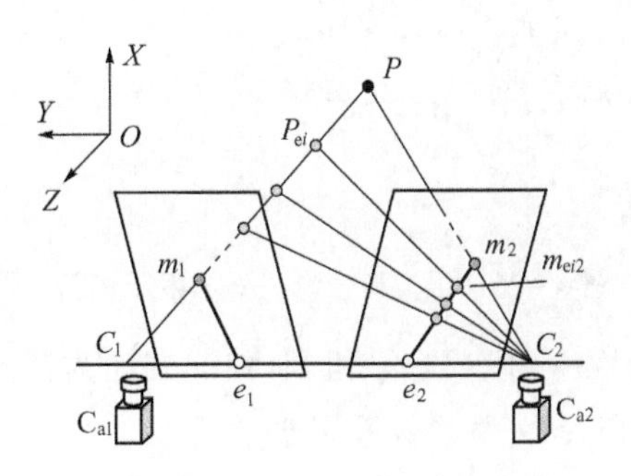

图 4-25　极线约束原理图

设机器人的工具末端点 P_{ei} 在 C_{a1} 和 C_{a2} 的成像点分别为 m_{ei1} 和 m_{ei2}。若 P_{ei} 处在直线 PC_1 上，则其在 C_{a1} 的成像点即为 m_1，在 C_{a2} 的成像点处在外极线 m_2e_2 上。利用 m_{ei2} 和 m_2 之间的像素距离的变化，可以估计出 P_{ei} 与 P 之间在摄像机光轴方向的距离变化趋势。调整 P_{ei} 点的位置，使 m_{ei1} 与 m_1 保持一致，并使 m_{ei2} 和 m_2 之间的像素距离减小，则 P_{ei} 沿 PC_1 向 P 点运动。当 m_{ei1} 与 m_1 相同并且 m_{ei2} 与 m_2 相同时，P_{ei} 与 P 重合，即机器人的工具末端点移动到目标位置。

4.7.2　视觉伺服控制

4.7.2.1　摄像机位姿与坐标系

将间隔一定距离的两台摄像机放置在机械手后侧的地面上某一固定位置，并使机械手的工具末端处在两台摄像机的视场内。摄像机位置与坐标系的建立如图 4-26 所示。基坐标系建立在机器人的底座，机器人在初始位置与姿态时的朝向为 X 轴方向，垂直于地面向上的方向为 Z 轴方向，Y 轴方向根据右手定则确定。摄像机坐标系建立在摄

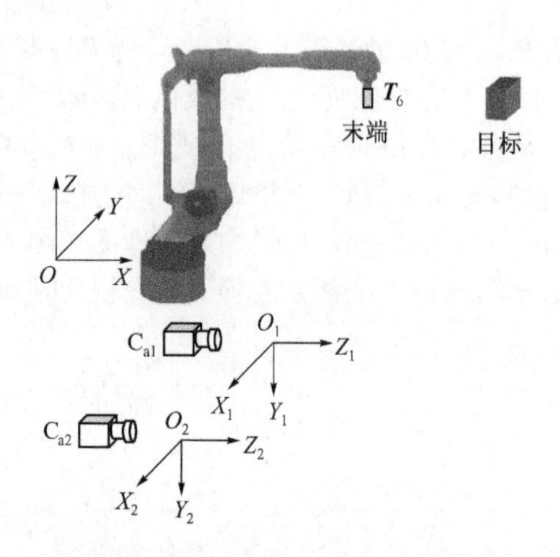

图 4-26 摄像机位姿与坐标系示意图[14]

像机的光轴中心点 C_1 和 C_2,Z_1 和 Z_2 轴的方向为基坐标系的 X 轴方向,Y_1 和 Y_2 轴的方向为基坐标系 Z 轴的反方向[14,15]。

调整摄像机的姿态,使得机器人的末端运动与图像点变化满足解耦关系:当机器人末端沿基坐标系的 Y 轴移动时,工具末端点的图像坐标基本沿水平轴变化;当机器人末端沿基坐标系的 Z 轴移动时,工具末端点的图像坐标基本沿垂直轴变化。

4.7.2.2 视觉控制结构

无标定摄像机的机器人视觉伺服控制,由跟踪、趋近、决策、位置控制、视觉反馈等部分构成,其系统结构框图如图 4-27 所示。跟踪部分用于控制机器人的末端工具在平面内运动,使末端工具点处在图4-25所示的直线 PC_1 上。趋近部分用于控制机器人的末端工具在基坐标系的 X 轴方向运动,使末端工具点沿 PC_1 向 P 点运动。决策部分根据末端工具与目标的相对关系,确定采用跟踪或者趋近策略,并形成机器人末端在基坐标系中的相对运动量。位置控制部分根据运动量控制机器人的各个关节运动,使机器人的末端到达指定位置和姿态。视觉反馈部分利用两台摄像机采集机器人末端工具和目标的图像,经过图像处理提取工具点的特征,计算工具点的图像坐标作为反馈。在采集的机器人末端工具和目标的图像上,提取目标特征,计算目标特征点的图

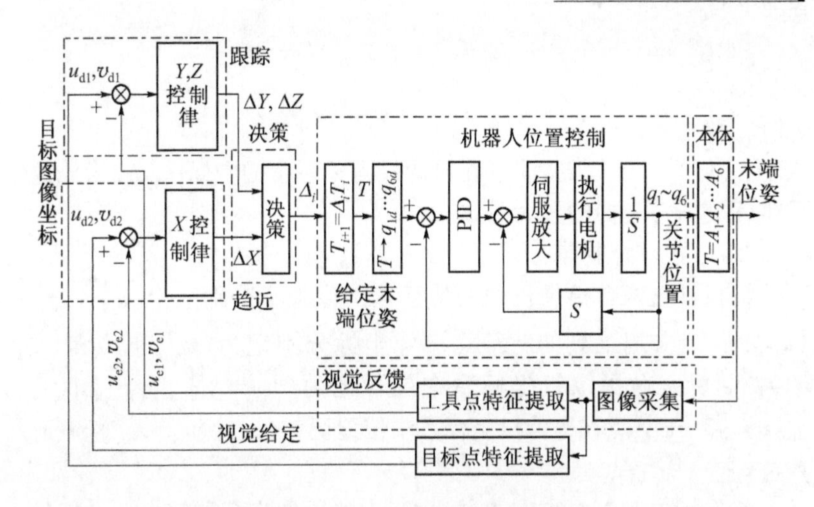

图 4-27　机器人视觉伺服控制框图[14,15]

像坐标,作为视觉控制的给定。

4.7.2.3　摄像机模型

摄像机镜头的径向畸变以光轴中心点图像坐标为参考点,正比于图像点到参考点距离的平方。只考虑二阶透镜变形的径向畸变模型,如下:

$$\begin{cases} u - u_0 = (u' - u_0)(1 + k'_u r^2) \\ v - v_0 = (v' - v_0)(1 + k'_v r^2) \end{cases} \tag{4-75}$$

式中:(u', v')为无畸变的理想图像坐标;(u, v)为实际图像坐标;(u_0, v_0)为光轴中心点图像坐标;k'_u、k'_v 分别为 u、v 方向二阶畸变系数;r 为图像点到参考点距离。

摄像机的小孔模型如下:

$$\begin{cases} u' - u_0 = k_x x_c / z_c \\ v' - v_0 = k_y y_c / z_c \end{cases} \tag{4-76}$$

结合式(4-75)和式(4-76),可以获得具有二阶透镜畸变的摄像机模型,即

$$\begin{cases} u - u_0 = (1 + k'_u r^2) k_x x_c / z_c \\ v - v_0 = (1 + k'_v r^2) k_y y_c / z_c \end{cases} \tag{4-77}$$

式中：(x_c, y_c, z_c)为空间点在摄像机坐标系中的坐标；k_x、k_y 为成像平面坐标到图像坐标的放大系数。

4.7.2.4 跟踪控制律

将目标在两台摄像机中的特征点图像坐标分别记为(u_{d1}, v_{d1})和(u_{d2}, v_{d2})，末端工具的特征点图像坐标分别记为(u_{e1}, v_{e1})和(u_{e2}, v_{e2})。目标点在摄像机坐标系中位置记为$(x_{cd1}, y_{cd1}, z_{cd1})$和$(x_{cd2}, y_{cd2}, z_{cd2})$，工具点在摄像机坐标系中位置记为$(x_{ce1}, y_{ce1}, z_{ce1})$和$(x_{ce2}, y_{ce2}, z_{ce2})$。

将目标点和工具点在摄像机 C_{a1} 中的图像坐标和笛卡儿坐标代入式(4-77)，整理后得到如下关系：

$$\begin{cases} u_{d1} - u_{e1} = (1 + k'_{u1} r^2) k_{x1} (x_{cd1}/z_{cd1} - x_{ce1}/z_{ce1}) \\ v_{d1} - v_{e1} = (1 + k'_{v1} r^2) k_{y1} (y_{cd1}/z_{cd1} - y_{ce1}/z_{ce1}) \end{cases} \tag{4-78}$$

将目标点投影到工具点所在的垂直于摄像机光轴的平面，投影点在摄像机坐标系中位置记为$(x'_{cd1}, y'_{cd1}, z_{ce1})$。由式(4-78)得

$$\begin{cases} x'_{cd1} - x_{ce1} = \dfrac{z_{ce1}}{(1 + k'_{u1} r^2) k_{x1}} (u_{d1} - u_{e1}) = \alpha_{x1} (u_{d1} - u_{e1}) \\ y'_{cd1} - y_{ce1} = \dfrac{z_{ce1}}{(1 + k'_{v1} r^2) k_{y1}} (v_{d1} - v_{e1}) = \alpha_{y1} (v_{d1} - v_{e1}) \end{cases} \tag{4-79}$$

跟踪的目标是使末端工具点处在图4-25 所示的直线 PC_1 上。因此，在跟踪过程中，$(x'_{cd1}, y'_{cd1}, z_{ce1})$就是工具点的目标位置。式(4-79)说明，在垂直于摄像机光轴的平面内，位置误差与图像误差具有比例关系，但比例系数 α_{x1} 和 α_{y1} 是变化的。以此为基础，可以设计出相应的跟踪控制律，如模糊控制律、PID 控制律等。下式为 PID 跟踪控制律。

$$
\begin{cases}
\Delta x_{\mathrm{ce1}}^{i} = K_{xp}\Delta u_{1}^{i} + K_{xi}\sum_{j=1}^{i}\Delta u_{1}^{i} + K_{xd}(\Delta u_{1}^{i} - \Delta u_{1}^{i-1}) \\
\Delta y_{\mathrm{ce1}}^{i} = K_{yp}\Delta v_{1}^{i} + K_{yi}\sum_{j=1}^{i}\Delta v_{1}^{i} + K_{yd}(\Delta v_{1}^{i} - \Delta v_{1}^{i-1})
\end{cases} \tag{4-80}
$$

式中：$\Delta u_1 = u_{\mathrm{d1}} - u_{\mathrm{e1}}$，$\Delta u_1^i$ 表示 Δu_1 的第 i 次采样；$\Delta v_1 = v_{\mathrm{d1}} - v_{\mathrm{e1}}$，$\Delta v_1^i$ 表示 Δv_1 的第 i 次采样；$\Delta x_{\mathrm{ce1}}^i$ 为机器人末端在摄像机 $\mathrm{C_{a1}}$ 坐标系的 X_1 轴运动量，$\Delta y_{\mathrm{ce1}}^i$ 为 Y 轴运动量；K_{xp}、K_{xi}、K_{xd}、K_{yp}、K_{yi}、K_{yd} 分别为 X_1 轴和 Y_1 轴运动量控制的 PID 参数。

4.7.2.5 趋近控制律

一般地，C_1 在摄像机 $\mathrm{C_{a2}}$ 坐标系的 X_2 轴坐标远大于 Y_2 轴和 Z_2 轴坐标，参见图 4-25 和图 4-26。因此，可以假设 $\mathrm{C_{a1}}$ 的光轴中心点 C_1 在摄像机 $\mathrm{C_{a2}}$ 坐标系的 X_2 轴上。直线 PC_1 在摄像机 $\mathrm{C_{a2}}$ 坐标系中可表示为

$$
\begin{cases}
x_{\mathrm{ce2}} = x_{\mathrm{c02}} + m_{x2}t \\
y_{\mathrm{ce2}} = m_{y2}t \\
z_{\mathrm{ce2}} = m_{z2}t
\end{cases} \tag{4-81}
$$

式中：x_{c02} 为 C_1 在摄像机 $\mathrm{C_{a2}}$ 坐标系的 X 轴坐标，$x_{\mathrm{c02}} < 0$；m_{x2}、m_{y2}、m_{z2} 为直线参数；t 为自变量。

消去自变量 t，将式(4-81)中的 x_{ce2} 和 y_{ce2} 表示为 z_{ce2} 的函数：

$$
\begin{cases}
x_{\mathrm{ce2}} = x_{\mathrm{c02}} + (m_{x2}/m_{z2})z_{\mathrm{ce2}} \\
y_{\mathrm{ce2}} = (m_{y2}/m_{z2})z_{\mathrm{ce2}}
\end{cases} \tag{4-82}
$$

对于摄像机 $\mathrm{C_{a2}}$，有类似于式(4-78)的图像坐标与笛卡儿坐标关系。将式(4-82)代入并整理，得

$$
\begin{cases}
\Delta u_2 = (1 + k'_{u2}r^2)k_{x2}(x_{\mathrm{cd2}}/z_{\mathrm{cd2}} - x_{\mathrm{c02}}/z_{\mathrm{ce2}} - m_{x2}/m_{z2}) \\
\Delta v_2 = (1 + k'_{v2}r^2)k_{y2}(y_{\mathrm{cd2}}/z_{\mathrm{cd2}} - m_{y2}/m_{z2})
\end{cases} \tag{4-83}
$$

式中：$\Delta u_2 = u_{d2} - u_{e2}$；$\Delta v_2 = v_{d2} - v_{e2}$。

构造性能指标函数 F，并对 z_{ce2} 求导数：

$$F = (\Delta u_2)^2 + (\Delta v_2)^2 \tag{4-84}$$

$$\mathrm{d}F/\mathrm{d}z_{ce2} = 2\Delta u_2(1 + k'_{u2}r^2)k_{x2}x_{c02}/z_{ce2}^2 \tag{4-85}$$

沿梯度下降的方向选取 z_{ce2} 的调整量，有

$$\Delta z_{ce2} = -\eta[2\Delta u_2(1 + k'_{u2}r^2)k_{x2}x_{c02}/z_{ce2}^2] = \alpha_z \Delta u_2 \tag{4-86}$$

式中：η 为调整系数，小于 1；α_z 为比例系数，$\alpha_z = -2\eta k_{x2}x_{c02}(1 + k'_{u2}r^2)/z_{ce2}^2$，是 z_{ce2} 的函数。由于 $x_{c02} < 0$，所以 $\alpha_z > 0$。

以式(4-86)为基础，可以设计出相应的跟踪控制律。例如，下式为 PID 趋近控制律：

$$\Delta z_{ce2}^i = K_{zp}\Delta u_2^i + K_{zi}\sum_{j=1}^{i}\Delta u_2^i + K_{zd}(\Delta u_2^i - \Delta u_2^{i-1}) \tag{4-87}$$

式中：Δu_2^i、Δv_2^i 表示 Δu_2 和 Δv_2 的第 i 次采样；Δz_{ce2}^i 为机器人末端在摄像机 C_{a2} 坐标系的 Z_2 轴运动量；K_{zp}、K_{zi}、K_{zd} 为 Z_2 轴运动量控制的 PID 参数。

4.7.2.6 决策与末端运动的综合

决策部分根据跟踪、趋近部分的输出和机器人当前的位姿，确定机器人末端在基坐标系的相对运动量。分别设定跟踪阈值 Δx_{TT} 和 Δy_{TT}。如果 Δx_{ce1}^i 或 Δy_{ce1}^i 大于跟踪阈值，说明此时 P_{ei} 远离直线 PC_1，屏蔽趋近控制。如果 Δx_{ce1}^i 和 Δy_{ce1}^i 均小于跟踪阈值，说明此时 P_{ei} 在直线 PC_1 附近，允许趋近控制。综合后的末端运动如下：

$$\begin{bmatrix} \Delta X \\ \Delta Y \\ \Delta Z \end{bmatrix} = \begin{bmatrix} 0 & 0 & \beta \\ -1 & 0 & 0 \\ 0 & -1 & 0 \end{bmatrix} \begin{bmatrix} \Delta x_{ce1}^i \\ \Delta y_{ce1}^i \\ \Delta z_{ce2}^i \end{bmatrix} \tag{4-88}$$

$$\beta = \begin{cases} 1, & \Delta x_{ce1}^i < \Delta x_{TT} \text{ 和 } \Delta y_{ce1}^i < \Delta y_{TT} \\ 0, & \text{其他} \end{cases} \tag{4-89}$$

式中：β 为趋近使能系数。

通过对趋近控制的屏蔽和使能，可以提高跟踪控制律的优先权，从而使 P_{ei} 沿直线 PC_1 向 P 运动。

设定 X、Y、Z 轴运动量限幅，将每次运动的 X、Y、Z 轴运动量限定在一定范围内。另外，根据机器人当前的位姿，判断末端在 X、Y、Z 轴的位置是否达到机器人工作空间边界，从而确定是否对 X、Y、Z 轴运动进行屏蔽。

4.7.3　实验与结果

根据图4－27所示的控制系统结构，构成视觉伺服控制实验系统，见图4－28。跟踪、趋近、决策、图像采集与特征提取等在控制计算机实现，机器人位置控制由机器人控制器完成。计算机装有图像采集卡，摄像机的视频信号通过图像采集卡输入计算机。计算机与机器人控制

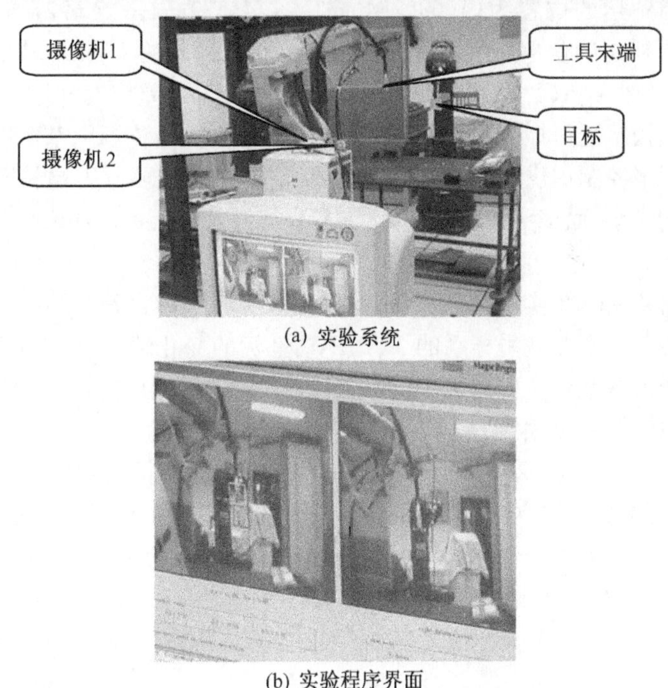

(a) 实验系统

(b) 实验程序界面

图4－28　视觉伺服控制实验系统[14]

器通过通信进行数据交换，计算机将末端在基坐标系的相对运动量发送到机器人控制器，并从机器人控制器读取机器人的当前位姿。两台针孔摄像机放置在 UP6 机器人机座的右后侧，并按图 4 - 26 所示建立坐标系。为简化图像处理，采用红色目标，并在机器人工具末端加绿色标记。

将机器人的工具末端移动到远离目标位置，利用上述视觉伺服控制方法控制机器人工具末端向目标运动。实验过程中，目标位置保持不变。为保证目标在视觉伺服过程中不被遮挡，将测量出的目标图像坐标 v_{d1} 和 v_{d2} 偏移 - 50 像素，作为目标图像坐标位置。在两台摄像机的图像空间，当机器人工具末端与目标的图像坐标小于 5 像素时，视觉伺服控制结束。偏移后的目标，在机器人基坐标系的位置为 (1200.094mm， - 174.614mm, 615.689mm)，工具末端初始位置为 (651.117mm， - 97.782mm, 712.826mm)，视觉伺服控制下机器人工具末端到达的位置为(1063.734mm， - 174.579mm, 615.692mm)。工具末端到达的位置与目标位置相比，在基坐标系的 Y 和 Z 轴偏差很小，在 X 轴偏差较大，达到 137mm。虽然在 X 轴偏差较大，但工具末端已经比较接近目标位置，为机器人末端摄像机在小范围内基于图像的视觉伺服控制提供了基础。在 X 轴偏差较大的主要原因是针孔摄像机感光面小，而镜头视角又较大，像素坐标对较远距离的深度变化的敏感度低。

图 4 - 29 为实验结果曲线，其数据采集于实验过程。图4 - 29(a)为机器人末端在基坐标系的 X、Y、Z 轴坐标的变化情况，图 4 - 29(b)为机器人末端在实验过程中的轨迹，图 4 - 29(c)为机器人末端在 C_{a1} 的图像坐标变化曲线，图 4 - 29(d)为机器人末端在 C_{a2} 的图像坐标变化曲线。从图 4 - 29 中可以发现，前 13 步为视觉伺服控制的第一阶段，主要为跟踪，即主要调整机器人末端的 Y、Z 坐标位置，使机器人的末端工具点 P_{ei} 在直线 PC_1 附近。从第 14 步开始为第二阶段，主要为趋近，以机器人末端的 X 坐标位置调整为主。从图 4 - 29(a)可以看出：在第一阶段，X 坐标位置基本不变；在第二阶段，Y、Z 坐标位置基本不变。

通过上述实验可以发现，利用无标定摄像机构成的视觉伺服控制，

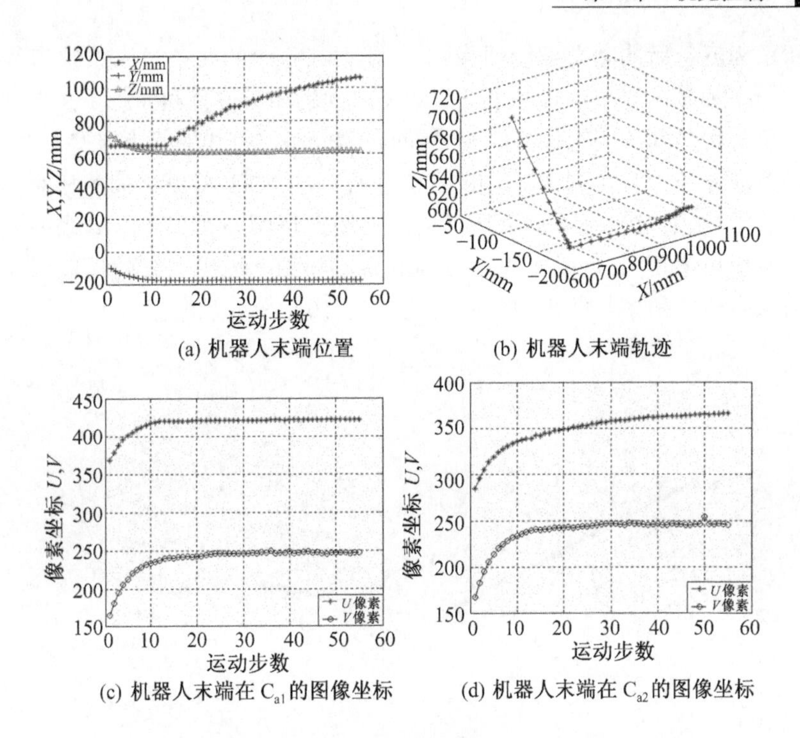

(a) 机器人末端位置

(b) 机器人末端轨迹

(c) 机器人末端在 C_{a1} 的图像坐标

(d) 机器人末端在 C_{a2} 的图像坐标

图 4-29 实验结果

完全可以将机器人的末端工具引导到目标附近。

4.8 基于视觉测量信息的智能控制

前面介绍的视觉控制方法，从控制理论的角度而言属于基于视觉测量信息的 PID 控制。利用视觉测量获得机器人的偏差信息后，无论该偏差是在图像空间还是在笛卡儿空间，都可以将其作为控制器的输入，设计出智能控制系统，对机器人的运动进行智能控制。机器人领域常用的智能控制方法包括模糊控制、学习控制、神经网络控制等，本节介绍基于视觉测量信息的模糊控制。

4.8.1 角焊缝跟踪的自调整模糊控制

对于角焊缝，激光结构光照射到焊缝区域后形成两条直线，图 4-30

所示为反色后的激光条纹图像[16]。图 4 - 30 中的两条激光条纹直线的斜率和截距能够反映焊枪与角焊缝之间的相对位置和姿态。在焊枪与角焊缝之间的姿态保持不变时,两条激光条纹直线的斜率保持不变,两条激光条纹直线的截距能够很好地反映焊枪与角焊缝之间的相对位置。因此,通过控制焊枪调整机构的运动使得两条激光条纹直线的截距与期望值相同,可以实现角焊缝的自动跟踪。激光条纹的提取以及两条直线的斜率与截距的求取参见文献[16],此处从略。

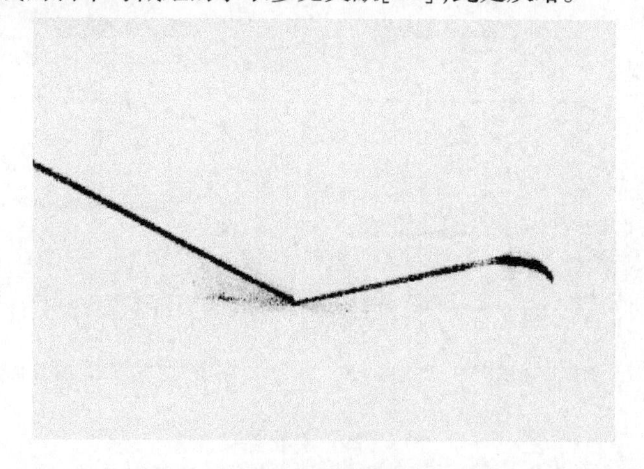

图 4 - 30 反色后的角焊缝激光条纹图像[16]

角焊缝跟踪自调整模糊控制系统由模糊控制器、视觉传感器、自调整器、监督器和执行机构等构成,如图 4 - 31 所示。图 4 - 31 中,B_{lr}和B_{rr}分别为左、右两条激光条纹直线的截距的期望值,B_{lf}和B_{rf}分别为左、右两条激光条纹直线的截距的当前值,K_{le}和K_{re}分别为左、右两条激光条纹直线的截距误差的模糊量化系数,K_{lde}和K_{rde}分别为左、右两条激光条纹直线的截距误差变化率的模糊量化系数,K_{lu}和K_{ru}分别为步进电机 X 和 Y 的解模糊化系数。模糊控制器由模糊量化、模糊推理器、规则库、解模糊化构成,为普通的模糊控制器。视觉传感器采用激光结构光视觉系统,向角焊缝区域投射激光条纹并采集激光条纹图像,经过图像处理提取左、右两条条纹直线,获得左、右两条激光条纹直线的截距的当前值B_{lf}和B_{rf}。视觉传感器与焊枪之间的位姿固定,随焊枪一起运动。自调整器用于根据左、右两条激光条纹直线的截距误差、误差

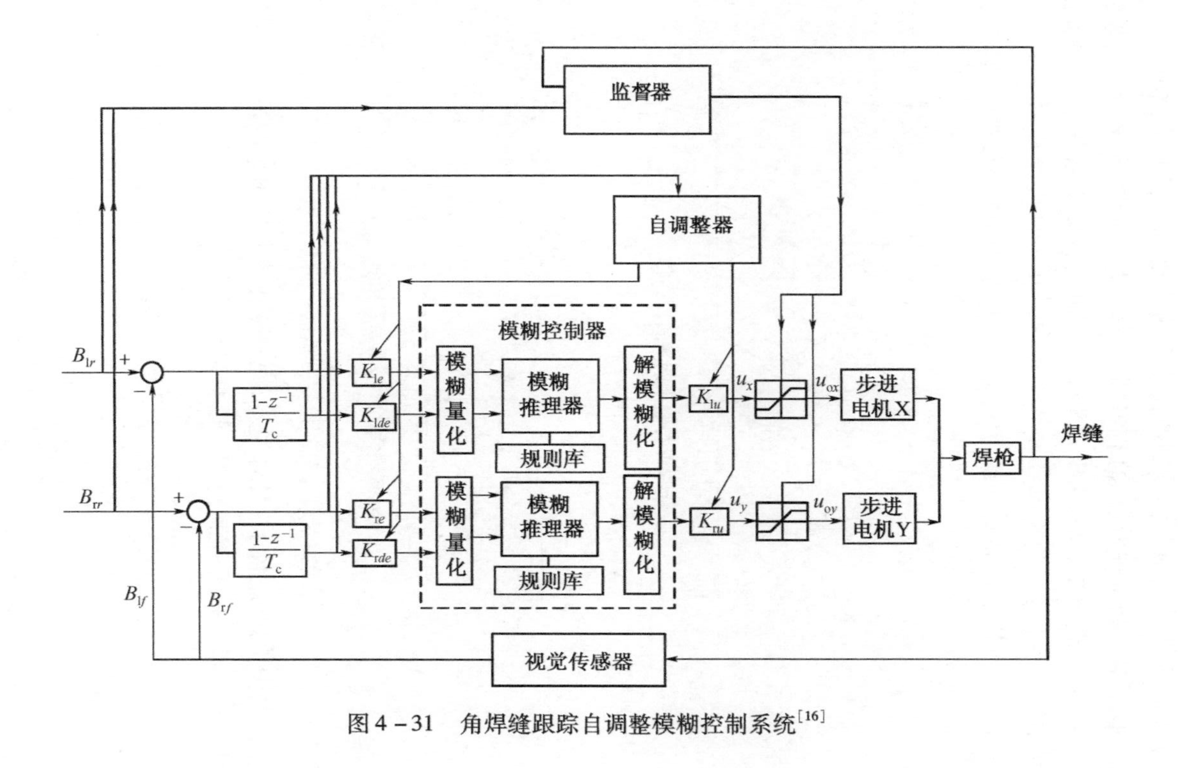

图4－31 角焊缝跟踪自调整模糊控制系统[16]

变化率调整模糊量化系数和解模糊化系数。监督器用于根据左、右两条激光条纹直线的截距的期望值设定步进电机调整量的限幅值。

截距误差和步进电机输出量在归一化论域内模糊量化为7个模糊语言变量{NB, NM, NS, ZE, PS, PM, PB},其模糊量化的隶属度函数见图4-32(a)。截距误差变化率在归一化论域内模糊量化为5个模糊语言变量{NB, NS, ZE, PS, PB},其模糊量化的隶属度函数见图4-32(b)。

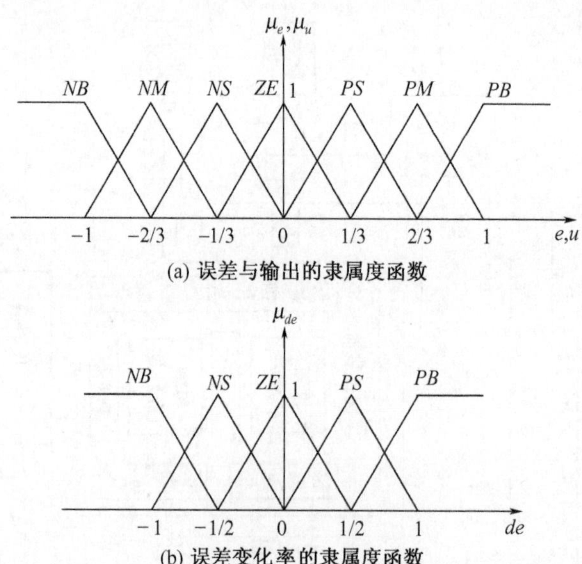

图4-32 模糊语言变量的隶属度函数

当截距的误差较小时,对误差、误差变化率和输出量的论域重新进行归一化,以便提高控制精度。模糊量化系数的调整如下:

$$\begin{cases} K_{et} = \beta_1 K_e = \dfrac{e_{\max} - e_{\min}}{e_{\max t} - e_{\min t}} K_e \\ K_{det} = \beta_2 K_{de} = \dfrac{de_{\max} - de_{\min}}{de_{\max t} - de_{\min t}} K_{de} \\ K_{ut} = \beta_3 K_u = \beta_4 \left| e_{\max t} - e_{\min} \right| K_u \end{cases} \tag{4-90}$$

式中：K_e 和 K_{de} 为调整前误差、误差变化率的模糊量化系数，K_{et} 和 K_{det} 为调整后误差、误差变化率的模糊量化系数，K_u 和 K_{ut} 为调整前后输出的解模糊量化系数，$\beta_1 \sim \beta_4$ 为调整系数，$e_{\max}$ 和 $e_{\min}$ 分别为最大和最小误差，$de_{\max}$ 和 $de_{\min}$ 分别为最大和最小误差变化率，$e_{\max t}$ 和 $e_{\min t}$ 分别为时间窗口 T 内的最大和最小误差，$de_{\max t}$ 和 $de_{\min t}$ 分别为时间窗口 T 内的最大和最小误差变化率。

自调整前后的隶属度函数示意图见图 4－33。

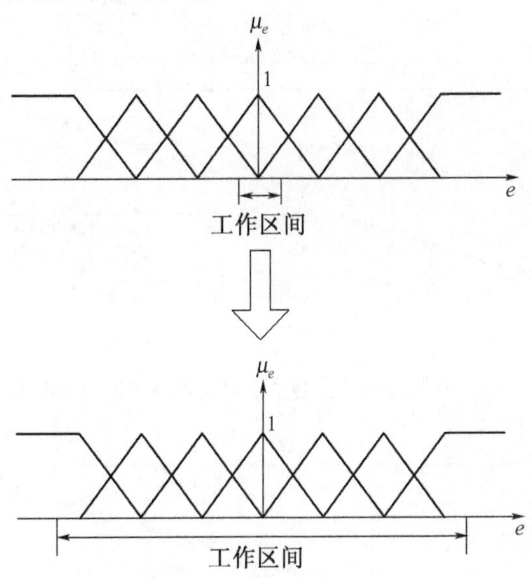

图 4－33　自调整前后的模糊语言变量的隶属度函数

4.8.2　实验与结果

利用本节的角焊缝跟踪自调整模糊控制系统对角焊缝进行了跟踪实验，图 4－34 是对模糊量化系数和输出解模糊量化系数进行调整时的跟踪结果，图 4－35 为模糊量化系数和输出解模糊量化系数固定时的跟踪结果。在模糊量化系数和输出解模糊量化系数固定时，自调整模糊控制系统成为传统的模糊控制系统。在图 3－34 和图 3－35 中，参考轨迹为相对于角焊缝的焊枪理想轨迹，实际轨迹为跟踪角焊缝过程中焊枪的实际运动轨迹。从实际轨迹与参考轨迹的吻合程度可以发现，自调整模糊控制系统的跟踪精度优于传统的模糊控制系统的跟踪精度。

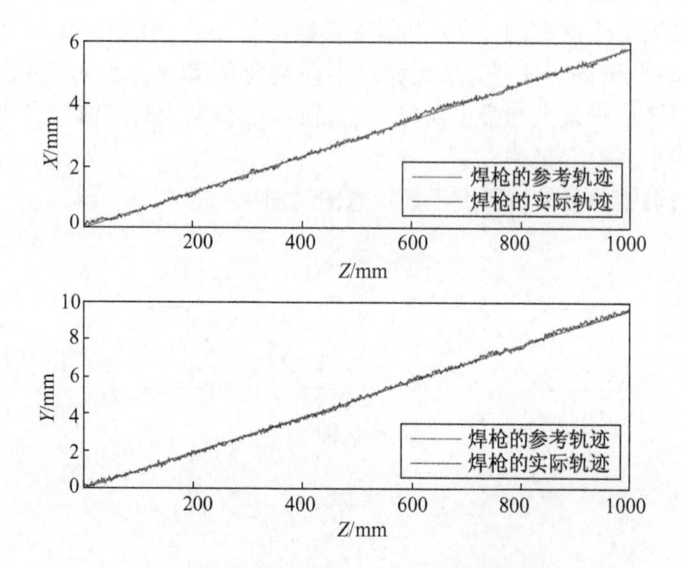

图 4-34 自调整模糊控制系统对角焊缝的跟踪实验结果

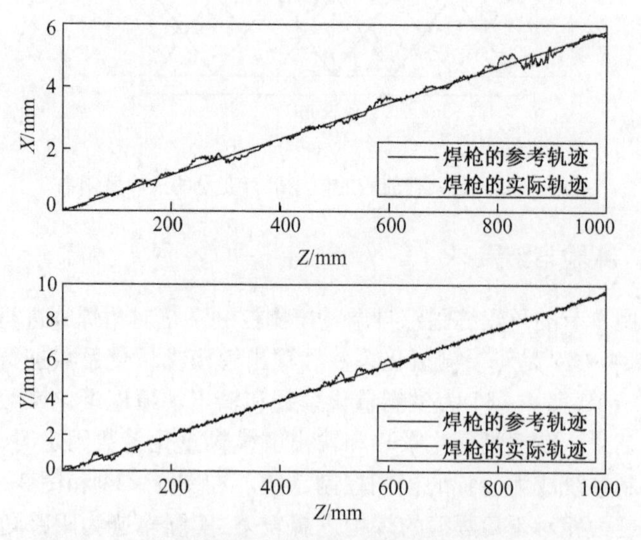

图 4-35 传统模糊控制系统对角焊缝的跟踪实验结果

参 考 文 献

[1] Hager G D, Hutchinson S, Corke P I. A tutorial on visual servo control [J]. IEEE Transactions on Robotics and Automation, 1996, 12(5): 651 - 670.

[2] 徐德. 机器人的实时视觉控制与定位研究[R]. 博士后出站报告. 北京: 中国科学院自动化研究所, 2003.

[3] 王麟琨, 徐德, 谭民. 机器人视觉伺服研究进展[J]. 机器人, 2004, 26(3): 277 - 282.

[4] Han M, Lee S, Park S K, et al. A new landmark-based visual servoing with stereo camera for door opening [C]. International Conference on Control, Automation and Systems, Muju Resort, Jeonbuk, Korea, 2002:1892 - 1896.

[5] Han L, Xu D, Tan M. Visual control method with self-calibrating camera [C]. The 2nd International Conference on Complex Systems and Applications-Modeling, Control & Simulations, Jinan, China, June 8 - 10, 2007: 1612 - 1616.

[6] Malis E, Chaumette F, Boudet S. 2 - 1/2 - D Visual Servoing [J]. IEEE Transactions on Robotics and Automation, 1999, 15(2): 238 - 250.

[7] Malis E, Chaumette F, Boudet S. Positioning a coarse-calibrated camera with respect to an unknown object by 2D 1/2 visual servoing [C]. IEEE International Conference on Robotics and Automation, Leuven, 1998:1352 - 1359.

[8] Deguchi K. Optimal motion control for image-based visual servoing by decoupling translation and rotation [C]. Proceedings of International Conference on Intelligent Robots and Systems, 1998: 705 - 711.

[9] 徐德, 谭民. 一种SISO的FCMAC及在Wiener模型辨识中的应用[J]. 信息与控制, 2002, 31(2): 159 - 163.

[10] Xu D, Li Y F, Shen Y, et al. New pose detection method for self-calibrated cameras based on parallel lines and its application in visual control system [J]. IEEE Transactions on System, Man & Cybernetics-Part B: Cybernetics, 2006, 36(5): 1104 - 1117.

[11] Sugimoto A, Nagatomo W, Matsuyama T. Estimating ego motion by fixation control of mounted active cameras [C]. Proceedings of Asian Conference on Computer Vision, 2004:67 - 72.

[12] Piepmeier J A, McMurray G V, Lipkin H. A dynamic quasi-Newton method for uncalibrated visual servoing [C]. Proceedings of IEEE International Conference on Robotics and Automation, 1999:1595 - 1600.

[13] Piepmeier J A, McMurray G V, Lipkin H. Uncalibrated dynamic visual servoing [J]. IEEE Transactions on Robotics and Automation, 2004, 20(1): 143 - 147.

[14] Xu D, Tan M, Shen Y. A new simple visual control method based on cross ratio invariance [C]. 2005 IEEE International Conference on Mechatronics and Automation, Ontario, Cana-

da, July 29 - August 1, 2005:370 - 375.
[15] 谭民, 徐德, 侯增广,等. 先进机器人控制[M]. 北京: 高等教育出版社,2007.
[16] Fang Z, Xu D, Tan M A vision-based self-tuning fuzzy controller for fillet weld sean tracking [J]. IEEE/ASME Transactions on Mechatronics,2011,16(3):540 - 550.

第5章 应用实例

5.1 开放式机器人控制平台

研究基于计算机的开放式机器人控制器,突破传统工业机器人的封闭式结构,建立一个良好的机器人控制算法实验平台,研究开放式机器人的本地/远程实时控制,对于提高机器人控制的可靠性、快速性和灵活性,拓展机器人的应用范围具有重要意义[1-2]。

5.1.1 多层次结构的开放式机器人控制平台

图5-1为一种多层次结构的实时控制框架[3]。其最上层为智能

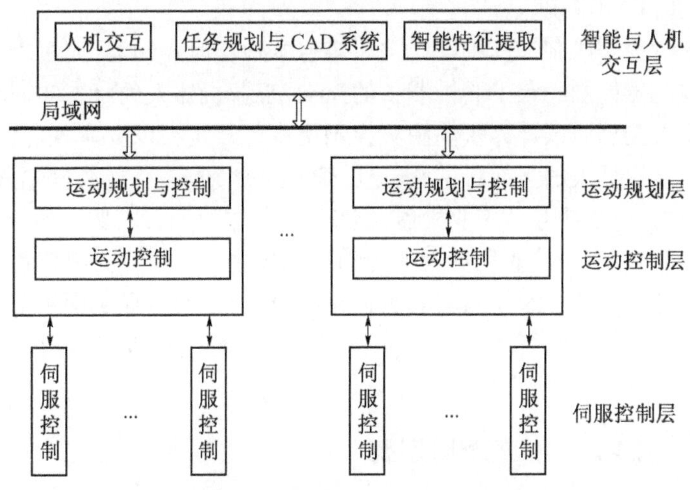

图5-1 机器人远程多层次结构的实时控制框架[3]

与人机交互层,用于进行人机交互、任务规划、与 CAD 系统的连接以及视觉、语音等信号的处理。该层形成机器人运动所需的空间直线、圆弧的特征参数,其中空间直线只需要起点和终点的位姿参数,空间圆弧只需要起点、终点和一个中间点的位姿参数。其次是运动规划层,根据空间直线、圆弧的特征参数,进行在线运动规划、逆运动学求解、选出控制解等,形成各关节电机的位置。下一层为运动控制层,以从运动规划层接收到的关节电机位置作为给定,以测量到的关节电机的实际位置作为反馈,通过插值和D/A转换形成模拟量的速度信号。该层实现位置闭环控制。最下层为伺服控制层,以运动控制层的速度信号作为给定,以测量到的关节电机的实际速度作为反馈,由伺服控制与放大器实现速度伺服控制。

由于智能与人机交互层对实时性的要求相对较低,而对界面的要求较高,所以该层利用 Windows 操作系统,由一台中央控制协调计算机和多台数据处理计算机实现。运动规划层对实时性要求较高,该层利用实时操作系统进行实时控制。运动控制层采用多轴运动控制器,作为一个功能卡集成到运动规划层的计算机中。由运动规划层、运动控制层和伺服控制层构成开放式机器人的本地实时控制器。智能与人机交互层和运动规划层之间通过局域网进行数据交换,从而构成基于网络的实时控制系统。

中央控制协调计算机可以控制多台本地实时控制器,而每台本地实时控制器控制一台工业机器人的运动,工业机器人的状态实时地返回给中央控制协调计算机。中央控制协调计算机根据要实现的任务、各台工业机器人的当前状态、操作员输入的命令与参数等外部输入,进行任务规划,形成各台工业机器人运动所需的空间直线、圆弧的特征参数,从而实现多台工业机器人的运动协调控制。由于中央控制协调计算机与各台本地实时控制器的数据交换量很小,利用局域网进行通信的速度又较高,所以图 5-1 所示系统的实时性能够满足实际应用的需要。

5.1.2 本地机器人的实时控制

控制系统由工业计算机、PMAC 多轴运动控制器、6 个伺服控制器、Yaskawa K10 工业机器人本体等构成[4-7]，见图 5-2。工业计算机用于在线运动规划、逆运动学求解、选出控制解等，并将获得的以关节坐标表示的控制解转化为以光电码盘的码盘值表示的关节电机位置，传送到 PMAC 多轴运动控制器。PMAC 多轴运动控制器与工业计算机通过 ISA 总线相连，它以接收到的关节电机位置作为给定，通过伺服控制器实现带速度闭环的位置控制。由工业计算机进行关节电机的位置给定，由 PMAC 多轴运动控制器实现运动控制。该实时控制系统不需要对 PMAC 多轴运动控制器编程，只需对其进行参数设置即可。工业计算机计算出的 6 个关节电机的位置，通过 ISA 总线发送到 PMAC 多轴运动控制器。

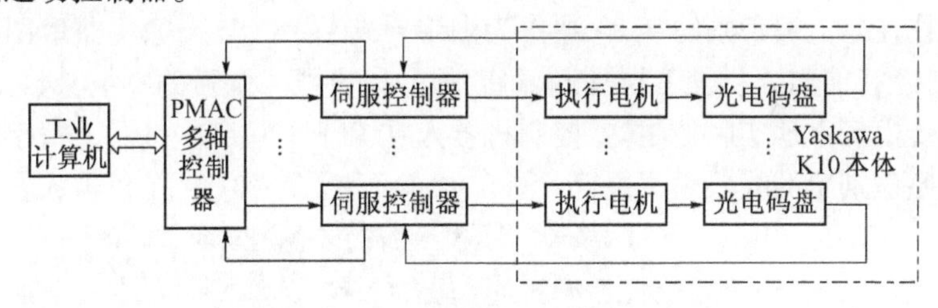

图 5-2 控制系统结构示意图

虽然 PMAC 多轴运动控制器本身具有很好的实时控制特性，但是，若关节电机位置不能及时给定，则工业机器人的控制实时性和运动平稳性变得很差。为此，在工业计算机和 PMAC 中分别建立一个通信缓冲区，设立写缓冲区指针和读缓冲区指针。6 个关节的关节电机位置构成一条记录，工业计算机每产生一条记录，将其写入通信缓冲区，同时写缓冲区指针加 1。当工业计算机检查到 PMAC 具备接收数据的条件时，从工业计算机的通信缓冲区中读取一条记录，发送到 PMAC 的通信缓冲区，同时读缓冲区指针加 1。当写缓冲区指针小于读缓冲区指针，且二者之差为 1 时，说明通信缓冲区已存满未发送的记录，工业计算机暂停计算新的关节电机位置，等待发送通信缓冲区中的记录。如果 PMAC 通信缓冲区中已存满未执行的记录，则向工业计算机返回不具备接收数据条件的信息。

利用工业计算机和 PMAC 的通信环形缓冲区，保证了工业计算机产生的关节电机位置数据能够安全、及时地发送到 PMAC，有效地消除了数据断档与数据覆盖现象。

5.1.3 图形示教实验与结果

PMAC 多轴运动控制器设置为：三次样条插值，65ms 执行一条记录。采用上述实时控制系统进行了二维平面的视觉控制实验，实验内容为视觉控制下写字，实验结果见图 5-3。在该实验中，对提取到的线段上的各个点，进行了直线拟合，获得每条直线的两个端点的参数。机器人写字时，先移动到直线的起点，落笔，画线。若直线连续，不抬笔移动到下一条直线的末端点，实现画线。若直线不连续，先抬笔，移动到下一条直线的首端点，落笔，再移动到下一条直线的末端点。图 5-3(a)是挂在墙上被识别的字，它被作为图形对待，由 CCD 摄像机获取图像后，经智能与人机交互层处理，每获得一段直线或圆弧的特征参数，立即传送到本地实时控制器，控制机器人在桌子上写字。机器人写字时按照识别出的线段顺序进行。图 5-3(b)和图 5-3(d)是机器人在视

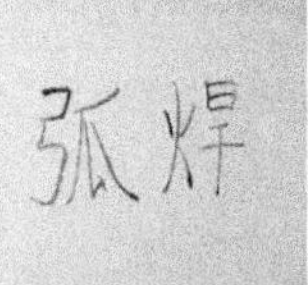

(a) 被识别的字

(b) 视觉控制写字

(c) 机器人写完的字

(d) 机器人正在写字

图 5-3 机器人二维平面视觉控制实验结果

觉控制下正在桌子上写字,图5-3(c)是机器人写完的字。

5.2 具有焊缝识别与跟踪功能的自动埋弧焊机器人系统

为了检测焊缝位置信息,人们研究了不同种类的焊缝探测传感器。其中,结构光视觉方法以其精度高、抗干扰性好等优点,成为广泛采用的检测方案[8]。在焊接过程中,焊缝结构光图像不可避免地受到弧光、烟雾和飞溅等干扰。当激光投射到光滑的金属表面时,常常会因镜面反射产生高亮反光,干扰对焊缝位置的正确识别。在存在各种干扰的情况下从图像中可靠、准确地提取焊缝位置信息,是当前焊缝跟踪研究的热点问题。目前常用的抗干扰方法包括:在传感装置上加装滤光镜以过滤弧光,提高激光器功率以增加图像的信噪比,增大激光束平面与焊点之间距离等;在图像处理算法方面采用图像逻辑与,图像增强、滤波,邻域判断法等。对于闪光、飞溅的干扰,上述方法可以取得很好的效果,但是对于金属表面镜面反射产生的干扰,往往不能很好地克服,会造成处理错误。

5.2.1 焊接小车与视觉系统

5.2.1.1 系统构成

焊接小车视觉伺服控制系统由一个工业用焊接小车、焊接设备、视觉传感器组成。工业用焊接小车包含车体、两个步进调节电机和一个驱动小车前进的直流电机以及滚珠丝杠传动装置组成。焊接设备包括焊枪、送丝机、焊接电源等。视觉传感器包含摄像机、图像采集卡、激光器、工业计算机和外围板卡。图5-4所示为焊接小车视觉控制系统的结构示意图[9],图5-5所示为焊接小车与视觉系统。焊接小车作为运行机构,图像采集卡负责采集数字图像,工业计算机进行图像处理得到图像特征,并控制电机对焊枪位置进行相应的调整。

焊接小车视觉伺服控制系统的工作过程可以描述如下:首先调整好焊枪和激光束的初始位置,保证焊枪对准焊缝,图像处在摄像机视场的合适位置,将初始的像素坐标作为参考像素坐标。当焊接小车在直

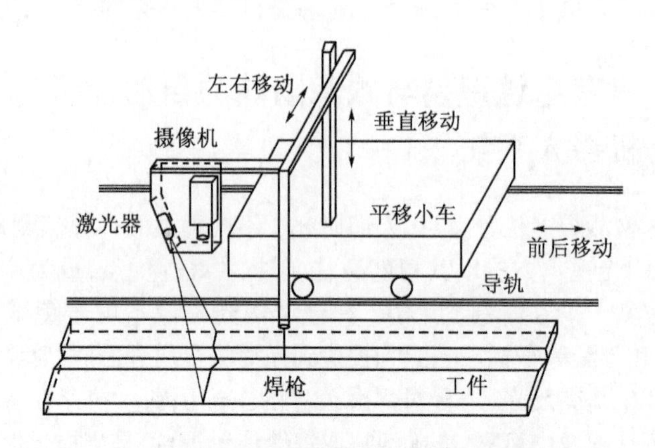

图 5-4 焊接小车视觉控制系统的结构示意图[9]

图 5-5 焊接小车与视觉系统

流电机的驱动下沿着导轨向前运动时，图像采集卡不断将当前图像采集到工业计算机，通过图像处理算法得出特征点的像素坐标，根据图像特征的像素坐标与参考像素坐标的差值计算步进电机的控制量，保证焊枪始终在理想的焊接位置。工作过程中，没有对摄像机进行内、外参数的标定，通过简单测量建立像素坐标差值与控制脉冲的关系。

5.2.1.2 视觉传感器工作原理

焊缝跟踪视觉传感器用于提取焊缝位置信息，由 3 个主要部分组成：产生激光结构光平面的激光发生器，采集激光条纹图像的摄像机，进行图像处理、提取焊缝位置的处理单元。

传感器工作原理框图如图5－6所示[10]。摄像机采集的焊缝激光条纹图像信号分为两路:一路送到监视器显示,供操作员观察焊缝图像;另一路送到PC104处理单元进行图像处理。通过控制面板的选择或无线网络设定的参数,确定焊缝的类型、工序,调用焊缝图像处理模块库中的相应程序模块进行焊缝图像处理。在焊缝图像处理模块库中,针对不同焊缝类型的图像特征,采用特定的图像处理模块(如V形坡口、U形坡口、对接、搭接焊缝等模块)。焊缝图像处理模块库具有扩展功能,可增加新的焊缝类型图像处理模块。通过调用焊缝图像处理模块,提取出焊缝特征点的图像坐标并转化为实际焊缝的三维坐标,再由模拟信号或由无线网络输出到机器人控制器,以控制焊接机器人进行焊缝跟踪,实现自动焊接。

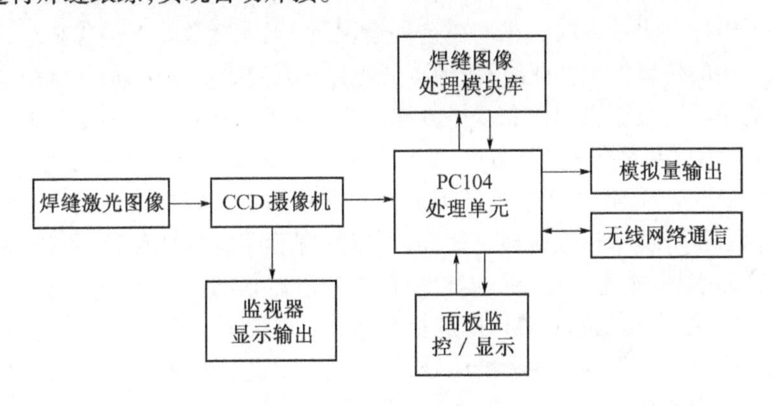

图5－6　传感器工作原理框图

如图5－4所示,视觉传感器探头机壳内封装了半导体激光器、滤光片、黑白工业摄像机和防溅挡板。传感器探头机壳顶部开孔,供摄像机、激光器的电源线、信号线引出。传感器探头通过视频信号线与处理单元连接。传感器机壳底部为空,由有机玻璃制成的防溅挡板盖住,可以阻挡焊接飞溅物,保护摄像机。传感器探头机壳与焊枪刚性连接。半导体激光器由安装支架倾斜固定在传感器探头机壳内,并且激光器的位置、角度可以通过安装支架调整。调整激光器与摄像机的安装角度,使摄像机光轴中心线与焊缝所在被焊工件表面垂直,传感器机壳底端距被焊工件表面高度为10～20cm,激光结构光平面与摄像机光轴中心线成30°~60°。激光器发出的激光束产生结构光平面,倾斜照射到焊接工件表面,形成焊缝特征激光条纹。摄像机下方的滤光片,能透过波长670nm的激光,滤掉弧光等其他光源干扰。摄像机采集激光条纹图像,通过视频信号线传送到处理单元。

焊缝的图像信号传送到处理单元,通过图像采集卡,经过A/D转换成数字信号。处理单元采用PC104计算机以及其他部件,包括图像采集卡、PC104总线开关量输入/输出卡、模拟量输出卡、无线网卡。PC104计算机及其部件与控制面板和监视器一起构成处理单元。摄像机采集到带有焊缝特征的激光图像,处理单元调用焊缝图像处理模块提取出焊缝条纹特征点图像坐标。

视觉传感器的安装,使得当焊缝条纹左右方向变化时,得到的图像特征坐标在水平方向变化。在这种情况下,当焊缝条纹在摄像机的Z轴方向的位置发生变化时,图像特征坐标在垂直方向变化,而在水平方向变化不明显。当焊枪在水平方向左右移动时,焊缝条纹图像也随之左右移动;当焊枪在竖直方向上下移动时,焊缝条纹图像也随之上下移动。因此,在图像上焊缝特征点的水平偏移和垂直偏移分别代表了焊枪相对于焊缝的相应偏移。这样,可以用焊缝图像特征点坐标与标准位置的水平、垂直偏差表示焊枪与标准焊缝位置的水平偏差和垂直偏差。因此,视觉传感器可以以焊枪与标准焊缝位置的水平、垂直偏差量作为输出。由于输出为标准信号,传感器可以适应各种焊缝跟踪系统,具有一定的普适性。

传感器的功能设定和状态的输入/输出可以用两种方式实现:控制面板上的控制按钮和指示灯可以设定传感器的参数(焊缝类型、工序),控制传感器的工作过程(开始、停止、复位),并指示传感器的工作状态(工作、停止、故障);也可以通过无线网络通信,通过上位机设定传感器的工作参数和控制命令,读取传感器的状态。

在焊缝跟踪视觉控制系统中,通常需要知道特征的图像坐标偏差与控制量之间的关系,以方便控制算法的参数整定。下面以步进电机为例,说明图像坐标偏差与控制量之间关系的确定。首先,将视觉传感器调整到焊缝上方的合适位置,使得在结构光照射到焊缝上时,焊缝基本上处于结构光条纹的中间位置,并且结构光条纹的图像尺寸适中。

采集焊缝的结构光条纹图像,记录焊缝特征的图像坐标。然后,由控制系统向沿水平方向运动的步进电机发出一定数量的脉冲,使视觉传感器沿水平方向移动一定距离。再次采集焊缝的结构光条纹图像,记录焊缝特征的图像坐标。利用焊缝特征图像坐标的变化和控制系统发出的脉冲数量,可以得到水平方向图像坐标偏差与控制量之间的关系。对于垂直方向图像坐标偏差与控制量之间的关系,可以利用类似的方法得到。此外,视觉传感器的运动量可以利用尺子进行测量,结合控制系统发出的脉冲数量,可以得到相应运动轴的脉冲当量。焊缝跟踪的目标是使特征的图像坐标偏差为零,所以上述通过简单测量建立的图像坐标偏差与控制脉冲的关系以及运动轴的脉冲当量,一般能够满足控制要求。

5.2.2 结构光焊缝图像的处理

本节利用大步距快速搜索分割出目标。通过图像灰度频域分析,确定出图像增强的自适应阈值,并利用图像增强和二值化进行目标区域图像预处理。利用图像边缘完成焊缝细线化,经过霍特林变换和霍夫变换,获得主特征直线,利用二阶导数确定焊缝特征点[11]。

5.2.2.1 图像预处理

图像预处理由图像分割和图像增强及二值化部分构成。

在图像分割过程中,首先进行图像背景灰度计算。分别沿水平和竖直方向以一定间隔画线,沿这些直线对各个像素点的灰度进行累加,取均值作为图像的背景亮度,如下:

$$B = \frac{1}{N_1 W + N_2 H}\left(\sum_{i=1}^{W} \sum_{j=1}^{N_1} I(i,10j) + \sum_{i=1}^{N_2} \sum_{j=1}^{H} I(10i,j) \right) \quad (5-1)$$

式中:W 为图像宽度;H 为图像高度;$N_1 = \mathrm{Int}(H/10)$,$N_2 = \mathrm{Int}(W/10)$,Int 表示取整;$I(x,y)$ 为像素点(x,y)的灰度。

一般地,激光束的亮度要高于背景亮度。因此,沿上述直线搜索,记录灰度大于 $B + T_1$ 的像素点的坐标,从中找出水平和竖直方向的最大、最小坐标,确定出目标所在区域,如下:

$$
\begin{cases}
X_{\text{Max}} = \text{Max}\{i:(I(i,10j_1) - B > T_1) \vee (I(10i_1,j) - B > T_1)\} \\
X_{\text{Min}} = \text{Min}\{i:(I(i,10j_1) - B > T_1) \vee (I(10i_1,j) - B > T_1)\} \\
Y_{\text{Max}} = \text{Max}\{j:(I(i,10j_1) - B > T_1) \vee (I(10i_1,j) - B > T_1)\} \\
Y_{\text{Min}} = \text{Min}\{j:(I(i,10j_1) - B > T_1) \vee (I(10i_1,j) - B > T_1)\}
\end{cases}
\tag{5-2}
$$

式中：$1 \leqslant i \leqslant W, 1 \leqslant j \leqslant H, i_1 = \text{Int}(i/10), j_1 = \text{Int}(j/10)$；$T_1$ 为图像灰度阈值；X_{Max}、X_{Min}、Y_{Max}、Y_{Min} 构成目标区域。

在图像增强与二值化部分，将目标区域划分为若干子区域，灰度划分为25个等级，在各子区域中计算各个灰度等级出现的频率，如下：

$$
\begin{cases}
F(k,h) = \sum\limits_{i=X_{\text{Min}}}^{X_{\text{Max}}} \sum\limits_{j=Y_{\text{Min}}}^{Y_{\text{Max}}} P(k,h) \\
P(k,h) = \begin{cases} 1, & k = \text{Int}(i/5), h = \text{Int}(I(i,j)/10) \\ 0, & \text{其他} \end{cases}
\end{cases}
\tag{5-3}
$$

式中：$F(k,h)$ 为灰度频率矩阵；$P(k,h)$ 为灰度投票函数。

考虑到激光条纹与背景对比度的不同，在一个子区域中高等级灰度累计出现一定频率或者一个等级灰度达到一定频率时，将此时的灰度值作为图像增强的阈值 $T_2(k)$，即

$$
T_2(k) = 10K, \quad \left(\sum_{h=25}^{K} F(k,h) > P_1\right) \vee (F(k,K) > P_2)
\tag{5-4}
$$

式中：P_1 为高等级灰度累计频率阈值；P_2 为高等级灰度频率阈值；K 为灰度等级，$1 \leqslant K \leqslant 25$。

利用各子区域的阈值，对目标区域进行高通滤波和图像增强，然后再进行高斯滤波和二值化处理。图5-7为一幅焊缝图像及其目标分割结果。

5.2.2.2 特征提取

激光条纹上的转折点对应于焊缝的边缘点，因此选择这些转折

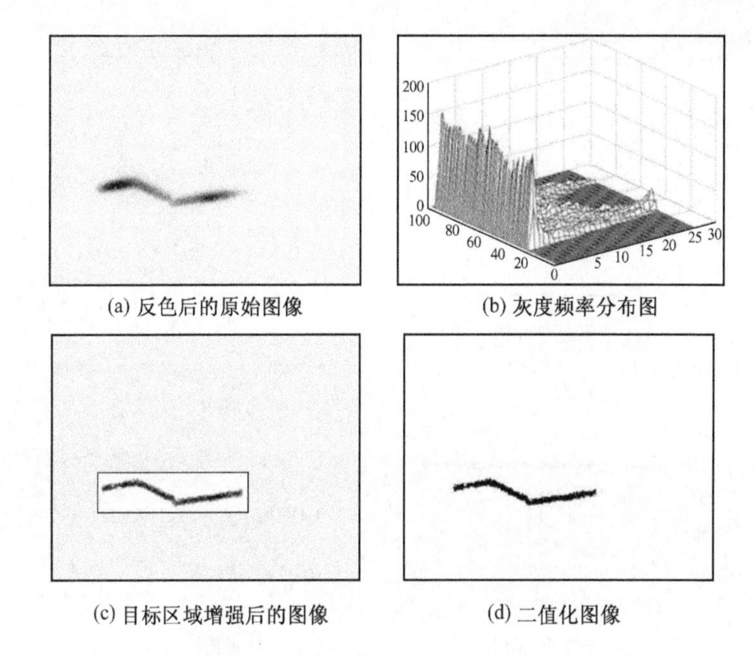

(a) 反色后的原始图像

(b) 灰度频率分布图

(c) 目标区域增强后的图像

(d) 二值化图像

图 5－7　焊缝图像及其目标分割结果[11]

点作为特征点。另外,为便于焊枪姿态调整,需要提取焊件平面上的点。特征提取的任务就是从二值化图像上找出这些转折点与焊件平面上的点。

在二值化图像上提取激光条纹的上、下边缘,取二者的平均值作为激光条纹中线位置,实现图像的细线化。图 5－8(a)为得到的激光条纹的上下边缘和中线。由于二值化的激光条纹边缘不平滑,所以中线曲线上具有高频噪声,如图 5－8(b)下部曲线所示。为便于后续处理,对存储于二维数组的中线先进行霍特林变换,再进行滤波,以消除高频噪声。

首先,将中线的横坐标 x 保持不变,纵坐标 y 利用 Takagi-Sugeno 模糊算法进行滤波,见以下二式:

$$\widetilde{m}_{\mathrm{d}}(k,2) = \frac{\sum_{h=-5}^{5} m_{\mathrm{d}}(k-h,2)\mu(h)}{\sum_{h=-5}^{5}\mu(h)} \qquad (5-5)$$

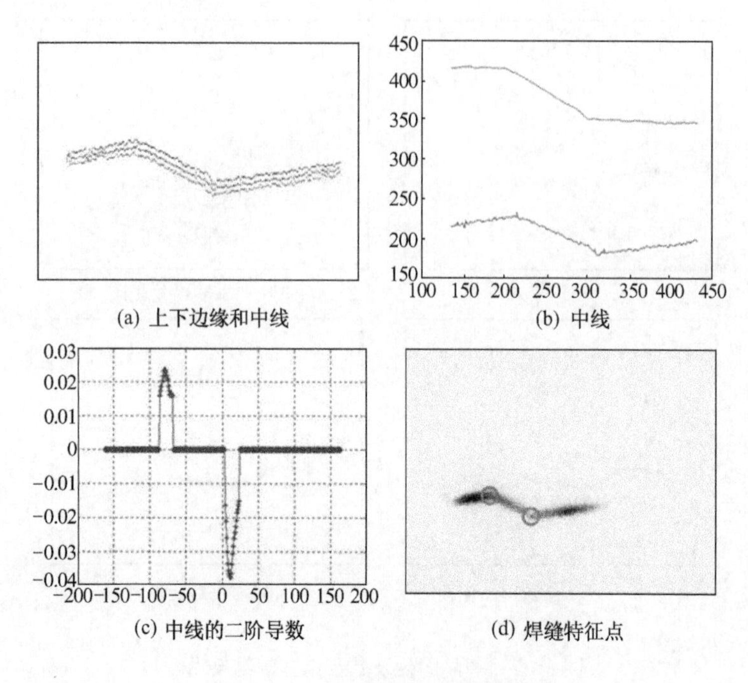

(a) 上下边缘和中线　(b) 中线

(c) 中线的二阶导数　(d) 焊缝特征点

图 5－8　特征提取处理结果[11]

式中：$m_{\rm d}(k,2)$为中线上第 k 点的 y 坐标；$\widetilde{m}_{\rm d}(k,2)$为滤波后中线上第 k 点的 y 坐标；$\mu(h)$为隶属度函数，即

$$\mu(h)=\begin{cases}1, & -3\leqslant h\leqslant 3\\ 2-\dfrac{|h|}{3}, & 3<|h|\leqslant 5\\ 0, & |h|>5\end{cases} \tag{5-6}$$

然后，对中线进行霍特林变换，利用霍夫变换求取与霍特林变换后的 x 轴方向最接近的直线作为主直线，中线上符合主直线方程的点作为焊件平面的特征点。通过旋转变换，将主直线变换为平行于 x 轴方向。图 5－8(b) 上部曲线为滤波和变换后的中线。对滤波和变换后的中线求二阶导数，二阶导数的局部极值点即为中线的转折点。图 5－8(c) 为中线的二阶导数，图5－8(d) 在原始图像中标出了提取到的两个焊缝特征点。

5.2.3 焊缝测量实验结果

以焊过一道的V形坡口直线焊缝为例,进行焊缝测量与跟踪实验。由于焊过的焊缝形状不规则,有时存在焊砂等附着物的干扰,增加了图像处理的难度。图5-9给出了焊缝激光图像处理过程中不同阶段的结果。图5-9(a)为焊过一道的焊缝的原始图像(768像素×576像素),由于焊缝在焊接前经过了表面磨光,在焊缝附近局部有较强反光,使周围和焊缝方向出现成片高亮区域。为克服反光不利影响,采用了上述图像预处理方法对图像进行自适应增强。首先,将整个图像用平均背景灰度值分割出焊缝区域。然后,对该区域进行细分,分别统计每个区域的灰度直方图,计算出自适应图像阈值,进行二值化。再经高斯滤波后,得到焊缝图像如图5-9(b)所示。在焊缝二值化图像基础上,进行边缘提取,得到焊缝上下边沿曲线,经平均后得到焊缝中心线,如图5-9(c)所示。为了将图像标准化进行后续处理,对图像进行霍特林变换和霍夫变换,使焊缝中心线转到水平方向,并得到主直线方程,主直线如图5-9(d)所示。

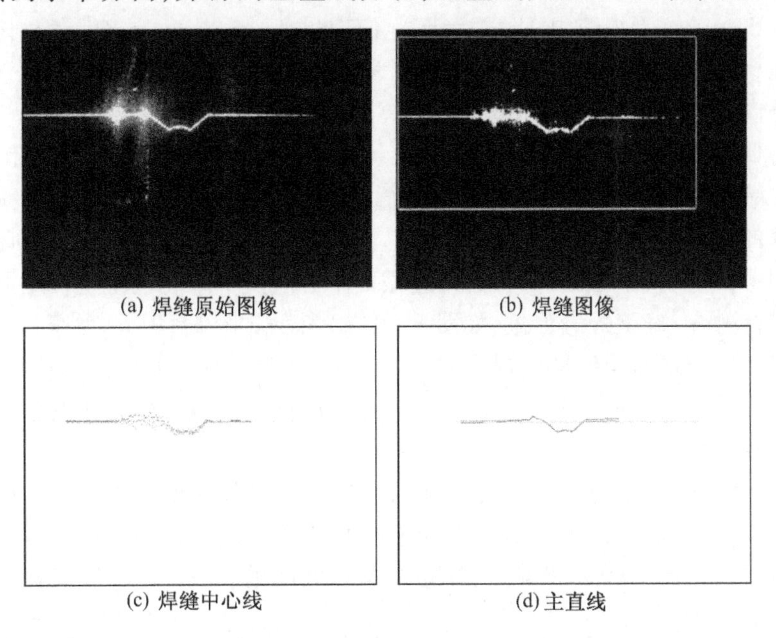

(a) 焊缝原始图像　(b) 焊缝图像

(c) 焊缝中心线　(d) 主直线

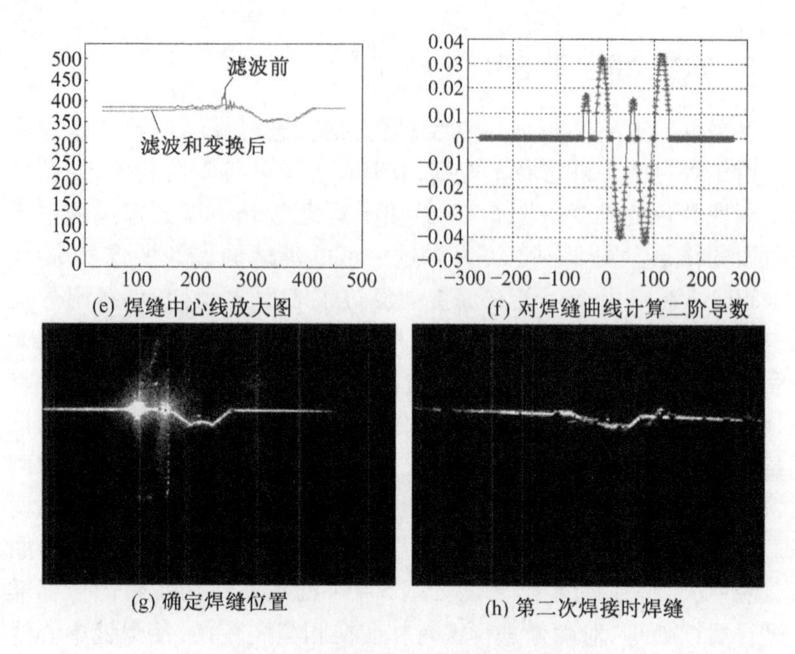

(e) 焊缝中心线放大图

(f) 对焊缝曲线计算二阶导数

(g) 确定焊缝位置

(h) 第二次焊接时焊缝

图 5-9　焊缝激光图像及处理结果

图 5-9(e)为焊缝中心线放大图,由于存在反光、焊砂凸起等,焊缝图像有噪声干扰。相对于焊缝曲线信号,这些干扰为高频噪声。采用汉明窗函数低通滤波,消除焊砂凸起等高频干扰,得到相对平滑曲线。为得到焊缝特征点坐标,对焊缝曲线计算二阶导数,如图 5-9(f)所示。二阶导数的极值点就可能是焊缝图像转折点,经过判断得到梯形焊缝的 4 个特征点。同时,通过焊缝主直线和焊缝中心线形成的封闭图形,计算其中心坐标,得到焊缝截面中心点坐标。将两组坐标结果进行融合,确定焊缝位置,如图 5-9(g)所示。图 5-9(h)为埋弧焊第二次焊接时焊缝的一幅图像。在存在大量的焊砂干扰,焊缝区被焊砂填埋大半的情况下,经上述方法处理,能够提取出焊缝中心位置信息。

焊缝跟踪实验采用埋弧焊机器人,在焊缝跟踪视觉传感器的引导下,对二次焊接 V 形坡口焊缝进行了跟踪。通过视觉伺服,埋弧焊机器人控制焊枪不断纠正焊枪与焊缝之间的偏差,实现焊缝自动跟踪。

实验过程中视觉系统的平均工作周期为125ms。图5-10为测量到的焊缝横、纵坐标偏移轨迹,图5-11为焊缝图像特征点在水平方向图像坐标的偏移,图中3条线分别是焊缝左、右特征点和中心线随时间变化的轨迹。由图5-10和图5-11可以看出,相对于一条近似直线焊缝的跟踪,传感器测量的焊缝位置坐标的波动不超过±2像素的偏差。因为视觉传感器在距工件15cm处测量时,工件焊缝偏移1mm对应图像空间8像素,所以焊缝伺服跟踪的误差小于0.5mm,满足一般焊接工艺的要求。在实际应用时,对传感器的输出信号进行拟合,剔除粗大误差,并用汉明窗进行低通滤波,使传感器的输出焊缝位置轨迹平滑,可提高跟踪精度。

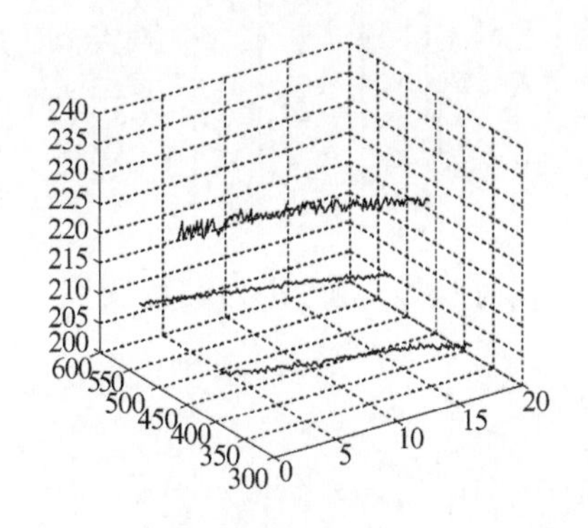

图5-10 焊缝横、纵坐标变化轨迹

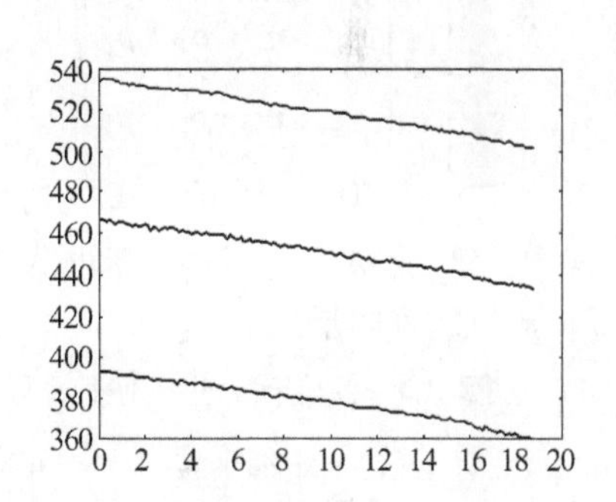

图5-11 焊缝水平方向坐标变化轨迹

本节的基于激光结构光的焊缝跟踪视觉系统能够识别焊缝激光图像、输出焊缝位置信息,引导焊接机器人进行焊缝跟踪,实现焊接自动化。该视觉系统具有焊缝图像模块库,能够处理不同焊缝类型、一次焊接和多道焊不同工艺的焊缝激光图像,提取焊缝位置坐标。

5.3 基于结构光的机器人弧焊混合视觉控制

5.3.1 图像空间到机器人末端笛卡儿空间的雅可比矩阵

利用激光器经平凸柱面镜形成激光面,照射到工件上形成条纹,摄像机采集该条纹图像,提取特征点进行视觉控制[12]。图1-3为线结构光测量原理示意图。在摄像机光轴中心处建立坐标系,其 Z 轴方向沿光轴取摄像机取景方向,X 轴方向与图像空间的横轴相同。将笛卡儿空间点 P 在机器人末端坐标系中的坐标记为(x_w, y_w, z_w),在摄像机坐标系中的坐标记为(x_c, y_c, z_c),在图像空间中的坐标记为(u, v)。

将式(3-36)改写为矩阵形式,得

$$\begin{bmatrix} x_c \\ y_c \\ z_c \end{bmatrix} = -\left(\begin{bmatrix} a & b & c \end{bmatrix}\begin{bmatrix} x_{c1} \\ y_{c1} \\ 1 \end{bmatrix}\right)^{-1}\begin{bmatrix} x_{c1} \\ y_{c1} \\ 1 \end{bmatrix} \tag{5-7}$$

点 P 在机器人末端坐标系中的坐标为

$$\begin{bmatrix} x_w \\ y_w \\ z_w \\ 1 \end{bmatrix} = \begin{bmatrix} m_x & n_x & o_x & p_x \\ m_y & n_y & o_y & p_y \\ m_z & n_z & o_z & p_z \\ 0 & 0 & 0 & 1 \end{bmatrix}\begin{bmatrix} x_c \\ y_c \\ z_c \\ 1 \end{bmatrix} = \begin{bmatrix} \boldsymbol{R} & \boldsymbol{p} \\ 0 & 1 \end{bmatrix}\begin{bmatrix} x_c \\ y_c \\ z_c \\ 1 \end{bmatrix} = \boldsymbol{M}_2\begin{bmatrix} x_c \\ y_c \\ z_c \\ 1 \end{bmatrix} \tag{5-8}$$

式中:$\boldsymbol{M}_2$ 为摄像机相对于机器人末端的外参数矩阵;$\boldsymbol{R}$ 为旋转变换矩阵;$\boldsymbol{p}$ 为位置向量。

将式(5-8)对时间求导数,有

$$\begin{bmatrix} \dot{x}_w \\ \dot{y}_w \\ \dot{z}_w \\ 0 \end{bmatrix} = \begin{bmatrix} \boldsymbol{R} & \boldsymbol{p} \\ 0 & 1 \end{bmatrix}\begin{bmatrix} \dot{x}_c \\ \dot{y}_c \\ \dot{z}_c \\ 0 \end{bmatrix} \Rightarrow \begin{bmatrix} \dot{x}_w \\ \dot{y}_w \\ \dot{z}_w \end{bmatrix} = \boldsymbol{R}\begin{bmatrix} \dot{x}_c \\ \dot{y}_c \\ \dot{z}_c \end{bmatrix} \tag{5-9}$$

将式(3-37)代入式(5-7),并对时间求导数,得

$$\begin{bmatrix} \dot{x}_c \\ \dot{y}_c \\ \dot{z}_c \end{bmatrix} = \frac{1}{D^2}\begin{bmatrix} -\dfrac{b}{k_x k_y}(v - v_0) - \dfrac{c}{k_x} & \dfrac{b}{k_x k_y}(u - u_0) \\ \dfrac{a}{k_x k_y}(v - v_0) & -\dfrac{a}{k_x k_y}(u - u_0) - \dfrac{c}{k_y} \\ \dfrac{a}{k_x} & \dfrac{b}{k_y} \end{bmatrix}\begin{bmatrix} \dot{u} \\ \dot{v} \end{bmatrix}$$

$$= \boldsymbol{J}_{\mathrm{c}}(u,v)\begin{bmatrix}\dot{u}\\ \dot{v}\end{bmatrix} \tag{5-10}$$

式中：$D = a(u-u_0)/k_x + b(v-v_0)/k_y + c$，为结构光的平面方程约束；$\boldsymbol{J}_{\mathrm{c}}(u,v)$为从图像空间到摄像机坐标系笛卡儿空间的雅可比矩阵。

将式(5－10)代入式(5－9)，即可得到从图像空间到机器人末端笛卡儿空间的雅可比矩阵：

$$\begin{bmatrix}\dot{x}_{\mathrm{w}}\\ \dot{y}_{\mathrm{w}}\\ \dot{z}_{\mathrm{w}}\end{bmatrix} = \boldsymbol{J}(u,v)\begin{bmatrix}\dot{u}\\ \dot{v}\end{bmatrix} \Rightarrow \begin{bmatrix}\mathrm{d}x_{\mathrm{w}}\\ \mathrm{d}y_{\mathrm{w}}\\ \mathrm{d}z_{\mathrm{w}}\end{bmatrix} = \boldsymbol{J}(u,v)\begin{bmatrix}\mathrm{d}u\\ \mathrm{d}v\end{bmatrix} \tag{5-11}$$

式中：d表示微分，并且

$$\boldsymbol{J}(u,v) = \boldsymbol{R}\boldsymbol{J}_{\mathrm{c}}(u,v) =$$

$$\frac{1}{D^2}\boldsymbol{R}\begin{bmatrix} -\dfrac{b}{k_x k_y}(v-v_0) - \dfrac{c}{k_x} & \dfrac{b}{k_x k_y}(u-u_0) \\ \dfrac{a}{k_x k_y}(v-v_0) & -\dfrac{a}{k_x k_y}(u-u_0) - \dfrac{c}{k_y} \\ \dfrac{a}{k_x} & \dfrac{b}{k_y} \end{bmatrix} \tag{5-12}$$

式中：k_x、k_y为成像平面坐标到图像坐标的放大系数；(u_0, v_0)为光轴中心的图像坐标；$\boldsymbol{R}$为摄像机相对于机器人末端的外参数中的旋转变换矩阵；a、b、c为激光平面方程参数。这些参数可以通过摄像机标定和激光器标定获得。

式(5－12)是图像平面上的一个特征点的微分运动与机器人末端平移微分运动之间的雅可比矩阵。

5.3.2　混合视觉控制

机器人弧焊混合视觉伺服控制框图如图5－12所示，由沿焊缝移动控制、焊缝纠偏控制、机器人位置控制、图像特征提取部分构成。沿焊缝移动采用笛卡儿空间的位置视觉控制。根据第 i 时刻采集到的结构光图像，获得激光条纹上的特征点 P_i 的图像坐标 u'_i 和 v'_i，由式(3-37)、式(5-7)和式(5-8)可以计算出点 P_i 在机器人末端坐标系下的坐标(x_{wi}, y_{wi}, z_{wi})。根据上次机器人末端的运动量 Δ_i，可以计算出 P_{i-1} 在当前机器人末端坐标系下的坐标$(x_{wi-1}, y_{wi-1}, z_{wi-1})$。由$(x_{wi-1}, y_{wi-1}, z_{wi-1})$和$(x_{wi}, y_{wi}, z_{wi})$可以确定出焊缝方向。为降低随机因素的影响，可以采用 $n+1$ 个特征点 $P_{i-n} \sim P_i$ 在当前机器人末端坐标系下的坐标，拟合出焊缝方向。将焊缝方向向量乘以比例系数 K，作为机器人末端的运动量 Δ_{li}。沿焊缝移动控制将测量出的焊缝方向作为给定值，控制机器人的运动。沿焊缝移动过程中，必然会产生偏差，利用图像空间的视觉伺服控制进行焊缝纠偏。根据给定的图像坐标(u, v)和特征点 P_i 的图像坐标(u'_i, v'_i)，计算图像坐标偏差$(\mathrm{d}u_i, \mathrm{d}v_i)$和当前图像雅可比矩阵的估计值$\hat{\boldsymbol{J}}(u,v)$。利用式(5-11)计算出$(\mathrm{d}\hat{x}_w, \mathrm{d}\hat{y}_w, \mathrm{d}\hat{z}_w)$，作为机器人末端的位置误差，利用 PID 控制算法求得机器人末端的微分运动量 Δ_{si}。将 Δ_{si} 与控制沿焊缝移动的机器人末端运动量 Δ_{li} 叠加，作为机器人末端的运动量 Δ_i，即 $\Delta_i = \Delta_{si} + \Delta_{li}$。机器人位置控制根据机器人末端的运动量 Δ_i 控制机器人运动，首先计算机器

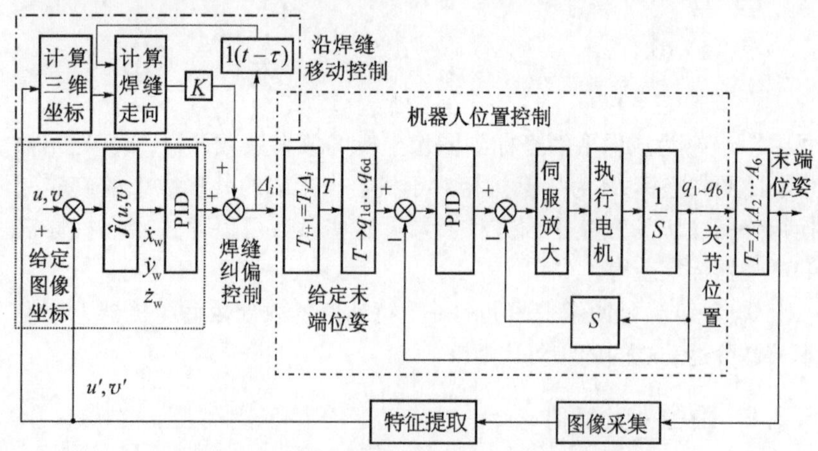

图 5-12 机器人弧焊混合视觉伺服控制框图[12]

人末端在基坐标系下的位姿，经逆运动学求解获得各个关节的位置值，由关节控制器控制各个关节的运动。机器人位置控制由机器人本身的控制装置完成。沿焊缝移动控制、焊缝纠偏控制和图像特征提取由计算机完成。

对于图5－12所示机器人弧焊混合视觉控制系统，沿焊缝移动控制将焊缝方向作为给定值，控制机器人的运动，可以看做是图像视觉伺服控制部分的扰动 $\xi(t)$。机器人位置控制只是按照一定的速度和给定的末端运动量控制机器人运动，因此，在机器人运动速度较低的前提下，机器人末端的运动可以看做是一阶惯性环节。于是，在机器人低速运动的前提下，系统可以化简为图5－13所示的动态结构图。

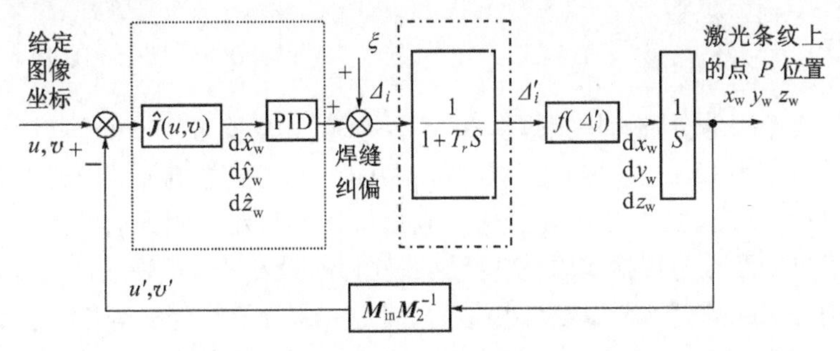

图5－13 机器人弧焊混合视觉控制的化简[12]

虽然在机器人运动过程中激光条纹随机器人末端一起运动，但激光条纹上特征点 P 在机器人末端坐标系中的位置（x_w，y_w，z_w）会随着机器人末端的运动而变化。在图5－13中，利用 $f(\Delta'_i)$ 表示机器人末端运动与（x_w，y_w，z_w）之间的关系[12]。摄像机及图像采集卡可以采用 $\boldsymbol{M}_{in}\boldsymbol{M}_2^{-1}$ 作为其模型。

5.3.3 实验与结果

对于结构光图像，选择斜率变化大的点作为候选特征点。对于V形焊缝和搭接焊缝，特征点均对应于焊缝中心线。图像处理采用基于图像灰度频谱的自适应阈值算法进行图像增强，以克服结构光图像因条纹灰度变化较大所造成的特征点提取困难。另外,在焊接过程中,每次连续采集两幅图像,利用取小运算滤除因飞溅造成的干扰。

在起弧前,先调整好焊枪位姿。此时的图像不受弧光影响,容易得到比较准确的特征点图像坐标,可以将其作为焊缝纠偏控制的图像坐标给定值(u, v)。焊接过程中,有时会得到多个候选特征点,取与(u, v)较接近的一个作为特征点。

在焊缝跟踪与焊接实验中,焊接时机器人运动速度设定为0.003m/s。焊缝纠偏控制的PID参数设定为

$$\boldsymbol{K}_{\mathrm{p}} = \begin{bmatrix} 0.5 & 0 & 0 \\ 0 & 0.5 & 0 \\ 0 & 0 & 0.5 \end{bmatrix}, \quad \boldsymbol{K}_{\mathrm{d}} = 0, \quad \boldsymbol{K}_{\mathrm{i}} = \begin{bmatrix} 0.05 & 0 & 0 \\ 0 & 0.01 & 0 \\ 0 & 0 & 0.02 \end{bmatrix}$$

实验焊缝分别为搭接焊缝和V形焊缝,焊丝直径1mm,焊接收弧电流设定为15A。采用CO_2保护焊,雨滴过渡。摄像机加装窄带滤光片,只允许选定波长的激光透过。利用上述方法对不同方向的焊缝进行了自动跟踪与焊接实验,实验结果表明,机器人可以很好地在线实时识别并跟踪焊缝,焊接成型效果好。图5-14为搭接焊缝焊接实验结果。图5-14(a)为实验过程中u'的变化情况,纵坐标为u'的图像坐标,横坐标为时间,单位为秒(s)。图5-14(b)为v'的变化情况,纵坐标为v'的图像坐标,横坐标为时间,单位为秒(s)。图5-14(c)为特征点坐标(u', v')的变化情况,纵坐标为u'的图像坐标,横坐标为v'的图像坐标。图5-14(d)为焊接出的焊缝。

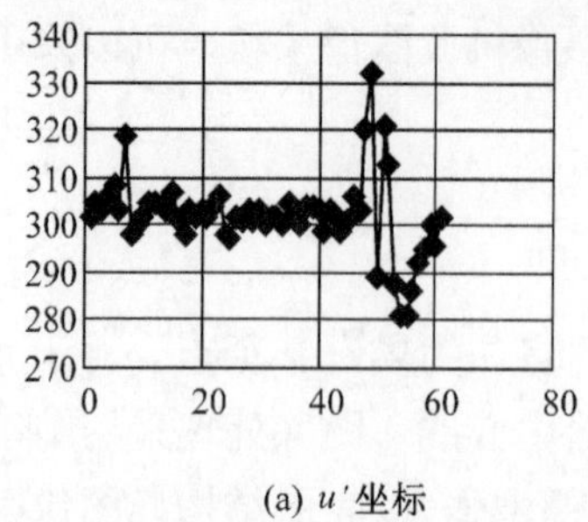

(a) u'坐标

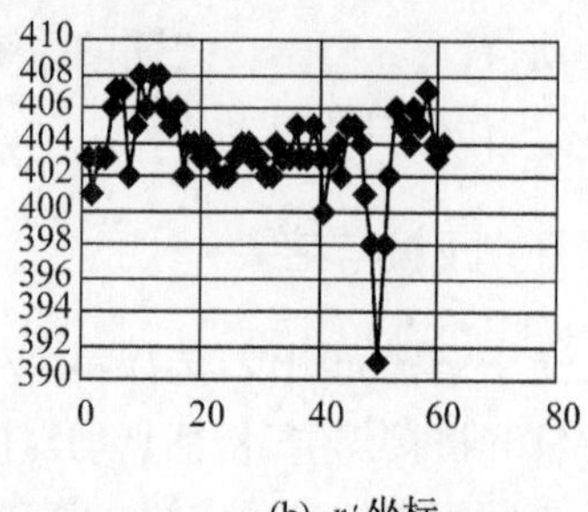

(b) r'坐标

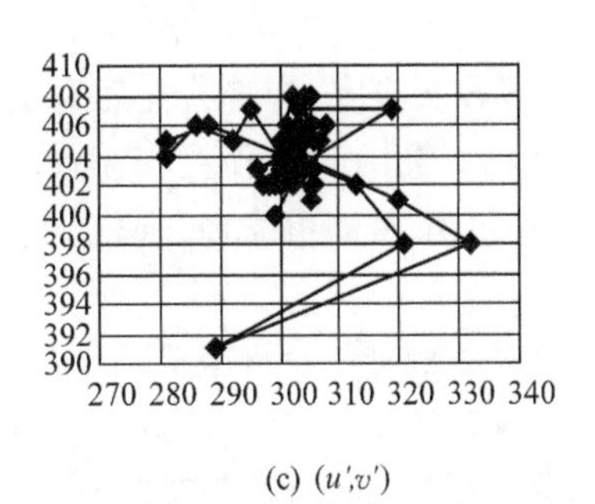

(c) (u',v')

(d) 焊缝

图5-14　焊接实验结果[12]

5.4　薄板对接窄焊缝视觉跟踪系统

对于厚度为1～2mm的薄板,对接时的焊缝非常狭窄。通常,薄板对接时的焊缝宽度较小,往往小于1mm。若将激光结构光照射到焊件上,则在形成的激光条纹中不易分辨出焊缝,如图5-15(a)所示。此外,焊缝上的预焊点的尺度远大于焊缝宽度,如图5-15(b)所示,对结构光视觉测量构成明显干扰。因此,利用3.3.2小节的结构光视觉方法难以实现狭窄焊缝的准确测量。本节介绍一种采用单目视觉的方法,实现薄板对接窄焊缝的视觉测量与焊缝跟踪[13-14]。

(a) 窄焊缝上的激光束

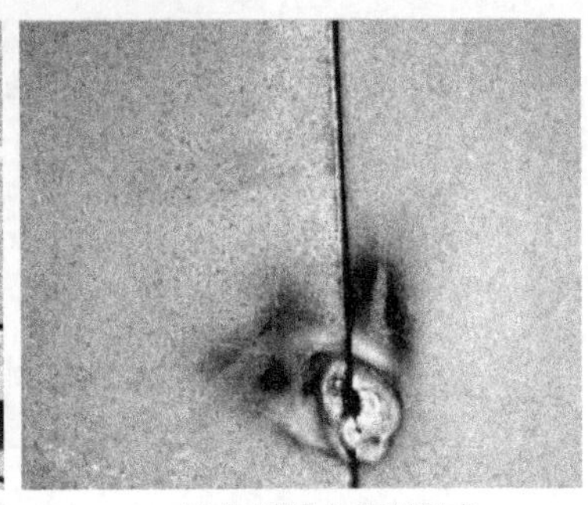

(b) 窄焊缝上的预焊点

图5-15　薄板窄焊缝

5.4.1 视觉跟踪系统构成

考虑到现场焊机多,电磁干扰较大,烟雾灰尘多,焊缝视觉跟踪系统需要具有高可靠性和强抗干扰能力。因此,选用 PLC 作为控制计算机,选用智能摄像机进行图像采集与处理,以满足高可靠性、强抗干扰能力和长期连续工作的需要。

焊缝视觉跟踪系统由 PLC、智能摄像机、触摸屏、步进电机驱动器、步进电机、操作按钮等构成,其系统硬件构成如图 5 - 16 所示[13]。摄像机安装于焊枪前端,并与焊枪刚性连接,两者之间装有防护挡板,以防止飞溅损伤摄像机。摄像机的光轴中心垂直于薄板平面。PLC、触摸屏和步进电机驱动器安装在一个小控制箱中,控制箱与焊接小车一起移动。步进电机安装在支架的横向运动轴上,带动焊枪左右移动。焊枪与摄像机之间的关系见图 5 - 17。

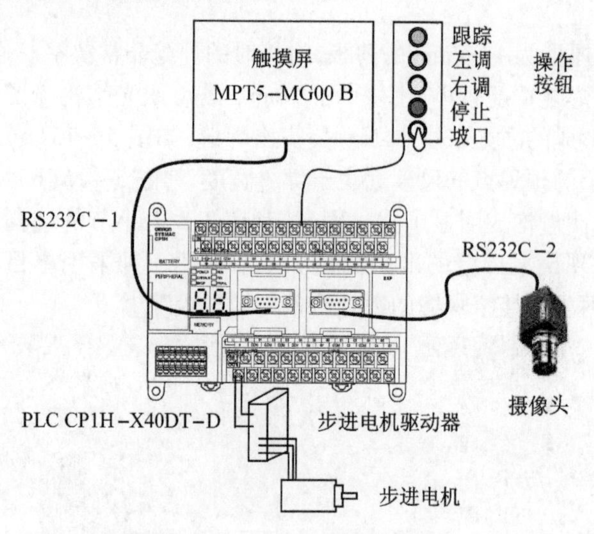

图 5 - 16 控制系统硬件构成

智能摄像机与 PLC 通过串行端口进行通信。智能摄像机具有图像处理能力,它采集焊缝图像并对其进行处理,提取出焊缝特征,并把处理结果发送给 PLC。PLC 根据焊缝的图像偏差,通过一定的控制算法计算出脉冲输出量,由步进电机带动焊枪向偏差减小的方向运动。焊缝视觉跟踪系统

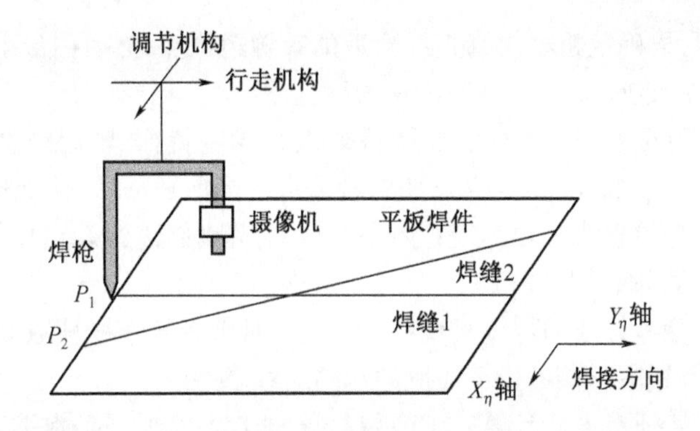

图5-17 摄像机与焊枪位置以及运动系统示意图[17]

在图像空间构成闭环,其图像特征的参考坐标和当前坐标都由智能摄像机计算得到。触摸屏与PLC通过另一个串口进行通信。触摸屏用于实时显示焊缝跟踪过程中偏差的大小,进行控制算法中的参数设定。

5.4.2 焊缝视觉测量

在焊缝上选择一点作为特征点,本节选择焊缝上纵坐标为图像高度1/2的一点作为特征点。焊缝视觉测量是在焊缝图像上提取特征点,根据特征点的图像坐标计算焊缝在图像空间的偏差。焊缝视觉测量由焊缝图像采集和焊缝特征提取构成,都由智能摄像机完成。焊缝视觉测量由以下步骤构成[13-14]:

(1)初始化:设定ROI区域为整个图像区域,设定特征点类别为参考特征,设定有效直线帧数。

(2)图像采集:智能摄像机采集焊缝图像。为了提高图像的质量,可以根据需要在触摸屏上重新设定摄像机的曝光时间。

(3)图像预处理:对焊缝图像进行滤波和增强等预处理,并将当前图像与上一帧图像进行逻辑与,以最大限度地消除飞溅影响。焊接过程中,弧光、飞溅以及焊件表面的划痕等都对焊缝特征的提取造成较大影响。图像预处理的目的是在增强焊缝特征的同时抑制噪声干扰,以提高焊缝特征提取的可靠性。

(4)焊缝边缘提取:根据像素点的灰度和梯度,提取焊缝边缘。

(5)焊缝直线提取:利用得到的焊缝边缘,用霍夫变换粗略提取焊缝直线，再确定粗略焊缝直线附近的焊缝边缘点，然后用最小二乘法对焊缝直线进行拟合，得到精确的焊缝直线。

(6) 特征点类别判定：如果特征点为参考特征，则记录直线参数和有效直线帧数，转步骤(7)；如果特征点为当前特征，则转步骤(9)。

(7) 有效直线帧数判定：如果有效直线帧数达到设定帧数，则转步骤(8)；否则，转步骤(2)。

(8) 参考特征的焊缝直线参数融合：对于有效直线帧数的焊缝直线，融合得到用于参考特征提取的焊缝直线参数。

(9) 特征点坐标计算：在图像高度的1/2处画一条水平直线，计算该直线与焊缝直线的交点图像坐标，作为焊缝特征点的图像坐标。根据空间连续性约束，对特征点进行基于统计的特征校验。

(10) ROI区域更新：根据焊缝直线所在的区域，更新ROI区域。

(11) 特征点坐标输出：将获得的特征点坐标以及特征点类别通过串行端口输出到PLC，将特征点类别设定为当前特征。

(12) 焊缝结束判定：检查是否收到焊缝结束标志，若收到焊缝结束标志，则结束；否则，转步骤(2)。

在每条焊缝的起始阶段，提取焊缝的参考特征坐标，作为焊接过程中焊缝跟踪的设定值。为保证参考特征坐标的准确性和鲁棒性，利用多帧图像提取焊缝直线，经过融合得到稳定准确的焊缝直线参数，利用该焊缝直线计算出的特征点坐标作为参考特征坐标。在焊接过程中，提取的焊缝特征作为当前特征。利用当前特征与参考特征的偏差作为焊缝的图像偏差，控制焊枪的左右移动，实现焊缝跟踪。

5.4.2.1 图像预处理

虽然摄像机在焊枪前部且与焊接位置有一定距离，但由于利用摄像机直接采集焊缝区域的图像，所以在焊接过程中获得的图像不可避免地受到弧光、飞溅、烟雾等干扰的影响。通过对摄像机光圈和曝光时间的调整和采取除烟措施，可以在很大程度上降低弧光和烟雾的影响。相对而言，飞溅对图像的影响是主要因素。图5-18(a)和图5-18(b)为相邻两帧图像的反色图像，可以发现图像中的飞溅干扰比较严重，而焊缝在图像中不明显。焊缝是缓慢变化的，在相邻帧中的图像几乎相同。但是，飞溅是动态的，飞溅颗粒是快速运动的，其在图像中表现为具有一定宽度的亮线。对于同一个飞溅颗粒，在相邻帧中采集到的是其飞行轨迹的不同段，所以飞溅在相邻帧中的图像是不同的。从图5-18(a)和图5-18(b)可以发现，相邻两帧中的飞溅完全不同。因此，对相邻两帧图像进行“取小”操作，可以消除飞溅的影响。图5-18(c)为对图5-18(a)和图5-18(b)的两幅相邻帧图像进行“取小”操作后的图像。由图5-18(c)可以发现，经过相邻帧图像“取小”操作后，飞溅的影响基本上已消除。

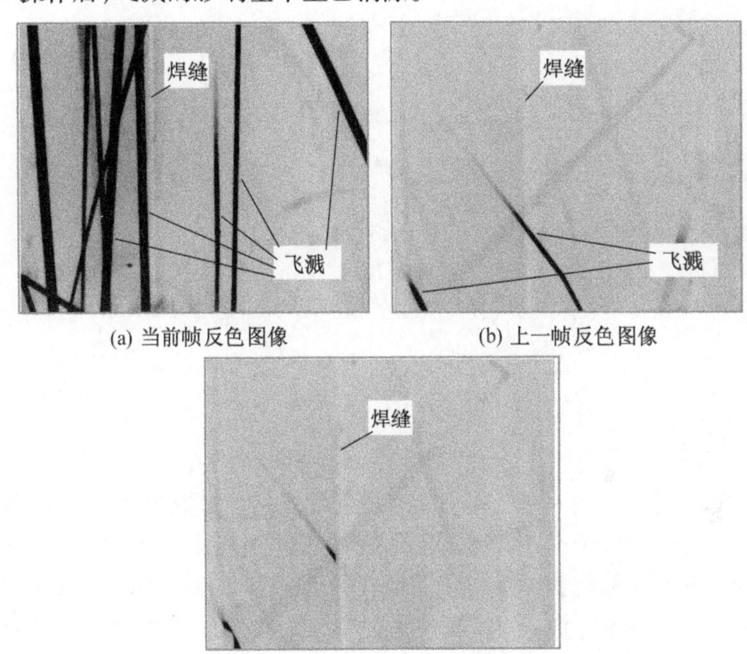

(a) 当前帧反色图像　(b) 上一帧反色图像

(c) “取小”操作后的反色图像

图5-18　图像的预处理

5.4.2.2　焊缝边缘提取

在对图像进行预处理之后，在消除飞溅影响的图像上进行焊缝边缘的提取。分析如图5-18(c)所示图像可知，在同一行的像素中焊缝上的像素灰度值较小。图5-19给出了某一行的像素灰度值，其中圆圈中的区域为焊缝区域。据此，设计了一个基于邻近像素灰度值的焊缝像素检测算子[15-16]

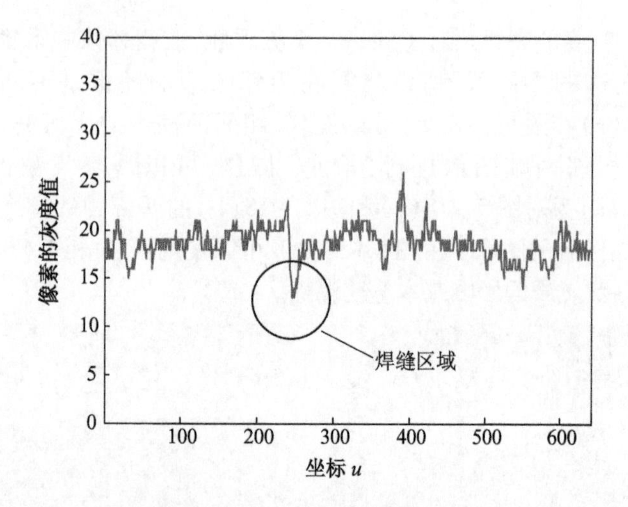

图 5-19 一行像素的灰度值

$$S_u = \frac{1}{2}I(i-3,j) - \frac{1}{3}I(i-1,j) - \frac{1}{3}I(i,j) - \frac{1}{3}I(i+1,j) + \frac{1}{2}I(i+3,j) \qquad (5-13)$$

式中：$I(i,j)$为像素点(i,j)的灰度值。

式(5-13)中的算子，在像素灰度值相同的区域取值为0。在焊缝区域，焊缝上像素的灰度值较低，周围像素的灰度值较高，式(5-13)中的算子取值为大于0的数值。利用式(5-13)算子对图5-18(c)图像逐行进行检测，标记出 S_u 最大的像素点，形成的图像反色后见图5-20。由图5-20可以发现，提取出的边缘点大部分处于焊缝上，但还有部分边缘点不属于焊缝，例如，图中右侧的边缘点。

5.4.2.3 焊缝直线提取与特征点计算

由于焊缝方向变化较小，所以在利用霍夫变换提取焊缝直线时将直线的角度参数 θ 限定在[0°,10°]和[170°,180°]范围内，同时将角度分辨率设定为1°，以便提高效率。利用霍夫变换这样提取的直线，其精度较低。以霍夫变换提取的直线参数为初值，筛选出与该直线距离较近的边缘点，再利用最小二乘法求解，得到精确的直线参数。最小二乘法如下：

图 5-20 提取出的边缘点

$$\begin{cases} v = \dfrac{q}{u_s}(u - \bar{u}) + \bar{v}, & u_s > 0 \\ u = \bar{u}, & u_s = 0 \end{cases} \tag{5-14}$$

$$(\bar{u}, \bar{v}) = \frac{1}{N_c}\sum_{i=1}^{N_c}(u_i, v_i) \tag{5-15}$$

$$\begin{cases} u_s = \sum\limits_{i=1}^{N_c}(u_i - \bar{u})^2 \\ q = \sum\limits_{i=1}^{N_c}(v_i - \bar{v})(u_i - \bar{u}) \end{cases} \tag{5-16}$$

式中：N_c 为筛选出的边缘点的数量；(u,v) 为焊缝上点的图像坐标；(u_i,v_i) 为筛选出的边缘点的图像坐标；$(\bar{u},\bar{v})$ 为筛选出的边缘点图像坐标的均值；u_s 和 q 为中间变量。

提取出焊缝直线后，以图像纵坐标 $v = h/2$ 的点作为特征点。其中，h 为图像的纵向尺寸。特征点的坐标为

$$\begin{cases} u_f = \dfrac{u_s}{q}\left(\dfrac{h}{2} - \bar{v}\right) + \bar{u} \\ v_f = \dfrac{h}{2} \end{cases} \tag{5-17}$$

式中：(u_f, v_f)为焊缝特征点的图像坐标。

5.4.2.4 基于统计的特征校验

按照上述方法提取的焊缝直线和计算出的特征点，不能保证每次都是正确的。实际上，在本节的焊缝跟踪系统中，所提取的焊缝直线和特征点经常出现错误。如果直接将提取出的特征点用于焊缝跟踪，则焊枪会来回抖动或者直接偏离焊缝，不能实现焊缝跟踪。一般地，由于噪声干扰导致提取出的错误焊缝直线会远离焊缝位置，提取出的错误特征点也会远离焊缝位置。对于薄板直线焊缝，焊缝位置的变化比较缓慢，而正确的焊缝直线和特征点应位于焊缝位置，因此，正确的焊缝直线比较集中，正确的特征点的图像坐标变化较慢，在较短时间内特征点之间的偏差较小。基于上述特点，可以利用统计特性对特征直线和特征点进行校验，判别其正确性。

1. 参考特征的确定

参考特征对于焊缝跟踪非常重要，一旦参考特征有误，则焊接位置会偏离焊缝，导致焊接失败。利用多帧序列图像分别提取焊缝直线，再基于统计特性确定出正确的焊缝直线，在此基础上提取特征点作为参考特征，有利于保证参考特征的正确性，并提高参考特征的精度。

将至少含有1条直线的图像作为有效图像。假设采集了N幅有效图像，每幅图像中均利用霍夫变换提取到了1条最有可能是焊缝直线的特征直线，其参数记为(ρ_i, σ_i)，$i=1,2,\cdots,N$。为了描述不同有效图像中直线的相似性，构造一个$N\times N$的矩阵$\boldsymbol{S}$，即

$$\boldsymbol{S}=\begin{bmatrix} S_{11} & S_{12} & \cdots & S_{1N} \\ S_{21} & S_{22} & \cdots & S_{2N} \\ \vdots & \vdots & & \vdots \\ S_{N1} & S_{N2} & \cdots & S_{NN} \end{bmatrix} \tag{5-18}$$

式中：S_{ij}表示(ρ_i, θ_i)和(ρ_j, θ_j)的相似性，即

$$S_{ij}=\begin{cases} 1, & |\theta_i-\theta_j| \leqslant \theta_T \text{ 且 } |\rho_i-\rho_j| < \rho_T \\ 0, & \text{其他} \end{cases} \tag{5-19}$$

式中：ρ_T和θ_T分别为判断相似性的阈值。

由式(5-19)知,S 为对称矩阵,$S_{ij}=S_{ji}$ 且 $S_{ii}=1$。S 矩阵的每一行或列,代表了一条直线与其他直线的相似程度。因此,一条直线是焊缝直线的概率可以用一行或一列的均值表示,计算如下:

$$p_i=\frac{1}{N}\sum_{j=1}^{N}S_{ij}\quad(i=1,2,\cdots,N) \tag{5-20}$$

式中:p_i 为直线(ρ_i,θ_i)是焊缝直线的概率。

以 p_i 取值最大的直线作为焊缝直线,其参数作为参考直线参数(ρ_r,θ_r)。然后,利用其参数(ρ_r,θ_r)作为初值,按照5.4.2.3小节方法筛选边缘点,求取焊缝直线的精确方程,计算出的特征点作为参考特征(u_r,v_r)。

2. 反馈特征的校验

由于焊缝为直线,摄像机的姿态固定,所以在跟踪阶段提取出的焊缝直线参数(ρ_i,θ_i)应接近参考直线参数(ρ_r,θ_r)。利用这一特点,设计了反馈特征有效性的校验标志 F_c,

$$F_c=\begin{cases}1, & |\theta_i-\theta_r|\leqslant\theta_T \text{ 且 } |\rho_i-\rho_r|<2\rho_T\\0, & \text{其他}\end{cases} \tag{5-21}$$

只有当 $F_c=1$ 时,当前的反馈特征(u_f,v_f)才是有效的。

5.4.2.5 误差滤波

图像特征的误差记为 $e=u_r-u_f$。建立一个误差缓冲区,对进入缓冲区的误差求均值,计算每个误差与均值的方差,将方差最大的误差剔除,即剔除粗大误差。然后,对剩余的数据进行低通滤波,以滤波后的数据作为误差用于焊缝跟踪。

5.4.3 焊缝初始点定位

在一批焊件的第一个焊件焊接之前,由操作人员将焊枪对准焊缝位置。在对随后的焊件焊接时,仿照操作员的工作模式,通过预焊点方法对焊枪与焊缝进行自动对准,自动实现焊接初始点定位。首先,在不焊接的状态下将焊枪从初始位置沿焊缝向前移动一定距离,焊枪停止运动后短暂启动焊机,在焊缝附近的工件上形成一个预点焊,如图5-21所示。由图5-21可见,预焊点的中心明显偏离了焊缝,说明

图 5 - 21　预焊点图像

此时焊枪没有对准焊缝。然后,焊枪沿焊缝向后移动使得摄像机能够采集到预焊点的图像,提取预焊点中心作为期望特征(u_{pr},v_{pr})。将焊枪沿焊缝继续向后移动到初始位置,提取焊缝特征点作为当前特征(u_{pf},v_{pf})。利用 PI 控制算法控制焊枪和摄像机沿左右方向运动,采集焊缝图像并提取焊缝特征点,将焊缝特征点的当前特征(u_{pf},v_{pf})调整到期望特征(u_{pr},v_{pr}),实现焊枪与焊缝的对准,即实现了焊枪对焊接初始点的定位。预焊点中心特征的提取,可以采用投影法或轮廓圆提取法[17],此处从略。

5.4.4　控制系统设计

在集装箱薄板焊接过程中,焊枪与摄像机的姿态保持不变,焊枪与摄像机相对于焊件的高度保持不变。焊缝跟踪的目标是将焊枪对准焊缝,并在焊接过程中左右调整焊枪以保证焊枪沿焊缝运动。在此类应用中,基于图像的视觉控制比基于位置的视觉控制具有更多优势。因此,本节采用基于图像的视觉控制实现焊缝对准与焊缝跟踪。图 5 - 22 为设计的集装箱薄板焊接视觉控制系统框图。该控制系统由以下部分构成:决策器、图像采集、图像处理与特征提取、基于统计的特征校验、滤波器、PID 和 PI 控制器、被控对象。其中,图像采集由计算机和摄像机完成,图像处理与特征提取以及基于统计的特征校验在计算机中完成,决策器、滤波器、PID 和 PI 控制器在 PLC 中实现。计算

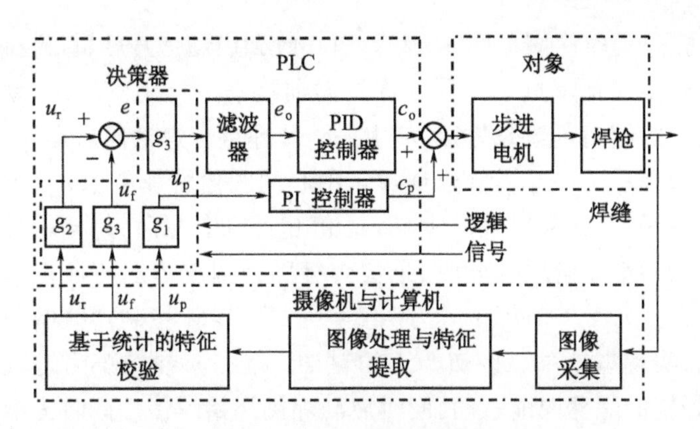

图5-22 视觉跟踪系统框图[15]

机与PLC通过通信交换数据,计算机将图像特征发送到PLC,PLC根据图像特征计算误差,并以脉冲形式输出步进电机的运动量控制焊枪对准和跟踪焊缝。

5.4.4.1 决策器

根据输入PLC的逻辑信号,决策器确定视觉控制系统的工作过程。视觉控制系统的工作过程分为3个阶段,分别为准备阶段、焊接阶段和返回阶段。准备阶段分为生成预焊点和对准焊缝两个子阶段,用于实现焊缝初始点定位。焊接阶段分为参考点设定、跟踪和结束三个子阶段。在参考点设定子阶段,提取焊缝直线并按照5.4.2.4小节中方法设定参考特征。在跟踪子阶段,根据当前特征与参考特征之间的偏差控制焊枪左右运动,以保证焊枪处在焊缝上。在结束子阶段,摄像机不能采集到焊缝图像,焊枪继续向前运动但不再进行焊缝跟踪。返回阶段用于焊枪快速返回焊接起始限位位置,为下次焊接做准备。

决策器的3个开关功能函数g_1、g_2和g_3定义如下:

$$g_1=\begin{cases}1, & \text{对准}\\0, & \text{其他}\end{cases} \tag{5-22}$$

$$g_2=\begin{cases}1, & \text{参考设定}\\0, & \text{其他}\end{cases} \tag{5-23}$$

$$g_3=\begin{cases}1, & \text{跟踪}\\0, & \text{其他}\end{cases} \tag{5-24}$$

焊接过程时序图见图 5 - 23。PLC 收到启动信号后，首先进入准备阶段的生成预焊点子阶段。焊枪向前运动一定距离后，启动焊机使焊枪在焊缝附近短时焊接，产生一个预焊点。焊枪向后运动，摄像机采集预焊点图像并提取出预焊点中心的图像特征(u_{pr}, v_{pr})。焊枪继续向后运动，在起始限位为 ON 时停止运动。然后，$g_1 = 1$，进入准备阶段的对准子阶段。此时，采集焊缝图像提取焊缝特征点作为当前特征(u_{pf}, v_{pf})，以(u_{pr}, v_{pr})为期望特征，利用 PI 控制器控制焊枪左右运动，实现焊枪对焊接初始点的对准。准备阶段结束后进入焊接阶段，焊枪沿焊缝向前运动，同时启动焊机开始焊接。此时为参考点设定子阶段，$g_2 = 1$，多次采集焊缝图像，提取焊缝直线特征，获得设定数量的有效焊缝直线特征后，利用 5.4.2.4 小节中方法设定参考特征(u_r, v_r)。完成参考特征的设定后，$g_3 = 1$，进入跟踪子阶段，提取焊缝特征作为当前特征(u_f, v_f)，对图像特征的误差进行滤波后，利用 PID 控制器控制焊枪左右运动，实现对焊缝的跟踪。当结束限位为 ON 时，进入结束子阶段，焊枪继续向前运动一定距离将焊缝焊完。此后，进入返回阶段，停止焊接，焊枪抬起并快速向后运动，返回焊接起始限位位置。

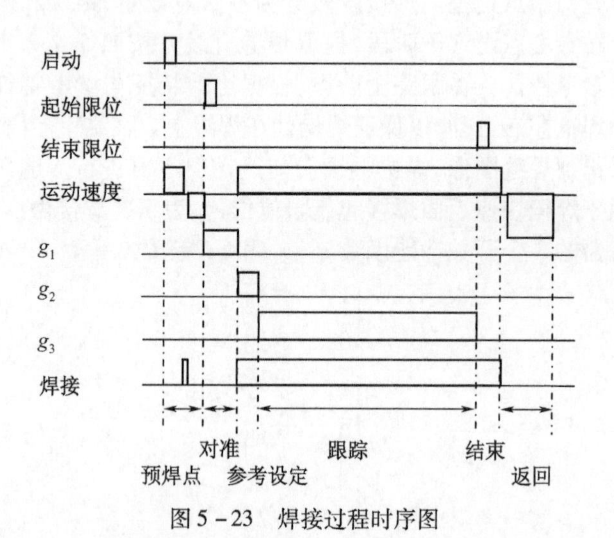

图 5 - 23　焊接过程时序图

5.4.4.2 控制器

在准备阶段的对准子阶段，焊机没有启动，采集的图像没有受到弧光、飞溅等干扰，图像特征比较稳定。在此子阶段采用普通的PI控制器控制焊枪对准焊缝，PI控制器的介绍从略。在焊接阶段的焊缝跟踪子阶段，采集的图像受到弧光、飞溅等干扰，图像特征存在随机误差。如图5-22所示，图像特征误差e经过滤波后成为e_o，再经过PID控制器后输出步进电机的脉冲c_o。为了保证系统的安全性，对PID控制器的输出进行了限幅。由于步进电机采用的是增量式的工作模式，所以采用增量式PID控制算法实现焊缝的纠偏控制。

$$\Delta c(j) = P_e\{K_p[e_o(j) - e_o(j-1)] + K_i e_o(j) + K_d[e_o(j) - 2e_o(j-1) + e_o(j-2)]\} \tag{5-25}$$

式中：$\Delta c(j)$为PID控制器在第j次控制周期的输出计算量；$e_o(j)$为滤波后的误差；P_e为脉冲当量；K_p、K_i和K_d为PID控制器的比例、积分和微分系数。

$$\begin{cases} \Delta c_o(j) = 0, & p_u \geqslant s_1 \text{ 且 } \Delta c(j) \geqslant 0 \\ \Delta c_o(j) = 0, & p_u \leqslant -s_1 \text{ 且 } \Delta c(j) \leqslant 0 \\ \Delta c_o(j) = \Delta c(r), & -s_1 < p_u < s_1 \text{ 且 } -n_1 \leqslant \Delta c(j) \leqslant n_1 \\ \Delta c_o(j) = -n_1, & -s_1 < p_u < s_1 \text{ 且 } \Delta c(j) < -n_1 \\ \Delta c_o(j) = n_1, & -s_1 < p_u < s_1 \text{ 且 } \Delta c(j) > n_1 \end{cases} \tag{5-26}$$

式中：$\Delta c_o(j)$为PID控制器在第j次控制周期的输出脉冲量；p_u为脉冲输出总量；n_1为一个控制周期的脉冲限幅值；s_1为总的脉冲限幅值。

$$p_u = \sum_{i=1}^{j} \Delta c_o(i) \tag{5-27}$$

5.4.5 实验与结果

5.4.5.1 焊缝跟踪实验

为验证所设计的焊缝自动跟踪系统的跟踪效果，在现场进行了焊接实验。实验采用的集装箱薄板厚度约1mm，对接焊缝宽度约为0.5mm，长度为2m。焊接机构的移动速度为1300mm/min。经过标定，脉冲当量$P_e=16$，图像空间到笛卡儿空间的比例约为0.06mm/像素。5.4.2.4小节中确定参考特征的所采用的有效图像数量设定为$N=20$。摄像机采集的图像尺寸为640像素×480像素。控制周期设定为100ms，脉冲限幅值设定为$n_1=100$，$s_1=3000$，PID控制器参数设定为$K_p=0.6$，$K_i=0.03$，$K_d=0.004$。按照上述方法，进行了多次具有焊缝跟踪的焊接实验，取得了良好的焊接质量。

图5-24为焊接出的部分焊件，焊接效果很好。图5-25给出了其中一次焊接过程中检测到的误差和发送到步进电机的输出脉冲，其中的误差根据图像误差和图像空间到笛卡儿空间的比例转换得到。该次实验中，$\sigma_r=1°$，$\rho_r=342$像素，$u_r=339$像素。为便于对跟踪效果评价，表5-1给出了焊接过程中的图像特征和误差。表5-1中的数据为每10个控制周期记录一次的数据。由表5-1可见，最大误差为12像素，对应于0.72mm，大部分过程中的误差小于±6像素，即±0.36mm。

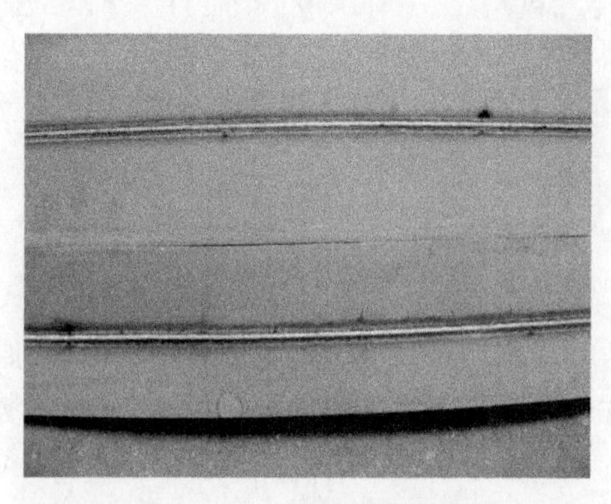

图5-24 焊接出的焊件

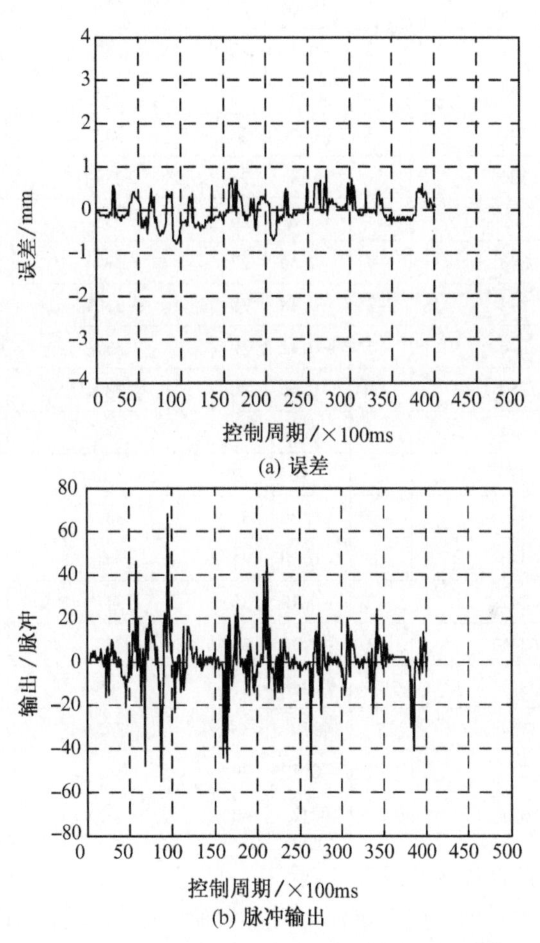

(a) 误差

(b) 脉冲输出

图5-25 跟踪过程中检测到的误差和输出脉冲

表 5-1 一次焊接过程中的当前特征和误差

序号	图像特征 u_f/像素	误差		序号	图像特征 u_f/像素	误差	
		像素	mm			像素	mm
1	340	-1	-0.06	21	336	3	0.18
2	341	-2	-0.12	22	349	-10	-0.60
3	330	9	0.54	23	341	-2	-0.12
4	342	-3	-0.18	24	342	-3	-0.18
5	336	3	0.18	25	340	-1	-0.06
6	336	3	0.18	26	338	1	0.06
7	348	-9	-0.54	27	329	10	0.60
8	342	-3	-0.18	28	330	9	0.54
9	346	-7	-0.42	29	337	2	0.12
10	350	-11	-0.66	30	339	0	0
11	344	-5	-0.30	31	336	3	0.18
12	336	3	0.18	32	341	-2	-0.12
13	345	-6	-0.36	33	339	0	0
14	344	-5	-0.30	34	341	-2	-0.12
15	342	-3	-0.18	35	341	-2	-0.12
16	341	-2	-0.12	36	343	-4	-0.24
17	327	12	0.72	37	343	-4	-0.24
18	334	5	0.30	38	343	-4	-0.24
19	341	-2	-0.12	39	332	7	0.42
20	337	2	0.12	40	333	6	0.36

5.4.5.2 初始点定位与对准实验

进行了一系列初始点定位与对准实验，所设计的控制系统能够自动生成预焊点并实现焊接初始点定位与对准。在其中的一次实验中，预焊点和焊缝的特征点分别为 $u_{pr}=335$ 像素，$u_{pf}=311$ 像素。在焊接初始点对准过程中的误差和输出脉冲见图 5-26，对准过程共 40 个控制周期，即耗时 4s。由图 5-26 可见，初始点对准过程平稳、快速。

此外，还进行了一系列包括初始点自动对准和焊缝跟踪的实验，

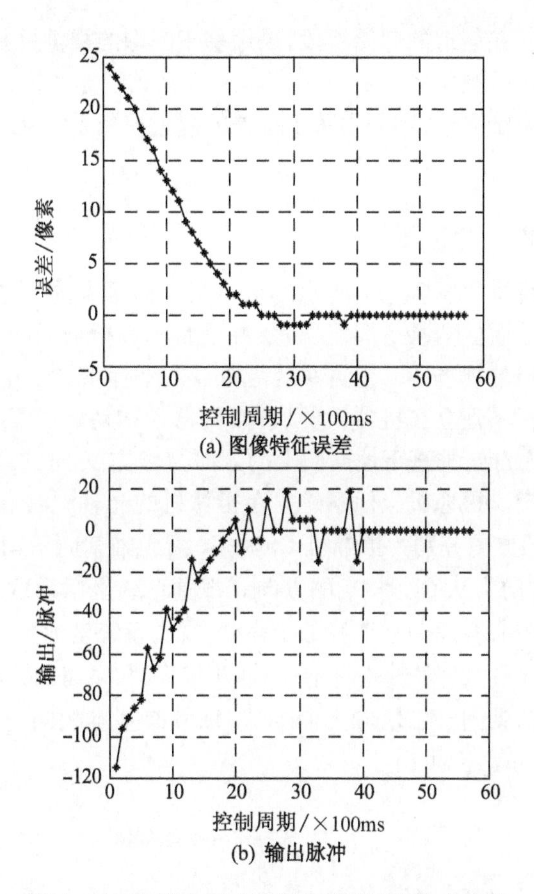

图 5-26 初始点对准过程中的误差和输出脉冲

图 5-22 所示控制系统能够完整实现图 5-23 所示的时序，实现了焊枪自动对准焊接初始点和焊接过程中的焊缝自动跟踪，取得了很好的控制效果。

5.5 基于视觉系统自标定的机器人趋近与抓取

趋近与抓取是机器人自主作业的重要任务之一，本节讨论工业机器人的末端工具在视觉引导下对目标的趋近与抓取。结合基于位置的视觉控制和基于图像的视觉控制，构成一种能够在线自标定的混合视觉控制系统。在趋近的起始阶段,采用基于图像的视觉控制系统,并在运动过程中进行视觉系统的自标定。一旦完成视觉系统自标定,获得有效的视觉系统参数,则采用基于位置的视觉控制系统,以提高趋近作业效率。

5.5.1 机器人系统构成

视觉系统采用图2-11所示的摄像机方向可调的立体视觉系统,放置在机械手后侧的某一固定位置,并使目标和机械手的工具末端处在两台摄像机的视场内。视觉系统与机器人坐标系的建立如图5-27所示。基坐标系建立在机器人的底座,机器人在初始位置与姿态时的朝向为 X_r 轴方向,垂直于地面向上的方向为 Z_r 轴方向,Y_r 轴方向根据右手定则确定。摄像机坐标系建立在摄像机的光轴中心点 O_{c_1} 和 O_{c_2},Z_{c_1} 和 Z_{c_2} 轴的方向分别为摄像机 C_1 和 C_2 沿光轴朝向景物的方向,X_{c_1} 和 X_{c_2} 轴的方向为从 O_{c_1} 到 O_{c_2} 的方向。视觉系统坐标系建立在两台摄像机的光轴中心 O_{c_1} 和 O_{c_2} 连线的中点处,视觉系统坐标系的 X_c 轴取从 O_{c_1} 到 O_{c_2} 的方向,取 Z_c 轴垂直于 X_c 轴并与 Z_{c_1} 和 Z_{c_2} 轴共面。此外,调整视觉系统的朝向,使 Z_c 轴方向与 X_r 轴方向基本相同,X_c 轴方向与 Y_r 轴的反方向基本相同。

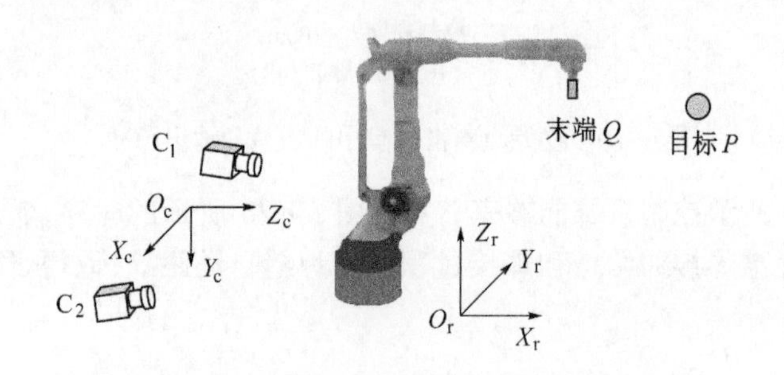

图5-27 视觉系统与机器人坐标系示意图

5.5.2 基于自标定的视觉控制系统原理

5.5.2.1 基于位置的视觉控制

在2.8节中的立体视觉系统经过标定后,则可以根据图像误差增量,利用式(2-176)求解出目标与机器人末端之间的相对位置增量,进而得到相对位置的估计值 $\hat{\boldsymbol{r}}_{pq}$。然后,利用比例控制律控制机器人末端趋近目标。

$$\boldsymbol{u}_1 = \boldsymbol{K}_{p1}\hat{\boldsymbol{r}}_{pq} = \boldsymbol{K}'_{p1}\boldsymbol{s}_{pq} \tag{5-28}$$

式中:$\boldsymbol{K}_{p1} = \begin{bmatrix} k_{p1x} & 0 & 0 \\ 0 & k_{p1y} & 0 \\ 0 & 0 & k_{p1z} \end{bmatrix}$,是比例系数矩阵;$\boldsymbol{K}'_{p1} = \boldsymbol{K}_{p1}(\hat{\boldsymbol{A}}_{pq}^{\mathrm{T}}\hat{\boldsymbol{A}}_{pq})^{-1}\hat{\boldsymbol{A}}_{pq}^{\mathrm{T}} = \boldsymbol{K}_{p1}\hat{\boldsymbol{F}}(\hat{\boldsymbol{p}})$,$\hat{\boldsymbol{F}}(\hat{\boldsymbol{p}})$ 为相对位置估计器;$\boldsymbol{u}_1$ 为 3×1 的向量,是控制机器人运动的相对运动量。

本节针对趋近与抓取作业,以视觉测量的相对位置为基础设计了基于位置的视觉控制系统,其框图见图5-28。由于该控制系统的摄像机同时观测目标 P 和机器人末端 Q,所以该控制系统属于机器人末端闭环式视觉控制系统,对于标定误差和机器人模型误差具有较强的适应能力。图5-28(a)所示的基于位置的视觉控制系统,其视觉系统经过了预标定。图5-28(b)所示的基于位置的视觉控制系统,采用自标定视觉系统。在图5-28中:$\hat{\boldsymbol{F}}(\hat{\boldsymbol{p}})$ 为相对位置估计器,$\hat{\boldsymbol{F}}(\hat{\boldsymbol{p}}) = (\hat{\boldsymbol{A}}_{pq}^{\mathrm{T}}\hat{\boldsymbol{A}}_{pq})^{-1}\hat{\boldsymbol{A}}_{pq}^{\mathrm{T}}$;$\boldsymbol{K}_{p1}$ 为比例控制器;$\boldsymbol{u}_1$ 为利用比例控制律得到的机器人相对运动量;$\boldsymbol{A}$ 为机器人的模型,可等价为由积分环节和惯性环节构成的二阶系统对象;$\boldsymbol{A}_{pq}(\boldsymbol{p})$ 为视觉系统模型,见式(2-162);$\boldsymbol{E}$ 为视觉系

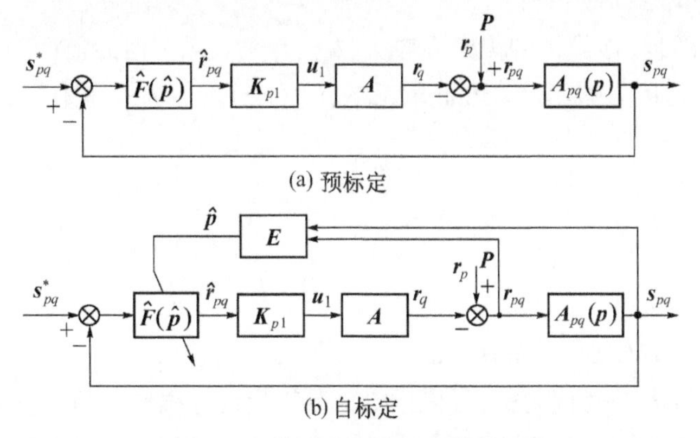

图5-28 基于位置的视觉控制系统

统自标定的参数估计器,其原理见 2.8.2 小节。由 $\hat{\boldsymbol{F}}(\hat{\boldsymbol{p}})$ 的作用可知,$\hat{\boldsymbol{F}}(\hat{\boldsymbol{p}})$ 是 $\boldsymbol{A}_{pq}(\boldsymbol{p})$ 的逆模型,但不能由 $\boldsymbol{A}_{pq}(\boldsymbol{p})$ 求出。对于预标定的视觉系统,可以利用式(2-172)计算出参数 $\boldsymbol{p}$;对于自标定视觉系统,利用参数估计器 $\boldsymbol{E}$ 估计出参数 $\boldsymbol{p}$。然后,根据参数 $\boldsymbol{p}$ 和图像误差增量,利用式(2-176)求解出目标与机器人末端之间的相对位置增量 $\Delta\hat{\boldsymbol{r}}_{pq}$,进而得到相对位置的估计值 $\hat{\boldsymbol{r}}_{pq}$。

5.5.2.2 基于图像的视觉控制

基于图像的视觉控制在图像空间设计控制律,利用图像特征的误差实现视觉闭环控制。令 $\mathrm{d}u_i = u_{ip} - u_{iq}$, $\mathrm{d}v_i = v_{ip} - v_{iq}$, $i=1, 2$。由式(2-161),得

$$\boldsymbol{f}_{pq} = \boldsymbol{L}_{pq}(\boldsymbol{r}_{pq})\boldsymbol{r}_{pq} \tag{5-29}$$

式中:

$$\boldsymbol{f}_{pq} = \begin{bmatrix} \mathrm{d}u_1 + \mathrm{d}u_2 \\ \mathrm{d}v_1 + \mathrm{d}v_2 \\ \mathrm{d}u_1 - \mathrm{d}u_2 \end{bmatrix}, \quad \boldsymbol{L}_{pq}(\boldsymbol{r}_{pq}) = \frac{2k}{Z_p}\begin{bmatrix} 1 & 0 & -\dfrac{(u_{1q} - u'_{10}) + (u_{2q} - u'_{20})}{2k} \\ 0 & 1 & -\dfrac{(v_{1q} - v_{10}) + (v_{2q} - v_{20})}{2k} \\ 0 & 0 & -\dfrac{D'}{2(Z_p - \mathrm{d}Z)} \end{bmatrix}$$

一般地,摄像机的焦距 k 较大,$\boldsymbol{L}_{pq}(\boldsymbol{r}_{pq})$ 中第 3 列的前两个元素接近于 0,可以忽略不计。在此情况下,$\boldsymbol{L}_{pq}(\boldsymbol{r}_{pq})$ 近似为对角矩阵 $\boldsymbol{L}_{pq}^*$:

$$\boldsymbol{L}_{pq}^* = \begin{bmatrix} k_1 & 0 & 0 \\ 0 & k_1 & 0 \\ 0 & 0 & k_2 \end{bmatrix} \tag{5-30}$$

式中:$k_1 = 2k/Z_p$;$k_2 = D'k/Z_p^2$。

若目标 P 是固定的,且摄像机参数在趋近过程中保持不变,则 Z_p、k 和 D' 是常数。因此,k_1 和 k_2 为大于 0 的常数,$\boldsymbol{L}_{pq}^*$ 可逆。于是,基于

图像的视觉控制的比例控制律设计为

$$\boldsymbol{u}_2=\boldsymbol{K}_{p2}(\boldsymbol{L}_{pq}^*)^{-1}\boldsymbol{f}_{pq}=\boldsymbol{K}'_{p2}\boldsymbol{f}_{pq} \tag{5-31}$$

式中：$\boldsymbol{K}_{p2}=\begin{bmatrix}k_{p2x}&0&0\\0&k_{p2y}&0\\0&0&k_{p2z}\end{bmatrix}$，是比例系数矩阵；$\boldsymbol{K}'_{p2}=\boldsymbol{K}_{p2}(\boldsymbol{L}_{pq}^*)^{-1}$。

以上述控制律为基础设计了基于图像的视觉控制系统，其框图见图5－29。因$\boldsymbol{L}_{pq}^*$和$\boldsymbol{K}_{p2}$均为对角矩阵，故机器人末端的平移运动与图像特征之间实现了解耦。

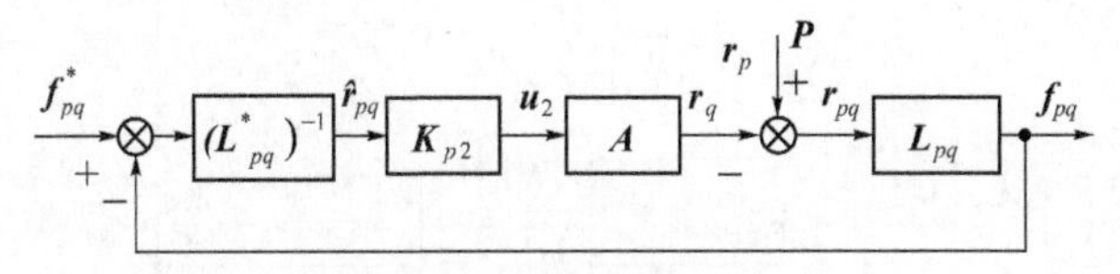

图5－29 基于图像的视觉控制系统

5.5.2.3 开关式混合视觉控制

基于位置的视觉控制，能够控制机器人末端快速趋近目标，其效率较高，但需要获得视觉系统的参数后才能有效。基于图像的视觉控制，不需要笛卡儿空间的重建，也不需要视觉系统的参数，控制机器人末端向目标趋近时初始速度较快，但机器人末端越接近目标时其趋近目标的速度越慢。在初始阶段采用基于图像的视觉控制，趋近的同时进行视觉系统自标定，获得视觉系统参数后换用基于位置的视觉控制。结合基于图像的视觉控制和基于位置的视觉控制各自的优势，在不同的阶段采用不同的控制方式，能够实现趋近过程中视觉系统的自标定，并能够控制机器人末端以较高的速度趋近目标。

结合式(5－28)和式(5－31)，趋近控制律设计为

$$\boldsymbol{u}=[\boldsymbol{T}_p\quad \boldsymbol{I}_3-\boldsymbol{T}_p]\begin{bmatrix}\boldsymbol{u}_1\\\boldsymbol{u}_2\end{bmatrix} \tag{5-32}$$

式中：$\boldsymbol{I}_3$为3×3的单位阵；$\boldsymbol{T}_p=\begin{bmatrix}t_{px}&0&0\\0&t_{py}&0\\0&0&t_{pz}\end{bmatrix}$，$t_{pi}=\begin{cases}1, & \text{标定完成}\\0, & \text{其他}\end{cases}$，

$i=x, y, z$。

图 5－30 给出了开关式混合视觉控制系统的框图。图 5－30 中，W 为开关模块，用于基于图像和基于位置的视觉控制的切换。当立体视觉系统的参数未完成自标定时，开关模块 W 将开关切换到基于图像的视觉控制，即 $\boldsymbol{u}=\boldsymbol{u}_2$；当立体视觉系统的参数完成自标定时，开关模块 W 将开关切换到基于位置的视觉控制，即 $\boldsymbol{u}=\boldsymbol{u}_1$。

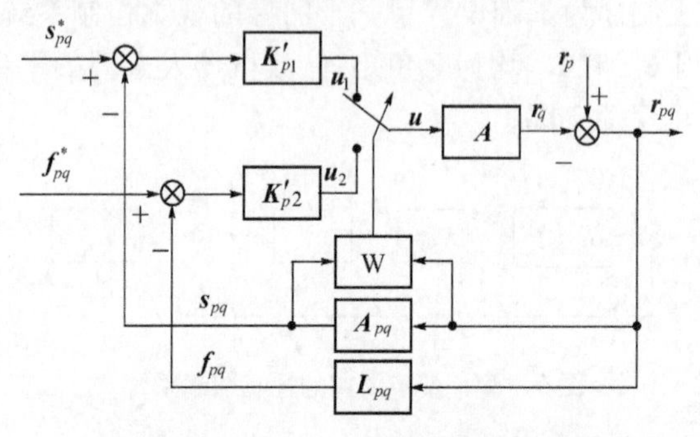

图 5－30 开关式混合控制框图

5.5.3 实验与结果

实验系统如图 5－31 所示，由 UP6 工业机器人、机器人控制器、上位计算机和立体视觉系统等构成。上位计算机与机器人控制器之间利用 RS－232 串行端口连接，由上位计算机向机器人控制器发出运动命令，从机器人控制器读取机器人的当前位姿。机器人控制器根据接收

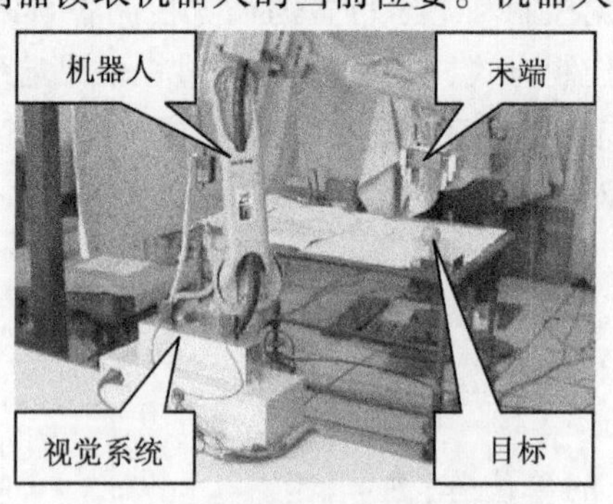

图 5－31 趋近与抓取实验系统

到的运动命令，计算出机器人末端需要运动到的位姿，转换为机器人各个关节的期望位置，利用关节位置控制器控制各个关节的运动，使机器人末端到达期望的位姿。

实验任务是控制机器人的末端趋近黄色球目标。为了简化图像处理，在机器人的末端抓手上加了红色标记。以抓手上红色标记的中心点作为机器人的末端点 Q，以黄色球的中心点作为目标点 P。立体视觉系统放置于机器人的后侧，其坐标系的建立见图5－27。立体视觉系统的朝向经过调整后，可以采用式(5－33)近似描述立体视觉系统与机器人坐标系之间的关系，即

$$^{c}\boldsymbol{R}_{r}=\begin{bmatrix}0 & -1 & 0\\ 0 & 0 & -1\\ 1 & 0 & 0\end{bmatrix} \tag{5-33}$$

为验证自标定视觉控制系统的有效性，分别采用基于位置的视觉控制、基于图像的视觉控制和开关式混合视觉控制进行趋近实验，以便进行对比。

在基于位置的视觉控制趋近实验中，视觉系统进行了预先标定，标定结果见表5－2。利用表5－2中的视觉系统参数，利用式(2－172)计算出参数 $\boldsymbol{p}$，采用图5－28(a)所示的基于位置的控制系统，利用式(5－28)控制律进行趋近控制。

表5－2 视觉系统参数

参数	摄像机1	摄像机2	摄像机之间的相对位姿 $^{2}\boldsymbol{T}_{1}$
k_u	832.56	842.72	$\begin{bmatrix}0.9986 & -0.0221 & 0.0473 & -151.48\\ 0.0220 & 0.9998 & -0.0027 & -4.75\\ -0.0473 & -0.0016 & 0.9989 & 1.74\end{bmatrix}$
k_v	821.28	831.14	
u_0	253.15	276.68	
v_0	326.08	208.78	

在基于图像的视觉控制趋近实验中，视觉系统未进行标定。采用图5－29所示的控制方案，利用式(5－31)控制律进行趋近控制。

在开关式混合视觉控制趋近实验中，采用图5－30控制方案和式(5－32)趋近控制律。开始阶段采用基于图像的视觉控制系统，利用式(5－31)控制律进行趋近控制，并在运动过程中进行视觉系统的

自标定。一旦完成视觉系统自标定,获得有效的视觉系统参数,开关模块 W 将开关切换到基于位置的视觉控制系统,利用式(5-28)控制律进行趋近控制。

在上述实验中,机器人每次的运动步长限定在 100mm,以保证安全。此外,式(5-28)和式(5-31)中的比例系数矩阵设定为

$$\boldsymbol{K}_{p1}=\begin{bmatrix}0.5&0&0\\0&0.5&0\\0&0&0.5\end{bmatrix},\quad \boldsymbol{K}'_{p2}=\begin{bmatrix}1.0&0&0\\0&1.0&0\\0&0&1.0\end{bmatrix}$$

上述对比实验的结果见图 5-32。其中,图 5-32(a)~(c)是机器人末端运动轨迹的 X、Y、Z 轴分量,图 5-32(d)为机器人末端在三维空间的运动轨迹。实验中:采用基于位置的视觉控制系统时,机器

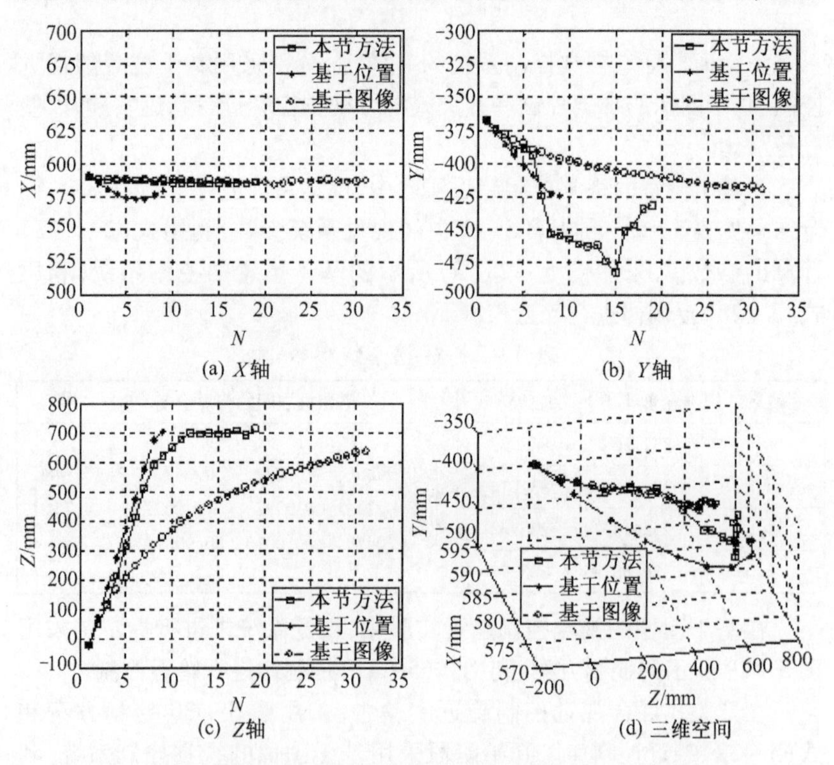

(a) X轴　(b) Y轴　(c) Z轴　(d) 三维空间

图 5-32 采用不同控制方案的趋近对比实验的机器人末端轨迹

人经过9步运动实现末端对目标的趋近,到达位置为(579.02mm,-424.43mm,707.11mm);采用基于图像的视觉控制系统时,机器人经过31步运动实现末端对目标的趋近,到达位置为(586.38mm,-419.04mm,640.69mm);采用开关式混合视觉控制系统时,机器人经过19步运动实现末端对目标的趋近,到达位置为(585.52mm,-431.85mm,717.54mm)。在上述三种控制方案中:采用基于位置的视觉控制方案时,机器人末端向目标的趋近速度最快,但其视觉系统需要预先标定;采用基于图像的视觉控制方案时,视觉系统不需要标定,但机器人末端向目标的趋近速度最慢;采用开关式混合视觉控制方案时,视觉系统不需要标定,机器人末端向目标的趋近速度比采用基于图像的视觉控制方案时明显加快。由图5-32可以发现,采用开关式混合视觉控制方案时,其起始段的轨迹接近于采用基于图像的视觉控制方案时的轨迹,其后续段的轨迹接近于采用基于位置的视觉控制方案时的轨迹。基于自标定的开关式混合视觉控制系统,能够在工作过程中实现视觉系统的自标定,因而不需要对视觉系统进行预先标定,具有较高的灵活性。

5.6 基于天花板的移动机器人导航与定位

天花板上的物体(如烟雾探测器、扬声器、空调排风口、日光灯等)可以作为自然路标使用,用于移动机器人的导航与定位。本节以办公室的吊顶天花板为背景,介绍移动机器人的视觉导航与定位。

5.6.1 基于天花板自然路标的定位

5.6.1.1 自然路标的识别

天花板上的烟雾探测器、扬声器、空调排风口、日光灯等物体,作为自然路标具有明显的几何特征和灰度特征,如图3-31所示。因此,基于不同路标的特征采用合适的方法易于识别这些路标。

对于烟雾探测器和扬声器,其形状为圆形,在移动机器人处于不同的方位时摄像机采集到的图像是相同的,故可以利用模板匹配对其进行识别。下面以烟雾探测器为例,说明其识别方法。首先,采集烟雾探测器的图像，以烟雾探测器为中心选取尺寸为 $W_1 \times H_1$ 像素的图像作为模板 T。在工作过程中，从采集的天花板图像中利用灰度阈值分割出目标，以目标为中心选取尺寸为 $W_1 \times H_1$ 像素的图像块 m，将图像块 m 与模板 T 按照下式进行匹配，即

$$e = \sum_{i=1}^{W_1} \sum_{j=1}^{H_1} (T_{ij} - m_{ij})^2 \tag{5-34}$$

式中：W_1 和 H_1 分别为模板 T 和图像块 m 的宽度和高度；T_{ij} 和 m_{ij} 分别为模板 T 和图像块 m 中的像素点 (i, j) 的灰度值。

如果残差 e 小于设定阈值，则表示匹配成功，当前图像块 m 中的目标是烟雾探测器。否则，匹配不成功，当前图像块 m 中的目标不是烟雾探测器[19]。扬声器的识别与烟雾探测器的识别类似，此处从略。

对于空调排风口，其形状为方形，在移动机器人处于不同的方位时摄像机采集到的图像是不同的，故利用模板匹配时需要进行旋转，效率较低。如图 3-31(c)所示，空调排风口的图像由若干矩形框构成，其边缘结构特征十分明显。由图 3-29 可见，空调排风口位于一块扣板的中心区域，其边缘为两组相互垂直的平行线，分别与 3.10 节中特征直线 1 和特征直线 2 平行。为快速识别空调排风口，采用如下方法[19]：

(1) 求出特征点附近 4 个扣板中心的图像坐标。对每个扣板中心点进行判断：如果其位于视野范围内，则以其为中心，分别沿平行于两条特征直线的方向搜索极小值。

(2) 对于每个方向，若极小值与极大值的差异超过一定的阈值，则累加该方向的极小值个数。

(3) 如果中心点处每个方向上的极小值个数都超过指定的个数，则该中心点处存在空调排风口路标。

图 5-33(a)为空调排风口的识别原理示意图，图 5-33(b)给出了识别过程中空调排风口沿两条特征直线方向的极小值。由图 5-33(b)可以发现，空调排风口的每个方向识别出 5 个极小值，其可确定性很强。

对于日光灯，其亮度明显大于周边环境。因此，利用灰度阈值和区域面积容易识别出日光灯。

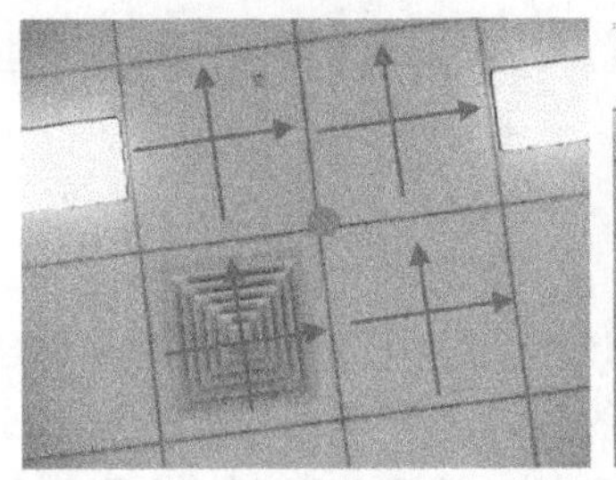

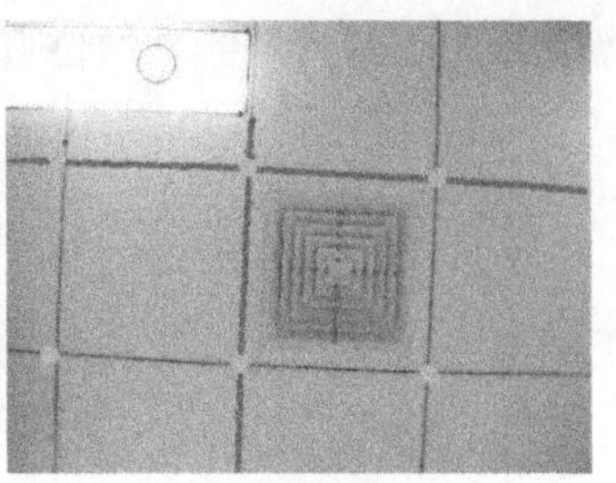

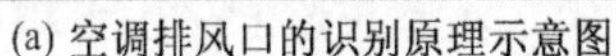

(a) 空调排风口的识别原理示意图　　(b) 识别结果

图5-33　空调排风口的快速识别

5.6.1.2　基于自然路标附近特征点的定位

由于天花板上具有多个同类物体，如多只日光灯、多个烟雾探测器等，所以需要根据机器人当前所处的大致位置和方向匹配路标，并确定路标周边的扣板缝隙交点的属性[19]。

如图5-34(a)所示，以扣板中心区域的圆形表示天花板上的圆形路标，如烟雾探测器或扬声器。当路标识别成功后，由其中心向旁边网格的4个角点引出射线，角度分别为$\gamma_1 \sim \gamma_4$。该路标在世界坐标系的坐标保存在地图中，如图5-34(b)所示。根据当前的机器人方位角γ，将当前的4个角度$\gamma_1 \sim \gamma_4$旋转$-\gamma$，然后可以与地图中的4个点的$\beta_1 \sim \beta_4$进行匹配，从而确定这些角点的世界坐标。路标周边角点的匹配受当前机器人位姿估计精度的影响，但只要当前方向角的估计误差不大于45°，便可成功匹配。

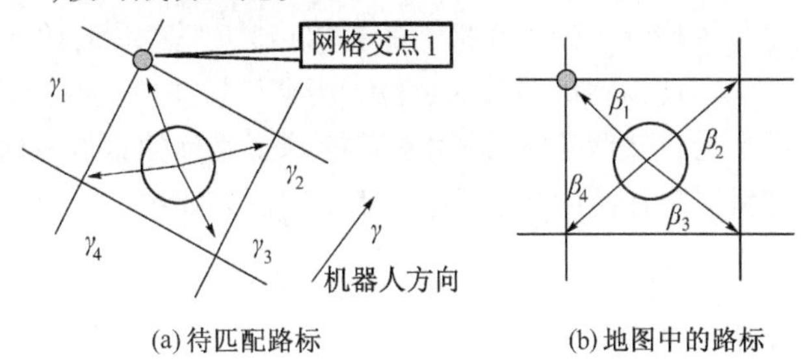

(a) 待匹配路标　　(b) 地图中的路标

图5-34　路标的匹配

在确定了路标周边的角点后，根据这些角点的图像坐标和它们在路标坐标系中的位置，利用3.4节的基于PnP的定位方法可以获得移动机器人相对于路标坐标系的位置,再根据路标坐标系原点在世界坐标系中的位置,得到移动机器人在世界坐标系中的位置。

5.6.2 基于天花板的导航

天花板上物体的位置都是已知的,天花板环境可以认为是结构化环境。因此,容易建立房间和走廊的天花板环境地图。图 5-35 为某房间的天花板布置图,环境地图只需要记录天花板上的路标位置和房间门的位置等即可。路标周边的角点在路标坐标系的位置,根据扣板的尺寸确定。

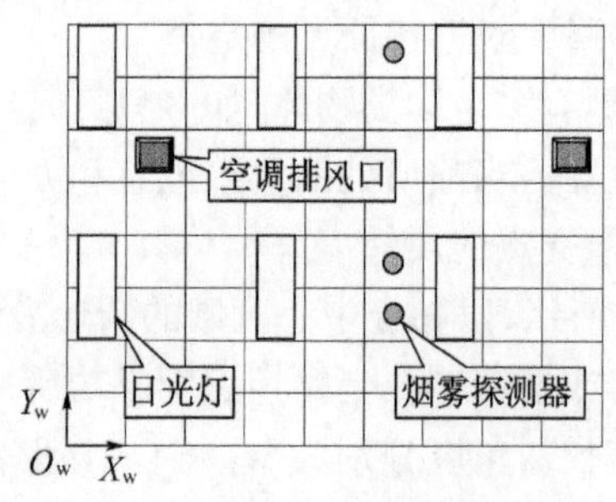

图 5-35 某房间天花板布置图

在指定了移动机器人的目标位置后,根据移动机器人的当前位置和环境地图对移动机器人的运动路径进行规划。在移动机器人运动过程中,利用配置在移动机器人上的超声传感器实现避障。当移动机器人上的视觉系统检测不到天花板上的自然路标时,采用 3.10 节的视觉推算定位方法实现移动机器人的定位。当移动机器人上的视觉系统检测到天花板上的自然路标时,采用本节的基于路标的定位方法得到移动机器人在世界坐标系中的位置,对移动机器人的视觉推算定位结果进行修正。

5.6.3 实验与结果

采用 3.10 节的移动机器人实验系统进行了移动机器人的导航和定位实验。实验中,以天花板上的烟雾探测器、扬声器、空调排风口和日光灯作为自然路标。实验内容为:在房间内的移动机器人自动运动到走廊上的指定位置,然后返回房间回到终点位置。

首先,根据天花板上的上述路标布置和房间的房门位置建立了环境地图,并对移动机器人上的摄像机的内参数进行了标定。标定结果为:$u_0=311.24$, $v_0=232.73$, $k_x=686.17$, $k_y=683.53$。利用天花板上指定的扣板的4个顶点,利用PnP方法对移动机器人进行初始定位。然后,根据移动机器人的当前位置和房间的房门位置,对移动机器人在房间内的运动路径进行运动规划。根据运动规划的结果,移动机器人向房间的房门运动。在运动过程中,采用3.10节的视觉推算定位方法对移动机器人进行自定位,同时检测路标是否存在。如果检测到路标,则识别出路标的类型。然后,根据移动机器人的当前位置和环境地图,利用5.6.1.2小节的方法确定该路标周边的扣板缝隙交点的位置,采用PnP方法实现移动机器人在世界坐标系中的定位,并利用该定位结果对视觉推算定位结果进行修正。如果检测不到路标,则以视觉推算定位的结果作为移动机器人的当前位置和方向。在移动机器人走出房门进入走廊后,换用走廊环境地图。根据移动机器人的当前位置和指定的目标位置,对移动机器人在走廊内的运动路径进行运动规划。根据运动规划的结果,移动机器人向走廊内的指定目标位置运动。到达指定目标位置后,移动机器人向房间的房门运动。进入房间后再换用房间的环境地图,根据房间的房门位置和移动机器人的终点位置,对移动机器人在房间内的运动路径进行规划。根据运动规划的结果,移动机器人向房间的终点位置运动,返回其终点位置。

图5-36为实验过程中识别出的自然路标,以及在对应路标周边确定出的扣板缝隙交点。其中,图(a)和图(c)是在房间内识别到的自然路标,图(b)是在走廊内识别到的自然路标。由于走廊的吊顶较低,在走廊内采集到的图像所对应的天花板范围较小。图5-36(a)是初始定位时采集到的烟雾探测器路标的图像,其中,该路标周边的7个交点用于移动机器人的初始定位,得到的位置为(-47.3mm,-107.5mm),方向为18.1°。当移动机器人穿过房门时,由于门框的影响视觉推算定位失效。因此从房间进入走廊后,需要利用路标确定机器人的位置和天花板上的特征直线。图5-36(b)是在走廊内识别出的扬声器路标,利用该路标周边的6个交点进行移动机器人在走廊内的定位,并确

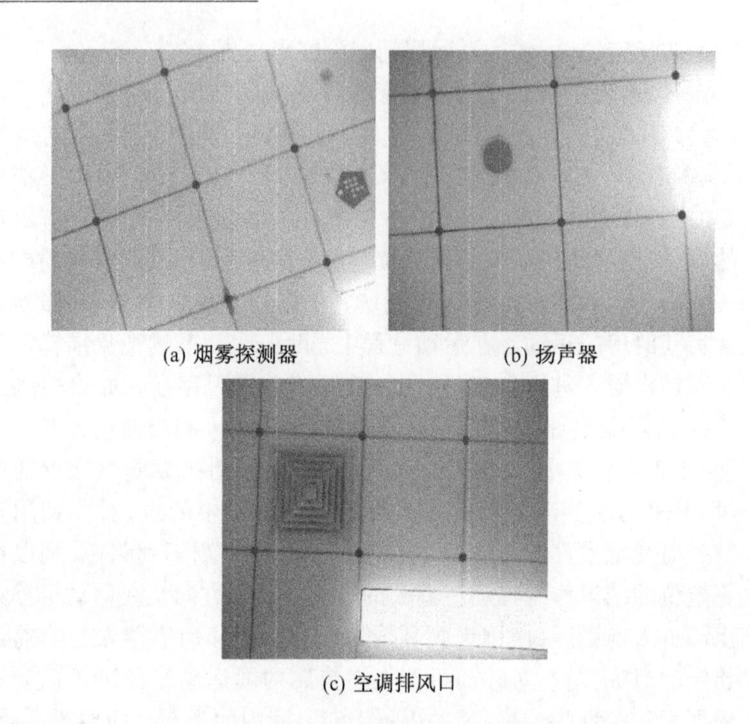

(a) 烟雾探测器　(b) 扬声器　(c) 空调排风口

图 5-36　识别出的路标及其周边的特征点

定走廊天花板图像中的特征直线 1 和特征直线 2。同样地，当移动机器人从走廊穿过房门进入房间后，也需要利用路标确定机器人的位置和天花板上的特征直线。图 5-36(c)是从走廊进入房间内识别出的空调排风口路标，利用该路标周边的 6 个交点进行移动机器人在房间内的定位，并确定房间天花板图像中的特征直线 1 和特征直线 2。

实验中，移动机器人在房间中从起点开始以圆弧路径运动到房门位置。经过房门进入走廊时，因门框的影响视觉推算定位失效，此时依赖里程计定位。进入走廊识别出图 5-36(b)的扬声器路标后，基于路标的定位结果：位置为(-2977.4mm，-5236.0mm)，方向角为183.6°。同时，得到走廊的天花板与摄像机中心的距离为 1736.1mm，而初始定位时得到的房间内的天花板与摄像机中心的距离为 2008.6mm。机器人在走廊中运动到指定位置后返回，进入房间后在识别出图 5-36(c)的空调排风口路标之前，移动机器人运动距离约 16000mm，视觉推算定位的累积误差达到159mm。识别出图5-36(c)的空调排风口路标后,基于路标的定位结果为:位置为(-3103.9mm,-2238.5mm),方向角为-1.9°。

图5-37给出了实验过程中移动机器人的定位结果,图中的110个样本是从1684组实验数据中等间隔抽取出来的。其中:里程计定

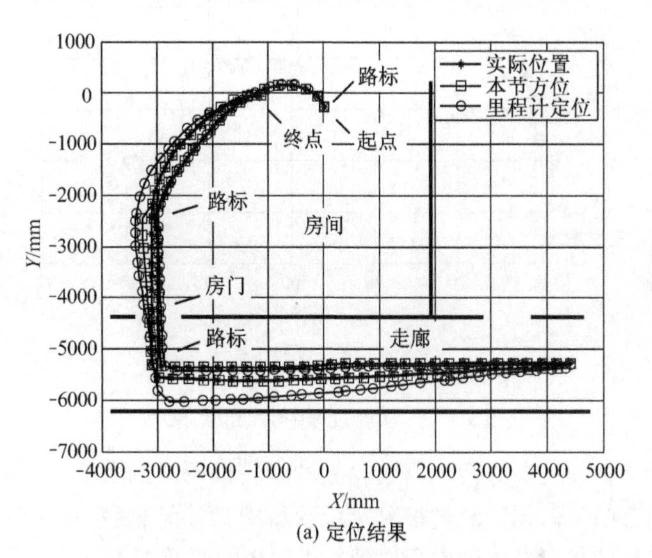

(a) 定位结果

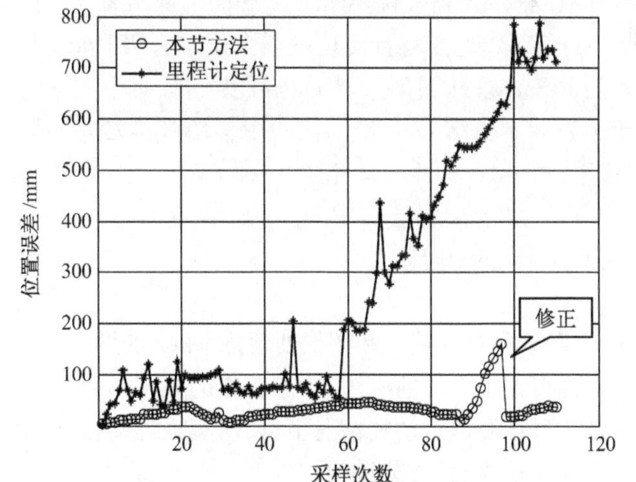

(b) 位置误差

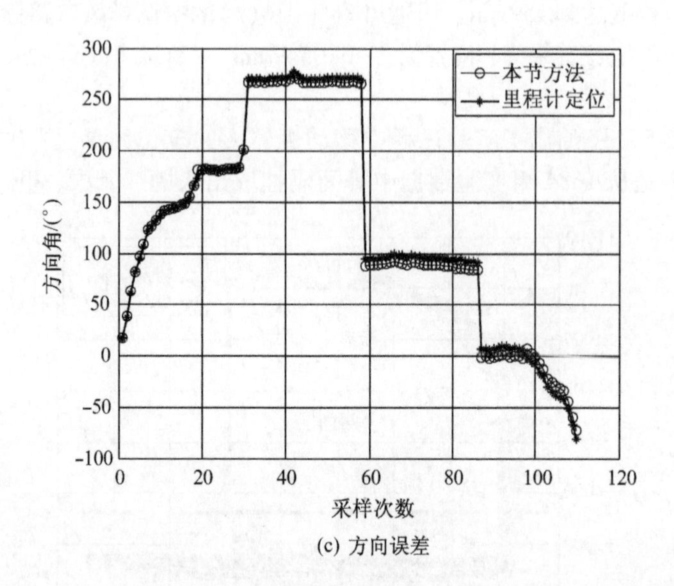

(c) 方向误差

图 5-37　实验过程中的定位结果[20]

位是基于移动机器人两个驱动轮上的旋转编码器的数据，并利用视觉定位的方向角做约束经过推算定位获得的；实际位置是采用对天花板上的扣板计数以及光轴中心点到扣板边缘的图像距离计算获得的。从图 5-37(b)可以发现，里程计定位的最大误差为 787mm，本节方法的最大误差为 159mm。从图 5-37(a)也可以发现，本节方法的定位结果明显优于里程计定位结果。此外，实验中移动机器人进行了 3 次原地调向，对应于图5-37(c)中方向角的 3 次跳变。

5.7 打乒乓球机器人

近年来，随着机器人视觉和图像处理技术的不断发展，运动目标的跟踪与识别也得到了广泛的应用，动态图像的处理与分析日益受到重视。特别是在目标高速运动的情况下，如何实现运动目标的跟踪与轨迹预测成为一个重要的研究课题。

利用机器人打乒乓球，涉及高速视觉感知与智能控制的众多问题。

通过对机器人打乒乓球的研究,可以对一系列感知和控制问题进行深入探索。在乒乓球运动中,标准乒乓球的尺寸较小,飞行速度快。因此,利用机器人打乒乓时,需要针对乒乓球运动的特点,解决快速运动乒乓球的可靠跟踪、轨迹预测,以及控制机器人以合适的时间、位置、姿态和速度进行击球等问题[17]。本节以机器人打乒乓球为研究背景,介绍一种基于智能摄像机的分布式并行处理的高速视觉系统。将多台智能摄像机利用局域网构成分布式并行计算的视觉系统,并由摄像机对图像进行同步采集和并行处理。图像处理算法采用仿蛙视觉原理,只对运动物体敏感,以解决100帧/s级图像的快速特征提取难题。利用乒乓球的若干测量点的三维坐标拟合出测量段的轨迹,利用乒乓球的飞行模型得到来球落点参数。根据反弹模型和飞行模型获得反弹轨迹,在反弹轨迹上选取机器人的击球点,给出击球参数。然后,根据击球参数和期望的回球落点参数进行机器人的运动规划,以规划结果控制机器人的运动。

5.7.1 打乒乓球机器人系统构成

打乒乓球机器人系统由摄像机、机器人、视觉计算机、控制计算机等构成,其示意图如图5-38所示。两台摄像机采用带有DSP与FPGA的高速数字摄像机,可以以200Hz的帧率同步采集乒乓球的图

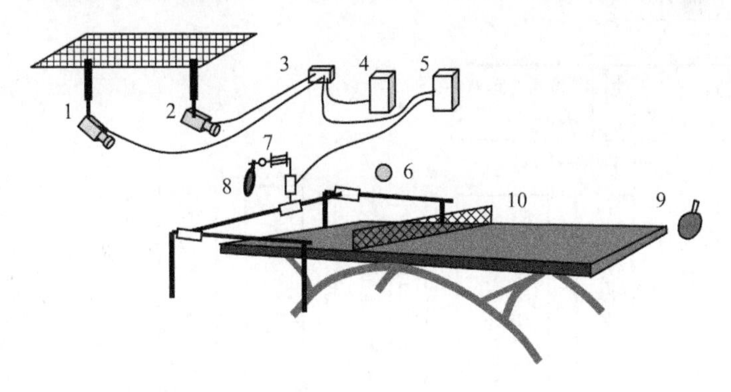

图5-38 实验系统示意图

1—摄像机1; 2—摄像机2; 3—HUB; 4—视觉计算机; 5—控制计算机; 6—乒乓球; 7—机器人; 8—机器人球拍; 9—打球者球拍; 10—球台。

像。两台摄像机、视觉计算机、控制计算机分别连接到 HUB，构成局域网。摄像机 1 和 2 构成的立体视觉系统，用于测量乒乓球的三维坐标。摄像机 1 和 2 分别采集图像，并提取乒乓球的图像特征，通过网络发送到视觉计算机，再由视觉计算机根据摄像机 1 和 2 的内外参数计算乒乓球的三维坐标。视觉计算机根据测量结果，进行乒乓球轨迹预测，并预测来球落点和击打点参数，发送给控制计算机。控制计算机根据期望回球落点参数、预测的来球落点和击打点参数，形成击球控制策略，对机器人的运动进行规划。控制计算机中装有运动控制卡，用于根据规划结果对机器人的运动进行控制。打乒乓球机器人采用平移－旋转机构，共有 5 个自由度。其中：底层为 3 个平移关节，由交流伺服电机驱动，用于分别沿 X、Y、Z 轴的快速平移；末端为 2 个旋转关节，由步进电机驱动，用于调整球拍的姿态。

软件系统由视觉跟踪/测量、轨迹预测、运动规划、伺服控制等模块构成，系统的软件流程框图如图 5－39 所示。仿蛙视觉跟踪/测量模块，对摄像机 1 和 2 同步采集的乒乓球图像进行并行处理，获得乒乓球在两台摄像机的图像中的一系列图像坐标。轨迹预测模块利用视觉跟踪/测量模块提供的乒乓球的一系列图像坐标，结合两台摄像机的内、外参数，利用立体视觉原理计算出乒乓球在球台坐标系中的一系列三

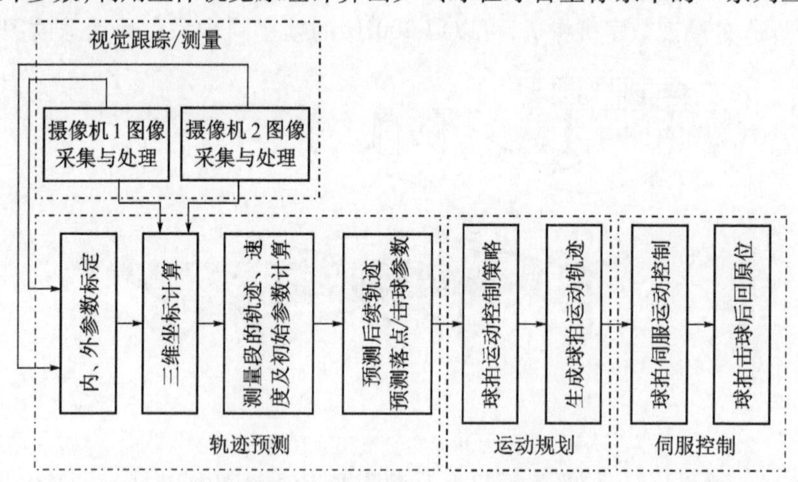

图 5－39 实验系统软件流程框图

维坐标。然后,利用这些三维坐标和采集时刻,计算测量段乒乓球的轨迹、速度和运动初始参数。再根据测量段乒乓球的轨迹、速度和运动初始参数,利用乒乓球的飞行模型预测乒乓球的带时间标记的落点位置和速度,利用碰撞模型进而得到乒乓球从球台弹起后的带时间标记的轨迹和速度等。运动规划模块根据回球策略和轨迹预测模块给出的来球落点和击打点参数,确定机器人球拍的运动控制策略,进而形成期望球拍运动轨迹[22]。

视觉跟踪/测量模块在摄像机内实现,乒乓球轨迹预测在视觉计算机实现,仿人智能控制模块在控制计算机实现,伺服控制等模块在运动控制卡和伺服驱动器实现。

5.7.2 并行处理的高速视觉系统

传统的视觉系统,有单目、双目及多目等类型,其中,双目立体视觉系统应用比较广泛。对于乒乓球的测量,单目视觉系统需要利用辅助信息(如球影)来获取乒乓球的三维世界坐标,虽然只需处理一幅图像信息,实时性有所提高,但抗干扰能力较差。传统的双目、三目视觉系统需要在一个测量周期内处理两幅、三幅图像,实时性难以保证。本节采用两台带有图像处理能力的高速数字摄像机同步采集图像,并行处理图像,每帧图像处理的时间控制在10ms左右。与常规的双目视觉不同,本节中的摄像机与视觉计算机组成一个局域网,其中一台摄像机作为服务器,另一台摄像机和视觉计算机作为客户端。视觉系统中最耗时的部分(即图像采集、图像处理、特征提取等),是在各台摄像机中并行完成的。这样,摄像机可以极大地分担视觉计算机的运算负荷,能够解决常规多目视觉中的运算瓶颈问题[23]。

图5-40为分布式并行计算的双目视觉系统工作原理图。采用的两台高速数字摄像机具有图像处理能力,集成了高速处理芯片DSP与FPGA。在视觉计算机上编好图像处理算法后下载到摄像机中去,两台摄像机各自处理采集到的图像帧。两台摄像机完成乒乓球图像坐标的提取后,将乒乓球的图像坐标传给视觉计算机。视觉计算机根据两台摄像机的内参数、外参数和乒乓球的图像坐标,计算乒乓球的三维坐

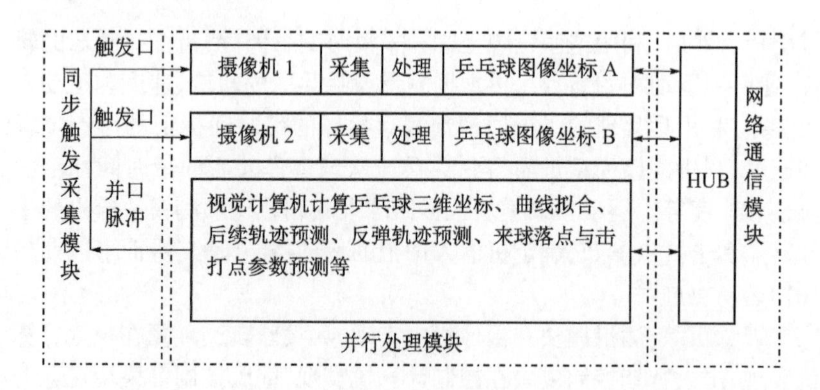

图5-40 分布式并行计算的双目视觉系统工作原理图

标,并利用测量出的乒乓球的一系列三维坐标完成曲线拟合、后续轨迹预测等。

传统的视觉系统采用串行工作方式,即图像采集、图像处理和结果输出是串行的,处理完一帧图像后再采集下一帧图像。本系统中的智能像机采集一帧图像需要4ms,在内存中进行图像处理耗费的时间由实际算法复杂程度而定,通信时间相对较少不足1ms。在视觉系统工作在低帧率的情况下,图像采集所用时间与图像处理相比所占的比例较小,可以不用考虑。但对于百帧级的高速视觉系统,4ms的图像采集时间是必须考虑的一个因素。如果采用串行方式采集和处理图像,那么为了达到百帧级的视觉测量速度,系统留给图像处理的时间只有6ms。在如此短的时间内完成图像处理并实现稳定可靠的特征提取,其难度较大。

如果在一帧图像进行处理的同时开始下一帧图像的采集,则在一帧图像处理结束后下一帧图像已经完成采集,可以立即进行处理,相当于节省了图像采集时间,可大幅提高系统的实时性。在硬件方面,采集、处理、结果输出占用摄像机不同的资源。因此,只要处理好时序,它们是可以同时工作的。在软件方面,智能摄像机的多任务操作系统VCRT提供了极大的方便。在本系统的软件设计中,采用3个不同的任务分别管理采集、处理和结果输出,按图5-41所示的时序工作,实现了图像采集、图像处理和结果输出的并行工作[23]。

图像帧1	图像采集1	图像处理1	结果输出1		
图像帧2		图像采集2	图像处理2	结果输出2	
图像帧3			图像采集3	图像处理3	结果输出3
图像帧4				图像采集4	图像处理4
图像帧5					图像采集5

图5-41 三帧并行原理[23]

5.7.3 乒乓球飞行轨迹测量

在乒乓球运动中，标准乒乓球的尺寸较小，其直径只有40mm；飞行速度快，人正常打球时乒乓球的飞行速度为3~20m/s。因此，利用机器人打乒乓球时，需要针对乒乓球运动的特点，首先解决快速运动乒乓球的特征准确提取与可靠跟踪等问题。

5.7.3.1 乒乓球特征提取

仿照青蛙视觉测量原理，设计只对运动目标敏感的快速目标跟踪算法，根据当前帧的信息估计下一帧图像中乒乓球或球拍可能出现的位置，从而确定图像处理的区域。利用当前图像和上一帧图像，对确定区域的图像由FPGA进行高斯滤波、自适应差分运算等，快速实现分割目标和目标质心图像坐标提取，以减少运算时间。

与背景相比，乒乓球运动速度较快，其图像的灰度值较高，其轮廓为圆弧。根据这些特点，设计图像处理与乒乓球特征提取算法。首先，利用相邻两帧图像进行差分，可以从背景中区分出运动目标[24]，即

$$I_e(u,v) = \begin{cases} I_i(u,v) - I_{i-1}(u,v), & I_i(u,v) - I_{i-1}(u,v) \geqslant 0 \\ 0, & I_i(u,v) - I_{i-1}(u,v) < 0 \end{cases} \tag{5-35}$$

式中：$I_i(u, v)$为第i帧图像中的像素点(u, v)的灰度值；$I_e(u, v)$为两帧图像做差分后的图像中的像素点(u, v)的灰度值。

对于上述差分结果进行二值化处理，当$I_e(u, v)$的值大于给定阈值时将二值化图像对应的像素置为1，否则置为0。然后，对二值化图

像上为1的像素进行游程编码(Run Length Coding, RLC),得到一系列封闭的轮廓。针对这些封闭轮廓,判断其宽度和高度。如果某一封闭轮廓的宽度和高度满足设定的乒乓球轮廓的宽度和高度,则认为该轮廓为乒乓球的轮廓。根据得到的乒乓球的轮廓,在当前帧中进行扩展,获得完整的乒乓球轮廓,求取其中心点作为乒乓球的特征点。

由于连续两次采集图像的时间较短,乒乓球在两次采集图像的时间内飞行的距离不是很大,所以可以利用动态窗口技术跟踪乒乓球。具体而言,利用上一帧图像中乒乓球的中心点位置在当前帧图像中划定一个区域,在该区域内进行上述图像处理,提取乒乓球的特征点。

5.7.3.2 飞行轨迹测量

在获得两台智能摄像机发送来的乒乓球的特征点后,视觉计算机利用立体视觉方法计算乒乓球的三维坐标,并保存该测量点的时间标记。经过多次测量后,获得一系列离散的带有时间标记的乒乓球的三维坐标。由于图像处理误差和摄像机标定误差的存在,这一系列三维坐标必然存在测量误差,所以不能直接利用这些坐标的二阶差分求取乒乓球的飞行速度。为此,利用时间的二阶多项式对乒乓球在X、Y、Z方向的位置进行拟合。

$$\begin{cases} x = a_1 t^2 + b_1 t + c_1 \\ y = a_2 t^2 + b_2 t + c_2 \\ z = a_3 t^2 + b_3 t + c_3 \end{cases} \tag{5-36}$$

式中:(x, y, z)为测量出的乒乓球的三维坐标;t为测量点的时间;a_1、b_1、c_1、a_2、b_2、c_2、a_3、b_3和c_3为沿X、Y、Z轴方向运动的多项式参数。

将测量出的乒乓球的三维坐标和时间代入式(5-36),利用最小二乘法求解出系数a_1、b_1、c_1、a_2、b_2、c_2、a_3、b_3和c_3。

5.7.4 后续飞行轨迹与击球参数预测

5.7.4.1 飞行模型

乒乓球飞行过程中受到Magnus力、重力和空气阻力的作用,其中,Magnus力是由于乒乓球旋转产生的。在不考虑乒乓球旋转的情况下,

乒乓球的动态方程可表达为

$$m\dot{V} = \boldsymbol{F}_r + \boldsymbol{F}_g \tag{5-37}$$

式中：$\boldsymbol{F}_r$ 为乒乓球受到的空气阻力，是乒乓球速度的函数；$\boldsymbol{F}_g$ 为重力向量。

$$\begin{cases} \boldsymbol{F}_r = -\dfrac{1}{2}\rho SC_r \|\boldsymbol{V}\| \boldsymbol{V} \\ \boldsymbol{F}_g = [0 \quad 0 \quad -mg]^{\mathrm{T}} \end{cases} \tag{5-38}$$

式中：ρ 为空气密度；S 为乒乓球的有效截面积；C_r 为空气阻力系数；$\boldsymbol{V}$ 为乒乓球的速度向量；m 是乒乓球的质量；g 为重力加速度。

根据式(5-37)和式(5-38)，得到乒乓球的飞行模型：

$$\begin{bmatrix} \dot{x} \\ \dot{y} \\ \dot{z} \\ \dot{V}_x \\ \dot{V}_y \\ \dot{V}_z \end{bmatrix} = \begin{bmatrix} V_x \\ V_y \\ V_z \\ -K_m \|\boldsymbol{V}\| V_x \\ -K_m \|\boldsymbol{V}\| V_y \\ -K_m \|\boldsymbol{V}\| V_z - g \end{bmatrix} \tag{5-39}$$

式中：V_x、V_y、V_z 为乒乓球的速度 $\boldsymbol{V}$ 的分量；K_m 为系数，对于标准乒乓球其取值为0.12~0.18，其表达式为

$$K_m = \frac{1}{2m}\rho SC_r \tag{5-40}$$

5.7.4.2 反弹模型

乒乓球在球桌上反弹后，其能量受到损失，其速度会下降。乒乓球在球桌上反弹的模型可以利用线性模型描述：

$$\begin{cases} V_{ox} = K_{rx} V_{ix} + b_x \\ V_{oy} = K_{ry} V_{iy} + b_y \\ V_{oz} = K_{rz} V_{iz} + b_z \end{cases} \tag{5-41}$$

式中：V_{ix}、V_{iy}、V_{iz}为乒乓球落到球桌前瞬间的速度 $\boldsymbol{V}_i$ 的分量；V_{ox}、V_{oy}、

V_{oz}为乒乓球从球桌弹起瞬间的速度 $\boldsymbol{V}_o$ 的分量;K_{rx}、K_{ry}、K_{rz}、b_x、b_y 和 b_z 为反弹模型的参数。

利用发球机以不同速度发球,并使球的落点在两台智能摄像机的视场内。对于每次发球,测量出乒乓球反弹前后的若干点的带时间标记的三维坐标,利用式(5-36)拟合出反弹前后的轨迹,计算出反弹前后的乒乓球的速度。将得到的乒乓球的一系列反弹前后的速度,代入式(5-41),由最小二乘法求取参数 K_{rx}、K_{ry}、K_{rz}、b_x、b_y 和 b_z。

5.7.4.3 后续飞行轨迹与击球点预测

将式(5-39)改写为递推公式[24]:

$$\begin{bmatrix} x_j \\ y_j \\ z_j \\ V_{xj} \\ V_{yj} \\ V_{zj} \end{bmatrix} = \begin{bmatrix} x_{j-1} \\ y_{j-1} \\ z_{j-1} \\ V_{xj-1} \\ V_{yj-1} \\ V_{zj-1} \end{bmatrix} + \begin{bmatrix} V_{xj-1} \\ V_{yj-1} \\ V_{zj-1} \\ -K_m \|\boldsymbol{V}_{j-1}\| V_{xj-1} \\ -K_m \|\boldsymbol{V}_{j-1}\| V_{yj-1} \\ -K_m \|\boldsymbol{V}_{j-1}\| V_{zj-1} - g \end{bmatrix} T_c \tag{5-42}$$

式中:T_c 为递推的采样周期;下标 j 表示递推采样时刻。

由式(5-36)求导获得初始速度(V_{x0}, V_{y0}, V_{z0}),结合初始位置(x_0, y_0, z_0),构成递推的初始向量$[x_0, y_0, z_0, V_{x0}, V_{y0}, V_{z0}]^{\mathrm{T}}$。然后,利用式(5-42)递推获得带时间标记的后续飞行轨迹。当飞行高度 z_j 为乒乓球的半径时,说明乒乓球已经落到球桌,记录此时的位置作为落点位置。以此时的速度作为反弹前的速度 $\boldsymbol{V}_i$,利用式(5-41)计算出反弹后的速度 $\boldsymbol{V}_o$。以落点为新的初始位置,以反弹后的速度为新的初始速度,利用式(5-42)递推获得带时间标记的反弹后的飞行轨迹。反弹后,当乒乓球的飞行高度 z_j 达到设定的击球高度位置时,以此时的位置作为击球点位置,以此时的速度作为乒乓球的来球速度,并根据来球速度的 X 和 Y 轴分量计算出来球在 XOY 平面的投影角度方向。

5.7.5 基于球拍位姿的乒乓球旋转估计

人在打乒乓球时,根据对方球拍的动作可以估计球的旋转情况。

以此为参考，本节对球拍的位姿和运动轨迹进行测量，以便实现对人击打乒乓球后的乒乓球旋转进行估计。在图5-38实验系统基础上，在球桌中央上方天花板上安装一台彩色摄像机，用于采集人的球拍图像[25,26]。为便于提取人的球拍特征，在球拍上画了4条黑线和1条白线，如图5-42所示。其中，4条黑线形成的4个交点用于基于PnP的定位，白线用于对交点进行区分。

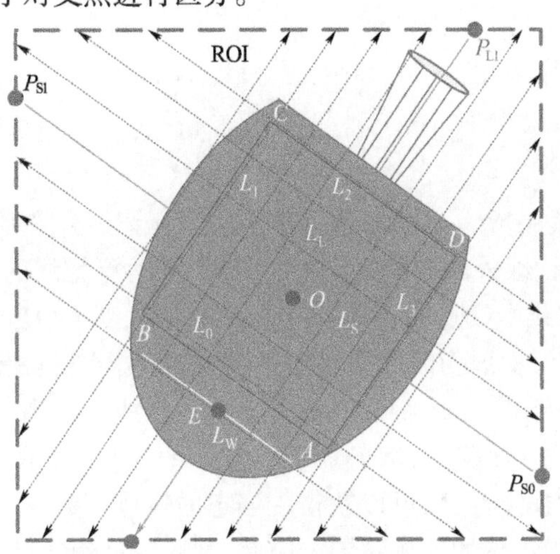

图5-42 球拍标记线与球拍ROI区域

基于球拍位姿的乒乓球旋转估计需要测量出人击球过程中球拍的序列位姿，测量过程如图5-43所示，其中的关键是特征提取[25]。

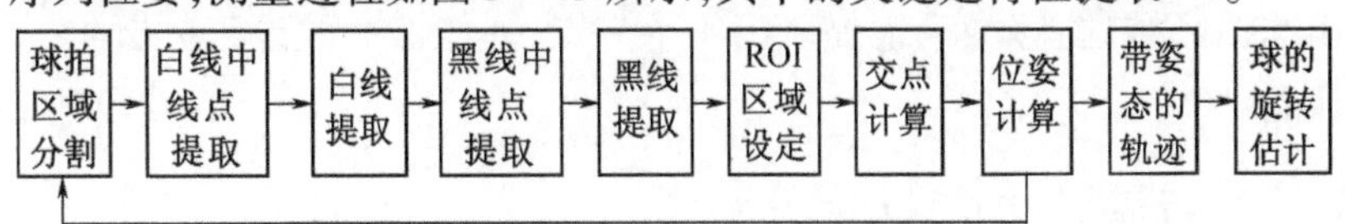

图5-43 乒乓球旋转估计流程框图

首先，根据颜色对球拍区域进行分割，获得球拍区域。在第一次测量球拍位姿时，在整幅图像范围内进行球拍区域分割；在后续的球拍位姿测量时，只需要在ROI区域内进行球拍区域分割，即

$$S_{p}=\{(i,j)\mid I_{r}(i,j)>T_{r},I_{r}(i,j)>k_{rg}I_{g}(i,j),I_{r}(i,j)>k_{rb}I_{b}(i,j),$$

$$\Delta_{rg}(i,j) > T_{rg}, \Delta_{rb}(i,j) > T_{rb}, \Delta_{gb}(i,j) > T_{gb}\} \quad (5-43)$$

式中：S_p 为球拍红色区域；$I_r(i,j)$、$I_g(i,j)$、$I_b(i,j)$ 分别为像素 (i,j) 的 RGB 分量；k_{rg} 和 k_{rb} 为系数；T_r、T_{rg}、T_{rb}、T_{gb} 为阈值；$\Delta_{rg}(i,j) = I_r(i,j) - I_g(i,j)$，$\Delta_{rb}(i,j) = I_r(i,j) - I_b(i,j)$，$\Delta_{gb}(i,j) = I_g(i,j) - I_b(i,j)$。

然后，在分割出的球拍区域内对白线的中线点进行提取，相应的提取算子为

$$C(\lambda_1, \lambda_2, \lambda_3) = [\{-1\}_{\lambda_1}, \{0\}_{\lambda_2}, \{1\}_{\lambda_3}, 2, \{1\}_{\lambda_3}, \{0\}_{\lambda_2}, \{-1\}_{\lambda_1}] \quad (5-44)$$

式中：$\{N\}_n$ 为系数为 N 的像素个数；λ_1 为标记线外选取的红色区域宽度；λ_2 为标记线外的模糊区域宽度；$2\lambda_3+1$ 为标记线的宽度。

在获得白线中线点的基础上，利用优化霍夫变换（Optimized Hough Transform，OHT）提取白线。类似地，对黑线中线点进行提取，以白线为参考对黑线中线点分成 4 组，再提取出 4 条黑线。利用 4 条黑线的直线方程，计算出 4 个交点，基于 P4P 方法即可计算出球拍的位姿。随着对球拍位姿的连续计算，可以获得带姿态的轨迹。对于不同方向旋转的乒乓球，球拍击球的轨迹不同。因此，利用带姿态的球拍运动轨迹，可以实现对乒乓球的旋转估计。

图 5-44 为球拍区域不同亮度时的图像与处理结果。由图可见，在球拍区域亮度存在较大差别时，利用上述方法仍然可以很好地分割出球拍区域，能够准确地提取出 4 个交点，并能够有效地区分出 4 个交点。

5.7.6 机器人运动规划与控制

5.7.6.1 运动规划

为了实现机器人成功回球，需要控制机器人运动，使机器人的球拍在规定的时刻以规定的速度和姿态到达规定的位置。为简化机器人的回球过程，将其分为 3 个阶段，分别是趋近阶段、击球阶段、回位阶段[27]。

(1) 趋近阶段：球拍从原位运动到击球位置附近。球拍速度从静

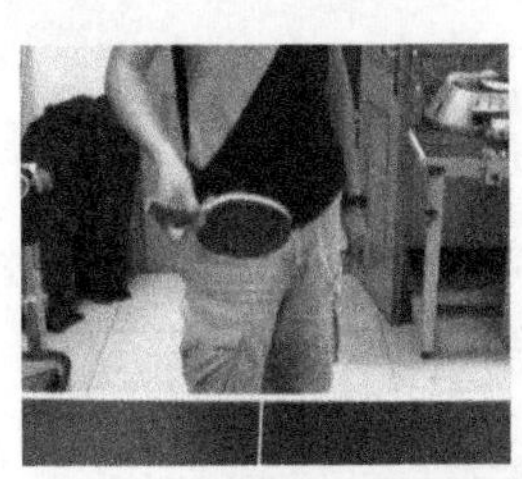
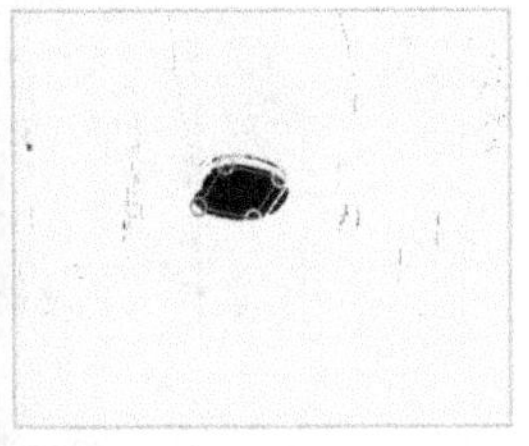

(a) 球拍区域较暗时的图像与处理结果

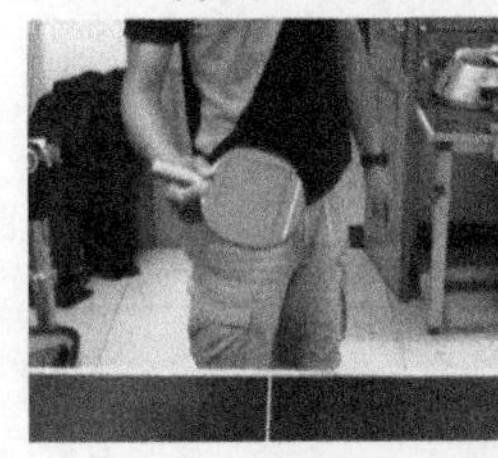
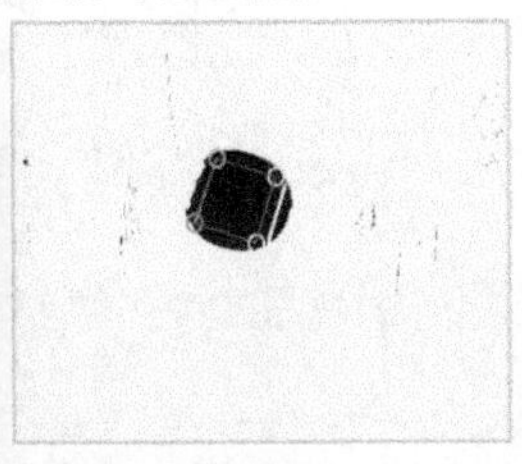

(b) 球拍区域较亮时的图像与处理结果

图5-44 球拍区域不同亮度时的图像与特征提取结果[25]

止加速到期望的击球速度,球拍姿态也调整到期望的击球姿态。

(2) 击球阶段:球拍以期望的速度、姿态运动到击球位置,继续向前运动实现击球。

(3) 回位阶段:球拍从击球阶段回到原位,其姿态也复位。

在进行运动规划时,首先对击球段进行规划。根据机器人回球后乒乓球在对方球台的期望落点和速度,利用乒乓球的飞行模型可以计算出机器人击球后的乒乓球速度。根据机器人击球后的乒乓球速度和击球前的来球速度,计算出球拍的击球速度。以5.7.4.3小节预测出的击球点为中点,沿 Y 轴方向选取设定长度的直线段作为击球路径,如图5-45所示。在确定了击球阶段的直线段之后,确定趋近阶段和回位阶段的轨迹。趋近阶段由沿 X 轴的直线段和圆弧段构成,利用圆弧段过渡连接趋近阶段沿 X 轴的直线段和击球阶段沿 Y 轴的直线段,圆弧段与上述两段直线相切以保证运动速度连续和运动平稳。回位阶段由两段圆弧构成,分别与击球阶段沿 Y 轴的直线段以及 X 轴相切。

趋近阶段的速度可按照下式计算:

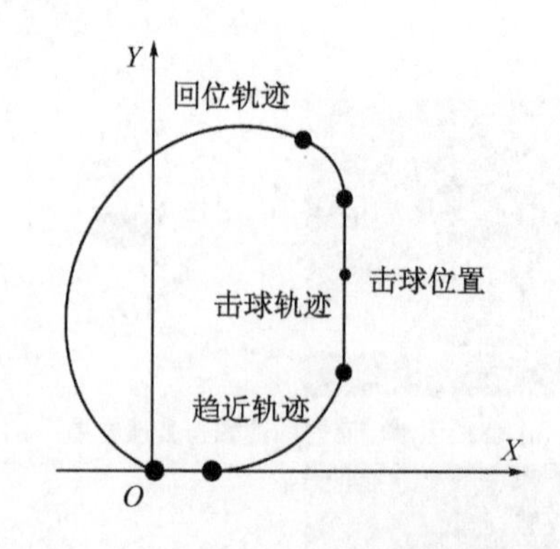

图 5-45 机器人击球的球拍运动轨迹

$$v_{ap}=\begin{cases}v_{hit}-V_T, & a_{cc}t_{ap}<v_{hit}-V_T\\ a_{cc}t_{ap}, & v_{hit}-V_T\leqslant a_{cc}t_{ap}\leqslant v_{hit}+V_T\\ v_{hit}+V_T, & a_{cc}t_{ap}\geqslant v_{hit}+V_T\end{cases} \tag{5-45}$$

式中：v_{ap}为趋近阶段结束时的球拍速度；a_{cc}为趋近阶段机器人的球拍的加速度；v_{hit}为击球阶段机器人的球拍速度；t_{ap}为趋近阶段的时间；V_T是定义趋近速度区间的常数。

回位阶段的第二段圆弧的速度固定，第一段圆弧的速度可按照下式计算：

$$v_{rtn1}=(v_{hit}+v_{rtn2})/2 \tag{5-46}$$

式中：v_{rtn1}为回位阶段第一段圆弧的速度；v_{rtn2}为回位阶段第二段圆弧的速度，为设定的常数值。

在回球的 3 个阶段的轨迹和速度规划完成后，根据趋近阶段的轨迹和速度估计趋近阶段所用时间 t_{ap}。如果在球拍速度采用低速 $v_{hit}-V_T$ 时，趋近阶段所用时间 t_{ap} 仍比剩余时间短，则机器人等待一定时间后再启动趋近运动。在完成上述规划后，机器人底层的 3 个平移关节按照规划结果运动。其中，沿 Z 轴的平移在球拍到达击球高度后固定，沿 X、Y 轴的平移按照上述 3 个阶段的规划运动。

球拍的姿态由偏转角和俯仰角决定。本节中，固定球拍的俯仰角。根据乒乓球的来球角度利用镜面反射确定球拍的偏转角度：

$$\theta_s = (\theta_{xy} + \theta_d)/2 \tag{5-47}$$

式中：θ_s 为末端旋转关节的击球角度；θ_{xy} 为乒乓球来球速度在 XOY 平面的投影角度，利用预测出的击球点的来球速度的 X、Y 分量计算得到；θ_d 为期望的出球方向。

5.7.6.2 运动控制

本节的打乒乓球机器人系统的5个关节的运动控制，分别采用两轴运动控制卡和单片机实现。其中，X 和 Y 轴方向的平移关节采用两轴运动控制卡控制，Z 轴方向的平移关节和两个旋转关节采用单片机发脉冲控制。将机器人平移运动的规划结果（包括路径和速度）下载到两轴运动控制卡，由其通过伺服驱动器控制沿 X 和 Y 轴方向的平移运动。将 Z 轴的位置和旋转关节的位置下载到单片机，由其通过伺服驱动器控制 Z 轴的平移，通过步进电机驱动器控制旋转关节的运动。

5.7.7 实验与结果

利用图5-38所示的实验系统进行了一系列实验，包括飞行轨迹预测实验、落点和击球点预测实验、球拍位姿测量实验、轨迹规划实验和人机对打实验等。

5.7.7.1 飞行轨迹预测实验

在该实验中，在乒乓球飞行过程中连续采集乒乓球的图像，计算出乒乓球在20多个位置点的三维坐标，并记录对应的时间标记。利用前部的12个测量点的数据，由式(5-36)拟合出乒乓球的测量轨迹。剩余的测量点的数据用于对轨迹预测结果的评价。在测量轨迹上选择预测迭代的初始点，并利用测量轨迹求导得到初始速度。然后，利用式(5-42)迭代得到乒乓球后续飞行的预测轨迹。图5-46给出了测量出的乒乓球的位置点和预测出的后续飞行轨迹。由图5-46可见，预测的后续飞行轨迹能够很好地与实际测量点吻合。

为验证反弹轨迹的预测，对乒乓球飞行过程中的一系列位置点（包括落点）进行了测量。根据测量点分别拟合出反弹前后的乒乓球飞行轨迹，计算出反弹前后的乒乓球速度，建立了式(5-41)所示的乒乓球在球桌上的反弹模型。图5-47为利用乒乓球的飞行模型和乒乓

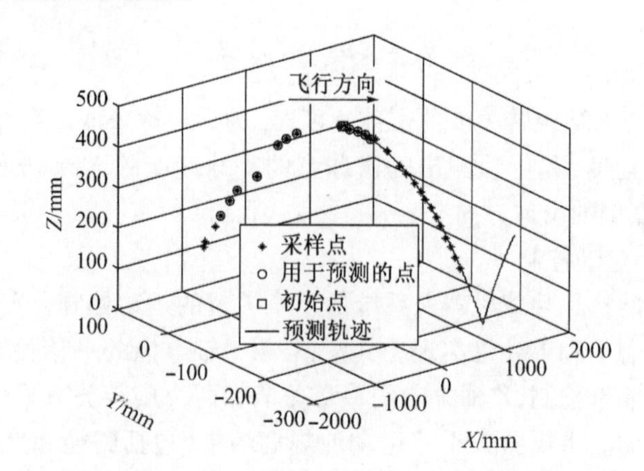

图 5-46　乒乓球后续飞行的预测轨迹

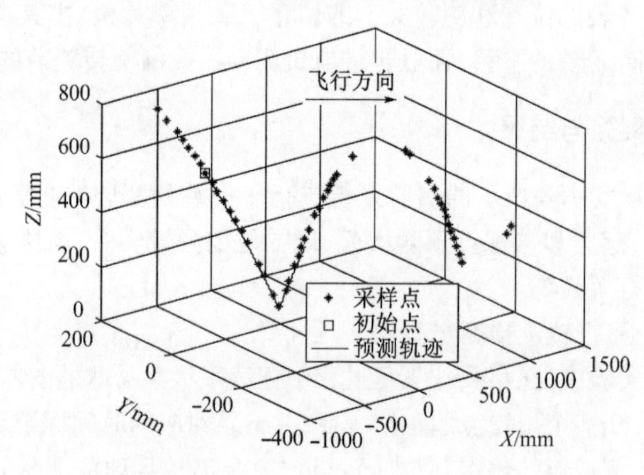

图 5-47　乒乓球反弹后的预测轨迹

球在球桌上的反弹模型预测出的反弹轨迹。从图 5-47 可以发现，预测出的反弹轨迹的初始段能够很好地与实际测量点相吻合。

5.7.7.2　落点和击球点预测实验

在落点和击球点预测实验中，所使用的乒乓球直径为 40mm。实验中，利用两台智能摄像机对乒乓球的完整飞行轨迹进行了测量。将乒乓球落在球桌面上的位置作为测量的落点记录，将乒乓球在球桌面上反弹后离桌面高度为 250mm 的位置作为测量的击球点记录。在根据测量数据形成的轨迹进行迭代时，利用式(5-42)迭代到乒乒球的飞行高度离球桌面20mm时,认为乒乓球已经落到球桌,记录此时的位置作为预测的落点位置。在预测的反弹轨迹上,将乒乓球在球桌面上反弹后离桌面高度为250mm的位置作为测量的击球点记录。图5-48给出了乒乓球的落点与击球点的预测与测量的实验结果。由图5-48可以发现:预测的落点与测量的落点非常接近,误差距离小于20mm;预测的击球点与测量的击球点也较接近,误差距离小于40mm。

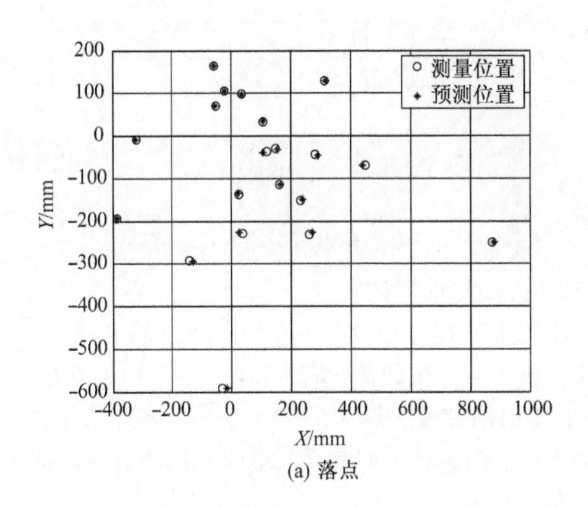

(a) 落点

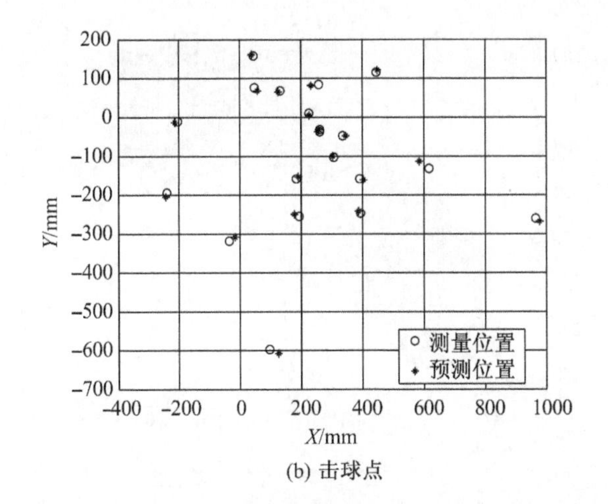

(b) 击球点

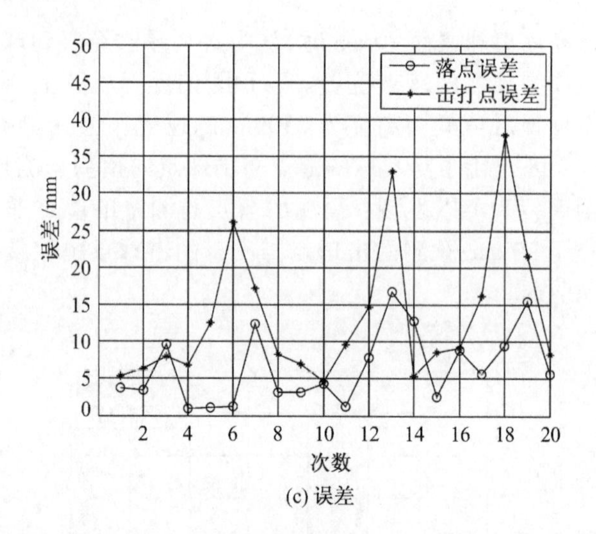

(c) 误差

图 5-48 落点与击球点实验结果

5.7.7.3 球拍位姿测量实验

在人对不同旋转方向的乒乓球进行回球过程中,利用球桌中央上方的彩色摄像机采集球拍图像,按照 5.7.5 小节中的方法提取了特征点,计算出了球拍的位姿,获得了一系列带有姿态的球拍运动轨迹。图 5-49 为击打不同旋转方向的乒乓球时球拍的运动轨迹[25]。其中,

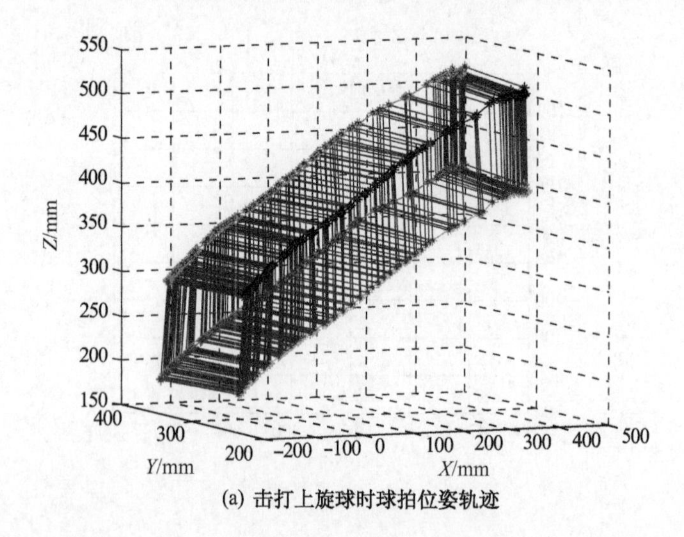

(a) 击打上旋球时球拍位姿轨迹

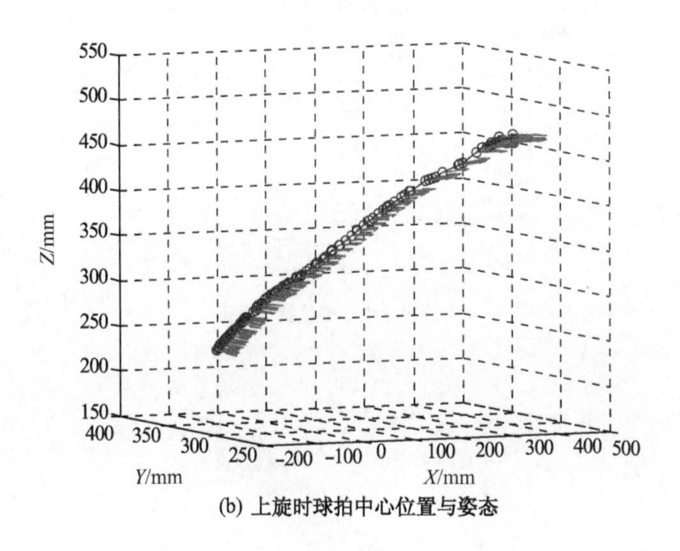

(b) 上旋时球拍中心位置与姿态

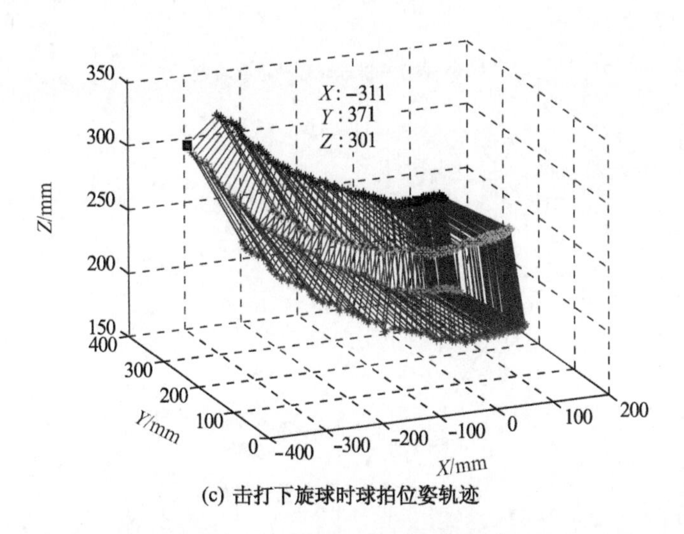

(c) 击打下旋球时球拍位姿轨迹

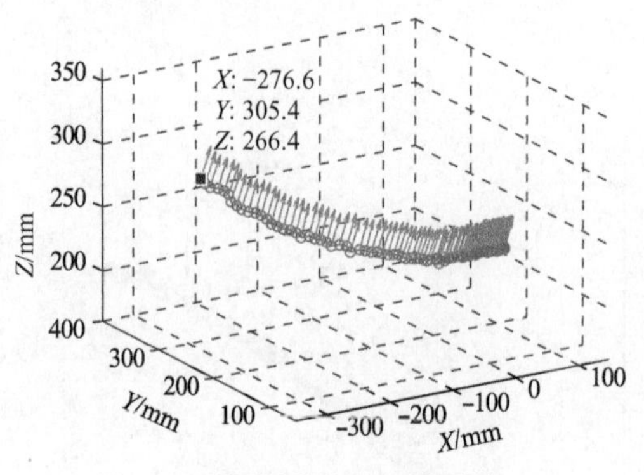

(d) 下旋时球拍中心位置与姿态

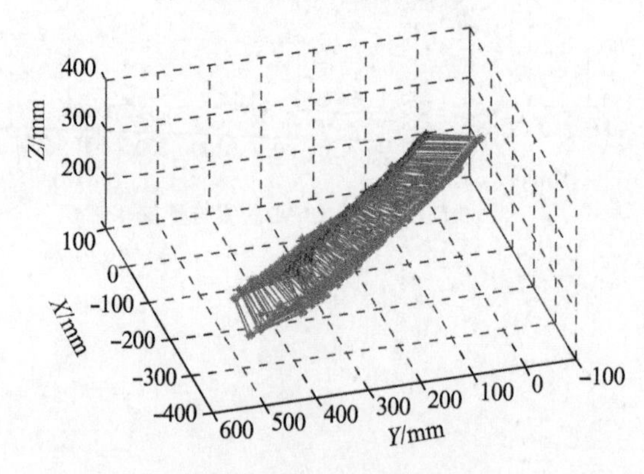

(e) 击打右旋球时球拍位姿轨迹

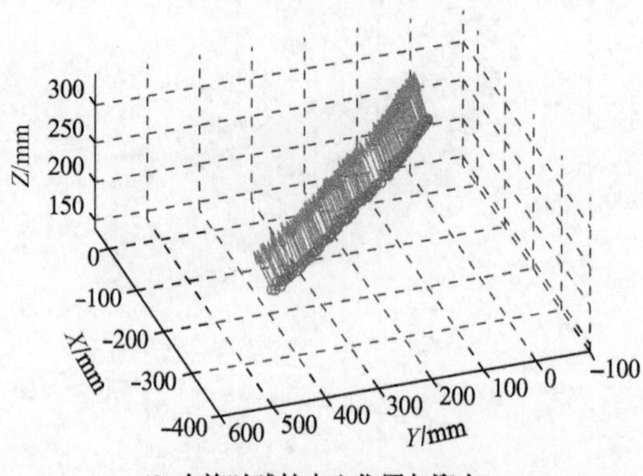

(f) 右旋时球拍中心位置与姿态

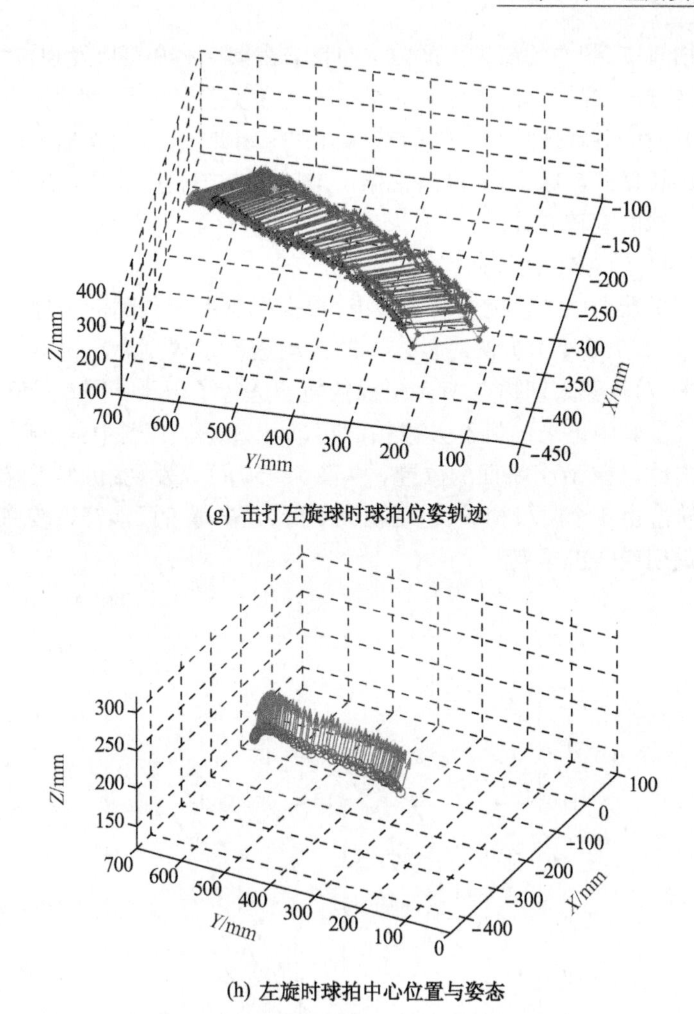

(g) 击打左旋球时球拍位姿轨迹

(h) 左旋时球拍中心位置与姿态

图5-49 击打不同旋转方向的乒乓球时球拍的运动轨迹[25]

图5-49(a)和图5-49(b)为击打上旋乒乓球时球拍的运动轨迹,图5-49(c)和图5-49(d)为击打下旋乒乓球时球拍的运动轨迹,图5-49(e)和图5-49(f)为击打右旋乒乓球时球拍的运动轨迹,图5-49(g)和图5-49(h)为击打左旋乒乓球时球拍的运动轨迹。图5-49(a)、(c)、(e)、(g)为利用黑色标记线及其4个交点表示的球拍位姿序列,图5-49(b)、(d)、(f)、(h)为利用球拍中心点表示位置

的球拍轨迹,图中的箭头为球拍法向量。由图 5-49 可以发现,对于不同旋转方向的乒乓球,击球时的球拍轨迹和姿态变化具有明显不同,即不同方向的旋转球具有不同的击球模式。因此,利用预先建立的不同方向旋转球的击球模式,可以根据击球时的球拍轨迹和姿态变化识别出乒乓球的旋转方式。

5.7.7.4 轨迹规划实验

在机器人球拍轨迹规划实验中,根据视觉系统预测的击球点的参数,利用 5.7.6 小节方法对机器人的运动进行了规划。在机器人运动过程中,对机器人球拍在 XOY 平面的轨迹进行了记录。图 5-50 给出了 5 次实验中记录的机器人球拍的运动轨迹,其中,图中的“ * ”为期望的击球点在 XOY 平面的位置。从图 5-50 可以发现,机器人球拍的运动轨迹由 3 个阶段构成,运动轨迹平滑,且击球阶段能够以较高的精度经过期望的击球点。

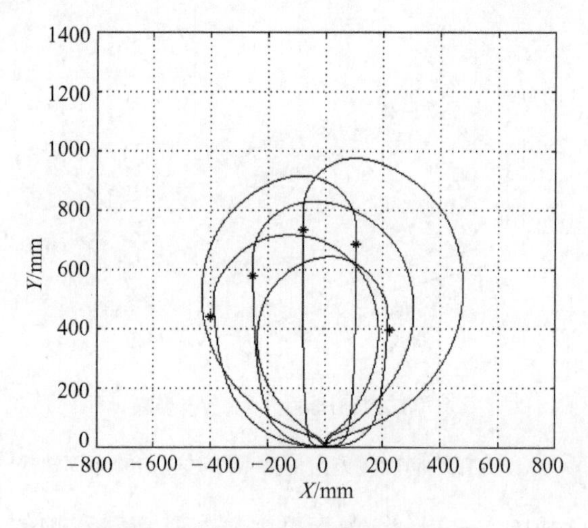

图 5-50 机器人球拍的运动轨迹

此外,利用上述机器人系统进行了与人的对打乒乓球实验,成功实现了机器人与人的连续多回合对打乒乓球。上述一系列实验的结果,表明了所设计的视觉测量与轨迹预测方法、运动规划与控制方法的有效性。

5.8 大口径光栅拼接

大口径光栅具有广泛用途，但其尺寸达到一定程度后难以一次制作完成。所谓光栅拼接，是将几块较小尺寸的光栅高精度地拼接在一起，形成一块大尺寸的光栅。为了保证拼接后的光栅具有光学一致性，拼接的精度需要达到纳米级。

5.8.1 系统构成

三块光栅拼接的光路示意图如图5-51所示。ϕ200mm口径激光束由分光镜A分成两部分，一部分经反射镜A返回作为参考光，另一部分作为测量光。测量光经分光镜B到达待拼接的光栅G_1和G_2，经光栅G_4和反射镜B后，再经光栅G_1和G_2返回到分光镜B。分光镜B将返回的激光分成两部分：一部分经光阑后变成ϕ50mm的光束，经透镜聚焦后进入摄像机CCD2形成远场图像；另一部分经过分光镜A与参考光形成干涉，再经聚焦透镜和凹透镜后变成ϕ5mm的光束，进入摄像机CCD1形成近场图像。

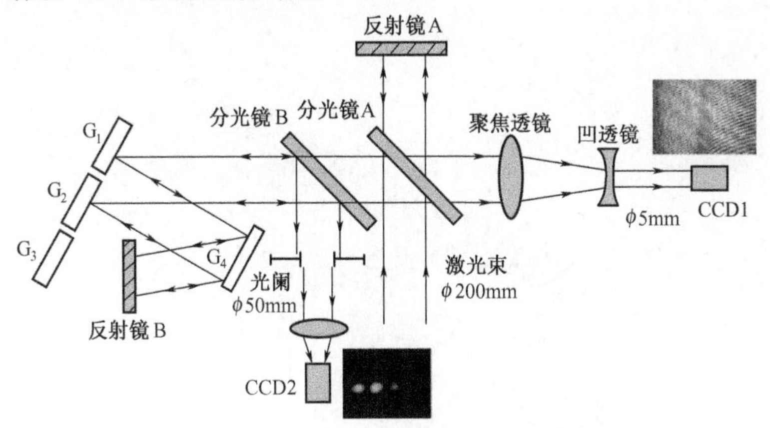

图5-51 光栅拼接光路构成示意图[28]

在三块光栅中：G_2为静光栅，为拼接的基准光栅；G_1和G_3为动光栅，经过调整机构的位姿调整实现与G_2的拼接。动光栅G_1和G_3分别具有如图5-52(a)所示的调整机构，由5只宏/微运动操作手构成。

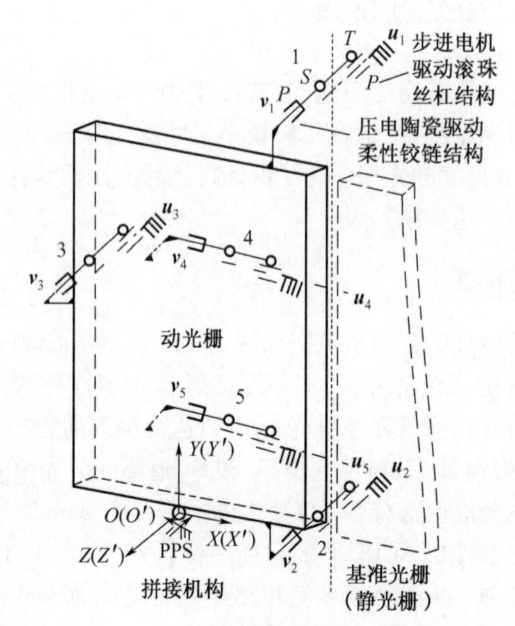

(a) 调整机构 [29]

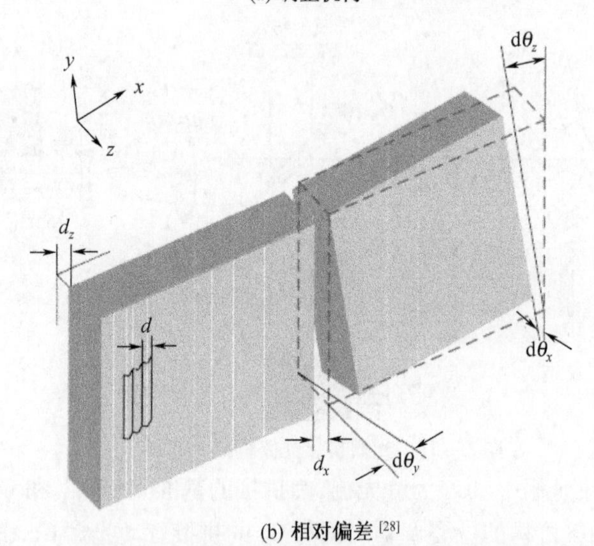

(b) 相对偏差 [28]

图 5-52　调整机构与光栅间的相对偏差示意图

每只操作手的宏动由步进电机驱动滚珠丝杠实现，运动精度可达微米级；其微动采用压电陶瓷驱动的柔性铰链结构，运动精度可达纳米级。图5-52(b)给出了两块光栅之间的相对位姿偏差的示意图，姿态偏差分别为$d\theta_x$、$d\theta_y$、$d\theta_z$，位置偏差为d_x、d_y、d_z。其中，在y轴方向的偏差d_y对拼接后的光栅性能影响较小，利用宏动机构调整即可达到要求。对拼接后的光栅性能影响较大的偏差量，除了$d\theta_x$、$d\theta_y$、$d\theta_z$、d_x、d_z之外，还有栅距偏差Δd。在调整过程中这些偏差相互影响，可以将这6个影响较大的偏差量分成3组，分别为d_x和d_z组，$d\theta_x$和$d\theta_z$组，$d\theta_y$和Δd组。在这3组偏差量中，每组调整一个偏差量即可，本节选择d_z、$d\theta_x$、$d\theta_y$作为光栅拼接调整的偏差量[28]。

5.8.2 拼接位姿偏差测量

CCD2采集的远场图像含有偏差d_z的信息。由于偏差d_z的影响，远场图像会形成3个光斑，如图5-53所示。主光斑与次光斑之间的能量比可以反映d_z的情况，所以首先计算主光斑与次光斑之间的能量比。以光斑区域内的所有像素的灰度值之和作为光斑的能量。如果左侧的光斑能量大于等于右侧的光斑能量，则能量比为左侧光斑的能量除以中间光斑的能量，否则能量比为中间光斑的能量除以右侧光斑的能量，即

$$\rho = \begin{cases} E_1/E_2, & E_1 \geqslant E_3 \\ E_2/E_3, & E_1 < E_3 \end{cases} \tag{5-48}$$

式中：ρ为能量比；$E_1 \sim E_3$分别为左侧开始的3个光斑的能量。

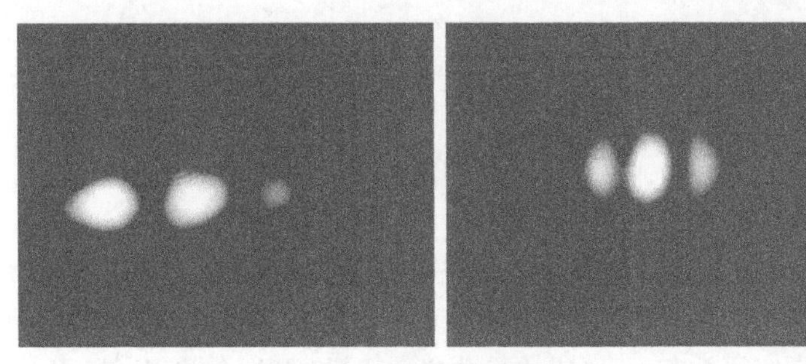

图5-53 远场图像

能量比 ρ 与 d_z 之间符合以下关系：

$$d_z = d_{z0} + A_1 e^{-\frac{\rho - \rho_0}{t_1}} + A_2 e^{-\frac{\rho - \rho_0}{t_2}} \tag{5-49}$$

式中：ρ_0、d_{z0}、A_1、A_2、t_1、t_2 为映射参数。

通过主动改变 d_z，获得对应的 ρ_0，形成一系列数据样本对(d_{zi},ρ_i)。将数据样本对代入式(5－49)中，利用非线性拟合可以获得参数 ρ_0、d_{z0}、A_1、A_2、t_1、t_2。

CCD1 采集的近场图像如图 5－54 所示，其中含有姿态偏差 $d\theta_x$ 和 $d\theta_y$ 的信息。首先，对图 5－54 所示的近场图像左右两侧分别进行快速傅里叶变换(fast Fourier transform，FFT)。然后，在频域内对主频以上的频率进行截断，再进行快速傅里叶反变换(inverse fast Fourier transform，IFFT)，取结果的相位角部分，对相位角进行规整处理，计算干涉图像左右两侧的波前姿态角。

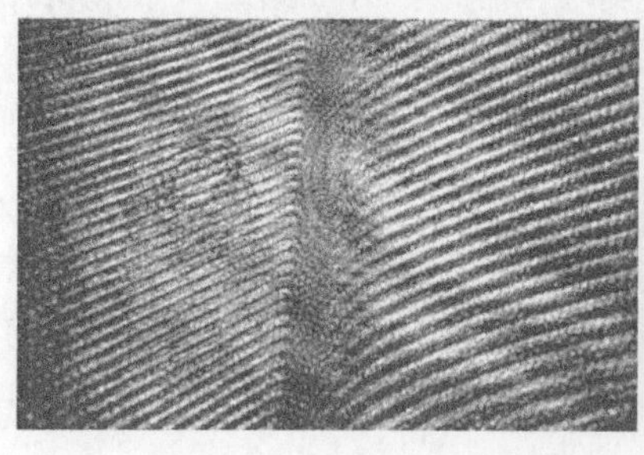
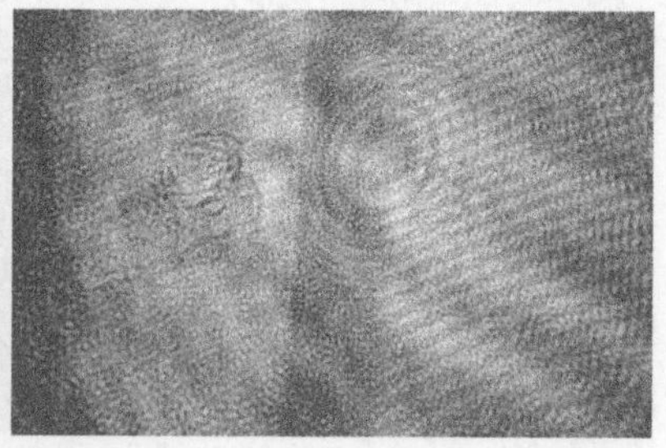

图 5－54　近场图像

式(5－50)～式(5－55)为图像波前姿态角的计算公式。

$$\begin{cases} \theta_x = \dfrac{G_{sx}\lambda M}{4N_x\phi\pi} \\ \theta_y = \dfrac{G_{sy}\lambda N}{4N_y\phi\pi} \end{cases} \tag{5-50}$$

式中：θ_x 和 θ_y 分别为绕 x、y 轴的波前姿态角；M 为图像区域宽度，N 为图像区域高度，图像区域的大小为 $M \times N$ 像素；λ 为激光波长，ϕ 为干涉图像真实尺寸与 CCD 成像尺寸之比，λ 和 ϕ 为常数；N_x 和 N_y 分别为区域内符合横向和纵向梯度条件的点数;G_{sx}和G_{sy}分别为区域内符合横向和纵向梯度条件的点的梯度和,各式分别如下:

$$\begin{cases} G_{sx} = \sum_{i=1}^{M-1}\sum_{j=1}^{N} k_{xij}[I_F(i+1,j) - I_F(i,j)] \\ G_{sy} = \sum_{i=1}^{M}\sum_{j=1}^{N-1} k_{yij}[I_F(i,j+1) - I_F(i,j)] \end{cases} \tag{5-51}$$

$$k_{xij} = \begin{cases} 1, & |I_F(i+1,j) - I_F(i,j) - x_0| < 0.5|x_0| \\ 0, & 其他 \end{cases} \tag{5-52}$$

$$k_{yij} = \begin{cases} 1, & |I_F(i,j+1) - I_F(i,j) - y_0| < 0.5|y_0| \\ 0, & 其他 \end{cases} \tag{5-53}$$

$$\begin{cases} x_0 = I_F(M/2,N/2) - I_F(M/2-1,N/2) \\ y_0 = I_F(M/2,N/2) - I_F(M/2,N/2-1) \end{cases} \tag{5-54}$$

$$\begin{cases} N_x = \sum_{i=1}^{M-1}\sum_{j=1}^{N} k_{xij} \\ N_y = \sum_{i=1}^{M}\sum_{j=1}^{N-1} k_{yij} \end{cases} \tag{5-55}$$

式中:$I_F(i,j)$为经过 FFT 截断主频率后再 IFFT 后(i,j)点的相位值。

利用式(5-50)~式(5-55)分别计算出干涉图像左右两侧的波前姿态角,左右两侧波前姿态角之间的偏差乘以系数后得到动光栅的姿态偏差 $d\theta_x$ 和 $d\theta_y$,即

$$\begin{cases} d\theta_x = k_1(\theta_{lx} - \theta_{rx}) \\ d\theta_y = k_2(\theta_{ly} - \theta_{ry}) \end{cases} \tag{5-56}$$

式中:θ_{lx}和θ_{ly}分别为利用左侧图像计算出的绕 x、y 轴的波前姿态角;θ_{rx}和θ_{ry}分别为利用右侧图像计算出的绕 x、y 轴的波前姿态角;k_1 和 k_2 为比例系数,通过标定得到。

5.8.3 实验与结果

图5－55为三块光栅拼接实验系统。在此系统上，进行了三块光栅拼接实验。首先，控制 G_1 按照一定的步长前后运动，计算远场图像中光斑的能量比，对式(5－49)进行了标定。标定结果为：$d_{z0}=-354.63$，$A_1=1690.38$，$A_2=1690.38$，$\rho_0=0$，$t_1=0.73$，$t_2=0.73$。然后，按照一定的步长主动改变控制 G_1 的姿态，计算 N_x、N_y 和 G_{sx}、G_{sy}，对式(5－50)中的比例系数 k_1 和 k_2 进行了标定。实验中，$\lambda=1.053$，$\phi=0.024$，$M=512$，$N=512$。标定结果为 $k_1=1.343$，$k_2=3.333$。

图5－55 三块光栅拼接实验系统

利用标定出的参数，根据式(5－49)计算偏差 d_z，控制调整机构在 z 轴方向的平移，进行了位置对准。在位置对准过程中，偏差 d_z 的变化见图5－56。由图5－56可见，位置偏差 d_z 能够快速、平稳地由5000nm左右下降到接近0nm。利用标定出的参数，根据式(5－50)～式(5－56)计算偏差 $d\theta_x$ 和 $d\theta_y$，控制调整机构绕 x 轴和 y 轴旋转，对姿态进行了对准。在姿态对准过程中，角度偏差 $d\theta_x$ 和 $d\theta_y$ 变化分别见图5－57(a)和图5－57(b)。由图5－57可见，角度偏差 $d\theta_x$ 和 $d\theta_y$ 能够下降到小于5μrad。

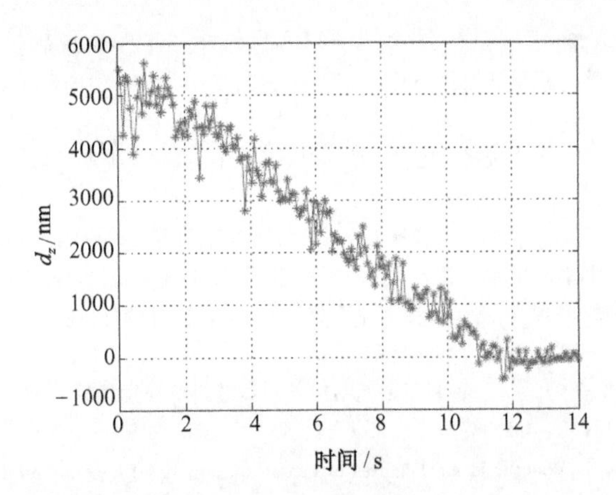

图5-56 位置对准过程中偏差 d_z 的变化[28]

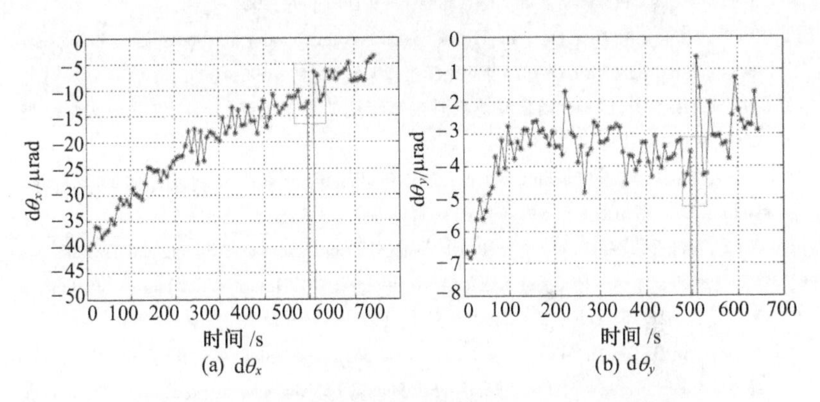

图5-57 姿态对准过程中偏差 $d\theta_x$ 和 $d\theta_y$ 的变化[28]

参 考 文 献

[1] 陈一民,张涛,薛广涛. 基于网络和 Linux 的机器人仿真和监控系统[J]. 机器人,2001,23(4):356-362.

[2] 王坤兴. 机器人技术的发展趋势[J]. 机器人技术与应用,1999(6):4-6.

[3] 徐德,赵晓光,陈刚,等. 基于网络的机器人跨平台远程实时控制[J]. 武汉大学学报:信息科学版,2003,28(2):248-252.

[4] 徐德. 机器人的实时视觉控制与定位研究[R]. 博士后出站报告,北京:中国科学院自

动化研究所,2003.

[5] 景奉水. 机器人视觉伺服控制及其实现的研究[D]. 北京：中国科学院自动化研究所,2001.

[6] 范永,谭民. MRCS 中机器人控制体系框架结构[J]. 控制与决策,2000,15(3)：325－328.

[7] 吴镇炜. 基于 PC 平台机器人控制器设计与实现[J]. 机器人,2000,22(7)：738－740.

[8] 徐德,涂志国,赵晓光,等. 弧焊机器人视觉控制[J]. 焊接学报,2004,25(4)：10－14.

[9] 王麟琨,徐德,韩加强,等. 一种工业用焊接小车的视觉伺服研究[J]. 高技术通讯,2005,15(11)：23－29.

[10] 李原,徐德,李涛,等. 一种基于激光结构光的焊缝跟踪视觉传感器[J]. 传感技术学报,2005,18(3)：488－492.

[11] Xu D, Jiang Z, Wang L, et al. Features extraction for structured light image of welding seam with arc and splash disturbance [C]. The 8th International Conference on Control, Automation, Robotics and Vision, Kunming, China, 6－9 December, 2004.

[12] Xu D, Wang L K, Tu Z G, et al. Hybrid visual servoing control for robotic arc welding based on structured light vision [J]. 自动化学报,2005,31(4)：596－605.

[13] 方灶军,鄢治国,徐德. 集装箱薄板对接焊缝视觉跟踪系统[J]. 上海交通大学学报,2008,42(Sup. 1)：80－83.

[14] Yan Z, Xu D. Visual tracking system for the welding of narrow butt seams in container manufacture[C]. UKACC Control Conference, Manchester, UK, September 2－4, 2008.

[15] Xu D, Fang Z, Chen H, et al. Compact Visual Control System for Aligning and Tracking Narrow Butt Seams with CO2 Gas Shielded Arc Welding[J]. International Journal of Advanced Manufacturing Technology, 2012, 62(6－9)：1157－1167.

[16] Fang Z, Xu D, Tan M. Vision-based initial weld point positioning using the geometric relationship between two seams[J]. International Journal of Advanced Manufacturing Technology, 2013, 66(9－12)：1535－1543.

[17] 陈海永,方灶军,徐德,等. 基于视觉的薄钢板焊接机器人起始点识别与定位控制[J]. 机器人,2013,35(1)：90－97.

[18] Shen Y, Xu D, Tan M, et al. Mixed visual control method for robots with self-calibrated stereo rig [J]. IEEE Transactions on Instrumentation and Measurement, 2010, 59(2)：470－479.

[19] Han L, Xu D, Zhang Y. Natural ceiling features based self-localisation for indoor mobile robots[J]. International Journal of Modelling, Identification and Control, 2010, 10(3/4)：272－280.

[20] 韩立伟. 移动式操作服务机器人的视觉定位与趋近研究[D]. 北京：中国科学院自动化研究所,2009.

[21] 张正涛,徐德,喻俊志. 乒乓球机器人的研究与最新进展[C]. The 7th World Congress on Intelligent Control and Automation(WCICA'08), June 25－27, 2008, Chongqing, China.

[22] 杨平,张正涛,王华伟,等. 乒乓球机器人的设计及其运动控制研究[C]. The 8th World Congress on Intelligent Control and Automation (WCICA 2010),pp. 102 - 107,July 6 - 9, 2010,Ji'nan,China.

[23] 张正涛,徐德. 基于智能摄像机的高速视觉系统及其目标跟踪算法研究[J]. 机器人, 2009,31(3): 229 - 334.

[24] Zhang Z,Xu D,Tan M. Visual measurement and prediction of ball trajectory for table tennis robot[J]. IEEE Transactions on Instrumentation and Measurement,2010,59(12): 3195 - 3205.

[25] Chen G,Xu D,Fang Z,et al. Visual Measurement of the Racket Trajectory in Spinning Ball Striking for Table Tennis Player[J]. IEEE Transactions on Instrumentation and Measurement,2013,62(11): 2901 - 2911.

[26] Yang P,Xu D,Zhang Z,et al. A Vision System with Multiple Cameras Designed for Humanoid Robots to Play Table Tennis[C]. The 7th Annual IEEE Conference on Automation Science and Engineering (CASE 2011),pp. 737 - 742,August 24 - 27,2011,Starhotels,Savoia Excelsior Palace,Trieste,Italy.

[27] Yang P,Xu D,Wang H,et al. Control system design for a 5-DOF table tennis robot[C]. Eleventh International Conference on Control,Automation,Robotics and Vision (ICARCV 2010),7 - 10 December 2010,Singapore.

[28] Fang Z,Xia L,Huang Y,et al. Vision-Based Alignment Control for Grating Tiling in Petawatt-Class Laser System[J]. IEEE Transactions on Instrumentation and Measurement,2014,63(6): 1628 - 1638.

[29] 邵忠喜,张庆春,白清顺,等. 高精度大口径光栅拼接装置的控制算法[J]. 光学精密工程,2009,17(1):158 - 165.

附录 摄像机标定工具箱与标定函数

A1 Matlab 摄像机标定工具箱

工具箱下载：http://www.vision.caltech.edu/bouguetj/calib_doc/download/index.html。

说明文档：http://www.vision.caltech.edu/bouguetj/calib_doc/。

安装：将下载的工具箱文件 toolbox_calib.zip 解压缩，将目录 toolbox_calib 复制到 Matlab 的目录下。

采集图像：采集的图像统一命名后，复制到 toolbox_calib 目录中。命名规则为基本名和编号，基本名在前，后面直接跟着数字编号。编号最多为 3 位十进制数字。

A1.1 标定模型

内参数标定采用的模型如下：

$$\begin{bmatrix} u \\ v \\ 1 \end{bmatrix} = \begin{bmatrix} k_x & k_s & u_0 \\ 0 & k_y & v_0 \\ 0 & 0 & 1 \end{bmatrix} \begin{bmatrix} x_c/z_c \\ y_c/z_c \\ 1 \end{bmatrix} = \boldsymbol{M}_{in} \begin{bmatrix} x_{c1} \\ y_{c1} \\ 1 \end{bmatrix} \tag{A1 - 1}$$

式中：(u,v)为特征点的图像坐标；(x_c,y_c,z_c)为特征点在摄像机坐标系的坐标；k_x、k_y 为焦距归一化成像平面上的成像点坐标到图像坐标的放大系数；k_s 为对应于图像坐标$(u、v)$的摄像机的 X、Y 轴之间不垂直带来的耦合放大系数，$k_s = \alpha_c k_x$，α_c 是摄像机的实际 Y 轴与理想 Y 轴之间的夹角,单位为弧度;(u_0, v_0)是光轴中心点的图像坐标,即主点坐标;(x_{c1}, y_{c1})是焦距归一化成像平面上的成像点坐标。

Brown 畸变模型如下:

$$\begin{cases} x_{c1d} = x_{c1}(1 + k_{c1}r^2 + k_{c2}r^4 + k_{c5}r^6) + 2k_{c3}x_{c1}y_{c1} + k_{c4}(r^2 + 2x_{c1}^2) \\ y_{c1d} = y_{c1}(1 + k_{c1}r^2 + k_{c2}r^4 + k_{c5}r^6) + k_{c3}(r^2 + 2y_{c1}^2) + 2k_{c4}x_{c1}y_{c1} \end{cases} \tag{A1-2}$$

式中:(x_{c1d}, y_{c1d})为焦距归一化成像平面上的成像点畸变后的坐标;k_{c1}为 2 阶径向畸变系数,k_{c2}是 4 阶径向畸变系数,k_{c5}是 6 阶径向畸变系数,k_{c3}、k_{c4}是切向畸变系数;r 为成像点到光轴中心线与成像平面的交点的距离,$r^2 = x_{c1}^2 + y_{c1}^2$。

A1.2　操作界面

将 Matlab 的当前目录设定为含有标定工具箱的目录,即 toolbox_calib 目录。在 Matlab 命令窗口运行 calib_gui 指令,弹出图 A1-1 所示选择窗口。

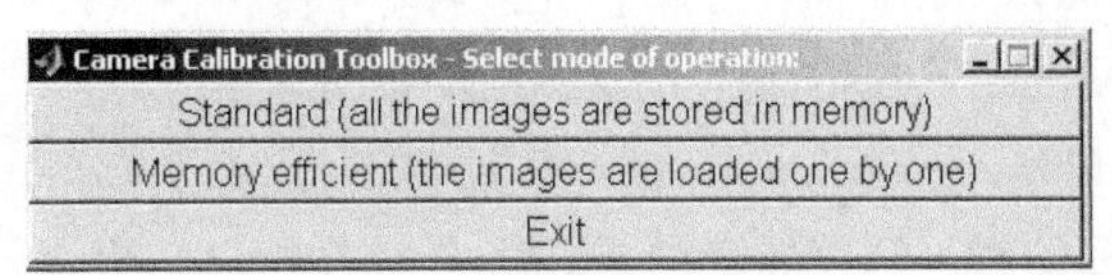

图 A1-1　内存使用方式窗口

图 A1-1 窗口中,具有两个选项,分别是 Standard 和 Memory efficient。如果单击选择 Standard,则将目录中的所有图像读入内存中,所需内存较大。如果单击选择 Memory efficient,则将目录中的图像按照需要每次一幅图像读入内存中,所需内存较小。在选择了内存使用方式后,弹出标定工具箱操作面板。图 A1-2 是选择 Standard 后弹出的标定工具箱操作面板。

图 A1-2 所示的标定工具箱操作面板具有 16 个操作命令键,其功能如下:

(1) Image names 键:指定图像的基本名(Basename)和图像格式,并将相应的图像读入内存。

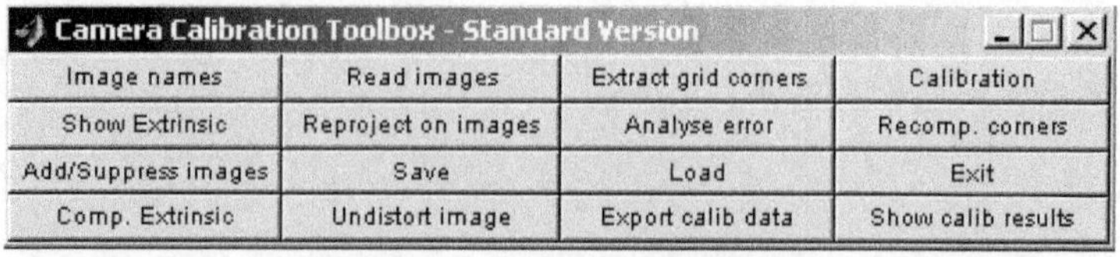

Camera Calibration Toolbox - Standard Version

Image names	Read images	Extract grid corners	Calibration
Show Extrinsic	Reproject on images	Analyse error	Recomp. corners
Add/Suppress images	Save	Load	Exit
Comp. Extrinsic	Undistort image	Export calib data	Show calib results

图 A1－2　标定工具箱操作面板

（2）Read Images 键：将指定基本名和格式的图像读入内存。

（3）Extract grid corners 键：提取网格角点。

（4）Calibration 键：内参数标定。

（5）Show Extrinsic 键：以图形方式显示摄像机与标定靶标之间的关系。

（6）Reproject on images 键：按照摄像机的内参数以及摄像机的外参数（即靶标坐标系相对于摄像机坐标系的变换关系），根据网格点的笛卡儿空间坐标，将网格角点反投影到图像空间。

（7）Analyse error 键：图像空间的误差分析

（8）Recomp. corners 键：重新提取网格角点。

（9）Add/Suppress images 键：增加/删除图像。

（10）Save 键：保存标定结果。将内参数标定结果以及摄像机与靶标之间的外参数保存为 m 文件 Calib_results. m，存放在 toolbox_calib 目录中。

（11）Load 键：读入标定结果。从存放在 toolbox_calib 目录中的标定结果文件 Calib_results. mat 读入。

（12）Exit 键：退出标定。

（13）Comp. Extrinsic 键：计算外参数。

（14）Undistort image 键：生成消除畸变后的图像并保存。

（15）Export calib data 键：输出标定数据。分别以靶标坐标系中的平面坐标和图像中的图像坐标，将每一幅靶标图像的角点保存为两个 text 文件。

（16）Show calib results 键：显示标定结果。

A1.3　内参数标定

预先将命名为 Image1 ~ Image20 的 tif 格式的 20 幅靶标图像保存在 toolbox_calib 目录中。当然,采集的靶标图像也可以采用不同的格式,如 bmp 格式、jpg 格式等。但应注意,用于标定的靶标图像需要采用相同的图像格式。摄像机的内参数标定过程,如下所述。

1. 指定图像基本名与图像格式

在图 A1-2 所示的标定工具箱操作面板单击 Image names 键,在 Matlab 命令窗口分别输入基本名 Image 和图像格式 t,出现下述对话内容:

```
Basename camera calibration images (without number nor suffix): Image
Image format: ([] ='r'='ras','b'='bmp','t'='tif','p'='pgm','j'='jpg','m'='ppm') t
Loading image 1...2...3...4...5...6...7...8...9...10...11...12...13...14...15...16...17...18...19...20...
done
```

同时,在 Matlab 的图形窗口显示出 20 幅靶标图像,如图 A1-3 所示。

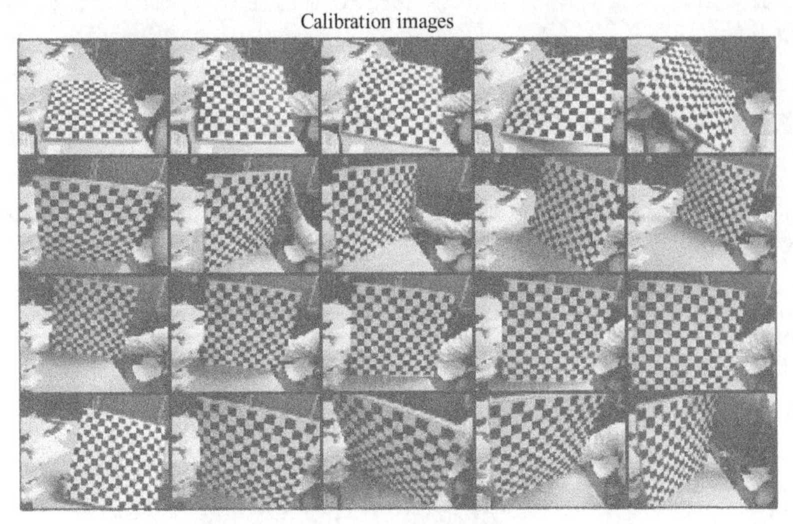

图 A1-3　靶标图像

2. 提取角点

在图 A1 - 2 所示的标定工具箱操作面板单击 Extract grid corners 键。

(1) 在 Matlab 命令窗口出现"Number(s) of image(s) to process ([] = all images) = "时,输入要进行角点提取的靶标图像的编号并回车。直接回车表示选用缺省值。选择缺省值时,对读入的所有的靶标图像进行角点提取。

(2) 在 Matlab 命令窗口出现"Window size for corner finder (wintx and winty): "时,分别在"wintx ([] = 5) = "和"winty ([] = 5) = "输入行中输入角点提取区域的窗口半宽 m 和半高 n。m 和 n 为正整数,单位为像素,缺省值为 5 像素。选定 m 和 n 后,命令窗口显示角点提取区域的窗口尺寸为 $(2n+1)\times(2m+1)$。例如,选择缺省时角点提取区域的窗口尺寸为 11×11 像素。

(3) 在 Matlab 命令窗口出现"Do you want to use the automatic square counting mechanism (0 = [] = default) or do you always want to enter the number of squares manually (1, other)? "时,选择缺省值 0 表示自动计算棋盘格靶标选定区域内的方格行数和列数,选择值 1 表示人工计算并输入棋盘格靶标选定区域内的方格行数和列数。

(4) 到显示所选择靶标图像的图形窗口,利用鼠标单击设定棋盘格靶标的选定区域。单击的第一个角点作为靶标坐标系的原点,顺序单击 4 个角点形成四边形。注意,所形成的四边形的边应与棋盘格靶标的网格线基本平行。否则,影响角点提取精度,甚至导致角点提取错误。

(5) 在 Matlab 命令窗口出现"Size dX of each square along the X direction ([] = 100mm) = "和"Size dY of each square along the Y direction ([] = 100mm) = "时,分别输入方格长度和宽度,单位为 mm。方格长度和宽度的缺省值均为 100mm。

(6) 在 Matlab 命令窗口出现"Need of an initial guess for distortion? ([] = no, other = yes) "时,如果选择 no 则不输入畸变初始值,如果选择 yes 则输入畸变初始值。输入的畸变初始值,将同时赋值给需要估计的5个畸变系数,即径向畸变系数 $k_c(1)$、$k_c(2)$、$k_c(5)$ 和切向畸变系数 $k_c(3)$、$k_c(4)$。如果不估计6阶径向畸变系数 $k_c(5)$,则 $k_c(5)$ 被赋值为0。

按照上述步骤,对用于标定的每一幅靶标图像进行角点提取。例如,$m=5$,$n=5$ 时,角点提取区域的窗口尺寸为11像素×11像素,未输入畸变初始值,此时图像 Image 6 的角点提取结果如图 A1-4 所示。图 A1-4(a)只标出了待提取角点的位置,图 A1-4(b)标出了角点提取区域窗口和提取出的角点。从图 A1-4 中可以发现:图(a)中的十字标记位置与角点具有明显偏差,但在角点附近;图(b)中的每个角点提取区域窗口包含了角点,表示角点提取结果的十字标记位置与角点位置具有很好的吻合度。同样在 $m=5$,$n=5$ 时,未输入畸变初始值,但通过鼠标单击设定棋盘格靶标的选定区域时,所形成的四边形的边与棋盘格靶标的网格线成较大夹角,此时图像 Image1 的角点提取结果如图 A1-5 所示。从图 A1-5 中可以发现:图(a)中的十字标记位置与角点具有明显偏差,部分十字标记远离角点;图(b)中的很多角点提取区域窗口没有包含角点,表示角点提取结果的十字标记位置并不在角点位置,说明角点提取存在错误。

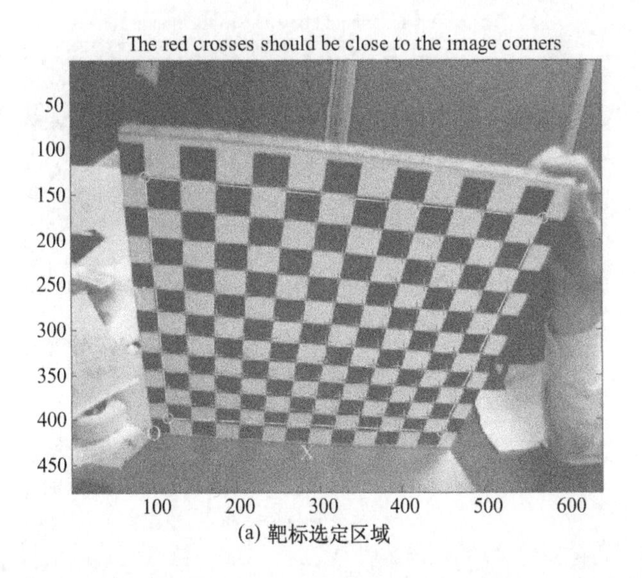

(a) 靶标选定区域

(b) 角点提取结果

图 A1-4 合适的靶标选定区域与角点提取结果

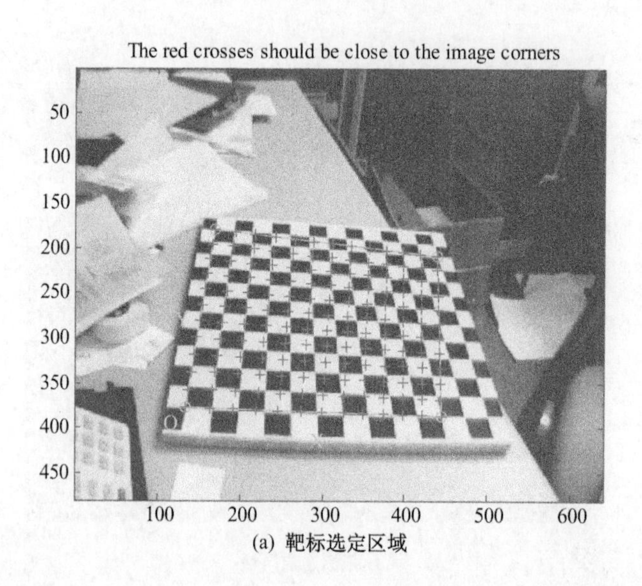

(a) 靶标选定区域

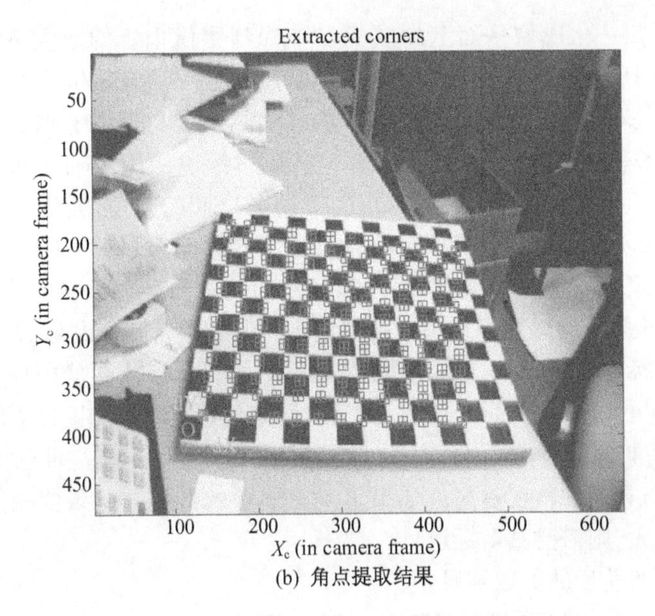

(b) 角点提取结果

图 A1－5 错误的靶标选定区域与角点提取结果

3. 内参数标定

对用于标定的每一幅靶标图像进行角点提取后,在图 A1－2 所示的标定工具箱操作面板单击 Calibration 键,即可完成摄像机的内参数标定。

内参数标定时,Matlab 工具箱首先进行初始化,即将图像中心点坐标作为主点坐标的初始值,采用平面靶标网格的消失点估计出摄像机的内参数作为内参数的初始值,畸变初始值设为 0。镜头畸变采用包括径向畸变和切向畸变的 Brown 畸变模型,并假设 6 阶径向畸变系数 $k_c(5)=0$。假设摄像机的 X 轴与 Y 轴严格垂直,即图像坐标(u,v)与归一化成像平面内的成像点坐标(x_{c1},y_{c1})解耦,$k_s=0$,内参数采用 4 参数模型。数组 est_dist(1:5)是畸变系数 $k_c(1:5)$是否标定的标志,只对标志取值为 1 的畸变系数标定,标志取值为 0 的畸变系数不标定。

内参数标定给出初始化后的标定结果和优化后的标定结果。其中,对内参数的优化采用 L－M 梯度下降法。优化后的结果中给出的参数不确定性,是 3 倍的标准方差。fc 中的两个数据分别是 k_x 和 k_y,

即焦距归一化成像平面上的成像点坐标到图像坐标的放大系数。cc为光轴中心点的图像坐标(u_0, v_0)，又称为主点坐标，单位为像素。alpha_c是对应于图像坐标v的摄像机的实际Y轴与理想Y轴之间的夹角α_c，单位为弧度，默认值为0弧度。后续给出的图像轴之间的夹角为对应于图像坐标u、v的摄像机的X、Y轴之间的夹角，默认值为90°。est_alpha是alpha_c是否标定的标志位，只有est_alpha = 1时对alpha_c进行标定。k_c为畸变系数$k_{c1} \sim k_{c5}$，$k_c(1)$为2阶径向畸变系数k_{c1}，$k_c(2)$为4阶径向畸变系数k_{c2}，$k_c(5)$为6阶径向畸变系数k_{c5}，$k_c(3)$为图像坐标u对应于xy项的切向畸变系数k_{c3}，$k_c(4)$为图像坐标v对应于xy项的切向畸变系数k_{c4}。err为将网格角点反投影到图像空间的误差的标准方差，单位为像素。在优化后的结果中，不确定性的数值越小，说明标定的精度越高。如果不确定性项的数值与结果值相比所占比例较大，则需要重新标定。

初始化后的标定结果：

Focal Length：fc = [673.45516 673.45516]

Principal point：cc = [319.50000 239.50000]

Skew：lpha_c = [0.00000] => angle of pixel = 90.00000 degrees

Distortion：kc = [0.00000 0.00000 0.00000 0.00000 0.00000]

优化后的标定结果：

Focal Length：fc = [657.80887 658.51372] ± [1.86106 1.34683]

Principal point：cc = [302.95191 248.06759] ± [1.88046 2.85817]

Skew：alpha_c = [0.00000] ± [0.00000] => angle of pixel axes = 90.00000 ± 0.00000 degrees

Distortion：kc = [-0.25853 0.14834 0.00074 -0.00030 0.00000] ± [0.00784 0.03727 0.00085 0.00042 0.00000]

Pixel error：err = [0.15205 0.12424]

4. 显示摄像机与标定靶标之间的关系

完成内参数标定后，在标定工具箱操作面板单击Show Extrinsic键，即可在新的图形窗口显示摄像机与标定靶标之间的关系，如图A1-6所示。图A1-6(a)为假设摄像机固定时摄像机与靶标之间

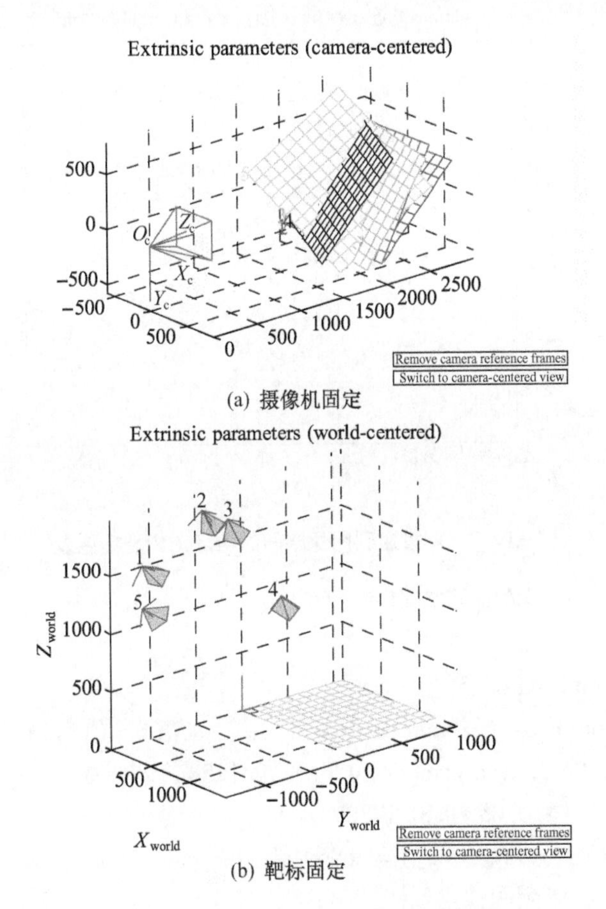

(a) 摄像机固定

(b) 靶标固定

图 A1-6 摄像机坐标系与靶标之间的关系

的关系,图 A1-6(b)为假设靶标固定时摄像机与靶标之间的关系。

5. 误差分析

完成内参数标定后,在标定工具箱操作面板单击 Analyse error 键,即可在新的图形窗口显示出标定使用的所有角点反投影到图像空间的图像坐标误差,如图 A1-7 所示。在图 A1-7 所示的图形窗口,利用鼠标移动十字标尺可以选择角点,即可在命令窗口显示出该角点的信息,包括该角点所属图像、索引号、以方格为单位的坐标、图像坐标、反投影后的图像坐标误差、角点提取区域的窗口半宽 m 和半高 n。

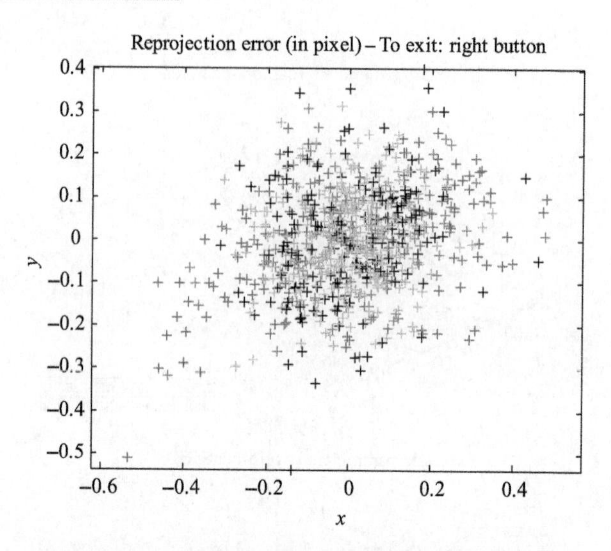

图 A1 –7　反投影到图像空间的角点图像坐标误差

选择角点后在命令窗口显示的信息：

Selected image：5

Selected point index：51

Pattern coordinates (in units of (dX,dY))：(X,Y) = (11,8)

Image coordinates (in pixel)：(426.32,261.58)

Pixel error = (–0.05908,0.17309)

Window size：(wintx,winty) = (6,6)

6. 反投影到图像空间

完成内参数标定后，在标定工具箱操作面板单击 Project on image 键，在 Matlab 命令窗口出现"Number(s) of image(s) to process ([ ] = all images) ="时，输入要进行反投影的靶标图像的编号并回车。直接回车表示选用缺省值。选择缺省值时，对用于标定的所有靶标图像进行反投影。选择图像后，在新的图形窗口显示反投影结果，并在命令窗口输出用于标定的所有靶标图像的角点反投影的图像误差的标准方差。Image6 反投影的结果如图 A1 –8 所示，其中"+"为角点的图像坐标位置，"○"为角点反投影的图像坐标位置。

单击 Project on image 键后，在命令窗口显示的信息如下：

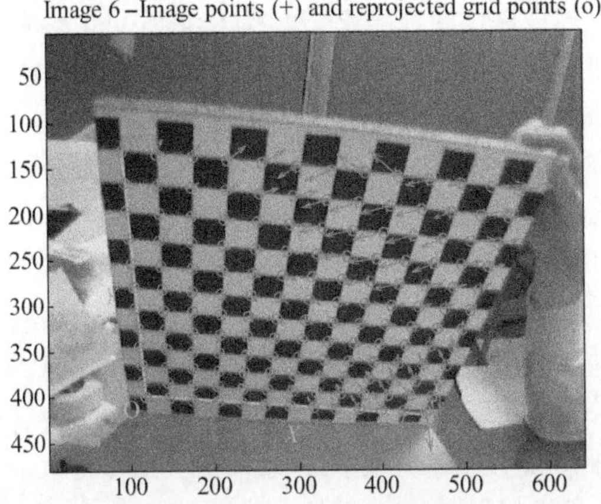

图 A1 – 8 Image6 的角点反投影结果

Number(s) of image(s) to show ([ ] = all images) = 6

Pixel error: err = [0.66512 0.41428] (all active images)

7. 图像畸变校正

完成内参数标定后,在标定工具箱操作面板单击 Undistort image 键,则按照畸变系数对读入的所有靶标图像进行处理,生成消除畸变后的图像并保存在 toolbox_calib 目录中。生成的消除畸变后的图像,以原图像的文件名在基本名和编号之间插入_rect 作为其文件名。图 A1 – 9所示为 Image6 的原始图像和消除畸变后的图像。

(a) 原始图像

(b) 消除畸变后的图像

图 A1 – 9 原始图像和校正后图像

8. 增加/删除图像

在标定工具箱操作面板单击 Add/Suppress images 键，在命令窗口输入代表增加图像、删除图像的数字，然后输入图像编号，可以增加/删除标定使用的图像。

9. 重新提取网格角点

完成内参数标定后，在标定工具箱操作面板单击 Recomp. corners 键，在命令窗口输入角点提取区域的窗口半宽 m 和半高 n、输入重新提取网格角点的图像编号、选择重投影方式后，即可对所选图像重新进行角点提取。重新进行角点提取后，可以再次进行内参数标定。重新提取网格角点时采用了以前的标定结果，经过重新提取网格角点再次标定后，内参数标定精度会有所提高。如果初次角点提取的效果较好，则重新进行网格角点提取的作用不大。

单击 Recomp. corners 键后，在命令窗口显示的信息如下：

```
Re-extraction of the grid corners on the images (after first calibration)
Window size for corner finder (wintx and winty):
wintx ([] =5) =
winty ([] =5) =
Window size =11 ×11
Number(s) of image(s) to process ([] = all images) =
Use the projection of 3D grid or manual click ([] = auto, other = manual):
Processing image 1...2...3...4...5...
done
```

A1.4 外参数标定

外参数标定是在内参数已知的前提下进行的。在完成摄像机的内参数标定后，或者在命令窗口输入摄像机的内参数后，可以对棋盘格靶标相对于摄像机的外参数进行标定。在标定工具箱操作面板单击 Comp. Extrinsic 键，在命令窗口输入靶标图像名称和图像格式，再按照 A1.2 节(2)中的过程提取角点，可实现靶标相对于摄像机的外参数标定。

外参数标定时，在命令窗口显示的信息如下：

Computation of the extrinsic parameters from an image of a pattern
The intrinsic camera parameters are assumed to be known (previously computed)
Image name (full name without extension): Image1
Image format: ([ ] = 'r' = 'ras','b' = 'bmp','t' = 'tif','p' = 'pgm','j' = 'jpg','m' = 'ppm') t
Extraction of the grid corners on the image
Window size for corner finder (wintx and winty):
wintx ([ ] = 5) =
winty ([ ] = 5) =
Window size = 11 × 11
Click on the four extreme corners of the rectangular complete pattern (the first clicked corner is the origin)...
Size dX of each square along the X direction ([ ] = 30mm) = 100
Size dY of each square along the Y direction ([ ] = 30mm) = 100
Corner extraction...

外参数标定结果如下:

Translation vector: Tc_ext = [-531.674715　400.142025　1999.135937]
Rotation vector: omc_ext = [2.258838　-0.002845　0.157413]
Rotation matrix: Rc_ext = [0.992075　-0.055515　0.112716
　　0.051405　-0.639246　-0.767282
　　0.114649　0.766996　-0.631327]
Pixel error: err = [0.14406　0.10000]

在外参数标定结果中:Tc_ext 为靶标坐标系原点在摄像机坐标系中的位移向量,单位为 mm;omc_ext 为对应于姿态矩阵的 rodrigues 旋转向量;Rc_ext 为旋转矩阵;err 为将网格角点反投影到图像空间的误差的标准方差,单位为像素。

A1.5　立体视觉标定

在进行立体视觉标定之前,按照 A1.2 节方法分别标定立体视觉系统的左、右摄像机的内参数。左摄像机采集的图像与右摄像机采集的图像分别命名，左摄像机采集的图像命名为 left1 ~ left14，右摄像机采集的图像命名为 right1 ~ right14。左摄像机内参数的标定结果保存后的 Calib_results. mat 文件重命名为 Calib_Results_left. mat，右摄像机的标定结果保存后的 Calib_results. mat 文件重命名为 Calib_Results_right. mat。

在 Matlab 命令窗口运行 stereo_gui 指令，弹出图 A1 - 10 所示立体视觉标定工具箱窗口。

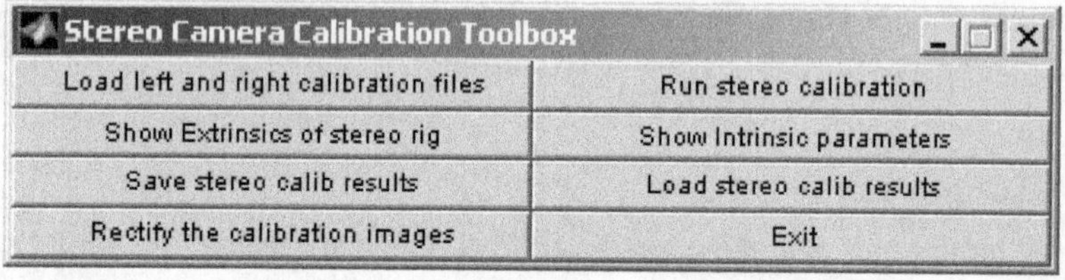

Stereo Camera Calibration Toolbox

Load left and right calibration files	Run stereo calibration
Show Extrinsics of stereo rig	Show Intrinsic parameters
Save stereo calib results	Load stereo calib results
Rectify the calibration images	Exit

图 A1 - 10　立体视觉标定工具箱操作面板

图 A1 - 10 所示的标定工具箱操作面板具有 8 个操作命令键，其功能如下：

(1) Load left and right calibration files 键：读入左、右摄像机的标定结果，并对左摄像机相对于右摄像机的位姿进行初步标定。

在图 A1 - 10 所示操作面板单击 Load left and right calibration files 键，在 Matlab 的命令窗口输入左摄像机的标定结果文件名和右摄像机的标定结果文件名，则在命令窗口显示下述内容：

Intrinsic parameters of left camera:

Focal Length: fc_left = [533. 00371　　533. 15260] ± [1. 07629　1. 10913]

Principal point: cc_left = [341. 58612　　234. 25940] ± [1. 24041　1. 33065]

Skew: alpha_c_left = [0. 00000] ± [0. 00000] => angle of pixel axes = 90. 00000 ± 0. 00000 degrees

Distortion: kc_left = [-0. 28947　0. 10326　0. 00103　-0. 00029　0. 00000] ± [0. 00596　0. 02055　0. 00030　0. 00037　0. 00000]

Intrinsic parameters of right camera:

Focal Length：fc _ right = [536. 98262　　536. 56938] ± [1. 19786　1. 15677]

Principal point：cc _right = [326. 47209　　249. 33257] ± [1. 36588　1. 34252]

Skew：alpha_c_right = [0. 00000] ± [0. 00000] = > angle of pixel axes = 90. 00000 ±0. 00000 degrees

Distortion：kc_right = [-0. 28936　0. 10677　-0. 00078　0. 00020　0. 00000] ± [0. 00488　0. 00866　0. 00027　0. 00062　0. 00000]

Extrinsic parameters（position of right camera wrt left camera）：

Rotation vector：om = [0. 00611　0. 00409　-0. 00359]

Translation vector：T = [-99. 84929　0. 82221　0. 43647]

显示的结果中：fc_left 是左摄像机的放大系数，即焦距归一化成像平面上的成像点坐标到图像坐标的放大系数；cc_left 为左摄像机的主点坐标，单位为像素；alpha_c_left 是对应于左摄像机的实际 y 轴与理想 y 轴之间的夹角，单位为弧度，默认值为 0 弧度；kc_left 为左摄像机的畸变系数；fc_right 是右摄像机的放大系数，即焦距归一化成像平面上的成像点坐标到图像坐标的放大系数；cc_right 为右摄像机的主点坐标，单位为像素；alpha_c_right 是对应于右摄像机的实际 Y 轴与理想 Y 轴之间的夹角，单位为弧度，默认为 0 弧度；kc_right 为右摄像机的畸变系数；om 为左摄像机相对于右摄像机的姿态矩阵的 rodrigues 旋转向量，利用函数 rodrigues 可以转换为姿态矩阵；T 为左摄像机相对于右摄像机的位移向量，即左摄像机坐标系原点在右摄像机坐标系中的位移向量，单位 mm。

rodrigues(om) = [0. 999983631582173　0. 003519746065755　0. 004510870798495　-0. 003489484865457　0. 999971473651176　-0. 006698908811843　-0. 004534320577757　0. 006683058545923　0. 999967387800907]

（2）Run stereo calibration 键：计算优化后的外参数。

在图 A1 - 10 所示操作面板上单击 Run stereo calibration 键，则在 Matlab 的命令窗口输出左、右摄像机的内参数和优化后的外参数。输出结果如下：

Intrinsic parameters of left camera：

Focal Length：fc_left = [533. 52331   533. 52700] ± [0. 83147   0. 84055]
Principal point：cc_left = [341. 60377   235. 19287] ± [1. 23937   1. 20470]
Skew：alpha_c_left = [0. 00000] ± [0. 00000] => angle of pixel axes = 90. 00000 ±0. 00000 degrees
Distortion：kc_left = [−0. 28838   0. 09714   0. 00109   −0. 00030   0. 00000] ± [0. 00621   0. 02155   0. 00028   0. 00034   0. 00000]
Intrinsic parameters of right camera：
Focal Length：fc_right = [536. 81376   536. 47649] ± [0. 87631   0. 86541]
Principal point：cc_right = [326. 28655   250. 10121] ± [1. 31444   1. 16609]
Skew：alpha_c_right = [0. 00000] ± [0. 00000] => angle of pixel axes = 90. 00000 ±0. 00000 degrees
Distortion：kc_right = [−0. 28943   0. 10690   −0. 00059   0. 00014   0. 00000] ± [0. 00486   0. 00883   0. 00022   0. 00055   0. 00000]
Extrinsic parameters (position of right camera wrt left camera)：
Rotation vector：om = [0. 00669   0. 00452   −0. 00350] ± [0. 00270   0. 00308   0. 00029]
Translation vector：T = [−99. 80198   1. 12443   0. 05041] ± [0. 14200   0. 11352   0. 49773]

(3) Show Extrinsics of stereo rig 键：显示靶标相对于摄像机的位姿，如图 A1 −11 所示。

(4) Show Intrinsic parameters 键：在 Matlab 的命令窗口显示左、右摄像机的内参数和优化后的外参数。

(5) Save stereo calib results 键：将标定结果保存为文件 Calib_Results_stereo. mat，存放在 toolbox_calib 目录中。

(6) Load stereo calib results 键：读入标定结果。从存放于 toolbox_calib 目录中的标定结果文件 Calib_Results_stereo. mat 读入。

(7) Rectify the calibration images 键：按照畸变系数对左、右摄像机采集的所有靶标图像进行处理，生成消除畸变后的图像并保存在 toolbox_calib 目录中。生成的消除畸变后的图像，以原图像的文件名在

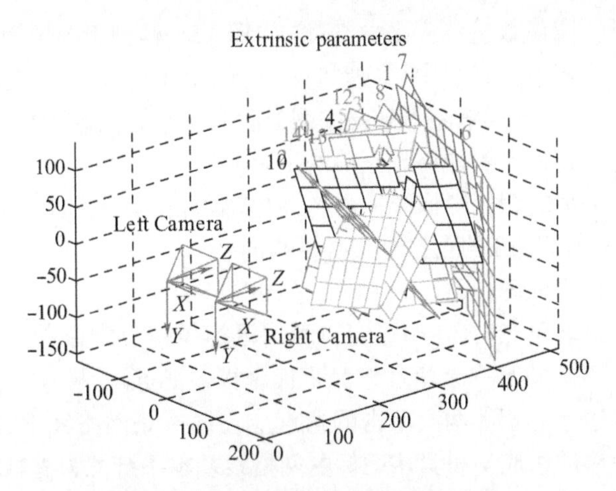

图 A1-11 靶标相对于摄像机的位姿

基本名和编号之间插入_rectified 作为其文件名。

(8) Exit 键：退出立体视觉标定。

A1.6 标定注意事项

在采用 Matlab 工具箱的摄像机标定中,内参数标定是进行其他参数标定的基础。首先需要完成内参数标定,才能进行外参数标定或者立体视觉标定、手眼标定等。因此,内参数标定过程中需要注意的问题,在其他所有的标定中都应注意。

1. 内参数标定需要注意的问题

(1) 制作棋盘格靶标时应特别注意,黑色方格与白色方格尺寸需要相同,而且所有方格的尺寸必须严格一致。靶标的方格数量不宜太小,行数和列数以大于 10 为宜。方格的尺寸不宜太大或太小,采集的整幅靶标图像中方格的边长尺寸不小于 20 像素。

(2) 采集靶标图像时应特别注意,需要在不同的角度、不同的位置采集靶标的多幅图像。采集到的图像必须清晰,靶标图像尺寸以占整幅图像尺寸的 1/3 ~3/4 为宜。靶标图像最好在整幅图像的不同位置都有分布,不宜过于集中于同一区域。靶标放置位置与摄像机之间的距离最好为视觉系统的主要工作距离。靶标相对于摄像机的角度应有较大范围的变化,应包含绕三个轴较大角度的旋转,最好不小于 30°。

采集的靶标图像数量不应太少，建议以 10～20 幅靶标图像为宜。

(3) 采集图像过程中，摄像机的焦距不能调整。因为焦距属于摄像机的内参数，不同焦距下采集的图像隐含了不同的内参数，这些图像放在一起进行标定不能得到正确的结果。

(4) 采集的靶标图像统一命名，由基本名和编号构成，如 Image1～Image15。靶标图像的数据格式必须相同。

(5) 将靶标图像复制到 toolbox_calib 目录中。

(6) 提取角点时，在图形窗口利用鼠标单击设定棋盘格靶标的选定区域。单击的第一个角点作为靶标坐标系的原点，顺序单击 4 个角点形成四边形。相邻两次单击的角点应在同一条网格线上，使得所形成的四边形的边应与棋盘格靶标的网格线基本平行。为提高单击的角点的精度，建议将显示靶标图像的图像窗口放大到最大，利用鼠标的十字标线尽可能准确地单击 4 个角点。

(7) 摄像机的实际 Y 轴与理想 Y 轴之间的夹角 α_c 是否标定，由 est_alpha 标志位设定。est_alpha = 1 时对 alpha_c 进行标定，est_alpha = 0 时不对 alpha_c 进行标定。

(8) 数组 est_dist(1:5) 是畸变系数 kc(1:5) 是否标定的标志，只对标志取值为 1 的畸变系数标定，标志取值为 0 的畸变系数不标定。默认值为 est_dist(1:5) = [1 1 1 1 0]，即对畸变系数 k_{c1}～k_{c4} 进行标定，对 k_{c5} 不进行标定，$k_{c5}=0$。

(9) 运行 calib_gui 指令后，Matlab 处于忙状态，Matlab 命令窗口不再响应其他命令。只有在单击标定工具箱的 Exit 键退出标定后，Matlab 命令窗口才能恢复响应其他命令。

2. 外参数标定需要注意的问题

(1) 方格尺寸必须输入实际尺寸。

(2) 提取角点时，在图形窗口利用鼠标单击的第一个角点作为靶标坐标系的原点，得到的外参数是靶标坐标系在摄像机坐标系中的位姿。

(3) rodrigues 旋转向量 omc_ext 与姿态矩阵 Rc_ext 可以利用 rodrigues 函数进行转换。omc_ext = rodrigues(Rc_ext)，Rc_ext = rodrigues(omc_ext)。

3. 立体视觉标定需要注意的问题

(1) 提取角点时,在图形窗口利用鼠标单击的第一个角点作为靶标坐标系的原点,左、右摄像机对应的靶标图像对需要选择相同的第一个角点作为原点。其他的3个角点在左、右摄像机的靶标图像中也应相同。

(2) 左、右摄像机采集的图像数量必须相同。相同的编号的左、右摄像机采集的图像是靶标在同一位姿时左、右摄像机采集的图像,构成一组立体视觉的靶标图像对。

(3) 得到的外参数是左摄像机相对于右摄像机的位姿,即左摄像机坐标系在右摄像机坐标系中的位姿。

(4) 运行 stereo_gui 指令后,Matlab 命令窗口可以响应其他命令。

4. 手眼标定(Eye-in-Hand)需要注意的问题

(1) 首先进行摄像机的内参数标定。在摄像机内参数标定时,机器人可以不运动,通过改变靶标的位置和姿态采集10~20幅靶标图像。角点提取时,不需要具有相同的靶标坐标系原点。

(2) 然后进行外参数标定。靶标固定不动,较大幅度的改变机器人的位姿,采集5~10幅靶标图像。角点提取时,对采用的5~10幅靶标图像必须选择相同的靶标坐标系原点,并具有相同的靶标坐标轴方向。得到的外参数为靶标坐标系在摄像机坐标系中的位姿。

(3) 利用摄像机的内参数、机器人的末端位姿(或工具坐标系位姿)、对应于机器人位姿的靶标坐标系相对于摄像机坐标系的位姿,计算出摄像机坐标系相对于机器人末端坐标系(或工具坐标系)的位姿。具体计算方法可以利用最小二乘法。

(4) 机器人的位姿从机器人控制器中读取,一般为6维向量。其姿态部分一般为绕 X、Y、Z 轴的旋转角度,对应的3个旋转变换的相乘顺序可以查阅机器人说明书,或者通过特定的末端位姿进行验证。

A2 OpenCV 摄像机标定函数

OpenCV 网站说明文档:

http://www.opencv.org.cn/opencvdoc/2.3.2/html/doc/tutorials/

calib3d/camera _ calibration/camera _ calibration. html，http://docs. opencv. org/doc/tutorials/calib3d/camera_calibration/camera_calibration. html。

OpenCV 中文网站摄像头标定：http://wiki. opencv. org. cn/index. php/摄像头标定。

张正友标定算法：http://ieeexplore. ieee. org/xpl/articleDetails. jsp? arnumber = 888718。

此处完整的程序代码(运行环境 VS2008 + opencv2. 3. 1)：http:// pan. baidu. com/s/1kTvCsb9。

A2. 1 标定模型

OpenCV 内参数标定采用的模型如下：

$$\begin{bmatrix} u \\ v \\ 1 \end{bmatrix} = \begin{bmatrix} k_x & 0 & u_0 \\ 0 & k_y & v_0 \\ 0 & 0 & 1 \end{bmatrix} \begin{bmatrix} x_c/z_c \\ y_c/z_c \\ 1 \end{bmatrix} = \boldsymbol{M}_{in} \begin{bmatrix} x_{c1} \\ y_{c1} \\ 1 \end{bmatrix} \tag{A2-1}$$

式中：(u,v)是特征点的图像坐标；(x_c,y_c,z_c)是特征点在摄像机坐标系的坐标；k_x、k_y 是焦距归一化成像平面上的成像点坐标到图像坐标的放大系数，$k_y = ak_x$，a 是纵横比系数；(u_0,v_0)是光轴中心点的图像坐标即主点坐标；(x_{c1},y_{c1})是焦距归一化成像平面上的成像点坐标。

Brown 畸变模型如下：

$$\begin{cases} u'_d = u_d(1 + k_1 r^2 + k_2 r^4 + k_3 r^6) + 2p_1 u_d v_d + p_2(r^2 + 2u_d^2) \\ v'_d = v_d(1 + k_1 r^2 + k_2 r^4 + k_3 r^6) + p_1(r^2 + 2v_d^2) + 2p_2 u_d v_d \end{cases} \tag{A2-2}$$

式中：(u_d,v_d)是具有畸变的相对于光轴中心点的图像坐标，$(u_d,v_d) = (u,v) - (u_0,v_0)$；$(u'_d,v'_d)$是消除畸变后相对于光轴中心点的图像坐标，$(u'_d,v'_d) = (u',v') - (u_0,v_0)$，$(u',v')$是消除畸变后的图像坐标；$k_1$ 是 2 阶径向畸变系数，k_2 是 4 阶径向畸变系数，k_3 是 6 阶径向畸变系数；p_1、p_2 是切向畸变系数；r 为图像点到光轴中心点图像坐标的距离，$r^2 = u_d^2 + v_d^2$。

标定结果给出的畸变系数为$[k_1,k_2,p_1,p_2,k_3]$。由于k_3主要针对畸变较大的镜头,例如鱼眼镜头,所以一般情况下该值取0。

A2.2 内参数标定

(1) 首先加载多幅棋盘格靶标图像并设置棋盘格靶标的内角点参数。标定过程中,需要不同视角下拍摄的棋盘格靶标的图像,如图A2-1所示。其中,内角点是指黑色方块相互联通位置的角点,图A2-1所示棋盘格靶标的内角点数量为9×6。

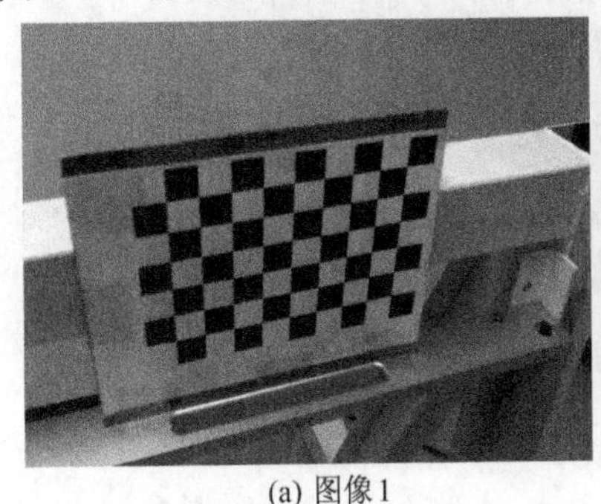

(a) 图像1

(b) 图像2

图A2-1 不同视角下拍摄的棋盘格图像

```
//设置棋盘格X方向上的角点个数
ChessBoardSize.width=9;
//设置棋盘格Y方向上的角点个数
ChessBoardSize.hight=6;
//设置棋盘格子的边长,单位为mm
float    SquareWidth=30;
//利用cvLoadImage函数加载图像
chessBoard_Img=cvLoadImage(filename,1);
```

(2) 对棋盘格靶标图像进行特征点提取。选用cvFindChessboardCorners函数提取一幅靶标图像的角点特征。当一幅靶标图像的角点正确提取后,再调用函数cvFindCornerSubPix可以进行亚像素图像特征的提取。依次对每一幅靶标图像进行角点特征提取。然后,调用cvDrawChessboardCorners函数,可以在棋盘格靶标图形上绘制出检测到的角点。绘制的图像如图 A2 - 2 所示。

图 A2 - 2 将角点绘制在棋盘格上的效果图

```
//获取棋盘格靶标中的角点,如果所有角点都被检测到且它们都被以一定顺序排布(一行一行地,每行从左到右),函数返回非零值,否则在函数不能发现或者记录所有角点的情况下,函数返回0。
find_corners_result = cvFindChessboardCorners( current_frame_gray,//棋盘格的灰度图像,将 chessBoard_Img 进行转换得到
    ChessBoardSize,//棋盘格每行角点的个数和每列角点的个数
    &corners[ captured_frames * NPoints],// 检测到的角点坐标
    &corner_count[ captured_frames],//检测到的角点的个数
CV_CALIB_CB_ADAPTIVE_THRESH );//使用自适应阈值
//通过迭代方法求取具有子像素精度的角点位置
cvFindCornerSubPix( current_frame_gray,//棋盘格靶标的灰度图像
    &corners[ captured_frames * NPoints],//检测到的角点坐标
    NPoints,//单幅图像中角点的个数
    cvSize(5,5),cvSize( -1, -1),//不忽略 corner 临近的像素进行精确估计
    cvTermCriteria( CV_TERMCRIT_ITER|CV_TERMCRIT_EPS,
```

30,//最大迭代次数(iteration)

0.01));//最小精度(epsilon)

//在棋盘格靶标图像上绘制检测到的角点

cvDrawChessboardCorners(current_frame_rgb,//显示绘制结果的图像

ChessBoardSize,//棋盘格靶标中每行和每列角点的个数(9×6)

&corners[captured_frames * NPoints],//检测到的角点坐标

NPoints,//单幅图像角点的个数

find_corners_result);//角点检测成功标志

(3) 求取角点的三维世界坐标。每一幅图像检测的角点对应于相同的世界坐标系,世界坐标系以最左上方的角点为原点。例如图 A2-2 中,最左上方的角点世界坐标为(0,0,0),其右边相邻角点的世界坐标为(30,0,0),其下方相邻角点的世界坐标为(0,30,0)。依次类推,可以得到所有角点的世界坐标。注意所有角点的 Z 坐标为 0,这是因为棋盘格靶标位于 $Z=0$ 的平面上。

(4) 计算摄像机内参数。运行 cvCalibrateCamera2 函数实现摄像机内参数的标定。实际标定时,采集 10~20 幅棋盘格靶标图像可以很好地实现摄像机的参数标定。应当注意,多幅靶标图像必须在不同距离、不同视角下进行采集。

//摄像机标定

cvCalibrateCamera2(object_points,//角点的三维世界坐标

image_points,//角点的图像坐标,由 corners[]转换得到

point_counts,//角点的数目,由 corner_count[]转换得到

cvSize(image_width,image_height),//图像尺寸

intrinsics,//输出的摄像机内参数

distortion_coeff,//输出的摄像机畸变系数

rotation_vectors,//摄像机外参数中的旋转向量

translation_vectors,//摄像机外参数中的平移向量

0); //额外选项

利用图 A2-1 所示的 10 幅不同角度和位置的靶标图像进行了内参数标定,结果为

$$\begin{bmatrix} 1887.1410 & 0 & 756.0219 \\ 0 & 1896.0780 & 618.7198 \\ 0 & 0 & 1 \end{bmatrix}$$

畸变系数为

$$[-0.1318 \quad 0.4704 \quad -0.0017 \quad -0.0027]$$

(5) 图像重投影。获得摄像机的内参数、畸变系数和变换矩阵后,利用函数 cvProjectPoints2 可以实现笛卡儿空间点到图像的重投影,从而在图像空间分析误差。

//投影三维点到图像平面

cvProjectPoints2(object_matrix,// 物体点的坐标,为 $3\times N$ 或者 $N\times3$ 的矩阵,这里 N 是单幅图中的所有角点的数目

rotation_matrix,// 旋转向量,1 ×3 或者 3 ×1

translation_matrix,// 平移向量,1 ×3 或者 3 ×1

intrinsics,// 摄像机的内参数矩阵

distortion_coeff,//畸变系数向量,4 ×1 或者 1 ×4,为 $[k_1, k_2, p_1, p_2]$。如果是 NULL,所有畸变系数都设为 0

image_matrix,// 输出重投影后的图像坐标数组

0,0,0,0,0);

//计算误差

err = cvNorm(image_matrix,//重投影后图像坐标数组

project_image_matrix,//角点的图像坐标数组

CV_L2,// 欧几里得距离

0);

(6) 获取消除畸变后的图像。经过摄像机标定,获得了摄像机的内参数和畸变参数。利用摄像机的内参数和畸变参数,运行 cvUndistort2 函数,可以获得消除畸变后的图像。棋盘格模板的原始图像与消除畸变后的图像如图 A2 -3 所示。

//消除畸变

cvUndistort2(grayimage,//棋盘格靶标的灰度图像

result_image,//消除畸变后的图像

(a) 原始图像

(b) 消除畸变后图像

图 A2-3　棋盘格模板图像

```
intrinsics,//摄像机内参数矩阵
distortion_coeff);// 畸变系数向量
```

A2.3　外参数标定

在内参数标定中,通过 cvCalibrateCamera2 函数能够得到旋转向量和平移向量。其中,平移向量的单位与输入的角点间的距离单位相同。利用罗德里格斯(Rodrigues)变换进行转换,可以将旋转向量转换为旋转矩阵,OpenCV 提供的罗德里格斯变换函数为 cvRodrigues2。

```
//罗德里格斯(Rodrigues)变换
        cvRodrigues2(&pr_vec,//输入的旋转向量
        &pR_matrix,//输出的旋转矩阵
        0);
```

上例中得到相对于其中一幅靶标图像的旋转向量为[-1.7121　1.8199　0.1880],平移向量为[93.3122　44.8024　599.3773],平移向量的单位为 mm。经过罗德里格斯变换后得到对应于该图像的靶标坐标系相对于摄像机坐标系的变换矩阵,即摄像机的外参数矩阵,如下:

$$\begin{bmatrix} 0.0240 & 0.0005 & -0.9997 & 93.3122 \\ -0.0005 & 1.0000 & 0.0005 & 44.8024 \\ 0.9997 & 0.0005 & 0.0240 & 599.3773 \\ 0 & 0 & 0 & 1 \end{bmatrix}$$

此外,若已知摄像机内参数和靶标上的角点坐标,利用 cvFindExtrinsicCameraParams2 函数可以求取摄像机相对于靶标的外参数。函数 cvFindExtrinsicCameraParams2 说明如下:

void cvFindExtrinsicCameraParams2 (const CvMat * object_points,// 靶标角点在笛卡儿空间的坐标,为 $3\times N$ 或者 $N\times3$ 的矩阵,N 是视图中的角点个数

const CvMat * image_points,// 靶标角点的图像坐标,为 $2\times N$ 或者 $N\times2$ 的矩阵

const CvMat * intrinsic_matrix,//摄像机的内参数

const CvMat * distortion_coeffs,//摄像机的畸变系数[k_1,k_2,p_1,p_2]

CvMat * rotation_vector,//输出的旋转向量

CvMat * translation_vector);//输出的位移向量

A2.4 标定注意事项

在采用 OpenCV 方法的摄像机标定中,需要注意以下几个问题。

(1) 在设置棋盘格角点数目时,应按照棋盘格的内角点数目进行设置。

(2) 基于 OpenCV 摄像机标定算法采用张正友的标定方法,该算法是基于 2D 模型的,如果棋盘摆放不平整,会造成很大的影响。

(3) 采集靶标图像时应特别注意,需要在不同的角度、不同的位置采集靶标的多幅图像。

(4) 采集到的靶标图像必须清晰,靶标图像尺寸以占整幅图像尺寸的 1/3 ~ 3/4 为宜。采集的靶标图像数量不应太少,建议以 10 ~ 20 幅靶标图像为宜。

(5) 靶标相对于摄像机的角度在 45°左右较好,太大的角度对角点提取的精度影响比较大,太小的角度不利于摄像机参数的精确标定。

(6) 在进行外参数标定时,方格尺寸必须是实际尺寸。

(7) 靶标坐标系的原点默认在左上角的内角点。在手眼标定时,

应保证机器人处于不同姿态采集到的靶标图像中的左上角的内角点是同一个角点。即求取靶标坐标系相对摄像机坐标系的外参数时,必须保证靶标坐标系原点相同,且靶标坐标轴方向相同。

内 容 简 介

本书以测量与控制的角度,从视觉系统的构成、标定到机器人的视觉测量与控制,系统阐述了机器人视觉测量与控制的基本原理与关键技术,并给出了机器人视觉测量与控制的应用实例。全书由5章构成,分别为绪论、摄像机与视觉系统标定、视觉测量、视觉控制、应用实例。全书以串联关节机器人为主,同时兼顾了移动机器人的控制问题。

本书面向从事机器人研究和应用的科技人员,可作为机器人、计算机视觉等领域的科研和工程技术人员的参考书,也可作为控制科学与工程、计算机等学科研究生和高年级本科生的教材。

In this book, the principles and key technologies for robot vision are systemically discussed and analyzed in the view of measurement and control for the aspects such as the configuration of vision system, calibration, visual measurement, and visual control. Some examples of visual control are also provided. This book consists of five chapters such as introduction, camera and visual system calibration, visual measurement, visual control, and application examples. It mainly takes serial-joints robots as control object, and the control problem of mobile robot is also included.

This book is for the researchers and engineers engaging in robot research and application. It can be used as reference for the researchers and engineers in the fields such as robotics and computer vision. It also can serve as teaching book for the postgraduates or senior students in the subjects such as control science and engineering, computer sciences, and etc.